高等学校材料类专业"十三五"规划教材

无机非金属材料导论

（第四版）

卢安贤　编著

中南大学出版社
www.csupress.com.cn

内容提要

无机非金属材料是材料科学与材料工程中的重要组成部分之一,被广泛应用于工业、农业、国防、现代科技及人们日常生活等各个领域。

本书简明扼要地介绍了无机非金属材料的结构基础、结构与材料理化性能的关系;比较系统地介绍了无机非金属材料专业各大类材料的制备工艺、组织结构特征、性能特点及其应用;介绍了功能型无机非金属材料(如光功能材料、电功能材料、磁功能材料、机械功能材料、生物功能材料、化学功能材料及热功能材料等)的研究现状及其发展方向。

本书可作为无机非金属材料类专业本科生及研究生的教科书,也可作为本专业同行的参考书。

前　言

　　无机非金属材料是人类最先应用的材料。史前,原始人用天然岩石制作工具和武器,是人类应用材料的开始,岩石就是自然界存在的天然无机非金属材料。五六千年前人类用陶土制作了粗陶制品,粗陶经过几千年的演化和技术的提高,大约到两千年前,出现了致密烧结的瓷器;在此后的几千年历史进程中,除陶器和瓷器外,砖瓦、玻璃、水泥、耐火材料、磨料及各种形式的复合制品如搪瓷等也一一地被发明、发展和广泛应用起来。这些材料绝大多数以二氧化硅为主要成分,所以我们常把无机非金属材料称作"硅酸盐材料"。这些传统材料虽已有相当长的历史,但因其在国民经济和人们生活中的重要影响和作用,至今继续发展着,新材料、新工艺、新装备和新技术仍在不断涌现。

　　科学技术和生产技术的向前发展,改变了原有硅酸盐材料的面貌。特别是20世纪40年代以来,由于各种新技术的出现,在原有硅酸盐材料的基础上研制出了许多新型材料。这些材料的成分中有的已不含有硅酸盐,应用范围和制备工艺也与原有硅酸盐材料有所不同。为了同传统的硅酸盐材料相区别,我们将这类材料称为新型无机非金属材料。

　　人类研究和制造材料的最终目的是使用材料。现代科学技术的发展对要使用的材料提出了越来越多、越来越苛刻的要求,如重量轻强度高、质坚硬不脆、耐高温强度好、摩擦系数小(耐磨),以及兼具其他特性和功能等。对此仅用单一材料是难以满足的,因此不得不将两种或两种以上的材料通过适当方法加以组合,取长补短,制备出具有优异综合性能和特殊功能的材料,我们称这种材料为复合材料。复合材料的种类很多,以无机非金属材料为基体的复合材料被称为无机非金属基复合材料。

　　传统无机非金属材料、新型无机非金属材料和无机非金属基复合材料组成了庞大的无机非金属材料体系,其中,以硅酸盐为基础的陶瓷、玻璃、水泥和耐火材料已经形成相当规模的产业,被广泛地使用在工业、农业、国防和人们的日常生活中,成为国民经济的支柱产业之一;新型无机非金属材料因具有耐高温、耐腐蚀、高强度、高硬度、多功能等多种优越性能,其中一些已在各工业部门及近几十年迅速发展起来的空间技术、电子技术、激光技术、光电子技术、红外技术、能源开发和环境科学等新技术领域中得到广泛应用,在促进科学技术发展方面发挥了重要作用;而另外一些具有潜在应用前景的新型无机非金属材料和集几种材料优点于一体的无机非金属基复合材料的研究和开发也在积极地进行。可以肯定,无机非金属材料的发展必将大大地促进现代科学技术的进步和人类文明程度的提高。

目前，国内许多高校材料专业均开设了"无机非金属材料"课程，作为本课程教材，其内容包括无机非金属材料的结构基础、材料物理与化学性能、陶瓷、玻璃、水泥、耐火材料、无机非金属基复合材料及功能无机非金属材料。本教材于2004年作为新世纪材料科学与工程系列教材出版发行，深受各高校的欢迎，2010年进行修订再版，本次出版为第四版修订，保留了原教材的基本框架，并对部分章节内容进行了增补和调整。

本书在编写过程中得到多方面的支持和帮助，参考了大量文献资料，从中获益匪浅，并得到国家自然科学基金、国防军工配套项目基金及湖南省科技攻关项目基金等的资助。在此，本人谨向所有参考文献的作者、对本书出版有过帮助的同仁及资助单位一并表示衷心的感谢！

由于无机非金属材料涉及内容很丰富而且发展也很快，限于时间和编者的水平，书中错误及不妥之处在所难免，欢迎同行批评指正。

编　者

2015 年 6 月于长沙

目 录

第 1 章　无机非金属材料的结构基础

通常，固体材料可分为晶态和非晶态两种类型。不同的材料具有不同的性质，而材料所具有的性能又是由其内部结构决定的，结构发生了变化，性能也随之发生变化。但材料的内部结构又紧密地与材料的化学组成相联系，因为结构中质点化学组成的改变，意味着质点在本质上存在着差异，从而在结构中的排列与结合方式也就发生了变化。在组成、结构、性能三者的关系上，结构是核心问题。本章主要介绍无机非金属材料中的结合键、晶体结构、非晶态及熔体等方面的基础知识。

1.1　结合键

物质结构的基本组成单元为原子，各种原子可以通过不同类型的结合键而形成各种材料。结合键的类型有化学键和物理键两种。依靠电子相互作用的结合键称为化学键。结合键中相互作用力强的是物质键合的主价键，类型有离子键、共价键和金属键。物质的键合还有一种较弱的物理键，如氢键、范德华键，因其结合力较弱在材料结构中多属于次价键。在无机非金属材料结构中，主要含有离子键、共价键和既含离子键又含共价键的混合价键。与价键相应，无机非金属材料也就包括了离子晶体、共价晶体、离子共价混合晶体以及非晶体几种类型。物质的性能在一定程度上取决于构成物质质点（原子、离子或分子）的结合方式和结合程度。

1.1.1　离子键

1. 静电吸引理论

当电离能较小的金属原子（例如碱金属和碱土金属元素）与电子亲合能较大的非金属元素（例如卤素和氧族）原子相互接近时，前者放出最外层的价电子形成正离子，后者吸收前者放出的电子变成满壳层的负离子。正负离子由于库仑引力的作用相互接近，当它们靠近到一定程度时，两闭合壳层的电子云因而重叠而产生斥力，当吸引力与排斥力达到平衡时，就形成稳定的离子键，靠这种键形成的物质叫离子晶体。离子晶体中的离子可以看成是蒙有一层电子云的圆球。任何一个离子的电子云都有其独立性，电荷是对称分布的，离子在哪个方向上都可以同具有相反电荷的离子相结合，因此离子晶体中的离子具有较高的配位数。

典型金属元素同非金属元素的化合物（如 LiF、$NaCl$、CaF_2 等）、很多二元金属氧化物（如 Na_2O、BaO、MgO 等）以及三元或多元化合物［如镁铝尖晶石

MgO・Al$_2$O$_3$、锆钛酸铅 Pb$_2$(Zr$_x$Ti$_{1-x}$)O$_3$ 等]都属于离子晶体。当然,完全以离子键键合而成的晶体是极少的,只能说这些离子晶体以离子键为主要键型。通常,电负性相差较大的元素的原子结合时,即成离子键。根据两元素电负性的差值 $X_A - X_B$,可从图 1-1 查出该结合键的含离子键百分数。例如,Li 的电负性 X_{Li} 为 1.0,F 的电负性 X_F 为 4.0,$X_F - X_{Li}$ 的值为 3.0,查得 LiF 晶体含离子键百分数约为 88%,由

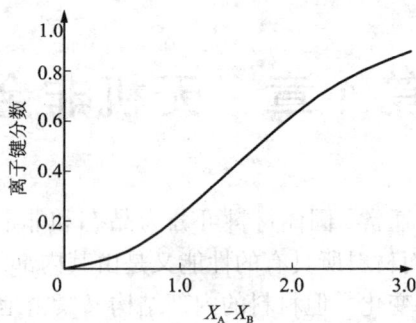

图 1-1　A—B 键的离子键分数与原子电负性差 $X_A - X_B$ 的关系

于其结合键主要是离子键性,所以称之为离子晶体。用同样方法,查得 Al$_2$O$_3$ 晶体中 Al—O 键的离子键百分数为 63%。SiO$_2$ 中的 Si—O 键的离子键百分数为 50%。因此,Al$_2$O$_3$、SiO$_2$ 属于离子共价混合键物质。

离子晶体的结构同正负离子的电荷和几何因素有关。决定离子晶体的结构因素有离子半径、球体最紧密堆积程度、配位数、离子的极化等。

(1)离子半径

在典型的离子晶体中,正负离子接近时,彼此的影响不大,可以把离子看成是一个圆球体。当正负离子间的吸引力和排斥力达到平衡时,每个离子周围存在一个一定大小的球形的力作用圈,其他离子是不能进入这个作用圈的,这种作用圈的半径称为离子半径。在一般情况下,离子间的平衡距离(两个球形离子中心的距离 r_0),即为两个接触着的离子的半径之和。假如能定出某一元素的离子半径,则其他元素的离子半径可从有关晶体的面间距推算出来。在研究晶体结构时,离子半径经常作为衡量键性、键强、配位关系以及离子的极化力和极化率的重要数据,因此它不仅决定了离子的相互结合关系,而且对晶体的性质也有很大影响。

(2)球体最紧密堆积

球体的堆积密度愈大,系统的内能就愈小,此即球体最紧密堆积原理。因此,在没有其他因素(例如价键的方向性)的影响下,晶体中质点在空间的堆积服从最紧密堆积原理。

球体的紧密堆积分为等径球体的堆积和不等径球体的堆积。无机非金属类离子晶体的结构由不等径球体堆积而成。即便是最紧密堆积,球体间还是有空隙的。根据包围空隙的球体的配置情况,可将空隙分为两种类型:四面体空隙和八面体空隙。前者由 4 个球体环围而成,球体中心连线形成四面体形;后者由 6 个球体环围而成,球体中心连线形成八面体形。无机非金属类离子晶体中球体有大有小,这可以看成由较大的球体作等径球的最紧密堆积后,在其空隙位置中填入较小的球体。

较小的球体填入四面体空隙,而较大的球体填入八面体空隙。O^{2-} 的离子半径比 Si^{4+}、Al^{3+}、Mg^{2+}、Ca^{2+}、Fe^{2+}、Na^+ 等离子的半径要大得多,因此,O^{2-} 与这些正离子的结合,主要是 O^{2-} 的堆积,即由 O^{2-} 形成一个骨架,而正离子则填充在由 O^{2-} 堆积后形成的空隙内。多大半径的正离子进入四面体空隙,多大半径的正离子又填入八面体空隙,这可由正负离子半径之比来确定。

（3）离子半径与配位数的关系

一个原子或离子邻近周围的同种原子或异号离子的个数,称为原子配位数或离子配位数。在 NaCl 晶体结构中,Cl^- 按面心立方最紧密堆积方式排列,而 Na^+ 就填充在 Cl^- 所形成的八面体空隙中。这样,每个 Na^+ 离子周围有 6 个 Cl^-,因此 Na^+ 的配位数为 6[图 1 - 2(a)]。而在 CsCl 晶体结构中,每个 Cs^+ 离子填充在由 8 个 Cl^- 离子包围而成的简立方体空隙中(图 1 - 3),因此,Cs^+ 的配位数为 8。造成这种差别的原因是 Cs^+ 的半径比 Na^+ 的半径大(r_{Cs^+} 为 1.82 Å,r_{Na^+} 为 1.10 Å),Cs^+ 填入的空隙应比八面体更大一些,换句话说,Cs^+ 周围比 Na^+ 周围能排列更多的 Cl^-,所以 Cs^+ 的配位数大于 Na^+ 的配位数。

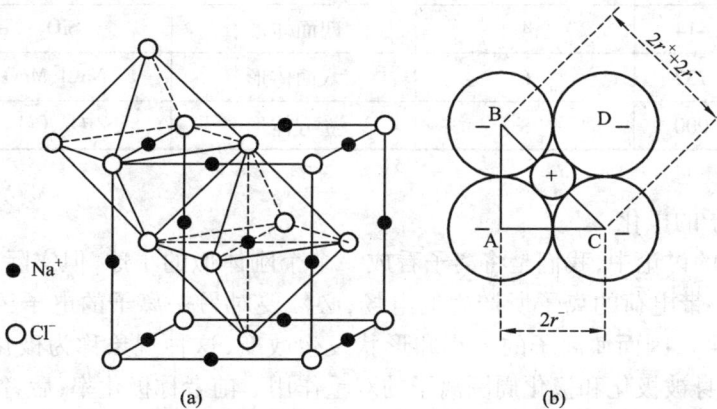

图 1 - 2　NaCl 晶体的正八面体结构与正八面体中正负离子在平面上的排列

由此可见,配位数的大小与正负离子半径的比值有关。如图 1 - 2(b) 所示,当负离子按正八面体堆积时,正负离子能彼此相互接触的必要条件是:$(2r^-)^2 + (2r^-)^2 = (2r^+ + 2r^-)^2$,即 $(r^+/r^-)^2 + 2(r^+/r^-) - 1 = 0$,求得 $r^+/r^- = 0.414$。如果 r^+/r^- 小于 0.414,负离子虽然仍相互接触,但正离子与负离子相脱离,这时负离子间斥力很大,能量很高,

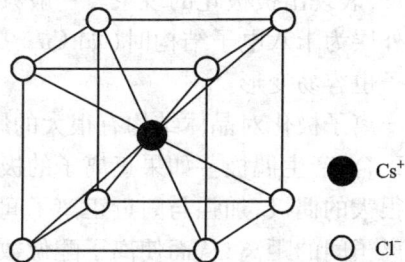

图 1 - 3　CsCl 晶体结构

结构不稳定。而当 r^+/r^- 大于 0.414 时,正负离子能相互接触,而负离子之间却脱离接触,这时正负离子间的引力很大,而负离子间斥力较小,能量较低,结构稳定。但是,晶体结构的稳定性不但要求正、负离子密切接触,而且还要使正离子周围的负离子愈多愈好,即配位数愈高愈好,以满足球体最紧密堆积原则。类似地,从几何上也可以推得负离子按立方体形堆积时,正负离子能彼此相互接触的必要条件是:$r^+/r^- = 0.732$。当 r^+/r^- 等于 0.732 时,正离子周围可排列 8 个负离子,而当 r^+/r^- 大于 0.732 时,八配位结构中的负离子之间脱离接触。因此,可以看出离子晶体结构中正离子配位数的大小是由结构内正负离子半径的比值来决定的。表 1 -1 列出了正负离子半径比值与配位数的关系。

表 1 -1　正负离子半径比值与配位数的关系

r^+/r^- 值	正离子配位数	负离子多面体的形状	举　　例
0.000 ~ 0.155	2	哑铃形	干冰
0.155 ~ 0.225	3	三角形	B_2O_3
0.225 ~ 0.414	4	四面体形	SiO_2、GeO_2
0.414 ~ 0.732	6	八面体形	$NaCl$、MgO、TiO_2
0.732 ~ 1.000	8	立方体形	ZrO_2、CaF_2、$CsCl$

(4)离子的极化

在前面的讨论中,我们是将离子看成一个个刚体似的小球,但实际上,在离子紧密堆积时,带电荷的离子所产生的电场,必然要对另一离子的电子云发生作用(吸引或排斥),因而使离子的大小和形状发生改变,这种现象称为极化。每个离子都具有自身被极化和极化周围离子的双重作用。前者称极化率,后者称极化力。极化率反映离子被极化的难易程度,即变形性的大小,而极化力则反映极化其他离子的能力。正离子半径较小,电价较高,极化力的表现明显,不易被极化,负离子则相反,表现出被极化的现象。一般只考虑正离子对负离子的极化作用,但当正离子最外层为十八电子结构时(如 Cu^+、Ag^+、Zn^+、Cd^+、Hg^+ 等),极化率较大,这时正离子也容易变形。

离子极化对晶体结构有很大的影响,离子的极化作用,将引起正负电荷重心的不重合,产生偶极。如果正离子的极化力很强,就将使负离子电子云变形显著,产生很大的偶极,加强与附近正离子间的吸引力,导致正负离子更加接近,缩短了正负离子间的距离,从而使离子配位数降低,引起晶体结构类型的改变。同时,由于离子的电子云变形而失去球形对称特性,电子云相互重叠,从而导致离子键分数的下降。

（5）离子键强度与材料性能

离子键强度用晶格能(U)表示。晶格能指的是互相远离的气态正、负离子结合生成1摩尔离子晶体时所释放的能量。晶格能 U 越大，离子键强度越大。

可由两种方法计算出不同离子晶体的晶格能。一种方法是利用盖斯定律，通过热化学循环从已知数据中求得晶格能（玻恩—哈伯循环）；另一种方法是从理论上进行计算。

根据库仑定律，电荷分别为 $+Z_1 e^-$ 和 $-Z_2 e^-$ 的正负离子间吸引力和正负离子间电子排斥力达平衡时，相邻正负离子间距为 r_0（称为平衡距离），体系位能 u 的最小值为 $u_0(r = r_0)$，由此可推算出晶格能理论表示式：

正、负离子间的势能为：

$$u = u_{吸引} + u_{排斥} = -\frac{Z_1 Z_2 e^2}{r} + \frac{B}{r^n} \tag{1-1}$$

平衡时，势能最低，其一阶导数为零：

$$\left(\frac{\mathrm{d}u}{\mathrm{d}r}\right)_{r=r_0} = \frac{Z_1 Z_2 e^2}{r_0^2} - \frac{nB}{r_0^{n+1}} = 0 \tag{1-2}$$

求得，

$$B = \frac{Z_1 Z_2 e^2 r_0^{n-1}}{n} \tag{1-3}$$

将(1-3)式代入(1-1)式，得：

$$u_{(r=r_0)} = u_0 = -\frac{Z_1 Z_2 e^2}{r_0} + \frac{1}{r_0^n} \frac{Z_1 Z_2 e^2 r_0^{n-1}}{n} = -\frac{Z_1 Z_2 e^2}{r_0}\left(1 - \frac{1}{n}\right) \tag{1-4}$$

对于一摩尔物质的总势能为：

$$u_{0,总} = -\frac{Z_1 Z_2 e^2 N_A A}{r_0}\left(1 - \frac{1}{n}\right) \tag{1-5}$$

晶格能为：

$$U_{晶} = -u_{0,总} = \frac{N_A A Z_1 Z_2 e^2}{r_0}\left(1 - \frac{1}{n}\right) \tag{1-6}$$

式中：N_A 是阿伏伽德罗常数；A 称为马德伦常数，它与晶格的类型有关；n 被称为玻恩指数，其数值大小与离子的电子构型有关；Z_1、Z_2 为离子电荷数。

表1-2　离子的电子构型与玻恩指数 n

离子的电子层结构类型	He	Ne	Ar、Cu$^+$	Kr、Ag$^+$	Xe、Au$^+$
玻恩指数 n	5	7	9	10	12

表 1-3　晶体结构类型与马德伦常数 A

晶体结构类型	CsCl	NaCl	六方 ZnS	立方 ZnS	CaF$_2$	金红石 TiO$_2$	刚玉 $\alpha-Al_2O_3$
马德伦常数 A	1.763	1.748	1.641	1.638	2.52	2.40	4.17

利用(1-6)式,并根据表1-2和表1-3所列数据,就可以计算出不同类型离子晶体的晶格能。

离子晶体中正负离子的结构较牢固,因此,其硬度和熔点都较高。在离子晶体中较难产生自由运动的电子,故其导电性能差。固体离子晶体大多是良好的绝缘体,例如云母、刚玉等。但是,在熔融态或液态,正负离子在电场作用下可以运动,形成定向扩散流,因而具有良好的离子导电性。某些固态离子晶体,也有较好的离子导电性,被称为快离子导体。已经知道的快离子导电材料有几百种之多,按其导电离子的类型,可分为阳离子导体(如 Ag$^+$、Cu$^+$、Li$^+$、Na$^+$)和阴离子导体(F$^-$、O^{2-})两大类。离子晶体在受力时晶面发生滑移,很容易引起同号离子相斥而破碎,因此离子晶体材料都比较脆。

静电吸引理论可以解释大部分离子晶体物质的形成和特性,但不适应于电子填充 d、f 轨道的过渡金属离子。

2. 晶体场理论

晶体场理论主要用于分析、讨论过渡元素离子的 d 轨道在配体场作用下能级分裂的情况,以及对晶体结构和性能的影响。

晶体场理论的要点如下:①在配合物中,中心离子 M 处于带负电荷的配位体形成的静电场中,两者完全靠静电作用结合一起;②晶体场对 M 中的 d 电子产生排斥作用,引起 M 的 d 轨道发生能级分裂;③在空间构型不同的配合场中,配位体形成不同的晶体场,对中心离子 d 轨道产生不同的影响。

在八面体配合物中,6 个配位体分别占据八面体的 6 个顶点,由此产生的静电场叫做八面体场。下面以 $[Ti(H_2O)_6]^{3+}$ 复合离子为例,说明配体场对中心离子 Ti^{3+} 能级的影响。

Ti^{3+} 离子外层电子构成为 3d^1,当 Ti^{3+} 离子未处于配体场中时,外层电子在 5 个 d 轨道中出现的机会相等,5 个 d 轨道能量相等。

如果 6 个偶极 H$_2$O 分子的负端与中心 Ti^{3+} 离子形成一个球形场,偶极 H$_2$O 分子对 Ti^{3+} 中的 d 轨道电子产生排斥,5 个 d 轨道能量等同地升高。

实际上 6 个偶极 H$_2$O 分子的负端与中心 Ti^{3+} 离子形成的是八面体场(偶极 H$_2$O 分子沿坐标轴方向靠近中心 Ti^{3+} 离子),d 轨道中的电子受到不同程度的排斥:d$_{z^2}$,d$_{x^2-y^2}$ 轨道与轴上的配体迎头相碰,电子受到配体排斥力大,能量比球形场高,而 d$_{xy}$,d$_{xz}$,d$_{yz}$ 轨道因自身伸展方向不是在轴上,而是在轴间,电子受到配体排斥力较小，与处于球形场中的电子相比，其能量较低。于是，在 6 个配位体所产生的八面体场作用下，Ti^{3+} 离子中 d 轨道能级发生分裂[如图 1-4(a)]。

对于四面体场，d_{xy}，d_{xz}，d_{yz} 轨道比 d_{z^2}，$d_{x^2-y^2}$ 轨道与配位体的距离更近，前 3 个轨道中的电子受到的排斥力比后 2 个轨道的要大，能量较高。中心离子在四面体场作用下，其 d 轨道能级分裂情况如图 1-4(b)所示。

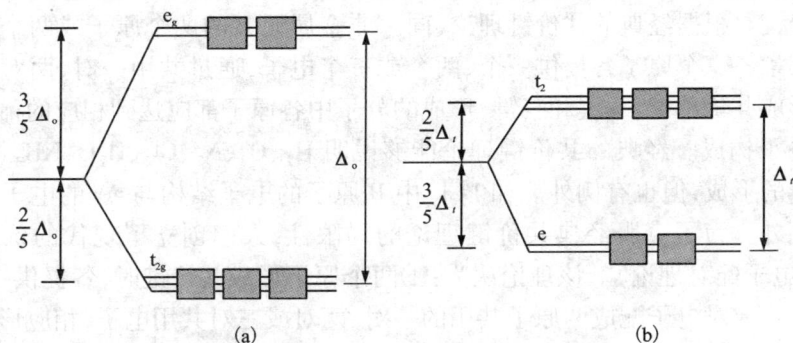

图 1-4　中心离子在八面体场和四面体场作用下的 d 轨道能级分裂

图 1-4(a)中，能量较高的 d_{z^2} 和 $d_{x^2-y^2}$ 轨道，标记为 e_g 轨道；能量较低的 d_{xy}、d_{xz} 和 d_{yz} 轨道，标记为 t_{2g} 轨道。图 1-4(b)中，能量较高的 d_{xy}、d_{xz} 和 d_{yz} 轨道，标记为 t_2 轨道；能量较低的 d_{z^2} 和 $d_{x^2-y^2}$ 轨道，标记为 e 轨道。两组轨道能量之差，称为分裂能 Δ。Δ_o 表示八面体(Octahedral)场的分裂能，而 Δ_t 表示四面体(Tetrahedral)场的分裂能。

d 轨道在不同构型的配合物中，分裂的方式和能量大小都不同。分裂能 Δ 的大小既与配体有关，也与中心原子有关。中心原子一定时，Δ 随配体不同而改变，主要遵循以下的顺序：$I^- < Br^- < S^{2-} < SCN^- < Cl^- < NO_3^- < N_3^- < F^- < OH^- < C_2O_4^{2-} < H_2O < NCS^- < CH_3CN < py < NH_3 < en < 2,2'-bipy < phen < NO_2^- < PPh_3 < CN^- < CO$。由于 Δ 值由光谱确定，故该顺序也称为光谱化学序列，用以表示配体场强度顺序。该顺序可用配位场理论来解释。配体一定时，Δ 随中心原子改变：同一元素中心原子电荷越大时，Δ 值也越大；不同周期的中心原子，Δ 值随周期数增大而增大。Δ 值随配位原子半径减小而增大：$I < Br < Cl < S < F < O < N < C$。

在配体场作用下，d 轨道发生分裂，d 电子在分裂后 d 轨道中的总能量，叫做晶体场稳定能。过渡族金属离子在八面体配位中所得到的总稳定能，称八面体晶体场稳定能。Cr^{3+}、Ni^{2+}、Co^{3+} 等离子将强烈选择八面体配位位置。过渡金属离子在四面体配位中所得到的总稳定能，称四面体晶体场稳定能。Ti^{4+}、Sc^{3+} 等离子将选择四面体配位位置。

1.1.2　共价键及其他键

1. 价键理论

如果原子本身不能单独形成稳定的电子结构,就会倾向于由两个原子的电子共同配合成电子对,使每个原子都达到稳定的饱和电子层,这种结构键即经典意义上的共价键。根据经典的共价键理论,同一非金属元素的两个原子或两个不同的非金属元素各一个原子各提供一个、两个或三个电子,通过共用一对、两对或三对电子而形成共价单键、双键和三键,形成的分子中各原子都应达到相应的稀有元素原子的电子构成。经典的共价键理论能够说明 H_2、O_2、N_2、Cl_2、H_2O、NH_3、CH_4 等许多分子的形成,但也有例外。如 PCl_5 中 P 原子的电子结构与 Ar 的电子结构就属这种例外。为了克服经典共价键理论的局限性,人们创立了现代的价键理论(又称为电子配对理论)。该理论认为:①两个原子形成共价键时,各提供一个、两个或三个未成对电子配成两原子共用的一对、两对或三对共用电子,相应形成共价单键、双键或三键,在每一共用电子对中,两个电子的自旋方向必须相反,两个自旋相反的电子配对以后不能再与第三个电子配合,这个性质叫共价键的饱和性。②原子中最外层原有的已成对电子,有时可以被激发变成两个单电子,分别与其他原子中的单个电子以自旋相反的方式配合而形成共价键。如 B 原子中 p 轨道上只有一个未成对电子($1s^2 2s^2 2p^1$),2s 轨道上的一个电子可以激发到一个 2p 轨道上去,于是,处于激发状态的 B 原子外层电子结构中就有 3 个未成对电子,可与 3 个 Cl 或 3 个 F 原子提供的电子配合而形成 BCl_3、BF_3 分子。P 原子与 Cl 原子形成 PCl_5 分子时,P 原子基态电子($3s^2 3p^3$)中 3s 轨道上的一个电子被激发到 3d 轨道上,形成 5 个未成对电子($3s^1 3p_x^1 3p_y^1 3p_z^1 3d^1$),这 5 个未成对电子可与 5 个 Cl 原子提供的未成对电子配合。显然,BF_3、BCl_3 中 B 原子的外层只有 6 个电子,而 PCl_5 分子中 P 原子外层有 10 个电子,都不符合相应稀有气体元素原子的电子构成,即现代的价键理论对形成分子的原子的外层电子必须为八电子构型没有要求。③形成共价键时,一对自旋相反的电子的电子云之间应尽可能达到最大程度的重叠,重叠程度愈大,形成的键愈牢固。但是,并不是电子云沿各个方向的重叠都能达到最大程度,因此,共价键是有方向性的。共价键的这一特性,导致了非紧密堆积结构的形成。这对性能,特别是密度和热膨胀系数有很大影响。紧密堆积的材料如金属和离子键陶瓷有较高的热膨胀系数,每个原子的热膨胀通过整个结构中相邻的每个堆积原子的积累而成为整个物质的很大的热膨胀。而共价键合的材料因单个原子热振动而产生的能量有一部分被结构中的空隙所吸收,因而其热膨胀系数较低。

共价键合的物质一般强度高且熔点也高。但这些不是共价键的固有特性。例如,许多有机材料结合键中都有共价键成分,然而,这些材料并没有高硬度或高熔点特性。决定性的因素是键的强度和材料的结构特征。

金属键与离子键、共价键一样是一种重要的化学键。金属键合也叫电子键合,是由于价电子(由未充满电子层的电子)被结构中的所有原子自由共有,负电荷间相互的静电排斥,使得电子在整个结构中保持均匀的分布状态。在任何给定的时间内,每个原子的周围均有足够的电子群,以满足充满外层电子壳层的需要。

由于价电子在金属中均匀地分布,又由于纯金属中的所有原子均是相同尺寸的,往往形成紧密堆积。这种紧密堆积的结构均含有许多滑移面,在受机械负荷时能沿滑移面产生运动,因此金属一般具有很高的延展性。电子通过金属结构的自由运动,能使金属原子在电场的作用下具有很高的导电性并在热源下具有很高的导热性。

2. 分子轨道理论

价键理论着眼于成键原子间最外层轨道中未成对的电子在形成化学键时的贡献,能成功地解释共价分子的空间构型,因而得到了广泛的应用。

但如能考虑成键原子的内层电子在成键时的贡献,显然更符合成键的实际情况。1932 年,美国化学家 R. S. Mulliken 和德国化学家 F. Hund 提出了一种新的共价键理论——分子轨道理论(molecular orbital theory),即 MO 法。该理论注意了分子的整体性,能较好地说明多原子分子的结构。目前,该理论在现代共价键理论中占有很重要的地位。

分子轨道理论的要点如下:

(1)原子在形成分子时,所有电子都有贡献,分子中的电子不再从属于某个原子,而是在整个分子空间范围内运动。在分子中,电子的空间运动状态可用相应的分子轨道波函数 ψ(称为分子轨道)来描述。分子轨道和原子轨道的主要区别在于:原子中电子的运动只受 1 个原子核的作用,原子轨道是单核系统;而分子中的电子则在所有原子核势场作用下运动,分子轨道是多核系统。原子轨道的名称用 s、p、d 等符号表示,而分子轨道的名称则相应地用 σ、π、δ 等符号表示。

(2)分子轨道可由分子中原子轨道波函数的线性组合(linear combination of atomic orbitals, LCAO)而得到。两个原子轨道可组合成两个分子轨道,其中,一个分子轨道分别由正负符号相同的两个原子轨道叠加而成,两核间电子的概率密度增大,其能量较原来的原子轨道能量低,有利于成键,称为

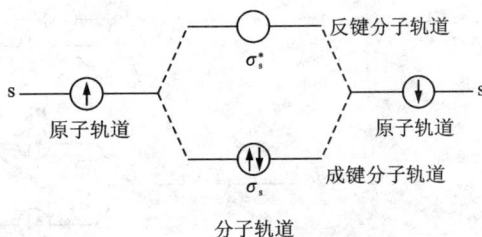

图 1-5　σ 分子轨道形成示意图

成键分子轨道(bonding molecular orbital)，如 σ、π 轨道；另一个分子轨道分别由正负符号不同的两个原子轨道叠加而成，两核间电子的概率密度很小，其能量较原来的原子轨道能量高，不利于成键，称为反键分子轨道(antibonding molecular orbital)，如 σ＊、π＊ 轨道。

(3)为了有效地组合成分子轨道，要求成键的各原子轨道必须符合下述三条原则，也就是组成分子轨道三原则：

对称性匹配原则：只有对称性匹配的原子轨道才能组合成有效的分子轨道，符合对称性匹配原则的几种简单的原子轨道组合如 s－s、s－px 、px－px(轴对称)，它们可分别组成 σ 分子轨道；而 py－py 、pz－pz(面对称)可组成 π 分子轨道。

能量近似原则：在对称性匹配的原子轨道中，只有能量相近的原子轨道才能组合成有效的分子轨道，而且能量愈相近愈好。

轨道最大重叠原则：对称性匹配的两个原子轨道进行线性组合时，其重叠程度愈大，则组合成的分子轨道的能量愈低，所形成的化学键愈牢固。

分子轨道理论在表征物质结构形成和解释物理现象方面是特别有效的。图 1－6 是 O_2 分子轨道形成示意图。氧原子 O 的电子结构为 $1s^2 2s^2 2p^4$，有 6 个价电子。根据传统价键理论，形成 O_2 分子时，两个氧原子共享两对电子，电子结构式为:Ö::Ö:,结构中不存在未成对电子。按照现代价键理论，氧原子的外层轨道中含有两个未成对电子，电子两两配对，可推测出 O_2 分子为双键结合，也不含未成对电子。根据磁化学原理，如果 O_2 分子中不含未成对电子，则 O_2 分子应显示出反磁性。然而，实验却证明 O_2 分子为顺磁性，表明 O_2 分子中含有未成对电子，这就与传统理论得出的结论发生矛盾。应用分子轨道理论，可以圆满地解释 O_2 分子的电子构成和顺磁性，此外，分子轨道理论也可以方便地说明金属材料结构

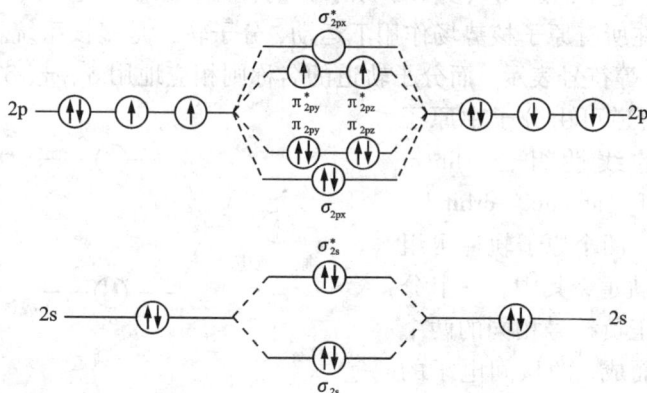

图 1－6　O_2 分子轨道形成示意图

中金属键的形成。

对 O_2 分子顺磁性的解释：按价键理论，O_2 分子中不含未成对电子，表现为反磁性，而实验证实是顺磁性。由图 1−6 所示，两个 O 原子的两个 2S 原子轨道，组合成两个分子轨道，其中，一个是成键分子轨道，另一个是反键分子轨道。四个电子分别进入成键分子轨道和反键分子轨道，系统能量与原子轨道的相同，表明对成键不起作用。六个 2P 原子轨道组合成六个分子轨道。六个电子进入成键分子轨道，余下的两个电子进入反键分子轨道。形成分子轨道后，体系能量低于原子轨道的能量，因此，能形成稳定的 O_2 分子。在两个反键分子轨道中，各有一个单电子。因此，用分子轨道理论可成功地说明 O_2 分子呈现顺磁性这一现象。

金属键的形成：我们知道，两个 Na 原子可以通过 σ 键结合成双原子分子 Na_2。Na 原子形成 Na_2 的过程，可描述为：当两个 Na 原子相互靠近时，它们的 3s 电子云发生重叠而成键。按照分子轨道理论，两个 3s 轨道可以组合成两个分子轨道：一个是成键轨道 σ_{3s}。其能量 E_1 低于原子轨道的能量 $E(3s)$；另一个是反键轨道 σ_{3s}^*，其能量 E_1^* 高于原子轨道的能量 $E(3s)$。两个价电子填入成键轨道 σ_{3s}，反键轨道则为空轨道，如图 1−7(a) 所示。

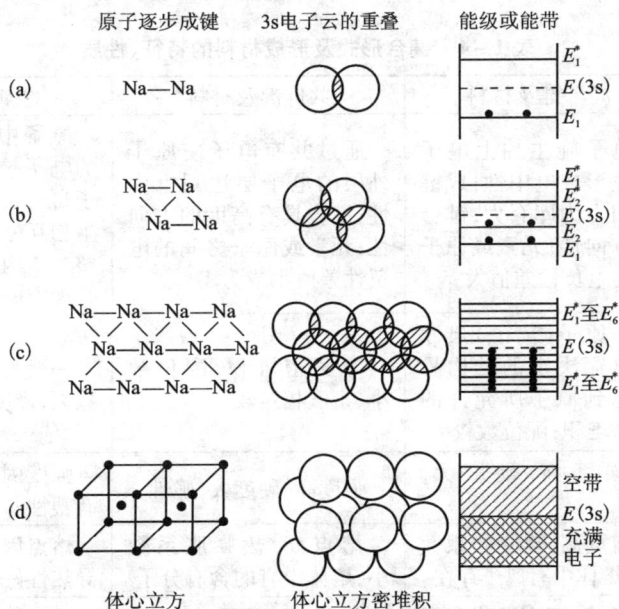

图 1−7　Na 金属键的形成及能量变化示意图

当 4 个 Na 原子形成 Na_4 时，如图 1−7(b) 所示，4 个 3s 轨道相互重叠。4 个 3s 轨道可以组合成 4 个分子轨道，其中两个是成键轨道，它们的能量 E_1、E_2 均低于 $E(3s)$；另两个轨道是反键轨道，它们的能量 E_1^*，E_2^* 均高于 $E(3s)$。4 个价电子占居两个成键轨道,反键轨道为空轨道。同理当 12 个 Na 原子形成 Na_{12} 时。如图 1-7(c)所示,12 个 3s 轨道相互重叠。这时 6 个能量低于 $E(3s)$ 的成键轨道填满了电子,6 个能量高于 $E(3s)$ 的反键轨道为空轨道。

当 Na 原子的数目 N 增大到一块金属钠中所含 Na 原子的数量级时,N 个 Na 原子形成的"分子"也就是一块金属钠,这时 N 个 3s 原子轨道相互重叠并组合成 N 个分子轨道。由于 N 是很大的数,故相邻分子轨道的能级差非常微小,即 N 个能级实际上构成一个具有一定上限和下限的能带,能带的下半部分充满了电子,上半部分则空着[图 1-7(d)所示]。这就是金属结构的能带模型。

如果将失去价电子的金属原子(即正离子)看成是一个圆球,圆球的界面大致就是正离子电子云的界面。根据以上的讨论,可以将金属理解为数目很大的正离子圆球的堆积物和一群电子的结合体。这些电子称为自由电子,它们不再束缚于某一个原子,它们在圆球间的空隙中运动,运动的范围包括整个金属。所以,自由电子和正离子组成的晶体格子之间的相互作用就是金属键,即自由电子像胶泥似地将许多排列整齐的正离子胶合在一起。

离子键、共价键及金属键的键性、形成材料的结构与性能特征列于表 1-4。

表 1-4　键合形式及形成材料的特征、性质

	离子键及材料	共价键及材料	金属键及材料
键　性	电子施主加上电子受主形成电中性;成键作用力为库仑力;键合无方向性;元素或原子间的电负性差值大	通过共有电子使原子外层的电子层达到电中性;键合具有高度的方向性;元素或原子之间的电负性差值小或为零	原子中未充满电子层的电子被结构中所有原子自由共享;负电荷间产生相互静电排斥;电子在整个结构中均匀分布;键合无方向性
结构特点	由原子(离子)尺寸和电荷决定的结构易于达到原子所允许的紧密堆积;配位数较大	非紧密堆积,配位数小,密度相对较小	一般为紧密堆积,配位数大,密度大
力学性能	强度高,硬度大,脆性	强度高,硬度大,脆性	强度因材料不同而异,有塑性
热学性能	熔点高,热膨胀系数小,熔体中有离子存在	熔点高,热膨胀系数小,熔体中有的含有分子	熔点因材料不同而异,导热性好
电学性能	绝缘体,熔融态为离子导体	绝缘体,熔融态为非导体	导电性优异(自由电子导电)
光学性能	与各构成离子的性质相同,对红外光的吸收强,多是无色或浅色透明的	折射率大,不透明,与气体的吸收光谱很不同	不透明,有金属光泽

1.2　晶体结构

1.2.1　典型无机化合物晶体的结构

典型无机化合物晶体包括 AX 型晶体、AX_2 型晶体、A_2X_3 型晶体、ABO_3 型晶体及 AB_2O_4 型晶体,这些晶体具有不同的结构特征,它们也是构成无机非金属材料的主要组分,有的晶体本身已作为无机非金属材料在使用。硅酸盐晶体也属于无机化合物晶体的范畴,但由于硅酸盐晶体结构的复杂性和分类的特殊性,将它单独列出在后续章节中讨论。

1. AX 型晶体

AX 型晶体是二元化合物中最简单的一类,它有 4 种主要的结构形式:氯化铯(CsCl)型、氯化钠(NaCl)型、闪锌矿(立方 ZnS)型和纤锌矿(六方 ZnS)型。

(1)氯化铯(CsCl)型:CsCl 属立方晶系晶体,具有简单立方格子结构。Cl^- 紧密堆积形成简立方体,而 Cs^+ 离子则填充在由 Cl^- 形成的简立方体空隙中。Cs^+ 和 Cl^- 的配位数均为 8,一个晶胞有一个 CsCl"分子"。

(2)氯化钠(NaCl)型:NaCl 属立方晶系晶体,Cl^- 离子呈面心立方最紧密堆积,Na^+ 则填充于全部的八面体空隙中,两者的配位数均为 6。一个晶胞内含有 4 个 NaCl"分子"。MgO、CaO、SrO、MnO、FeO、CoO、NiO 等许多 $A^{2+}O$ 型氧化物具有 NaCl 型结构,O^{2-} 相当于 Cl^-,位于立方体的顶点和各面的中心上,二价金属离子则位于立方体的中心和各棱的中央。

(3)闪锌矿(立方 ZnS)型:闪锌矿属于立方晶系晶体,其结构与金刚石结构相似。在立方 ZnS 结构中,S^{2-} 位于立方晶胞之顶角及面心上,形成面心立方最紧密堆积结构,而 Zn^{2+} 交错地处于八分之一立方体的中心,占据半数的四面体空隙,Zn^{2+} 和 S^{2-} 两者的配位数均为 4。Zn^{2+} 具有十八电子构型,而 S^{2-} 又易于变形,因此 Zn—S 键具有相当程度的共价键性质。Be、Cd、Hg 的硫化物、硒化物和碲化物以及 $CuCl_2$ 等物质均具有这种结构。

(4)纤锌矿(六方 ZnS)型:纤锌矿属于六方晶系晶体,S^{2-} 按六方最紧密堆积排列,而 Zn^{2+} 则填充入半数的四面体空隙中,正负离子的配位数均为 4,BeO、ZnO 等氧化物也具有这种结构形式。

2. AX_2 型晶体

AX_2 型晶体包括萤石(CaF_2)型、金红石(TiO_2)型和碘化镉(CdI_2)型晶体结构等。

(1)萤石(CaF_2)型:萤石属于立方晶系晶体,Ca^{2+} 离子位于立方晶胞的各个顶角及面心,形成面心立方结构,而 F^- 则填充在由 Ca^{2+} 离子堆积而形成的 8 个小立方体的中心。Ca^{2+} 的配位数为 8,形成立方配位多面体,而每个 F^- 周围有 4 个 Ca^{2+},形成四面体结构。

萤石型结构相当于 $A^{4+}O^{2-}$ 型氧化物所具有的结构,A^{4+} 和 O^{2-} 分别占据 Ca^{2+} 和 F^- 的位置。如 ThO_2、CeO_2 及 UO_2 等氧化物就属于这种结构类型。ZrO_2 也属于这种结构,但变形较大。

碱金属氧化物 Li_2O、Na_2O、K_2O 和 Rb_2O 的结构属于反萤石型结构,它们的正离子和负离子的位置,与上述情况完全相反,即碱金属离子占有 F^- 的位置,而 O^{2-} 占有 Ca^{2+} 的位置。这种正负离子倒置的结构,叫做反同型体。

(2)金红石(TiO_2)型:金红石属四方晶系晶体,Ti^{4+} 在晶胞的顶角和中心位置上,实际上 Ti^{4+} 在晶体中是按四方简立方格子排列的,晶胞中心的 Ti^{4+} 为另一套简立方格子所有。Ti^{4+} 的配位数为 6,在它周围的 6 个 O^{2-} 构成 $[TiO_6]$ 八面体;O^{2-} 则由位于三角形顶点上的 3 个 Ti^{4+} 包围起来,每个 O^{2-} 同时为 3 个钛氧八面体所共有,整个结构可以看成是由 O^{2-} 形成的稍有变形的六方最紧密堆积结构,Ti^{4+} 只填充了由 O^{2-} 形成的八面体空隙的半数。SnO_2、MnO_2、GeO_2、PbO_2、VO_2、NbO_2 等氧化物都具有金红石的结构形式。

(3)碘化镉(CdI_2)型:碘化镉属三方晶系层状结构晶体。Cd^{2+} 位于六方柱大晶胞的各个顶角和底心的位置上,I^- 则位于 Cd^{2+} 形成的三角形重心的上方或下方,每个 Cd^{2+} 处在由 6 个 I^- 组成的八面体中央,3 个 I^- 在上,3 个 I^- 在下。每个 I^- 与 3 个同一边的 Cd^{2+} 相连,I^- 在结构中按六方最紧密堆积排列,而 Cd^{2+} 则相间成层地填充于半数的八面体空隙中,构成层状结构。由于极化作用,层内的质点之间已有明显的共价键性质,而层与层间是通过分子间力来联系的,所以每层内联系很紧,但层与层之间的结合力都很弱。$Mg(OH)_2$ 和 $Ca(OH)_2$ 也具有 CdI_2 型结构特征。

3. A_2X_3 型晶体

刚玉($\alpha-Al_2O_3$)是典型的 A_2X_3 型晶体,属于三方晶系晶体,O^{2-} 近似地作六方最紧密堆积排列,Al^{3+} 填充在 6 个 O^{2-} 形成的八面体空隙中。除 $\alpha-Al_2O_3$ 之外,$\alpha-Fe_2O_3$、Cr_2O_3、Ti_2O_3 和 V_2O_3 等氧化物也具有刚玉型结构形式。

上面介绍的 AX、AX_2、A_2X_3 型晶体类型,都是一种正离子和一种负离子相结合的一些简单晶体,归纳一下可以得出如下规律:

(1)构成物质的化学式类型不同,也即意味着组成晶体的质点之间的数量关系不同,因而晶体结构也不相同,如 TiO_2 和 Ti_2O_3 中正离子和 O^{2-} 的数量关系分别为 1:2 和 2:3;前者为 AX_2 型化合物,具有金红石型结构,而后者则为 A_2X_3 型化合物,具有刚玉型结构。

(2)组成晶体的质点大小不同,反映了离子半径比值(r^+/r^-)不同,因而配位数和晶体结构也不相同,如 Cs^+ 和 Na^+ 有不同的离子半径,分别与 Cl^- 形成 $CsCl$ 和

NaCl 时,两者具有不同的结构类型。

（3）组成晶体中的质点的极化性能不同,反映了各离子的极化率或极化力不同,则晶体结构也不同。极化的结果,不仅使离子间距离变化,而且可以使晶体结构的类型发生改变。如 Ag^+ 的卤化物 $AgCl$、$AgBr$ 和 AgI,按离子半径的理论计算,r_{Ag^+}/r_{Cl^-}、r_{Ag^+}/r_{Br^-}、r_{Ag^+}/r_I 分别为 0.715、0.654、0.577,三者都在 0.414 ~ 0.732 的范围,Ag^+ 的配位数应为 6,但由于极化的结果,AgI 中 Ag^+ 的配位数为 4。

除上述三种晶体结构类型外,还有更为复杂的一些晶体类型,现介绍如下。

4. ABO_3 型晶体

ABO_3 中 A、B 代表金属正离子。

钙钛矿($CaTiO_3$)型:钙钛矿具有假立方体形,在低温时转变为斜方晶系晶体。这种结构中 O^{2-} 和较大的正离子 Ca^{2+} 一起按面心立方最紧密堆积排列,而较小的正离子 Ti^{4+} 则占有八面体空隙的四分之一。

Ca^{2+} 处在立方体的顶角,Ti^{4+} 在立方体的中心,也即在由 6 个 O^{2-} 形成的八面体的中心。$[TiO_6]$ 八面体群互相以顶角相连而形成三维空间结构。填充在 $[TiO_6]$ 八面体形成的空隙内的 Ca^{2+} 被 12 个 O^{2-} 包围,因此,Ca^{2+} 和 Ti^{4+} 的配位数分别为 12 和 6。

除 $CaTiO_3$ 外,有许多化合物具有钙钛矿的结构形式,如 $SrTiO_3$、$BaTiO_3$、$PbTiO_3$、$PbZrO_3$、$SrZrO_3$ 等,即 Ca^{2+} 可以

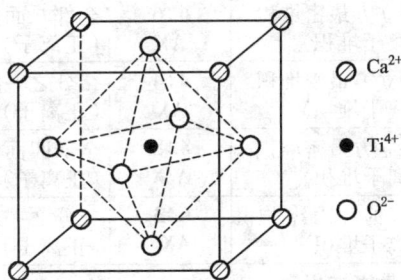

图 1-8　$CaTiO_3$ 型晶体的结构

被 Sr^{2+}、Ba^{2+}、Pb^{2+} 等两价离子所代替,而 Ti^{4+} 可以被 Zr^{4+} 所代替,钙钛矿结构类物质是一系列铁电晶体的代表。如 $BaTiO_3$ 的高介电性,$PbZrO_3$ 的优良压电性,以及由它们衍生出的一系列具有特殊性能的晶体物质,在电子陶瓷材料中发挥着重要的作用。

在 ABO_3 型化合物中,当 B 离子很小时,小到不可能被 O^{2-} 以八面体形式所包围,如 C^{4+}、N^{5+} 或 B^{3+},这时就不能形成钙钛矿型结构,而产生方解石($CaCO_3$)型晶体,其结构可以看成是变了形的 NaCl 结构。

5. AB_2O_4 型晶体

AB_2O_4 通式中,A 为二价正离子,B 为三价正离子。这类晶体中以尖晶石($MgAl_2O_4$)型为代表。

尖晶石属立方晶系晶体。O^{2-} 作面心立方最紧密堆积排列,Mg^{2+} 进入四面体空隙,而 Al^{3+} 则占有八面体空隙。尖晶石晶胞中含有 8 个 $MgAl_2O_4$ "分子",即

$Mg_8Al_{16}O_{32}$，因此，在 O^{2-} 堆积形成的骨架中有 64 个四面体空隙和 32 个八面体空隙。但 Mg^{2+} 只占有四面体空隙的八分之一（即只占有 8 个四面体），而 Al^{3+} 占有八面体空隙的二分之一（即占有 16 个八面体）。近代技术上广泛应用的铁氧体磁性材料就是以尖晶石型晶相为基础而制成的。在铁氧体中二价离子除 Mg^{2+} 以外，还可以是 Fe^{2+}、Co^{2+}、Ni^{2+}、Mn^{2+}、Zn^{2+}、Cd^{2+} 等，三价离子除 Al^{3+} 外，还可以是 Fe^{3+}、Cr^{3+} 等。

有时 A^{2+} 占有的 8 个四面体空隙被 8 个 B^{3+} 填充，而另外 8 个 B^{3+} 则和 8 个 A^{2+} 填充到 16 个八面体空隙中，可以用通式 $B(AB)O_4$ 表示，这种结构叫反尖晶石型结构。

下面将以上介绍的几种典型的无机化合物的晶体结构，按正负离子的堆积方式分组列于表 1-5 中。

表 1-5　根据正负离子堆积方式分组的简单离子晶体结构

正或负离子堆积方式	正负离子的配位数	正负离子占据的空隙位置	结构类型	实　　例
面心立方最密堆积（负离子堆积）	6:6 AX	全部八面体（正离子）	NaCl 型	MgO、CaO、SrO、BaO、MnO、FeO、CoO、NiO、NaCl
面心立方最密堆积（负离子堆积）	4:4 AX	二分之一四面体（正离子）	闪锌矿	ZnS、CdS、HgS、BeO、β-SiC
面心立方最密堆积（负离子堆积）	4:8 A_2X	全部四面体（正离子）	反萤石型	Li_2O、Na_2O、K_2O、Rb_2O
扭曲了的六方最密堆积（负离子堆积）	6:3 AX_2	二分之一八面体（正离子）	金红石型	TiO_2、SnO_2、GeO_2、PbO_2、VO_2、NbO_2、MnO_2
六方最密堆积（负离子及较大的正离子堆积）	12:6:6 ABO_3	四分之一八面体（较小的正离子）	钙钛矿型	$CaTiO_3$、$SrTiO_3$、$BaTiO_3$、$PbTiO_3$、$PbZrO_3$、$SrZrO_3$
面心立方最密堆积（负离子堆积）	4:6:4 AB_2O_4	八分之一四面体(A)二分之一八面体(B)	尖晶石型	$MgAl_2O_4$、$FeAl_2O_4$、$ZnAl_2O_4$、$FeCr_2O_4$
面心立方最密堆积（负离子堆积）	4:6:4 $B(AB)O_4$	八分之一四面体(B)二分之一八面体(AB)	反尖晶石型	$FeMgFeO_4$、$Fe^{3+}[Fe^{2+}、Fe^{3+}]O_4$
六方最密堆积（负离子堆积）	4:4 AX	二分之一四面体（正离子）	纤锌矿型	ZnS、BeO、ZnO、α-SiC
扭曲了的六方最密堆积（负离子堆积）	6:3 AX_2	二分之一八面体（正离子）	碘化镉型	CdI_2、$Mg(OH)_2$、$Ca(OH)_2$
六方最密堆积（负离子堆积）	6:4 A_2X_3	三分之二八面体（正离子）	刚玉型	α-Al_2O_3、α-Fe_2O_3、Cr_2O_3、Ti_2O_3、V_2O_3
简单立方堆积（负离子堆积）	8:8 AX	全部立方体空隙（正离子）	CsCl 型	CsCl、CsBr、CsI
面心简单立方堆积（正离子堆积）	8:4 AX_2	二分之一立方体空隙（负离子）	萤石型	ThO_2、CeO_2、UO_2、ZrO_2、CaF_2

1.2.2　硅酸盐晶体结构

1. 概述

硅和氧是地壳中分布最广的两种元素,它们的分布量各占 25% 和 50% 左右。硅在地壳中的主要存在形式是硅酸盐。

硅酸盐的化学组成比较复杂,这是因为在硅酸盐中,正负离子都可以被其他离子全部或部分地取代。硅酸盐的化学式有两种写法,一种是把构成这些硅酸盐的氧化物写出来,先是一价碱金属氧化物,其次是二价、三价的金属氧化物,最后是 SiO_2。如钾长石的化学式可写为 $K_2O \cdot Al_2O_3 \cdot 6SiO_2$;另一种是如无机铬盐的写法,先是一价、二价的金属离子,其次是 Al^{3+} 和 Si^{4+},最后是 O^{2-},按一定的离子数比例写出其化学式,如钾长石可写为 $K_2Al_2Si_6O_{16}$ 或 $KAlSi_3O_8$。

硅酸盐晶体的结构很复杂,其共同特点如下:

(1)硅酸盐结构中的 Si^{4+} 间不存在直接的键,而 Si^{4+} 与 Si^{4+} 之间的连接是通过 O^{2-} 来实现的,如 $\equiv Si-O-Si\equiv$ 键 。

(2)每个 Si^{4+} 存在于 4 个 O^{2-} 为顶点的[SiO_4]四面体的中心,[SiO_4]是硅酸盐晶体结构的基础。

(3)[SiO_4]四面体的每一个顶点即 O^{2-} 最多只能为两个[SiO_4]四面体所共有。

(4)两个邻近的[SiO_4]四面体间只能以共顶而不能以共棱或共面相连接。因共棱或共面会降低[SiO_4]聚合结构的稳定性。

(5)[SiO_4]四面体间可以通过共用顶角 O^{2-} 而形成不同聚合程度的络阴离子团。

硅酸盐晶体按[SiO_4]四面体的聚合程度可分为岛状、组群状、链状、层状和架状 5 种形式(表 1 - 6)。

表 1 - 6　硅酸盐晶体的五种结构类型

结构类型	[SiO_4]共用顶角 O^{2-} 数	[SiO_4]聚合结构形状	络阴离子基团	Si:O	实　例
岛状	0	单个四面体	$[SiO_4]^{4-}$	1:4	镁橄榄石 $Mg_2[SiO_4]$
组群状	1	双四面体	$[Si_2O_7]^{6-}$	2:7	硅钙石 $Ca_3[Si_2O_7]$
	2	三节环	$[Si_3O_9]^{6-}$	1:3	蓝锥矿 $BaTi[Si_3O_9]$
		四节环	$[Si_4O_{12}]^{8-}$		
		六节环	$[Si_6O_{18}]^{12-}$		绿宝石 $Be_3Al_2[Si_6O_{18}]$
链状	2	单链	$[Si_2O_6]^{4-}$	1:3	透辉石 $CaMg[Si_2O_6]$
	2,3	双链	$[Si_4O_{11}]^{6-}$	4:11	透闪石 $Ca_2Mg_5[Si_4O_{11}]_2(OH)_2$
层状	3	平面层	$[Si_4O_{10}]^{4-}$	4:10	滑石 $Mg_3[Si_4O_{10}](OH)_2$
架状	4	三度网络空间结构	$[SiO_2]$	1:2	石英 SiO_2
			$[(Al_xSi_{4-x}O_8)]^{x-}$		钠长石 $Na[AlSi_3O_8]$

2. 岛状结构

岛状硅酸盐结构中的$[SiO_4]$四面体以"孤立"状态存在,即在岛状硅酸盐结构中$[SiO_4]$四面体各顶角之间并不相互连接,每个O^{2-}除已经与一个Si^{4+}相连接外,不再与其他的$[SiO_4]$四面体中的Si^{4+}相配位。需要说明的是,孤立状态是相对$[SiO_4]$四面体的聚合结构而言的,也就是说岛状结构中不存在$\equiv Si—O—Si\equiv$键。$[SiO_4]$四面体中的每个O^{2-}剩余的价键可与其他金属离子相配位而使电价得到饱和,$[SiO_4]$四面体之间通过Si^{4+}以外的其他离子联系起来。

岛状硅酸盐主要有锆英石$Zr[SiO_4]$、橄榄石$(Mg,Fe)_2[SiO_4]$、硅线石、红柱石、蓝晶石$Al_2O_3 \cdot SiO_2$、莫来石$3Al_2O_3 \cdot 2SiO_2$,以及存在于水泥熟料中的$\gamma - C_2S(\gamma - Ca_2SiO_4)$、$\beta - C_2S(\beta - Ca_2SiO_4)$和$C_3S(Ca_3SiO_5)$等。

3. 组群状结构

组群状结构由2个、3个、4个或6个$[SiO_4]$四面体通过公共顶角氧相连接,形成硅氧络阴离子。硅氧络阴离子之间通过其他金属离子联系起来。这类结构又称为孤立的有限硅氧四面体群。由于$[SiO_4]$四面体之间已经公用的O^{2-}的电价已经饱和,不能再与别的阳离子相配位,故公共氧也称为非活性氧;而与$[SiO_4]$四面体上的Si^{4+}连接后还剩余一个负电价的O^{2-}称为活性氧,由于其有剩余的电价,故还可以与其他金属离子相配位。非活性氧又称为桥氧(如$\equiv Si—O—Si\equiv$中电价达到饱和的氧),活性氧又称为非桥氧(如$\equiv Si—O^-$中带1价负电的氧)。

由两个$[SiO_4]$四面体通过共用一个顶角氧成为$[Si_2O_7]^{6-}$络阴离子,络阴离子中$Si:O = 2:7$。这类结构有硅钙石$Ca_3[Si_2O_7]$、铝方柱石$Ca_2Al[AlSiO_7]$和镁方柱石$Ca_2Mg[Si_2O_7]$等。其结构特征为双四面体形组群状结构。

由3个、4个或6个$[SiO_4]$四面体形成的三节环、四节环、六节环硅氧络阴离子表示为$[Si_3O_9]^{6-}$、$[Si_4O_{12}]^{8-}$、$[Si_6O_{18}]^{12-}$,环状结构中的活性氧可与其他金属离子连接而形成环状形组群状晶体,如蓝锥矿$BaTi[Si_3O_9]$、绿宝石$Be_3Al_2[Si_6O_{18}]$等。

4. 链状结构

链状结构包括单链和双链两种形式。硅氧四面体$[SiO_4]$通过公共氧连接起来向一维空间伸展而形成的链状结构为单链。单链中每个$[SiO_4]$四面体上有两个氧是非活性氧

$$\left[\cdots\cdots \begin{array}{ccc} O— & O— & O— \\ | & | & | \\ —O—Si—O—Si—O—Si— \\ | & | & | \\ O— & O— & O— \end{array} \cdots\cdots \right]$$

。单链硅氧络阴离子表达式为$[Si_2O_6]_n^{4n-}$。两条相同的单链通过尚未公用的氧可以组成带状,形成双链,它以$[Si_4O_{11}]^{6-}$为结构单元向一维空间伸展,双链硅氧络阴离子的表示式为

$[Si_4O_{11}]_n^{6n-}$。

具有单链结构特征的硅酸盐有透辉石、顽火辉石等,其链与链之间通常由 Mg^{2+} 和 Ca^{2+} 联系。角闪石硅酸盐含有双链 $[Si_4O_{11}]_n^{6n-}$,如斜方角闪石 $(Mg,Fe)_7[Si_4O_{11}]_2(OH)_2$ 和透闪石 $Ca_2Mg_5[Si_4O_{11}]_2(OH)_2$。

具有链状结构的硅酸盐矿物中,因链内的 Si—O 键要比链之间的 M—O 键强得多(M 一般为 6 个或 8 个 O^{2-} 包围的正离子),因此,这些硅酸盐容易沿链间结合较弱处裂开成为柱体或纤维。例如,双链结构的存在,是角闪石石棉呈细长纤维的根本原因。

5. 层状结构

层状结构是 $[SiO_4]$ 四面体通过三个公共氧所构成的向二维空间延伸的六节环的硅氧层。硅氧层的化学表示式为 $[Si_4O_{10}]_n^{4n-}$。每个 $[SiO_4]$ 四面体上只有一个活性氧,它还可以与其他正离子配位。

属于这一类的矿物有滑石 $Mg_3[Si_4O_{10}](OH)_2$、高岭石 $Al_4[Si_4O_{10}](OH)_8$、蒙脱石 $Al_2[Si_4O_{10}](OH)_2 \cdot nH_2O$、白云母 $KAl_2[AlSi_3O_{10}](OH)_2$ 等。这些矿物大都由所谓复网层(双四面体层)构成。复网层由 Mg^{2+}、Al^{3+}、Fe^{2+} 等联系起来的两层活性氧相对的硅氧层所组成。复网层与复网层之间可以有 K^+、Na^+、Ca^{2+} 进入而联系起来。

层状矿物的结构中一般都含有结构水,以 OH^- 形式存在。对某些矿物来说,在复网层与复网层间可以有层间结合水存在。对于后者,因结合并不牢固,在脱水处理时,不会使晶格发生破坏。

通常复网层是呈电中性的,层与层之间仅靠较弱的分子间作用力来联系。因此,这些物质具有良好的片状解理,其程度随结构差异而不同。

6. 架状结构

架状结构中每个 $[SiO_4]$ 中的 O^{2-} 全部为公共氧,作为骨架的硅氧结构单元化学式为 $nSiO_2$,在架状硅酸盐晶体中,$[SiO_4]$ 四面体通过 4 个公共氧连接起来,形成三维网络结构。当骨架中有 Al^{3+} 取代 Si^{4+} 时则结构单元可以有 $[AlSiO_4]$ 或 $[AlSi_3O_8]$ 等形式。属于架状结构的矿物有石英及其变体、霞石 $Na[AlSiO_4]$、长石 $(K,Na)[AlSi_3O_8]$ 等。晶态 SiO_2 有多种变体,可分为 3 个系列,即石英、磷石英和方石英系列。它们的转化关系如下:

在晶态 SiO_2 的各种变体中,Si^{4+} 总是为 4 个 O^{2-} 所包围形成 $[SiO_4]$ 四面体,每个 O^{2-} 同时属于两个四面体,因此,由许多硅氧四面体互相连接而形成三维空间架状结构。当然,不同的变体内,两个四面体结合排列方式不同,造成各变体之间具有不同的结构形式。如 α - 方石英中两个 $[SiO_4]$ 之间有一对称中心;α - 磷石英中则有一对称面,两者之间的 Si—O—Si 键角为 180°;β - 石英的键角为 150°。这说

熔　体　　　　　熔　体

↑ ~1600 ℃　　870 ℃　↑ 1670 ℃　　1470 ℃　　　　　1713 ℃

石英　⇄　磷石英　⇄　方石英　⇄　熔　体

↑↓ 537 ℃　　↑↓ 160 ℃　　↑↓ 180~270 ℃　　加热↑↓急冷

β-石英　　　β-磷石英　　　β-方石英　　　玻　璃

↑↓ 117 ℃

γ-磷石英

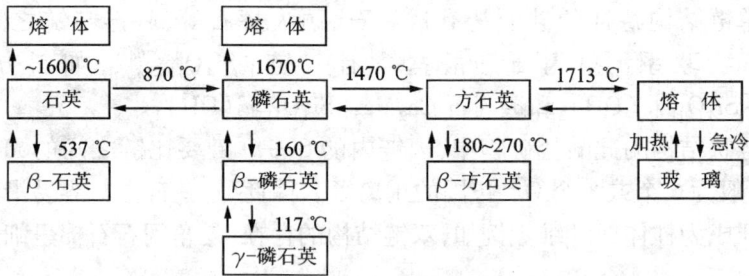

图 1－9　石英变体间的转化关系

明当 SiO_2 晶体之间发生转化时,其结构也随之发生变化。

1.2.3　晶体结构缺陷

X 射线衍射方法的出现,揭示了晶体的内部质点(原子、离子或分子等)排列的规律性,形成了空间点阵结构学说。它认为晶体中质点是沿三度空间呈有序的、无限周期重复性排列的。质点按这种方式排列,质点间势场也就具有严格的周期性,这样的晶体为理想晶体。但实际上,理想晶体是不存在的,其结构中总是存在这样或那样的缺陷。

1.点缺陷

理想晶体中一些原子被外界原子所取代,或者在晶格间隙中掺入原子,或者留有原子空位,从而破坏了晶体结构中质点有规则的周期性排列,引起质点间势场的畸变,造成晶体结构的不完整或缺陷,这种缺陷被称作点缺陷,一般分为三类:晶格位置缺陷、组成缺陷和电荷缺陷。

(1)晶格位置缺陷

当晶体中的温度高于绝对零度时,质点吸收热能而在晶格位置振动,产生位移,然而移动距离相当小。这是由于在移动过程中,质点间吸引力的作用,促使这个质点恢复到原来位置。因此,质点最终的运动形式是围绕一个平衡位置的振动。显然,这个平衡位置实际上就是理想晶格位置。但温度愈高,原子吸收的热能愈多,振动的振幅也增大。从物理化学中知道,一定温度的热能与质点的平均动能相对应。实际上,晶体内各质点所占有的能量是按麦克斯韦尔分布律分配的,可以大于或小于质点的平均动能,显然,其中有某些质点的能量比质点平均动能大,如果它的能量足够大,甚至可以脱离开它的平衡位置,则在原来位置上留下一个空位。因此,由于热起伏,晶体中总有一些质点要离开它的平衡位置,造成缺陷,这种形式的缺陷称为热缺陷。

离开平衡位置的质点可以有两种情况:一种是具有能量足够大的质点离开平

衡位置后,挤到格子点的间隙中,而在原来位置上形成空位,这种缺陷叫做弗伦克尔缺陷;另一种是固体表面层的质点获得较大能量,但其能量还不足以使它蒸发出去,只是移到表面外新的位置上去,而留下原来位置形成空位。这样晶格深处的质点就依次填入,结果表面上的空位逐渐转移到内部去。这种形式的缺陷叫肖特基缺陷。显然,肖特基缺陷使晶体体积增加,而弗伦克尔缺陷使晶体体积不发生改变。

一般来说,正负离子半径相差不大时,肖特基缺陷是主要的(如 NaCl),而两种离子半径相差大时弗伦克尔缺陷是主要的(如 AgBr)。

(2)组成缺陷

杂质原子进入晶体后,因其与原有晶体原子的性质不同,故它不仅破坏原子有规则的排列,而且引起杂质原子周围周期势场的改变。这种缺陷称为组成缺陷。

当杂质原子进到固有原子点阵的间隙中时,则形成间隙杂质原子,而当杂质原子取代固有原子时则形成置换型杂质原子。

(3)电荷缺陷

非金属固体具有价带、禁带和导带的能带结构。当在绝对零度时导带全部空着,价带全部被电子填满。随着温度升高,价带中电子得到能量 E_g,而被激发入导带,此时在价带留一空穴,而在导带中存在一个电子。这样虽然没有破坏原子排列的周期性,但由于空穴与电子带正、负电荷,在它们附近形成一个附加电场,引起晶体结构中质点周期势场的畸变,造成晶格缺陷,这称为电荷缺陷。

点缺陷在实践中有重要意义。在硅酸盐工业中,有大量的烧成、烧结和固相反应过程,这些过程与质点在晶体内或表面上的运动有关,因此,热缺陷能加速这些过程,同时由于热缺陷具有局部不平衡电场存在,在外电场作用下会有导电性,这样对电绝缘陶瓷和半导体材料的结构设计和制备也有重要意义;此外,热缺陷使某些晶体产生颜色,间隙离子能阻止晶面相互间的滑移,使晶体强度增加,杂质原子还能改变金属的腐蚀进程等,掺杂正是利用点缺陷的这些特点而在材料制备及性能改进方面发挥着重要的作用。

2. 线缺陷(位错)

实际晶体在结晶时受到杂质、温度变化、振动产生的应力作用,或受到打击、切削、研磨等机械应力的作用,晶体内部质点的排列发生变化,质点行列间相互滑移,而不再符合理想晶格的有序排列,形成线状缺陷,称位错。

晶体中质点滑移时,滑移面和未滑移面的一条交界线称为位错线。在这条线上的质点配位和其他质点不同,位错上部质点间距密,下部疏。这种质点间距出现疏密不均匀也是一种晶体缺陷。它的特性是滑移方向和位错线垂直,一般称它是棱位错或刃位错。

一些单晶材料,受到拉应力超过弹性限度后,会产生永久形变,即产生所谓的塑性形变。其原因就是晶体各部分在拉应力作用下沿某族晶面形成位错直到发生了相对移动(滑移),造成永久形变。

另一种位错是在剪应力作用下发生的,其特点是晶体中滑移部分的相交位错线和滑移方向平行。由于和位错线垂直的平行面不是水平的,而是呈螺旋形,故称之为螺旋位错。

3. 面缺陷

面缺陷可以看成由许多棱位错排列汇集成一个平面,称"镶嵌界面缺陷"或称"小角度晶界",是晶体在成长过程中受热应力或机械应力或表面张力作用而形成的;或者是结晶过程开始时,形成许多晶核,当晶核进一步长大时,形成相互交错接触的多晶聚集体,各晶粒晶面取向互不相同,这种界面缺陷称大角度晶界,界面处的不同晶粒之晶面的交角不像小角度晶界缺陷那样微小。

4. 固溶体

外来组分(离子、原子或分子)分布在基质晶体晶格内,它的含量多少可以改变,类似溶质溶解在溶剂中一样,但并不破坏晶体的结构,仍旧保持一种晶相,称为固溶体。如外来组分占据了晶格中结点的一些位置,破坏了基质晶体质点排列的有序性,引起周期势场的畸变,造成结构不完整,显然它就是点缺陷中的组成缺陷。固溶体有三种类型:一是置换型固溶体,二是间隙型固溶体,三是和固溶体密切相关的非化学计量化合物。

(1)置换型固溶体

一种外来质点代替了晶体中原有晶格中的质点,形成置换型固溶体。有两种类型的置换型固溶体:一种是完全互溶固溶体或连续互溶固溶体,其特点是置换量可以是无限的,如 FeO 或 NiO 中的 Fe^{2+}、Ni^{2+} 置换 MgO 中的 Mg^{2+} 就属于此类;另一种是部分互溶固溶体,其特点是正离子间的相互置换量有一定限度,如 CaO 和 MgO、MgO 和 Al_2O_3 等。并非所有物质间都能互相置换,如 CaO 和 BeO 就不能形成固溶体。

影响形成置换型固溶体的因素有:

1)离子大小:如果晶体的结构形式相同(如均为 NaCl 型或 CsCl 型等),两种离子半径相差不超过 15%,则它们能形成完全互溶固溶体。如两者离子半径相差 20% ~ 40%,置换量就有限了,只能形成部分互溶固溶体。计算离子尺寸之差时,可采用下式计算:$[(R_1 - R_2)/R_1] \times 100\%$。$R_1$ 为大离子半径,R_2 为小离子半径。

例:$Al_2O_3 - Cr_2O_3$ 系统中,Al^{3+} 的离子半径为 0.53 Å,Cr^{3+} 的离子半径为 0.62 Å,两者离子半径相对差为 $[(0.62 - 0.53)/0.62] \times 100\% = 14.5\%$,小于 15%,故 $Al_2O_3 - Cr_2O_3$ 能形成完全互溶固溶体。

固溶体在工业生产中有重要的实际应用价值。例如:在波特兰水泥中有一种成分 $\beta - Ca_2SiO_4(\beta - C_2S)$,易发生晶形转变,造成水泥质量下降,阻止它转变的一个办法即固溶体法,就是添加 MgO、SrO 或 BaO 等,使它们形成正硅酸盐和 $\beta - C_2S$ 置换型固溶体。

2)离子价:离子价对固溶体的形成也有明显的影响。只有离子价相同或离子价总和相同时才可能生成连续互溶固溶体。这是生成连续互溶固溶体的必要条件。已知生成连续互溶固溶体的系统,相互取代的离子价都是相同的,例如 $NiO - MgO$、$Cr_2O_3 - Al_2O_3$、$PbZrO_3 - PbTiO_3$、$CoO - MgO$、$Mg_2SiO_4 - Fe_2SiO_4$ 等系统。如果取代离子价不同,则要求用两个或两个以上不同价态的离子组合起来,满足电中性要求,才能形成连续固溶体。斜长石($Ca_{1-x}Na_xAl_{2-x}Si_{2+x}O_8$)就是个典型例子。在斜长石中,钙和铝同时分别被钠和硅所取代,保持取代后离子价的总和不变,因此也形成连续互溶固溶体,这种例子在压电陶瓷中很多。也正是对固溶体的研究,才使得压电陶瓷得到迅速的发展。

3)晶体结构:晶体结构与离子尺寸的大小及离子价等相联系,可以说是由于离子尺寸差别和离子价差别而引起结构的差别。晶体结构作为单独的因素来考虑是休谟-罗杰里(Hume - Rothery)提出来的,他认为晶体结构类型相同是生成连续固溶体的必要条件,结构不同最多只能生成有限固溶体。例如 $NiO - MgO$ 系统是连续固溶体,两个组元都具有 $NaCl$ 型结构;$Cr_2O_3 - Al_2O_3$ 系统是连续互溶固溶体,Cr_2O_3 和 Al_2O_3 均具有刚玉型结构。

4)电负性:离子的电负性对于固溶程度及化合物的生成有一定的影响,电负性相近,有利于固溶体的生成,电负性差别大,生成固溶体的可能性小或固溶程度差。

在考虑固溶体的形成时,必须兼顾到上述各因素,当然,对于氧化物系统,固溶体的生成主要决定于离子尺寸及离子价两个因素。

(2)间隙型固溶体

若外来组分中质点比较小,它们能进入晶格的间隙位置内,这样形成的固溶体称间隙型固溶体。在金属键的物质中,这类固溶体很普遍。例如原子半径较小的 H、C、B 都很容易进入金属晶格的间隙,成为间隙型固溶体。间隙型固溶体在无机非金属固体材料中,也是存在的。虽然形成固溶体的固溶度仍取决于离子尺寸、离子价、电负性、晶体结构等因素,但在一定程度上来说,晶体结构中间隙的大小是最关键的因素。例如,面心立方结构 MgO,只有四面体空隙可以利用;而在 TiO_2 晶格中有八面体空隙可以利用;在 CaF_2 型结构中则有配位数为 8 的较大空隙存在;再如架状硅酸盐片沸石结构中的空隙就更大了。因此,间隙固溶体形成能力的大小次序必然是片沸石 > CaF_2 > TiO_2 > MgO。

添加到间隙位置中的离子需要一些电荷来平衡,以保持其电中性,方法是形成空位、产生部分取代或离子价态变化,生成置换型固溶体。例如 Y_2O_3 与 ZrO_2 形成固溶体时,Y_2O_3 中的两个 Y^{3+} 进入 ZrO_2 的 Zr^{4+} 位置,此时结构中正电荷减少两个，三个 Y_2O_3 中 O^{2-} 进入 ZrO_2 中 O^{2-} 晶格位置，产生一个氧空位（V_0）以保持电价平衡。缺陷反应如下：

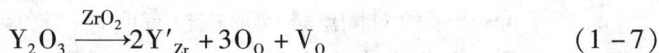

$$Y_2O_3 \xrightarrow{ZrO_2} 2Y'_{Zr} + 3O_0 + V_0 \tag{1-7}$$

又如：Al_2O_3 在 MgO 中有一定的溶解度，当 Al^{3+} 进入 MgO 晶格中时，它占据 Mg^{2+} 的位置，Al^{3+} 比 Mg^{2+} 高出一价，为了保持电中性和位置关系。在 MgO 中就要产生 Mg 空位 V_{Mg}，反应如下：

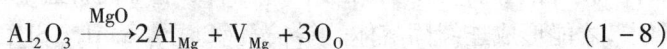

$$Al_2O_3 \xrightarrow{MgO} 2Al_{Mg} + V_{Mg} + 3O_0 \tag{1-8}$$

YF_3 或 ThF_4 加到 CaF_2 中形成固溶体时，F^- 离子进入 CaF_2 晶格的间隙位置中，产生负电荷，由 Y^{3+} 进入 Ca^{2+} 位置来保持电价的平衡。缺陷反应如下：

$$YF_3 \xrightarrow{CaF_2} Y'_{Ca} + 2F_F + F'_i \tag{1-9}$$

式中 Y'_{Ca} 表示一个 Y^{3+} 置换一个 Ca^{2+}，此时剩余一个正电荷，$2F_F$ 表示 YF_3 中两个 F^- 进入 CaF_2 的晶格位置，F'_i 表示 YF_3 中一个 F^- 进入 CaF_2 晶体的间隙中，带一个负电荷。

（3）非化学计量化合物

在化学中化合物的化学式和分子式符合倍比定律和定比定律，即构成化合物的各个组分，其含量相互之间成比例，而且是固定的。但 $Fe_{1-x}O$，$Co_{1-x}O$，$Cr_{2+x}O_3$ 等化合物就不符合上述规律。这类偏离化学式的化合物，称非化学计量化合物。

像 $Fe_{1-x}O$、$Co_{1-x}O$、$Cu_{2-x}O$、$Ni_{1-x}O$ 等化合物的结构中存在正离子空位，这类氧化物和化学式相比缺金属，故称缺金属型氧化物；同样还有 ZrO_{2-x}、TiO_{2-x} 等存在负离子空位，称缺氧型化合物。此外，还有金属过剩或氧过剩的化合物，如 $Zn_{1+x}O$，$Cr_{2+x}O$，$Cd_{1+x}O$ 和 UO_{2+x} 等，前者存在间隙正离子缺陷，后者存在间隙负离子缺陷。

这些化合物是如何保持电价平衡的呢？以 $Fe_{1-x}O$ 为例说明。在 $Fe_{1-x}O$ 中，由于正离子空位（V''_{Fe} 存在），O^{2-} 过剩。每缺少一个 Fe^{2+} 就出现一个 V''_{Fe} 空位，为了保持电中性，要有两个 Fe^{2+} 转变成 Fe^{3+}，因此，$Fe_{1-x}O$ 可以看成是 Fe_2O_3 在 FeO 中的固溶体。

1.3　非晶态结构

前面介绍了晶体结构的有关知识。晶体结构的特点是组成晶体的质点在三维空间呈现有规则的排列，即远程无序。除晶体外，自然界还存在另一类物质叫非晶态固体，简称非晶态或无定形（amorphous）态。非晶态物质涉及金属、无机、高分子三个材料领域。本书主要介绍无机非金属类非晶态固体材料。

1.3.1　非晶态的类型

非晶态物质由无机玻璃(传统氧化物、重金属氧化物及氟化物玻璃等)、凝胶、非晶态半导体(硫系化合物及元素)、无定形炭以及金属玻璃等组成。表 1 – 7 中列出了各自的代表性材料及其组成。

表 1 – 7　非晶态材料的种类

种　　类	材　　料(例)	化　学　组　成(例)
无机玻璃	石英玻璃、平板玻璃、日用玻璃、光学玻璃、重金属氧化物玻璃、氟化物玻璃等	SiO_2、$16Na_2O \cdot 12CaO \cdot 72SiO_2$、$53La_2O_3 \cdot 37B_2O_3 \cdot 5ZrO_2 \cdot 5Ta_2O_3$、$50PbO \cdot 30Bi_2O_3 \cdot 20B_2O_3$、$NaF – BeF_2$
凝胶	硅胶、硅矾土(吸附剂、触媒载体)	SiO_2、$SiO_2 – Al_2O_3$
非晶态半导体: (1)硫系玻璃(包括其他元素类似的化合物) (2)非晶态元素半导体	静电复印用 Se 膜、电视摄像管用光电导膜 太阳能电池用无定形半导体	Se、$As_{40}Se_{30}Te_{30}$ Si、Ge
无定形炭	玻璃炭、炭黑、炭膜	C
金属玻璃	软磁性合金、高强度无定形合金	$Fe_{80}P_{13}C_7$、$Co_{70}Fe_5Si_{15}B_{10}$

1.3.2　非晶态的 X 射线散射特征

所谓非晶态物质是质点不规则排列的固体的俗名,是与原子规则排列的晶体相反的结构状态。某种物质是非晶态还是晶态与其种类无关,相同或相近化学组成的物质由于制备条件的不同可以形成晶态物质,也可以形成非晶态物质。晶态和非晶态物质的判定一般采用 X 射线衍射方法。图 1 – 10 用 X 射线衍射图给出了晶态和非晶态的区别。该图中的(a)、(b)、(c)分别是 SiO_2 晶体(方石英)、SiO_2 玻璃、硅胶[$Si(OH)_4$]的 X 射线衍射图。图(a)显示出晶态物质的尖锐的衍射峰,而图(b)、(c)在 $2\theta = 23°$ 附近呈现出非常宽幅的散射峰,这是非晶态的特征散射谱。在晶体中能够看到尖峰,是由于原子规则排列构成了一定间隔的晶面,而在那些晶面发生了 X 射线衍射。如果原子排列不规则,就不能产生这样的衍射现象,而将会从相隔某种间距存在的原子对产生 X 射线散射,形成(b)、(c)所示的 X 射线散射谱。图(c)在 2θ 小于 3°～5°的小角侧能看到大的散射,被称为小角散射,它与原子排列无关,在数十埃以上的不均匀结构是由于密度的不同而引起的。

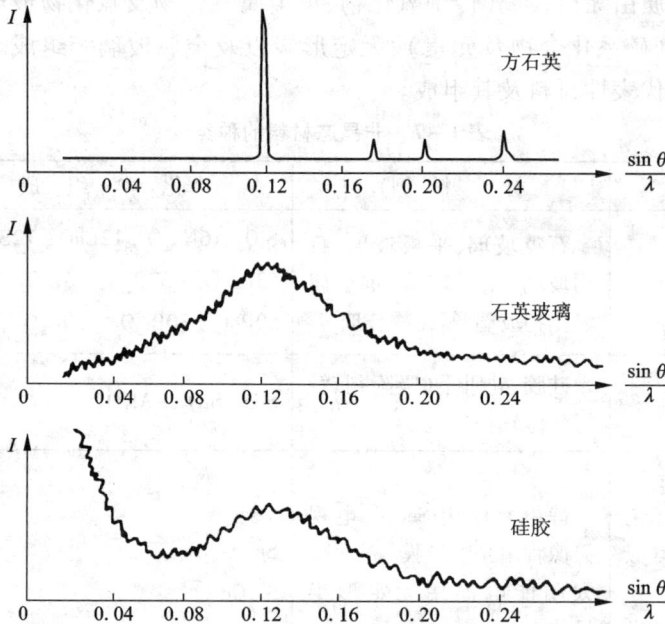

图 1 - 10　方石英的 X 射线衍射图和石英玻璃、硅胶的 X 射线散射图

　　引起晶态和非晶态物质 X 射线谱的明显差异的原因可以从 X 射线晶体学最基本的公式——布喇格公式得到解释。

$$2\mathrm{d}\sin\theta = \lambda \tag{1-10}$$

　　由于 $2\mathrm{d}\sin\theta$ 表示的是入射线在两个相邻原子面或晶面产生的反射线的光程差,因此,当光程差等于波长 λ 的整数倍时,相邻原子面或晶面的反射光才会因相位一致而产生相干加强,形成衍射线。

　　对于晶态物质,X 射线只有在满足布喇格公式的某些特殊角度下才能反射,这种选择性的反射必然导致 X 射线谱的不连续,也就是说,在一些角度下无衍射线出现。同时,由于 $\sin\theta \leqslant 1$,可推出 $d \geqslant \lambda/2$,因此,当 λ 一定时,只有晶面间距大于或等于 $\lambda/2$ 的晶面才会产生衍射,所以,晶体中能产生衍射的晶面数是有限的。

　　与晶态物质不同,在非晶态物质中,因不存在晶面上的反射,入射线只在原子面上"反射"。由于原子间的不规则排列,原子之间的间距也是不规则的,当 λ 一定时,d 与 θ 成一一对应关系,因此,在 X 射线谱上显示出宽幅的连续散射谱特征。

1.3.3　非晶态结构

简言之,非晶态结构的特征是原子排列是不规则的。为了研究它的不规则性,可将它分成近程结构和远程结构来考虑。

近程结构指的是原子在数埃以内微小范围的排列,相当于 NH_3、CO_2、SO_2、C_6H_4 那样低分子大小范围的结构,这种尺度范围内的结构直接反映了化学键的特性。作为结构因素,它包括了原子或离子价、第一配位圈的配位数、键角及键距等。

在非晶态结构中,可以看到存在于相同或相近组成的晶体中的结构单元,在石英玻璃和硅酸盐玻璃中,结构单元与石英晶体及硅酸盐晶体一样是 $[SiO_4]$ 四面体。对于非晶态物质 As_2S_3,结构单元是 AsS_3 锥形结构(同雌黄结晶)。非晶态元素半导体 Si、Ge 是金刚石型四面体结构。无定形炭是配位三角形或平面六角环,同石墨晶体结构。金属玻璃是由紧密堆积的最小单元四面体组成,它的原子排列近似于晶体排列。

将数埃到数十埃范围的结构称为远程结构。这个范围的结构,关系到结构单元的连接方式,与非晶态物质的本性有关,所以至关重要。人们对这个范围的结构进行了长期的研究和探讨,建立了一些结构模型。目前较为流行的是无规则网络学说和晶子学说。关于两种学说的要点及异同放到第 4 章的"玻璃的结构理论"一节介绍,这里仅给出了两种结构的模型。图 1 – 11(a)是为了比较而给出的晶态原子排列模型图。图 1 – 11(b)是不规则网络的结构模型图,与图 1 – 11(a)相比,可以看出质点在整体范围的排列是无序的。图 1 – 11(c)是微晶子结构模型,图中 C 区域是微晶子部分,也就是玻璃结构中的有序区域。为了把这样的微晶子相连结合成固体,必须存在非晶态基体,也就是说微晶子是分散在无定形介质中的。

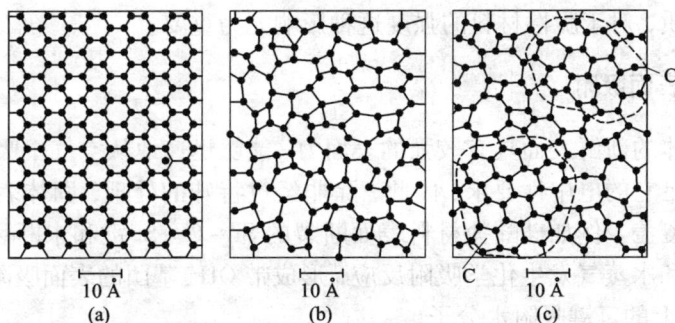

10 Å　　　　　10 Å　　　　　10 Å
(a)　　　　　(b)　　　　　(c)

图 1 – 11　结晶态(a)、根据不规则网络学说的非晶态(b)
以及根据微晶学说的非晶态(c)的结构模型

点表示结构单元,例如 $[SiO_4]$ 四面体、金刚石型四面体、六方型单元、金属四面体单元等

1.4 表面结构

物质中每个质点因受到周围别的质点的作用而存在力场。对于晶态物质来说，其内部质点排列有序并呈现周期性重复变化，因此，每个质点受到的作用力场是对称的。但在物质表面，质点排列的周期重复性中断，使表面质点作用力场的对称性被破坏，表现出剩余的键力，这就是固体表面力。对于非晶态玻璃来说，同样存在表面力场，而且由于玻璃的内能高于同化学组成的晶体，表面力场的作用更为显著。

1.4.1 表面几何结构

人们用精密干涉仪检测发现，固体表面通常是不平坦的。例如，即使是完整解理的云母表面也存在着从 $20 \sim 1000\text{Å}$ 甚至 2000Å 不同高度的台阶。从原子尺度看，这种表面是很粗糙的。因此，实际固体表面通常是不规则而粗糙的，存在着无数台阶、裂缝和凹凸不同的峰谷。不同几何状态会对表面性质产生不同影响，其中影响最大的是表面粗糙度和微裂纹。

表面粗糙度会引起表面力场变化，进而影响其表面结构。从色散力的本质可知，位于表面凹谷深处的质点，其色散力最大，凹谷面上和平面上次之，位于峰顶处质点的色散力则最小。而对于静电力，则位于孤立峰顶处最大，凹谷处最小。由此可见，表面粗糙度将使表面力场变得不均匀，其活性和表面性质也随之发生变化。此外，粗糙度还直接影响到固体比表面积、透气性和浸透性等。因此，表面粗糙度直接影响到两种材料间的封接和结合界面的啮合和结合强度。

表面微裂纹可以因晶体缺陷和外力作用而产生。表面微裂纹的存在会强烈地影响表面性质，对于脆性材料的强度这种影响尤为重要。

1.4.2 表面吸附

由于固体的新鲜表面具有较强的表面力，能够迅速地从空气中吸附气体或其他物质来满足它的电中性要求，因此，除非经过特殊的处理，固体表面往往总是被吸附膜所覆盖。例如硅酸盐材料表面断裂的 $Si - O—Si$ 键和未断裂的 $Si - O—Si$ 键都可以和水蒸气发生化学吸附反应，形成带 OH^- 基团的表面吸附层，随后再通过 OH^- 层上的氢键吸附水分子。

$$\begin{aligned}\equiv Si-O \atop \equiv Si-O \Big\rangle +H_2O \rightarrow {\equiv Si-OH \atop \equiv Si-OH} +H_2O \rightarrow 2 \equiv Si-OH \cdot H_2O\end{aligned}$$

$$(1-11)$$

$$\begin{aligned}\equiv Si \atop \equiv Si \Big\rangle O +H_2O \rightarrow {\equiv Si-OH \atop \equiv Si-OH} +H_2O \rightarrow 2 \equiv Si-OH \cdot H_2O\end{aligned}$$

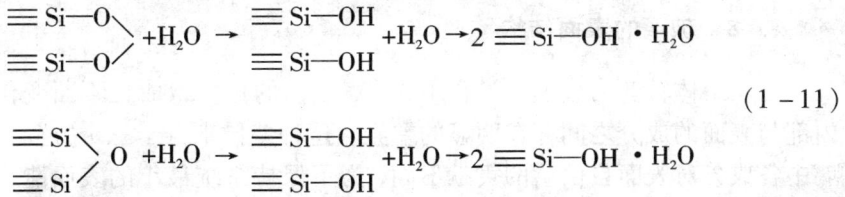

显然,吸附膜的形成改变了原表面的结构和性质。①吸附膜的形成降低了固体的表面能,使之较难被润湿,从而改变了界面的化学特性。所以在涂层、镀膜、材料封接等工艺中必须进行严格的表面处理。②由于吸附膜的形成使固体表面微裂纹内壁的表面能 γ 降低,材料的实际断裂强度按正比于 $\gamma^{1/2}$ 的规律降低,因此,吸附膜的形成会显著降低材料的机械强度。普通钠钙硅酸盐玻璃在真空中的强度远大于在饱和水蒸气中的强度,其他玻璃和陶瓷材料等也有类似的效应。例如,当采用湿球磨法研磨粉体时,粉体表面因形成吸附膜而使粉体强度降低,从而可以大大提高粉磨效率。③吸附膜还会改变金属材料的功函数,从而改变它们的电子发射特性和化学活性。功函数是指电子从它在金属中所占据的最高能级迁移到真空介质时所需要的功。当吸附物的电离能小于吸附剂的功函数时,电子则从吸附物移到吸附剂的表面。结果如图 1-12(a)所示,在吸附膜与吸附界面上形成一个正端朝外的电矩,并降低金属的功函数。反之,如果吸附物是非金属原子,当其电子亲和能大于吸附剂的功函数时,电子将从吸附剂移向吸附物。如图 1-12(b)所示,在表面上形成一个负端朝外的电矩,从而提高吸附剂的功函数。由于功函数的变化改变了电子的发射能力和转移方向,因此吸附膜的这种行为对电真空器件中的阴极材料和化学工业中的催化剂材料的性能关系甚大。④吸附膜可以用来调节固体间的摩擦和润滑作用。因为摩擦起因于黏附,接触面间的摩擦导致局部变形,从而加剧了黏附作用,而吸附膜可以通过降低接触面的表面能使黏附作用减弱。从个这意义上来说,润滑作用的本质基于吸附膜效应。例如,石墨是一种固体润滑剂,其摩擦系数约为 0.18。有人用预先经过严格表面处理去除了吸附膜的石墨棒与高速转盘在真空中进行摩擦试验,发现此时石墨的润滑作用明显降低,其摩擦系数增加到 0.80。由此可见气体吸附膜对摩擦和润滑作用的重要影响。

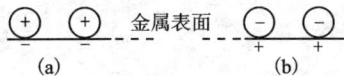

图 1-12　金属在气体吸附膜中形成的表面电矩

1.4.3　玻璃的表面结构

在从熔体转变为玻璃的过程中，玻璃表面的化学组成在不断变化，使得玻璃内部与表面的成分之间存在明显的差异。这种差异来自于三个方面：一是由于玻璃中各成分对表面自由焓的贡献不同，为了保持系统最小的表面能，各成分将根据其对表面自由焓的贡献能力而发生自发转移和扩散，从而导致玻璃内部与表面成分之间的差异。二是在玻璃成型和退火过程中，玻璃中的碱、硫、氟等易挥发组分容易自表面挥发而损失。三是由于熔体转变为玻璃的过程实际上是冷却过程，玻璃表面比内部的冷却速度快，处于表面和内部的碱金属与碱土金属离子的扩散迁移速率不同。因此，即使是新鲜的玻璃表面，其化学组成、结构也会不同于内部。这种差异可以从表面折射率、化学稳定性、结晶倾向以及强度等性质和能谱分析的测试结果得到证实。

对于含 Pb^{2+}、Sn^{2+}、Cd^{2+} 等具有较高极化性能离子的玻璃，其表面结构和性质往往会受到这些离子在表面排列取向状况的影响。如铅玻璃中，Pb^{2+} 离子由 8 个 O^{2-} 离子所包围，其中 4 个 O^{2-} 离子距 Pb^{2+} 离子较远，另外 4 个 O^{2-} 离子距 Pb^{2+} 离子较近，形成不对称结构。Pb^{2+} 离子外层的惰性电子对受较近的 4 个 O^{2-} 离子的排斥，推向另外 4 个 O^{2-} 离子一边，可看成是形成了 $[PbO_4]$ 四方锥体结构。在 $[PbO_4]$ 四方锥体结构中，因靠近 4 个 O^{2-} 离子一面的 Pb^{2+} 离子中的惰性电子对被推开，相当于失去二个电子，近似于 Pb^{4+}；而在远离 4 个 O^{2-} 离子的一面，电子云密度增加，相当于得到了二个电子而呈 Pb^0 状态。这样，$[PbO_4]$ 四方锥体中的 Pb^{2+} 离子可看成是按 $Pb^{2+} \Leftrightarrow \frac{1}{2}Pb^{4+} + \frac{1}{2}Pb^0$ 方式被极化变形。在不同条件下，这些极化离子在表面的取向不同，则表面结构和性质也不同。在常温时，表面极化离子的电矩通常是朝内部取向以降低其表面能。因此常温下铅玻璃具有特别低的吸湿性。但随温度升高，热运动破坏了表面极化离子的定向排列，故铅玻璃呈现正的表面张力温度系数。

应该指出，以上讨论的表面结构状态是指在原子尺度范围内的"清洁"平坦表面而言的。因为只有清洁平坦表面才能真实地反映其表面超细结构。

1.5　硅酸盐熔体

硅酸盐材料是用途最普遍的一类，玻璃、水泥、陶瓷、耐火材料等无机非金属材料中相当一部分都属于硅酸盐材料。而熔融态在硅酸盐材料的制备和生产中起着重要作用。一般玻璃就是由玻璃原料经加热成熔融态冷却而成的，在陶瓷、耐火材料等硅酸盐材料中，熔融相也参与多种晶相之间，起降低烧成温度、黏结晶相及填充空隙的作用。因此,了解硅酸盐熔体的结构和性质有着十分重要的实际意义。

1.5.1 硅酸盐熔体的结构

硅酸盐熔体的结构主要取决于形成硅酸盐的条件。和其他熔体不同的是,硅酸盐熔体倾向于形成相当大的、形状不规则的短程有序的离子聚集体。在硅酸盐中最基本的离子是硅、氧和碱金属或碱土金属离子。由于 Si^{4+} 电荷高、半径小,它有很强的形成 $[SiO_4]$ 四面体的能力。

当熔体中 $Si:O = 1:4$ 时,熔体中的 Si^{4+} 以孤立 $[SiO_4]$ 四面体形式存在。而当这个比值增加时(即 O、Si 比减小),由于提供的氧不足,要获得 $[SiO_4]$ 四面体的结构形式,只有通过氧为两个硅离子共有的途径,即只有通过四面体的聚合,才能满足要求。孤立的 $[SiO_4]$ 四面体,可通过聚合而成为二聚体 $[Si_2O_7]^{6-}$、三聚体 $[Si_3O_{10}]^{8-}$……聚合反应如下:

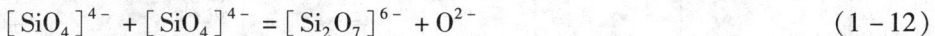
$$[SiO_4]^{4-} + [SiO_4]^{4-} = [Si_2O_7]^{6-} + O^{2-} \qquad (1-12)$$

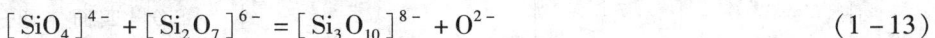
$$[SiO_4]^{4-} + [Si_2O_7]^{6-} = [Si_3O_{10}]^{8-} + O^{2-} \qquad (1-13)$$

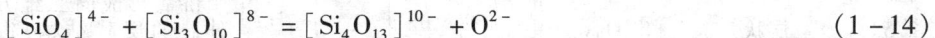
$$[SiO_4]^{4-} + [Si_3O_{10}]^{8-} = [Si_4O_{13}]^{10-} + O^{2-} \qquad (1-14)$$

……

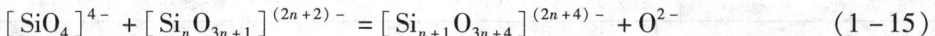
$$[SiO_4]^{4-} + [Si_nO_{3n+1}]^{(2n+2)-} = [Si_{n+1}O_{3n+4}]^{(2n+4)-} + O^{2-} \qquad (1-15)$$

当熔体中出现半径大、电荷小的碱金属离子 Na^+、K^+ 时,随着碱金属氧化物的引入及引入量的增加,$[SiO_4]$ 的聚合结构也随之发生变化。由于碱金属氧化物中氧原子和正离子 R^+ 的键强比氧和硅的键强弱很多,因此,这些氧离子易被 Si^{4+} 所取代。也就是说,在硅酸盐熔体中引入 K_2O、Na_2O 等氧化物会导致 $[SiO_4]$ 四面体聚合结构中的桥氧键断裂。当部分桥氧键断裂后,熔体中大阴离子团即被解聚成小络阴离子团。表 1-8 列出了熔体中 O、Si 比不同时相应的负离子团的结构。

表 1-8 硅酸盐熔体的聚合结构

O:Si	聚合体类属	基本结构单元	$[SiO_4]$ 四面体之间的桥氧数	每个 $[SiO_4]$ 四面体上的非桥氧数	聚合结构特征
4:1	岛状	$[SiO_4]^{4-}$	0	4	单个 $[SiO_4]$ 四面体之间由金属离子连接
3.5:1	组群状(双四面体)	$[Si_2O_7]^{6-}$	1	3	两个 $[SiO_4]$ 四面体组成双四面体阴离子团;阴离子团之间由金属离子连接
3:1	组群状(六元环)	$[Si_6O_{18}]^{12-}$	2	2	6 个 $[SiO_4]$ 组成六元环,环与环之间由金属离子连接

续表 1 – 8

O:Si	聚合体类属	基本结构单元	[SiO₄]四面体之间的桥氧数	每个[SiO₄]四面体上的非桥氧数	聚合结构特征
3:1	组群状（三元环）	$[Si_3O_9]^{6-}$	2	2	3个[SiO₄]组成三元环,环与环之间由金属离子连接
3:1	链状（单链）	$[Si_2O_6]^{4-}$	2	2	[SiO₄]四面体通过2个桥氧形成向一维方向伸展的单链,链间由金属离子连接
2.75:1	链状（双链）	$[Si_4O_{11}]^{6-}$	2.5	1.5	两条单链通过桥氧形成向一维方向伸展的双链,双链间由金属离子连接,一半[SiO₄]有2个桥氧,另一半[SiO₄]有3个桥氧
2.5:1	层状	$[Si_4O_{10}]^{4-}$	3	1	[SiO₄]四面体通过3个桥氧形成向二维方向伸展的层状结构,每个[SiO₄]四面体有1个非桥氧
2:1	架状	$[SiO_4]^{4-}$	4	0	[SiO₄]四面体通过4个桥氧形成向三维空间伸展的网络骨架结构

由表可见,随着 O、Si 比值的减小,熔体中负离子团由孤立$[SiO_4]^{4-}$四面体变成向三维方向延伸的架状结构。硅酸盐熔体中$[SiO_4]$四面体的聚合程度对熔体黏度有着重要影响。

1.5.2 熔体黏度

1. 黏度的概念

黏度是指液体流动时,一层液体受到另一层液体的牵制,其力 F 的大小和两层间的接触面积 S 及其垂直流动方向的速度梯度 dv/dx 成正比,即 $F = \eta \cdot S \cdot dv/dx$。式中 η 是比例系数,称为黏度或内摩擦力。因此,黏度是指单位接触面积单位速度梯度下两层液体间的摩擦力,单位是克/厘米·秒或泊。黏度的倒数称为液体流动度 Φ。

黏度对硅酸盐材料的制备和生产有重要影响。例如,熔制玻璃时,黏度小,熔体内气泡容易逸出;玻璃制品的加工范围和加工方法的选择也和熔体黏度及黏度随温度变化的速率密切相关。黏度还直接影响水泥、陶瓷、耐火材料烧成速度的快慢。

2. 黏度－温度关系

从熔体结构知道,熔体中每个质点(离子或聚合体)都处在相邻质点的键力作用下,也即每个质点均落在一定大小的势垒之间,因此要使质点流动,首先就要使它活化,即要有克服势垒的足够能量 ΔU。这种活化质点的数目越多,熔体的流动性就越好。按波兹曼分布定律,活化质点数目是和 $\exp(-\Delta U/k_BT)$ 成比例的,即

$$\Phi = A_1 \cdot \exp(-\Delta U/k_BT) \text{ 或 } \eta = A_1 \cdot \exp(\Delta U/k_BT)$$

两边取对数可得:

$$\lg\eta = A + \frac{B}{T} \tag{1-16}$$

A_1、B、$(\Delta U/k_B)$ 都是和熔体组成有关的常数,k_B 是玻耳兹曼常数,T 是温度。实验证明,当温度范围不大时,该公式与实验相符,$\lg\eta$ 与 $1/T$ 呈现线性关系。但 SiO_2 和钠硅酸盐熔体在较大温度范围内和该式有较大偏离,原因是活化能不是常数。由于低温时负离子团聚合体的缔合程度较大,导致低温时的活化能比高温时大。为了得出一个更适用的关系式,曾提出如下经验式:

$$\lg\eta = A' + \frac{B'}{T - T_o} \tag{1-17}$$

式中 A'、B'、T_o 也是和组成有关的常数。该式应用较广,被命名为 VFT(Vogel － Fulcher － Tammann)公式。利用这些公式可以计算出熔体黏度大小,绘制黏度－温度关系曲线。

3. 黏度－组成关系

在硅酸盐熔体中,黏度随碱金属氧化物含量的增加而急剧降低。引起这种变化的原因是黏度的大小是由熔体中硅氧四面体网络连接程度决定的。因碱金属氧化物含量增加,导致硅氧四面体连接程度下降,即黏度随 O、Si 比的上升而下降。

在简单碱金属硅酸盐熔体 $R_2O － SiO_2$ 中,阳离子 R^+ 对黏度的影响与它本身的含量有关。当 O、Si 比值很低时,$[SiO_4]$ 的聚合程度高,对黏度起主要作用的是 $[SiO_4]$ 间的结合力,或者说黏度取决于 Si—O 键的强度,此时 R_2O 中,随 R^+ 半径减小,R^+ 对 $[SiO_4]$ 间 Si—O 键削弱能力加强,因此黏度按 Li_2O、Na_2O、K_2O 次序增加。而当 O、Si 比很高时,$[SiO_4]$ 四面体的聚合程度差,$[SiO_4]$ 四面体间在很大程度上依靠 R^+ 来连接,故含键力较大的 Li^+ 离子的熔体具有较高的黏度,黏度按 Li_2O、Na_2O、K_2O 递减。

碱土金属氧化物中的阳离子在降低硅酸盐熔体黏度上的作用也与离子半径有关。除 R^{2+} 对 O、Si 比值的影响与一价离子相同外,离子间的相互极化对黏度也有显著影响。极化使离子变形,共价成分增加,减弱了 Si—O 键力。一般 R^{2+} 对黏度降低次序为 $Pb^{2+} > Ba^{2+} > Cd^{2+} > Zn^{2+} > Ca^{2+} > Mg^{2+}$。

思考题和习题

1. 无机非金属材料结构中的结合键主要包括哪些类型？

2. 离子键和共价键的概念及其形成原因是什么？

3. 离子晶体的结构与哪些结构因素有关？

4. 画出阳离子填充在由 O^{2-} 阴离子堆积而形成的四面体空隙和八面体空隙的结构示意图。

5. 计算 $[BO_3]$ 三角体和 $[SiO_4]$ 四面体中正负离子彼此相互接触的正负离子半径的比值。

6. 离子极化是如何影响离子晶体结构的？

7. P 原子基态电子构成为 $3s^23p^3$，只有 3 个未成对电子，为何能够形成 PCl_5 分子？

8. 如何理解共价键的饱和性和方向性？

9. 离子键、共价键和金属键在键性和结构方面有何异同？

10. 画出闪锌矿型晶体、金红石型晶体、刚玉型晶体及钙钛矿型晶体的结构示意图。

11. CaO 与 CaF_2 晶体的离子堆积方式有什么不同？

12. 硅酸盐晶体结构有哪些类型？其共同特点是什么？

13. Si∶O 比值与硅酸盐晶体结构类型有何关系？

14. 点缺陷有哪些类型？其形成原因是什么？

15. 肖特基缺陷与弗伦克尔缺陷形成原因的差别及对晶体结构的影响有何不同？

16. 固溶体有哪些类型？影响形成置换型固溶体的因素有哪些？

17. 说明 $Y_2O_3 \xrightarrow{ZrO_2} 2Y'_{Zr} + 3O_O + V_O$ 及 $YF_3 \xrightarrow{CaF_2} Y'_{Ca} + 2F_F + F'_i$ 两式中各符号的意义。

18. 非晶态物质有哪些类型？晶态物质与非晶态物质在结构上有何区别？如何通过实验手段区分晶态和非晶态物质？

19. 绘出晶体、玻璃及微晶玻璃的 X 射线衍射（或散射）图谱。

20. 论述硅酸盐熔体中 $[SiO_4]$ 四面体发生聚合的原因及碱金属氧化物的引入对 $[SiO_4]$ 四面体聚合结构的影响。

21. 在 R_2O—SiO_2 二元体系硅酸盐熔体中，阳离子 R^+ 对黏度的影响与其本身含量有关，如何理解？

22. 描述物质结构形成的理论有哪些？其要点各是什么？

23. 材料表面和内部结构有什么不同？表面结构对材料性能有什么影响？

第 2 章　无机非金属材料的性能

材料的性能包括使用性能和工艺性能两大类。使用性能是材料在使用条件下表现出的性能,如热学、力学、电学、磁学、光学、化学性能以及由各种物理效应显示出的功能特性等;材料的工艺性能则是材料在加工制造过程中表现出的性能,如陶瓷泥料的可塑性、玻璃的成型性、耐火材料的干燥收缩性等。

下面将对与材料性能有关的基础知识进行讨论,主要是涉及使用性能中一些带有普遍意义的性质,包括这些性能的概念、主要影响因素及其在材料使用和开发中的作用等。部分性能也介绍了其测试方法。至于工艺性能以及某一种制品特有的性能将在后续章节结合不同类型的材料进行介绍。

2.1　热学性能

材料的热学性能主要包括热容、热膨胀和热传导等,这些性能受原子、离子和电子的热振动状态所支配。在绝对零度时,原子与原子之间、阳离子与阴离子之间的距离几乎接近于平衡位置,随时间的变化很小。但实际上温度往往高于绝对零度,于是,由于热能激发,原子在平衡位置做微小的振动,这种振动对固体材料的热容、热膨胀和热传导有直接的影响。

2.1.1　晶格振动的概念

晶格振动是指晶体中的质点在平衡位置附近的热振动,它是力学体系中的小振动问题,可用简谐振动和振幅来描述。

简谐振动是最简单、最基本的振动,即分子中所有质点以相同频率和相同位相在平衡位置附近所作的振动。简谐振动模式随分子中质点数增加而增加,通常分为两大类,一类是键长发生变化的伸缩振动,另一类是键角发生变化的弯曲振动(或变形振动)。如果取质点的平衡位置为原点,质点离开平衡位置时的最大位移的绝对值就是振幅。

当组成晶体的质点都处在各自的平衡位置上时,整个晶体的势能最低。但是,晶体内的质点并不是在各自的平衡位置静止不动,它们会围绕平衡位置作微小的振动。这种振动由热能激发,且随着温度的升高振动愈加强烈,只有在温度接近于绝对零度时,质点在晶格中的热运动很弱,才可以近似地忽略它。晶格振动在一定程度上破坏了晶格的周期性,它对晶体的热、电及光等诸多性能都有影响。

　　由于晶体中的质点互相联系及互相作用，所以三维空间结构晶体的振动情况
是非常复杂的。为了便于理解三维晶格结构中质点振动的模式以及后面将要论述
的比热的内涵、热膨胀机理及热传导成因，有必要先介绍简谐振动的相关知识。

　　1. 简谐振动

　　当某物体中的质点发生简谐振动时，物体所受的力跟位移成正比，并且总是
指向平衡位置。

　　设在平衡位置时，两个质点之间的间距为 r_0，当质点发生微小振动时，质点
间距 r 也发生改变，间距变化量用 δ 表示。由于两个质点间的相互作用能与两个
质点之间的间距有关，若用 $U(r_0)$ 表示振动前质点间的势能，则振动后质点间的
势能变为 $U(r_0 + \delta)$，该式用泰勒级数在平衡位置附近展开可以得到：

$$U(r_0 + \delta) = U(r_0) + \left(\frac{\partial U}{\partial r}\right)_{r_0} \delta + \frac{1}{2!}\left(\frac{\partial^2 U}{\partial r^2}\right)_{r_0} \delta^2 + \frac{1}{3!}\left(\frac{\partial^3 U}{\partial r^3}\right)_{r_0} \delta^3 + \cdots \quad (2-1)$$

　　式中 $U(r_0)$ 为平衡时的势能，平衡时势能为极小值，所以在平衡位置附近它
的一阶导数 $\left(\frac{\partial U}{\partial r}\right)_{r_0} = 0$。当振动很微弱时，$\delta^3$ 及 δ^3 以上各项可以忽略，则对上式
求导得：

$$\frac{\partial U}{\partial (r_0 + \delta)} = \left(\frac{\partial^2 U}{\partial r^2}\right)_{r_0} \delta \quad (2-2)$$

　　令 $\xi = \left(\frac{\partial^2 U}{\partial r^2}\right)_{r_0}$，则质点间相互作用力 $f = -\frac{\partial U}{\partial (r_0 + \delta)} = -\xi \delta$。

　　当质点振动十分微小时，质点间的相互作用力可以视为与位移成正比的虎克
力，忽略质点振动的非简谐效应，质点在平衡位置附近作简谐振动。

　　2. 声子激发

　　可以用一系列独立的简谐振子来描述晶体中质点的振动状态。参考物理学对
晶格振动的研究，一维单质点链中每个质点在平衡位置附近的振动，会通过邻近
质点以行波的形式在晶体内传播，这种波称为格波。格波的波矢为 $\boldsymbol{k}_0$（在数值上
等于波长的倒数，即 $\boldsymbol{k}_0 = 1/\lambda$），角频率为 ω，波速为 $v = \omega/(2\pi \boldsymbol{k}_0)$，这就意味着
晶格振动具有波的性质，一个独立的格波代表晶体的一个独立振动状态。根据普
朗克公式 $E = h\nu$，可推出 $\omega = 2\pi\nu = E/\hbar$，其中 $\hbar = h/(2\pi)$；又根据德布罗意公式 P
$= h/\lambda$，可得出 $\boldsymbol{k}_0 = P/h$。这表明波矢（$\boldsymbol{k}_0$）和角频率（ω）的关系实际上就是质点
振动的动量和能量的关系。由于 $\boldsymbol{k}_0$ 只能取一些分立的值，每个 $\boldsymbol{k}_0$ 都对应一个 ω，
格波的能量按能量单元 $\hbar\omega$ 的整数倍增减，不随角频率发生连续变化，而 ω 和 $\boldsymbol{k}_0$
又是表征晶格振动状态的参数，这说明晶格振动也是量子化的。正如将电磁波看
成光子一样，可把格波看成微粒，这种粒子被称为声子（或叫振子），其能量为

$\hbar\omega$。晶格振动就相当于声子的激发，晶体中的一种振动模式对应一种声子。

一维双质点链的振动与一维单质点链明显不同，双质点链的振动产生了两支独立频率的格波，一支频率高，叫光频支，一支频率低，叫声频支。基于以上两种一维质点链的振动状态，可总结出晶格振动波矢的数目等于晶体原胞数，而晶格振动的频率数等于晶体的自由度数。

上述结论可以推广至三维结构的真实晶体，对于由 N 个原胞组成的晶体，如每个原胞内有 n 个质点，则晶体共有 $3nN$ 个自由度，所以晶格振动产生的独立频率数为 $3nN$ 个，可分解为 $3nN$ 支格波的叠加。其中，$3N$ 支为反映三维晶胞间相互振动的声频支，其余 $3N(n-1)$ 支是光频支，反映晶胞内各质点间的相对振动。

2.1.2　热　容

热容是物质的一个重要热性质，它相当于温度升高 1 ℃ 时物质能量的增加。每一克物质的热容[J/(g·℃)]称为比热，每一个分子的热容叫做分子比热。比热有恒容比热 c_V 和恒压比热 c_P 两种，前者是在升高温度但不发生体积变化时的能量增加，后者是压力保持恒定时升高温度而引起的能量增加。

在恒容条件下，可从理论上导出恒容比热 c_V 与温度的关系。绝对零度时，c_V 趋近于零；随着温度的升高，c_V 开始按 T^3 比例增大；当达到高温时，大部分固体材料的 c_V 都趋近于恒量，$c_V = 3Nk = 3R$。式中，k 是玻耳兹曼常数，R 是通用气体常数，N 为阿伏伽德罗常数。

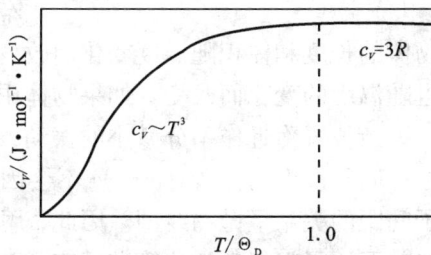

图 2-1　恒容热容与德拜温度的关系

c_V 的物理意义：c_V 反映晶体受热激发后激发出的格波与温度的关系。对于 N 个原子构成的晶体，在热振动时有 $3N$ 个振子(或声子)，各个振子的频率不同，而频率对应着能量，因此，温度不同，激发出的声子数量也不同。根据 $n_{aV} = \dfrac{1}{e^{\hbar\omega/k_BT} - 1} \approx \dfrac{k_BT}{\hbar\omega}$，温度愈高，激发出的声子数量愈多。

当 $T \geqslant \Theta_D$，在德拜温度 Θ_D 下，就能激发出最大频率为 ω_m 的声子；温度大于 Θ_D 时，所有频率的声子都能被激发出。并且，当温度达到某一定值时，晶体中全部声子都已被激发出，此时再升温，没有可供激发的声子，因此 c_V 趋近于常数。

而当温度 T 小于 Θ_D 时，因提供的热能不足，只能激发出能量小于 $\hbar\omega_m$ 的声子。温度愈低，激发出的声子数量愈少。因此比热随温度降低而减少，到 0K 或接近于 0K 时，已不能激发出声子，于是，c_V 趋近于零。

用于蓄热的材料要求比热大，而用于加热的材料，比热越小则以相同热量可以使温度升得更快。

2.1.3 热膨胀

一般情况下，物体在温度升高时体积都会增大，原因是热振动使其原子间距增大，导致体积膨胀。

设物体在温度为 T_0 时的长度为 L_0，则在温度 T 时的长度 L 可表示为：

$$L = L_0 [1 + \alpha_l (T - T_0)] \tag{2-3}$$

$$\alpha_l = \frac{1}{L_0} \cdot \frac{L - L_0}{T - T_0} = \frac{1}{L_0} \cdot \frac{\Delta L}{\Delta T} \tag{2-4}$$

式中 α_l 为线膨胀系数，(2-4)式给出了温度范围从 T_0 到 T 之间的线膨胀系数平均值。通常用下标将温度范围标明，如 $\alpha_{l,20/300\,℃}$，表示材料在 20 ℃ 到 300 ℃ 之间的平均线膨胀系数，线膨胀系数表示的是膨胀时相对长度的变化，如果指相对体积的变化 $[\Delta V/V_0]$，则称为体积膨胀系数 α_v。

$$\alpha_v = \frac{\Delta V}{V_0} \cdot \frac{1}{\Delta T} \tag{2-5}$$

物体的长度和体积随温度变化而改变的事实表明，物体中相邻原子间的平衡距离也随温度的变化而改变。如果物体中原子间的振动是严格的简谐振动，则原子只在平衡位置附近作十分微小的振动，温度的变化只会改变振幅的大小，不能改变原子间平衡点的位置，物体就不会因受热而膨胀。反映在势能曲线上，势能与原子间距的关系呈抛物线型。因此，用简谐振动理论不能解释热膨胀现象，原因是忽略了原子间振动的非简谐效应。

实际物体中的原子受热振动时，势能曲线并不是严格的抛物线型，呈不对称分布，左边较陡，右边较平滑，所以随着温度升高，势能增加，晶格振动振幅变大，平均位置右移，即向远离平衡位置的方向移动（图 2-2），从而导致物体的体积增大。但也有例外，如 ZnS 类半导体化合物，它们的势能曲线右侧比左侧陡，势能增加导致平均位置左移，温度升高时体积反而缩小，表现出负的热膨胀特征或热收缩现象。

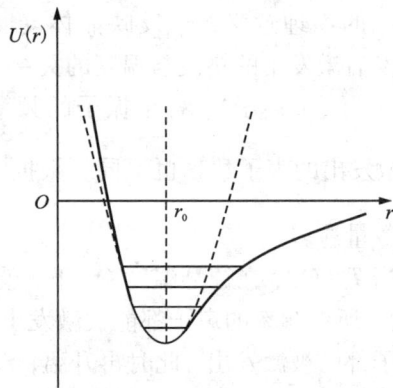

图 2-2　原子间平均距离与势能的关系

热膨胀系数的大小与原子间键强和

物质结构密切相关。一般原子间结合键愈强,热膨胀系数愈小;对于氧离子紧密堆积结构的氧化物,一般线膨胀系数较大,这是由于氧离子之间紧密接触,相互热振动导致热膨胀系数增大之故。如结构中存在较大空洞,在热膨胀时就比较复杂,一种情况是质点可以向结构中空旷处振动,导致热膨胀系数比较小;另一种情况是协同旋转效应,氧多面体在热膨胀过程中因旋转而引起或异常大或异常小的膨胀。

热膨胀系数小的材料,在温度变化时,内部产生的热应力也小,不易出现裂纹,能耐温度的剧变。

固体的热膨胀系数常用石英比较法测定,其原理是利用石英和被测物的热膨胀系数不同,测量两种材料在加热过程中的相对伸长。也可以根据比热的大小来估计材料的热膨胀系数大小,一般材料的体积膨胀系数与比热成正比。热膨胀系数的单位是 $1/℃$ 或 $1/K$。

2.1.4　热传导

对于某温度下处于热振动状态的粒子,由外部再加上能量更大的热振动时,会依次引起邻接粒子的热振动状态升高,热振动状态高的波峰向低温方向移动,将最初引入的热振动以粒子为媒介不断传送下去,这种现象便是热传导。

在热传导过程中,单位时间通过物质传导的热量 dQ/dt 是和横截面积 S 及其温度梯度 dT/dx 成正比的,其关系式为:

$$\frac{dQ}{dt} = \lambda S \frac{dT}{dx} \qquad (2-6)$$

式中 λ 为热传导系数,单位为 $W/(m \cdot K)$,它是指在单位温度梯度下,单位时间内通过横截面积的热量,λ 反映了物质传热的难易,它的倒数叫做热阻。

固体的热传导是晶格中和电子引起的热传导的总和:$\lambda = \lambda_1 + \lambda_e$。由于无机非金属材料中电子引起的热传导很小,$\lambda_e$ 近似于零,即 $\lambda \approx \lambda_1$,因此,其热传导性比金属差。

无机非金属材料的热传导主要依赖于晶格振动,或者说主要依赖于声子传导热量。在简谐振动状态下,各种格波相互独立,声子之间无相互作用,因而不会产生热的交换,而且热流以声速进行传导,几乎无热阻。可是,由于实际材料中非简谐效应的存在,声子间存在相互作用,从而发生能量交换。如果开始时存在频率为 ω 的声子,声子间相互作用的结果必然导致产生频率为 ω' 的新声子($\omega' \neq \omega$)。而频率不同则意味着声子的能量不同;当具有不同能量的声子共存于一体时(可视为声子气),为了维持体系的稳定性,必然发生声子间能量的重新分配以达到新的热平衡,这就是声子传热的实质所在。

无机非金属固体材料的热传导可视为声子从高浓度的高温区向低浓度的低温区扩散,而阻止声子扩散过去的各种碰撞和散射就是热传导难易不同的原因。

在材料中含有气孔的多少也是决定热传导性的重要因素。气孔愈多,材料的热传导性愈差。另外,原子排列的有序性,也对热传导性有影响。例如,玻璃的原子排列是无序的,其热导性一般较差,且随温度变化的趋势也较小。

热传导性好的材料其耐温度的急变性强,适用于制造热交换器、蓄热器等,而对需要保温的部位,则要用热传导性低的材料。

2.2 力学性能

力学性能是材料能否获得实际应用的重要性能之一,力学性能与结构中的结合键密切相关。材料的力学性能或机械性能是指材料在不同环境(温度、介质、湿度)条件下,承受或抵抗各种外加载荷(拉伸、压缩、弯曲、扭转、冲击、交变应力等)时所表现出的形状改变及断裂的性质。材料的力学性能与结合键有着极为密切的关系。

2.2.1 材料的力学行为

材料在不同环境条件下,承受或抵抗各种外加载荷时所表现出的形状改变及断裂的行为不同。三大类材料(陶瓷与玻璃类、金属材料与少数单晶硅酸盐材料类、高分子材料类)的应力与应变关系如图2-3所示。

图2-3中的 OA 线段表示的是材料的弹性变形范围,其特征是变形大小与作用力成正比(线性关系),作用力大,变形也大;作用力小,变形也小;去掉外力时,材料能恢复到原状。A 点被称之为弹性比例限度。应力超过 A 点时,玻璃与大多数陶瓷类材料发生断裂,表现出脆性;而金属与高分子类材料则发生塑性变形,其变形量与作用力大小呈现非线性关系,且外力

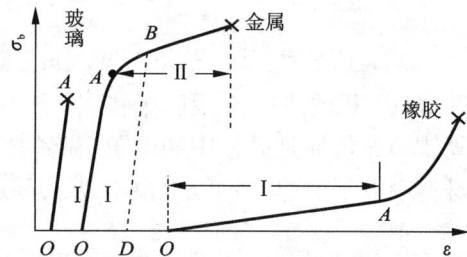

图2-3 不同材料的典型应力和应变关系图
Ⅰ—弹性应变区;Ⅱ—塑性应变区

停止后,变形不会完全消失。如到达 B 点时,去掉外力,材料的应变不是沿 BAO 曲线恢复到原状,而是沿 BD 线变化。应力继续增加到一定值,材料结构中原子面被拉开而发生断裂。

从图2-3可以看到,尽管各类材料有不同的力学行为,但都存在一个弹性变形范围。在这个范围内,在材料上施加的应力与产生的应变成正比。

2.2.2　弹性变形

1. 虎克定律

对于各向异性材料，在不同方向上施加应力时，会产生不同的形变，因此，应力与应变有着极为复杂的关系。只有理想弹性体其应力与应变间才有最简单的线性关系。但对于一般物质而言，在弹性变形范围内，特别是在小形变时，作为一级近似，应力－应变也满足广义虎克定律。

对于各向同性材料，沿平行方向施加压力 P，则沿平行方向和垂直方向分别产生伸长和收缩应变 ε_{xx}、ε_{yy}，在弹性比例限度内，应力与应变（$\sigma_{xx}-\varepsilon$）服从虎克定律。

$$\begin{cases} \sigma_{xx} = E\varepsilon_{xx} \\ \sigma_{xx} = \dfrac{E}{\mu}\varepsilon_{yy} \end{cases} \qquad (2-7)$$

（2－7）式中，E 为弹性模量或弹性常数，μ 为泊松比或横向变形系数（$\varepsilon_{yy}/\varepsilon_{xx}$）。如对材料施加的是剪切应力或静压力，则用剪切模量 G 和体积弹性模量 K 来表示材料在弹性比例限度内应力与应变的关系。

$$G = \frac{E}{2(1+\mu)},\ K = \frac{E}{3(1-2\mu)},\ G = \frac{3(1-2\mu)K}{2(1+\mu)} \qquad (2-8)$$

对于单晶类各向异性材料，不同晶相方向的弹性模量不同。

2. 弹性变形机理

1）弹性常数 k_s 与原子间相互作用力的关系

图 2－4 表示材料中原子间作用力与其势能和距离间的关系曲线。

从图 2－4 可以看出，当 1 号原子与 2 号原子处于平衡位置时，$r=r_0$。此时 $|F_{吸}|=|F_{排}|$，合力 $\sum F=0$。当 2 号原子受到向右的拉伸力作用时，2 号原子向右移动，开始时位移与应力呈线性变化关系，随后逐渐偏离线性变化。

当 2 号原子被拉伸到达 r' 的距离时，两原子间产生的合力最大，这个最大的合力相当于断裂时的作用力。此时 2 号原子相对 1 号原子产生的位移为 $r'-r_0=\delta$，相当于断裂时的伸长度。利用原子开始离开平衡位置时位移与应力的线性变化关系，可近似求出弹性常数 k_s。

$$\tan\alpha = \frac{F}{\delta} \approx k_s \qquad (2-9)$$

k_s 是 $F(r)-r$ 关系曲线中的直线段在 $r=r_0$ 处的斜率。因此，弹性常数反映原子间作用力和距离曲线在 $r=r_0$ 处的斜率大小。

2）弹性常数 k_s 与原子间势能的关系

从原子间势能曲线来看，原子间势能 $u(r)$ 在平衡位置 r_0 处可按泰勒级数

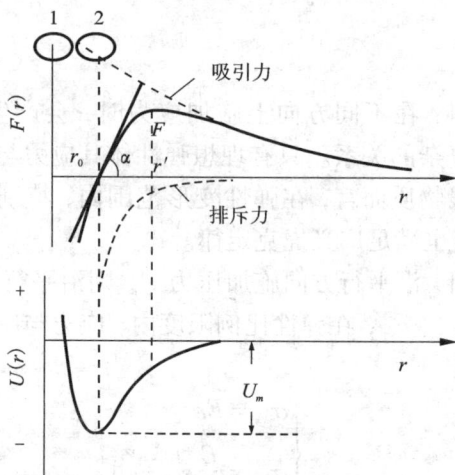

图 2-4　原子间作用力与其势能和距离间的关系

展开：

$$U(r_0+\delta) = U(r_0) + \left(\frac{\partial U}{\partial r}\right)_{r_0}\delta + \frac{1}{2!}\left(\frac{\partial^2 U}{\partial r^2}\right)_{r_0}\delta^2 + \frac{1}{3!}\left(\frac{\partial^3 U}{\partial r^3}\right)_{r_0}\delta^3 + \cdots \quad (2-10)$$

从数学上可知，$\left(\frac{\partial^2 u}{\partial r^2}\right)_{r_0}$ 实际上是势能曲线在 $r=r_0$ 处的曲率，此时 $U(r)$ 取最小值 $u(r_0)$，$\left(\frac{\partial^2 u}{\partial r^2}\right)_{r_0}$ 是一常数。而 $F = \frac{du(r)}{dr} = \left(\frac{\partial^2 u}{\partial r^2}\right)_{r_0}\delta$，作用力与变形量成正比，显然与虎克定律相符，由此得出 $k_s = \left(\frac{\partial^2 u}{\partial r^2}\right)_{r_0}$，因此，$k_s$ 反映出原子间势能曲线极小值尖峭度的大小。

由于共价键物质的势能 $u(r)$ 和力 $F(r)$ 曲线的谷比金属和离子键物质深，因而具有更大的 $\left(\frac{\partial u}{\partial r}\right)_{r_0}$、$\left(\frac{\partial^2 u}{\partial r^2}\right)_{r_0}$ 数值，也就有更大的弹性常数。

3) 弹性常数 k_s 与原子间振动的关系

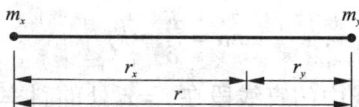

图 2-5　两原子产生振动时离开其重心的距离

设两原子质量分别为 m_x 和 m_y，原子平衡间距 r_0，振动时原子间距为 r。r_x 与 r_y 分别为两原子离开其重心的距离。因此有 $m_x \cdot r_x = m_y \cdot r_y$，$r = r_x + r_y$，据此可得出：

$$r = r_x + r_y = r_x \left(1 + \frac{m_x}{m_y}\right) \qquad (2-11)$$

如外力使原子间产生振动，根据虎克定律可列出下式：

$$m_x \frac{\mathrm{d}^2 r_x}{\mathrm{d}t^2} = m_y \frac{\mathrm{d}^2 r_y}{\mathrm{d}t^2} = -k_s(r - r_0) \qquad (2-12)$$

将 $r_x = \dfrac{m_y}{m_x + m_y} r$ 代入上式，并令 $m = \dfrac{m_x m_y}{m_x + m_y}$（原子折合质量），得出下式：

$$m \frac{\mathrm{d}^2(r - r_0)}{\mathrm{d}t^2} = -k_s(r - r_0) \quad \text{或} \quad m \frac{\mathrm{d}^2 \delta}{\mathrm{d}t^2} = -k\delta \qquad (2-13)$$

解这个方程，即得出共振频率与原子折合质量和弹性常数间的关系：

$$v = \frac{1}{2\pi} \sqrt{\frac{k_s}{m}} \qquad (2-14)$$

从 $(2-14)$ 式可以看出，振动频率越高，弹性常数越大，表明原子间的结合越牢固。利用这一原理，通过测定材料的红外吸收光谱，可以获得阳离子的配位方式、阳离子 - 氧阴离子配位基团的连接方式、原子间结合力大小等结构信息。从这个关系式也可以得出弹性常数与光速 c 和红外吸收波长 λ 间的关系式：

$$k_s = m(2\pi v)^2 = m \left(\frac{2\pi c}{\lambda}\right)^2 \qquad (2-15)$$

因此，可以通过测定原子间的振动频率或红外吸收波长，再根据 $(2-15)$ 式来求出弹性常数 k_s。

4）弹性常数与晶体结构间的关系

体积弹性模量 $K = -V \left(\dfrac{\partial P}{\partial V}\right)_T$，根据热力学关系 $P = \left(\dfrac{\partial U}{\partial V}\right)_T - T \left(\dfrac{\partial S}{\partial V}\right)_T$，若在 0K 时，$\left(\dfrac{\partial S}{\partial V}\right)_T \to 0$，$P = \left(\dfrac{\partial U}{\partial V}\right)_T$，则 $K = -V_0 \left(\dfrac{\partial^2 U}{\partial V^2}\right)_{T_0}$，由于 $V \propto r^3$，因此，体积弹性模量可从内能 E 和原子间距 r 的关系求出。由于内能 $E \propto \dfrac{1}{r}$，且 $\left(\dfrac{\partial^2 E}{\partial V^2}\right)_{T_0} \propto V_0^{-\frac{7}{3}}$，可求得 $K \propto V_0^{-\frac{4}{3}}$。

5）滞弹性

前面讨论材料发生弹性变形时，假定了应变、应力与时间无关，但实际上当对材料迅速施加应力时，由于材料中因应力存在而产生的原子移动和热能消耗，应变不能随施加应力瞬时达到相应的平衡值，需延迟一段时间，如图 2-6 所示。

当在材料上施加一个应力时，产生一个与时间无关但与虎克定律相符的应变 ε，应变随应力增加而增加。当 ε 增大到 ε_0 时，开始出现一个与时间有关的滞弹性应变。此时，总应变 $= \varepsilon_0 + \varepsilon_\alpha(1 - e^{-t/t_\tau})$，$\varepsilon_a$、$t_\tau$ 均为常数，t_τ 为松弛时间。

移去应力时，与时间无关的应变立即恢复，应变减少 ε_0，而滞弹性应变则要经过一段时间才能恢复到原始状态，这个现象被称之为弹性滞后效应。在这一阶级，

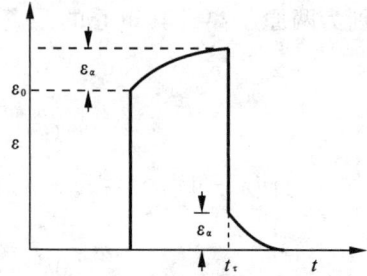

图 2-6 滞弹性示意图

应变随时间的增加而按指数关系 $\varepsilon = \varepsilon_a e^{-t/t_\tau}$ 递减，当 $t = 3t_\tau$ 时，$\varepsilon = 0.05\varepsilon_a$，应力松弛过程被认为基本上完成。

2.2.3 塑性变形

某些脆性材料(如弹性体及大多数陶瓷材料)直到断裂都表现出弹性，只有当其承受的应力超过弹性比例限度时，才会发生断裂。可是，对于金属和高分子类材料，承受的应力超过弹性比例限度时，往往会出现塑性变形，在断裂前产生大量永久形变。由于这一特点，金属和高分子材料在成形和制造中被广泛应用的形变加工工艺才能得以实现。

永久变形的产生是由于发生了物质中质点间的流动，可看成是物质中质点调换其相邻质点的切变过程。显然，原子间力(分子间力)以及结构对流动起着极其重要的作用。

永久形变有两种最重要的类型：晶态物质的塑性流动和非晶态物质的黏性流动。原子面相互滑移而导致晶态物质的塑性流动，原子团(或分子团)换位而引起非晶态物质的黏性流动。

1. 位错滑移

位错滑移是塑性流动的机理之一，也是塑性流动的主要机理。对一个表面抛光的金属单晶体进行拉伸时，它在比较低的应力水平就开始出现塑性伸长，这时位错运动使晶体小块相互滑动，同时在表面出现滑移线。

对滑移线的位向进行研究，并结合形变后的金属单晶体的 X 射线分析结果，揭示出滑移最容易发生于高原子密度的(也就是大晶面间距的)原子面。这种滑移面通常是给定晶体结构的密排面。此外，滑移方向平行于柏氏矢量，并且一定是密排方向。

必须指出，给定的滑移面可以包含几个滑移方向，而给定的滑移方向可以属于几个滑移面。材料有无塑性变形与晶体结构密切相关，不同晶体具有不同的滑

移系统。所谓滑移系统是指滑移面和滑移方向的组合，滑移系统数目越多，越易产生塑性变形，反之材料就表现出脆性。例如，面心立方金属有四个几何上分立的密排面，每个面上又有三个分立的密排方向，共有十二个滑移系，因而表现出优良的塑性变形特征。

大多数金属滑移系的数目很大（≥ 12）。这一特点使金属在加工时可产生大量塑性流动并具有延展性。对于体心立方金属和密排六方金属，滑移方向总是密排方向；但滑移面可以是晶体学上不同的面。哪个滑移系实际活动，这取决于温度，温度较高时会有更多的滑移系活动。例如，高温时体心立方金属的各个滑移系都能参与塑性形变；而低温时则只有最密排面$\{110\}$所构成的滑移系参与塑性形变。

与金属相反，离子键或共价键性强的固体在室温下一般都呈脆性。这并不是由于它们固有的较高键强，也不是由于缺少位错，而是由于这些材料的活动滑移系比较少，不能适应大量的塑性流动。如刚玉 Al_2O_3 只有一个滑移面和两个滑移方向，能组成的滑移系统数目少，产生位错移动所需要的能量大，固呈脆性。再如 MgO 材料，在拉应力的作用下，只有在高温下才能产生塑性形变。

2. 单晶的滑移

塑性流动需要位错运动，这可以用直径为 $1~\mu m$ 量级的金属或氧化物单晶体晶须的机械行为来加以说明。晶须的生长条件使其成为基本不含位错的单晶体。在拉伸试验时，晶须在断裂以前，可以在特别高的应力水平下保持其弹性。在这种情况下，塑性流动的开始相应于位错的产生。此后，塑性流动在远低于屈服所需的应力下继续进行。

大多数金属单晶体并没有晶须那样高的强度，因为它们含有大量位错，这些位错是单晶体从蒸汽或者液体中成长时形成的。对于这种相当完善的普通单晶体，使其发生塑性形变所需要的拉应力依赖于晶体相对于拉伸轴的晶体学取向。位错是否运动，取决于在滑移面上并沿滑移方向作用的剪切应力值。当所加拉应力使其分切应力达到某一临界值时，就会发生屈服。临界分切应力 τ_0 是决定何时开始滑移的一种材料性能。临界分切应力会随温度变化，也与材料的纯度以及结构的完善程度密切相关。

既然金属中有一些位向不同的滑移系，那么作用于单晶体的拉应力在各个滑移系的分切应力也就有差别。而要确定哪个滑移系在取向上最有利于发生形变，这仅仅是一个几何问题，也就是确定晶体在弹性形变时哪个滑移系的分切应力最大。当作用拉应力增加时，各个滑移系的分切应力按比例升高，直到取向最有利的滑移系达到临界分切应力，则开始产生塑性流动。

使单晶发生塑性变形所需要的应力是滑移面滑移方向上的分解剪切应力 σ_τ。设拉伸力为 F，材料截面积为 S，滑移面法线方向与作用力成 φ 角，滑移方向与拉

伸力成 φ 角。

如图 2 - 7 所示，F 力作用在滑移方向的分力为 $F\cos\varphi$，滑移面积可表示为 $S/\cos\varphi$。于是，可得出剪切应力的表达式：

$$\sigma_\tau = \frac{F\cos\varphi}{S/\cos\varphi} = \frac{F}{S}\cos\varphi\cos\varphi = \sigma_b\cos\varphi\cos\varphi \qquad (2 - 16)$$

式中 $\cos\varphi \cdot \cos\varphi$ 叫几何因子，它取决于轴位向，决定了 σ_τ 与 σ_b 的比值。$\cos\varphi \cdot \cos\varphi$ 大，则 σ_τ 大，即分切应力大。当几何因子取最大值 $(\cos\varphi \cdot \cos\varphi)_{max}$ 时，剪切应力也取最大值 $\sigma_{\tau max} = \sigma_b (\cos\varphi \cdot \cos\varphi)_{max}$。

当单晶体材料承受的应力达到屈服临界值时，其晶面就会产生滑移，此时的分切剪应力为临界分切剪应力，实际上 $\sigma_{\tau max}$ 即临界分切剪应力，据此可以求出屈服应力 σ_f。

3. 多晶体的塑性变形和非晶体的黏性流动

多晶体中存在许多晶界，使位错运动产生障碍。因此，一般多晶体屈服应力比单晶大。而且，晶粒愈多，σ_f 愈大。由于位错通过多晶体晶界的困难性，多晶体的塑性变形往往通过晶粒与晶粒互相沿晶界滑移而发生。这些过程在材料处于高温或受长期负荷时特别重要。

在高温或受长期负荷作用时，金属或非金属晶体在恒定应力作用下，除了发生瞬时形变外，还要发生蠕变变形，它是指多晶材料在弹性限度内或单晶在临界剪切应力以内，受恒定应力作用下随时间延长而出现连续变形的现象，属塑性变形，是施加的应力与热能共同作用的结果。

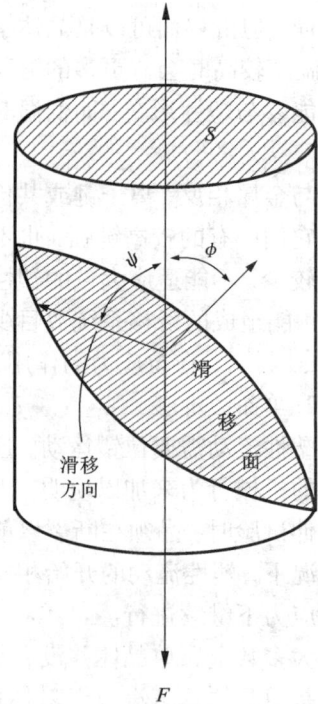

图 2 - 7　临界剪切应力的确定

玻璃是一种脆性材料，不存在晶体那样的滑移系统，但在高温下玻璃也能产生变形，这是由于玻璃是介稳态物质，许多原子不是处在势能曲线的能谷中，一些原子间键力弱，只要小的应力就可以使原子间的键断裂，使原子跃迁到附近位置，引起原子的位移和重排，从而发生塑性变形，这种变形也叫黏性流动，与黏度、温度有关。

2.2.4　硬度和强度

1. 硬度

硬度是物质抵抗机械变形能力的总和。和刚度一样，硬度也决定于键的强度，所以无机非金属材料的硬度是比较高的，一些陶瓷的硬度比淬火钢几乎大 10 倍。

测定硬度的方法很多，其中有代表性的有：①压入试验，包括维氏硬度、布氏硬度、洛氏硬度等，它们都是用金刚石或钢球压头的压入量来测定的；②划痕试验，如莫氏硬度等是根据划痕大小来测量的；③回跳试验，如萧氏硬度等是用顶端装有金刚石的一定形状和重量的重物下落时的反弹高度来测定的。这些方法中使用最广泛的是维氏硬度 HV（也叫显微硬度），它是用光学放大的办法，测出在一定载荷下由金刚石压锥体压入被测物后留下的压痕对角线长度来计算被测物硬度。

$$HV = 18185.45\, p/d^2 \qquad (2-17)$$

式中 p 表示施加载荷（N），d 表示压痕对角线长度（mm），因此，HV 的单位为 N/mm²，以前的技术书籍常用到非标准单位 kgf/mm²，应改为法定标准单位。1 kgf/mm² = 9.80665 × 10⁶ Pa ≈ 10 MPa。

一般无机非金属材料的硬度随温度升高而降低，因为温度升高，原子间振动增加，从而削弱了原子间的结合力。

2. 强度

在外力作用下，材料抵抗变形和断裂的能力称为强度。材料受力的方式大体上有拉、压、弯、扭四种。一般无机非金属材料多为脆性材料，在常温下，由弹性变形到破坏，不像金属那样有延伸的余地。所以，无机非金属材料在加拉力时，同金属逐渐变细到最后才断裂的情况不同，多是保持原有的截面断裂。在加压力时，其强度一般要比加拉力时高十几倍。在弯曲时，作用在材料上面的力为压应力，材料下面受的力为拉力，所以断裂是从试样下面开始的。与上述四种作用力相对应，材料的强度表示为抗拉强度、抗压强度、抗弯强度和抗扭转强度，抗弯强度也称为抗折强度。实际中，无机非金属材料强度测试大多只测定抗拉、抗压和抗弯三项强度指标。

抗拉强度为试样被拉断前的最大承载拉应力，单位是 MN/m²（或 MPa）；抗压强度为试样被破坏前的最大承载压应力，单位也是 MN/m²；抗弯强度与试样所能承受的最大断裂载荷相对应，通常采用三点弯曲法测定，试样安装示意图如图 2-8。

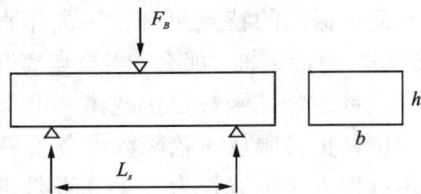

图 2-8　样品抗弯试验示意图

图中 F_B 为断裂载荷（N），L_s 为支撑宽度（mm），b 为试样宽度（mm），h 为试样厚度（mm），抗弯强度 σ_{bB}（N/mm²）用下式计算：

$$\sigma_{bB} = \frac{F_B \cdot L_S}{4W}, W = \frac{1}{6}bh^2 \qquad (2-18)$$

W 被称为阻力矩(mm³)。

2.2.5　材料的断裂

无论是何种材料,只要对其施加的应力超过了材料本身所能承受的应力,就会发生断裂而破坏。

1. 材料的断裂形式和特征

材料的断裂与材料组成、原子间结合力大小、材料结构等内在因素和施加应力大小、温度等外部因素有着密切关系。材料的断裂形式可分为脆性断裂、延性断裂和蠕变断裂等类型,其特征列于表2-1。

表 2-1　材料的断裂形式和特征

材料的断裂形式	特　征	举　例
脆性断裂	无显著的非弹性变形,破坏是突然的,断裂前没有形成局部断面的缩小	玻璃、室温下的 NaCl 结构型单晶、低温下的 Al_2O_3 陶瓷等
延性断裂	断裂前有明显的塑性变形,局部断面缩小呈颈状	高温下 NaCl 结构型单晶、金属材料、硼铝复合材料中的铝基质
蠕变断裂	多晶材料在高温下的一种断裂行为,因晶界滑移而导致产生空隙,当空隙增大时,断面缩小,应力增大,直至发生断裂,其断裂表面极不规则	多晶陶瓷类材料

2. 材料的断裂机理

材料的理论强度 σ_T 是指拉开材料结构中两个平面的原子所需要的应力,如图2-8所示。

从简谐振动的特点可知,一个作直线振动的质点,如果取其平衡位置为原点,运动轨道沿 x 轴,那么,当质点离开平衡位置产生的位移 x 与时间 t 的关系遵从正弦函数或余弦函数变化规律。由于应力与应变服从虎克定律,这就意味着,应力与位移也将服从正弦函数或余弦函数变化规律。

用近似方法将波长为 λ 的正弦波曲线来代表原子间相互作用力的距离曲线(如图2-9所示),则应力与拉应力作用下产生的位移 x 的关系为:

$$\sigma = \sigma_T \sin \frac{2\pi x}{\lambda} \qquad (2-19)$$

因此,拉开两个平面的原子所需要作的功是:

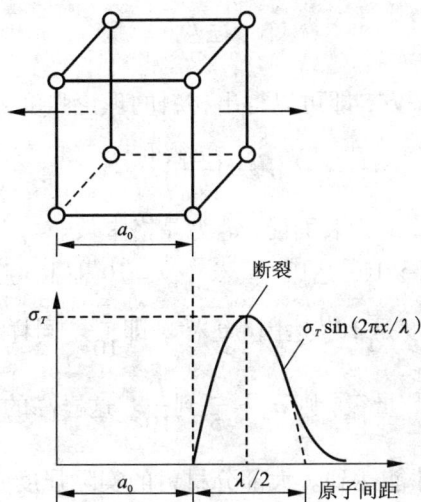

图 2-9　原子间作用力与原子间距的关系

$$\int_0^{\lambda/2} \sigma_T \sin \frac{2\pi x}{\lambda} \mathrm{d}x = \frac{\lambda \sigma_T}{\pi} \tag{2-20}$$

而此功应该与形成这两个新的表面的表面能 2γ 相等，由此即可得出材料理论强度的表达式：

$$\sigma_T = \frac{2\pi\gamma}{\lambda} \tag{2-21}$$

此外，在平衡间距 a_0 附近，原子间作用力 – 距离曲线符合虎克定律，即

$$\sigma = E \frac{x}{a_0} \tag{2-22}$$

此处，x 是沿水平方向的位移。在式（2-19）两边对 x 求导，并作数学处理（当 x 很小，如趋近于零时，余弦函数值趋近于 1）。于是，可得到：

$$\frac{\mathrm{d}\sigma}{\mathrm{d}x} = \frac{2\pi\sigma_T}{\lambda} \cos \frac{2\pi x}{\lambda} = \frac{2\pi\sigma_T}{\lambda} \tag{2-23}$$

由于（2-22）和（2-23）两式中的 $\dfrac{\mathrm{d}\sigma}{\mathrm{d}x}$ 应该相等，即：

$$\frac{2\pi\sigma_T}{\lambda} = \frac{E}{a_0} \tag{2-24}$$

于是得到：

$$\sigma_T = \frac{E\lambda}{2\pi a_0} \tag{2-25}$$

将(2-21)和(2-25)两边相乘,得到:

$$\sigma_T^2 = \frac{E\gamma}{a_0} \qquad (2-26)$$

对(2-26)两边开平方,即可以得出材料的理论强度公式:

$$\sigma_T = \left(\frac{E\gamma}{a_0}\right)^{\frac{1}{2}} \qquad (2-27)$$

式中 E 为弹性模量, γ 为表面能, a_0 为晶格常数。

一般陶瓷材料 $E = 1 \times 10^{12}$ 达因/厘米^2, $\gamma = 10^3$ 耳格/厘米^2, $a_0 = 10^{-8}$ cm,从上式可以估计出理论强度是 10^{11} 达因/厘米^2,即 $\frac{E}{10}$。同样也可以从(2-26)式估计,设 λ 和 a_0 为同一个数量级,则 $\sigma_T \approx \frac{E}{5}$ 到 $\frac{E}{10}$。这样高的强度只有很细的石英玻璃纤维和 Al_2O_3 的晶须才能达到。大部分材料的实际强度介于 $\frac{E}{100}$ 至 $\frac{E}{1000}$ 之间,甚至还要低,例如窗玻璃和高铝陶瓷的强度约为 $\frac{E}{1000}$。

3. 微裂纹与材料断裂

材料断裂的本质原因是构成材料的质点间结合键的断裂。材料的断裂过程可分为二步,一是微裂纹的产生,二是微裂纹的扩展。

由于材料中微裂纹的存在,使得由原子间的结合力和将两原子面拉开形成新表面所需的表面能计算而求得的理论强度远比实测的材料强度要高得多。

微裂纹的产生源于由各种原因引起的材料内或表面结构缺陷的存在。由于缺陷部位与基体的弹性模量或热膨胀系数往往不同,微裂纹常常就从这些缺陷部位触发出来,而在微裂纹的端部产生应力集中。英格里斯研究了微裂纹端部应力集中问题,得出结论:不论裂纹是圆、椭圆或其它形状,其端部的应力是由裂纹长度(2C)和裂纹的曲率半径(r_ρ)决定的,得出关系式:

$$\sigma_m = \sigma_b \left[1 + 2(C/r_\rho)^{1/2} \right] \qquad (2-28)$$

式中 σ_m 是裂纹尖端处的最大应力, σ_b 是施加的应力, σ_m/σ_b 称为应力集中系数,它的大小表示外力施于材料时,裂纹端应力增加的倍数。若裂纹是圆形,即 $C = r_\rho$,裂纹端应力是施加应力的 3 倍。因此,当外力很小时,裂纹端部很快可达到理论强度,使裂纹扩展。由于裂纹扩展(C 增大), σ_m/σ_b 也增大,如此恶性循环,导致材料断裂。

微裂纹尖端区域的局部应力除和它所处空间位置有关外,还与一个所谓应力强度因子 K_I 的大小成正比:

$$K_I = Y\sigma_b C^{1/2} \qquad (2-29)$$

式中 Y 叫几何因子,与裂纹和试样的几何因素有关。对于无限大薄平板中微裂纹来说，$Y = \pi^{1/2}$；若微裂纹处在该板边缘变成开口裂纹时，$Y = 1.1\pi^{1/2}$；Y 可由理论计算，也可由实验得出，K_1 的单位为 $MN \cdot m^{-3/2}$，它指出了长度为 C 的裂纹在多大应力作用下会扩大。

在试验中使试样产生断裂的应力 σ_b 称为临界应力 σ_c，相应的应力强度系数为临界应力强度系数 K_{IC}（又称断裂韧性或断裂阻力），其表达式为：

$$K_{IC} = Y\sigma_c C^{1/2} \qquad\qquad (2-30)$$

K_{IC} 指出在一定载荷下使材料断裂的裂纹长度，可用来衡量材料对阻止裂纹扩展能力的大小。断裂韧性 K_{IC} 的测量通常采用单边缺口梁三点弯曲法，试验时要事先在长条试样的一边预制一条 $1 \sim 1.5\ mm$ 深的微裂纹。

2.3　其他物理和化学性能

2.3.1　导电性能

材料的导电难易，是用材料的电阻率或其倒数电导率来表示的。根据导电性的不同，可以将固体分成导体、半导体和绝缘体三类。一般电阻率小于 $10^{-4}\ \Omega \cdot cm$ 的固体材料称为导体，而电阻率大于 $10^9\ \Omega \cdot cm$ 的固体称为绝缘体，电阻率介于两者之间的是半导体。

材料的导电能力的大小主要由载流子的浓度和它们的迁移速率决定，载流子可以是电子、空穴或离子，因此总的导电率是各种载流子导电率的总和。无机非金属材料的导电性能变化很宽。由于大多数无机非金属材料缺乏电子导电机制，固态状态下的离子迁移速率很慢，因此表现出很低的电导率，是良好的绝缘体。但也有一些材料，既存在离子导体，也存在电子导电，是重要的半导体材料。

1. 离子导电

和气体、液体一样，固体中的粒子也因热运动而不断发生混合，不同的是固体粒子间存在很大的内聚力使粒子迁移时必须克服一定势垒。这使得迁移和混合变得极为缓慢。然而粒子迁移毕竟是存在的，这种迁移也称作为粒子的扩散。当固体中存在离子扩散运动时，就有可能产生离子导电。当然，扩散运动在无电场时是杂乱无序的，不会形成定向运动，因而不会产生电流，但当加上电场后，可使离子沿特定的电场方向运动，从而产生电流。

根据能斯特－爱因斯坦关系，固体的导电率与扩散系数成比例。因此，离子半径小而扩散较快的阳离子，具有主要的导电作用，因其运动活化能或迁移需克服的势垒较小，在低温时就易产生较大的电导率。在制造无机非金属绝缘材料时，低电价的 Li^+、Na^+、K^+ 等离子键物质，应尽量避免掺入。

如果材料的结构比较松散或存在大量结构缺陷，结构中的空隙就有可能成为离子迁移的通道,使得材料的导电率增大。如银和铜的卤化物和硫族化合物中,正离子无序地分布在负离子的间隙中,而且间隙位置的数目比正离子数量多,相邻间隙势垒又很小,因此正离子好像在通道中流动一样,因而这些物质具有较好的导电性。又如 $\beta - Al_2O_3$ 型结构的氧化物 $A_2O \cdot nM_2O_3$ 也具有很好的导电性,A 代表 Na^+、K^+、Rb^+、Ag^+ 等离子,M 代表 Al、Fe 等三价离子,n 为 5 ~ 10。这种晶体是立方紧密堆积结构,由许多平行于底面的原子平面构成,每隔四层氧离子平面相继嵌入一层铝离子层,分布在立方堆积的八面体间隙和四面体空隙中。这些基块依靠由氧离子和一价正离子构成的一层 A – O 离子层连接在一起,其结构是敞旷的,基块间结合也是比较松弛的,离子在这种敞旷结构中的迁移就容易得多。再如 ZrO_2 中加入 CaO 所形成的氟化钙型结构的固溶体中,由于低价正离子 Ca^{2+} 的引入,Zr^{4+} 被置换时就形成大量负离子空位,这样使离子电导性大大增加。固体电解质材料(又称快离子导体)就是基于上述原理而获得的。

由于扩散与温度有关,因此离子电导率也随温度的升高而增大。

2. 电子导电

根据固体的能带理论,原子中处于最外层的价电子所占据的能级最容易分裂而形成能带,此能带被称为价带。价带的能级,全部或部分地被价电子所占据。最靠近价带且其能量比较高的那个能带,称为导带。导带一般是由原子中价电子的第一激发态能级分裂而成的能带。导带中的能级基本上是空着的。导带和价带间的电子能级不存在的区段被称为禁带。

导体材料的电子结构中,价带与导带间相互交叠,使空能级与已被电子充填能级间能量相差很小,因而表现出很低的电阻率或优良的导电性,如金属材料及一些过渡金属氧化物材料就是很好的导体。

绝缘材料中,原子的价带全部被电子占满,导带和价带之间有一个较宽的禁带,价带中的电子几乎不能靠晶格中原子振动激发到导带中去,因此在外电场作用下不会产生因电子导电而形成的电流。在室温下,离子迁移而引起的离子导电能力也是很低的。大多数无机非金属材料就是属于这种情况。

在绝对零度时,一些材料的电子结构中,价带全被价电子占满,而导带空着,但禁带很窄(约一电子伏特)。在常温下,就有少量原子的热振动能量达到一电子伏特左右,这样就使这些原子中的价带电子被激发到导带上去。如果原来空着的导带中有一些电子,而价带中也未填满电子,留有一些空穴,因而具有电子导电性。但毕竟这些激发电子和空穴数量是有限的,故这些材料的导电性比导体的差而比绝缘体的好,具有半导体性质。

材料电子结构中的能量系统可以通过在晶格中添加异质离子而得以改变。例如在 SiC 中某一个 C 原子被一个 N 原子所代替,由于 N 的电子数量较多,就出现过剩电子,它的能量水平紧靠在导带下面,很容易被激发到导带上去,这种能量水平的能级被称为施主能级。相应的半导体为 N 型半导体或电子导电半导体。如在 SiC 中用一个 Al 原子代替 Si 原子,由于少一个电子,所形成的物质能态紧靠在价带上方,它很易接受电子,因而被称为受主能级,它在价带中留下空余的位置而可能进行电子导电。因为空余位置的作用与正电荷载体相同,人们称它为 P 型半导体或空穴导电半导体。

晶格中缺位(空穴)的作用与导电离子类似。如 TiO_2 中常有一些 Ti^{4+} 离子被 Ti^{3+} 代替,或 Fe_2O_3 中一些 Fe^{3+} 被 Fe^{2+} 代替,欠缺的价数就以氧缺位来达到平衡。离子的价数减少,如 $Ti^{3+} = Ti^{4+} + e^-$,或 $Fe^{2+} = Fe^{3+} + e^-$,可作施主对待,因而形成 N 型半导体;与此相反,如果在化合物中替换成一部分价数较高的离子,就会形成 P 型半导体,NiO 中的 $Ni^{3+} + e^- = Ni^{2+}$ 就是一个例子。这种化合物的总分子式与纯化学当量不符,因此人们称之为非化学计量化合物。大部分氧化物半导体就是通过掺杂方法或将它形成非计量化合物而获得的。

2.3.2　介电性能

前面谈到,无机非金属材料大多是绝缘体,在实际使用中除对导电性能有要求外,其介电性质也是十分重要的。将一种作为电介质的物质放在电容器中就可以增大其电容。可用介电常数 ε 作为电介质的特征常数。此外,介电性质还包括介电损失、铁电性等。

1.介电常数

当电压加到两块中间是真空的平行金属板上时,发现板上的电荷 Q_0 和所施加电压成正比,$Q_0 = C_0 V$,比例系数 C_0 称为电容。如果两块金属板之间放入绝缘材料,则在相同电压下,电荷增加到 Q_1,即 $Q_1 + Q_0 = CV$,显然 $C > C_0$,电容量增加了。介电质引起电容量增加的比例,称为相对介电常数。

$$\varepsilon = \frac{C}{C_0} = \frac{Q_0 + Q_1}{Q_0} \qquad (2-31)$$

那么为什么放在电容器两板间的介电质能提高电容量呢? 从电学中知道,当绝缘体放入电场时,电荷不可能像导体般传递过去,但材料内带正负电荷的各种质点受电场作用将发生互相位移,形成许多电偶极矩,即发生极化作用,结果在材料表面感应了异性电荷,它们束缚住板上一部分电荷,抵消(中和)这部分电荷的作用,故在相同条件下,增加了电容器的容量。由此可知,材料组成越易起极化作用,电容量也越大,相应电容器的尺寸可大大减小,这对于集成电路和大规模集成电路的发展极为重要。

2.其他介电性能

电介质在电场作用下,引起介质发热,单位时间内消耗的能量,称为介电损耗。功率损失可表示为 $P = VI\cos\Phi$(V 是电压,I 是电流,Φ 是相位角),对于理想电介质

$\varPhi = \pi/2$，即电流 I 的相位比电压相位超前 $\pi/2$。但由于损失，实际电介质的相位略小于 $\pi/2$，即 $\varPhi = \pi/2 - \delta$，当相位偏移角 δ 很小时有：

$$P = VI\cos(\pi/2 - \delta) \approx VI\sin\delta \approx VI\tan\delta \qquad (2-32)$$

$\tan\delta$ 是反映电介质本身性质影响功率损失的因素，其大小直接影响电介质的损失大小，也是判断电介质是否可做绝缘材料的初步标准。$\tan\delta$ 的倒数称为晶质因素 Q。Q 值大，介电损耗小，说明电容器品质好。它也是反映电介质能量损失的特征参数。造成介电损耗的原因很多，如离子在晶格间运动而产生导电损失、离子的跳跃或共振损失等。所谓共振损失是指构成物质的粒子，由于热振动而以固有的频率在平衡位置附近运动，当与外电场发生共振时，必然出现能量吸收现象。用作电容器的电介质材料要求有高的介电常数和低的介电损耗，因此了解这些性能的基本影响因素对于设计和制备高性能电容器是很必要的。

人们在研究介电常数大的物质如 $BaTiO_3$ 时发现，当电场增强时，极化程度开始按比例增大，接着突然升高；在电场强度很大时，极化速度又减慢而趋向于极限值。除去电场后，剩余一部分极化状态，必须加上相反的电场才能完全消除极化状态，出现与铁磁体类似的滞后现象，因而人们称这种现象为铁电性。铁电性与晶体结构紧密相关，特别是在具有钙钛矿型化合物中经常出现，这些材料被称为铁电体或强电介质，其用途十分广泛，除用作压电材料外，还可用作光调制材料和记忆材料等。

2.3.3 磁　性

从电学中知道，运动的电荷产生磁场，电流 I 通过每米 n 圈的线圈能产生磁场。磁场强度 $H = nI$。如将材料放入线圈内，材料内有感应，产生磁偶极矩，磁感应 $B = \mu_0 H + M$。μ_0 是真空时的导磁率，M 是单位体积的感应磁矩，也叫磁化强度，它与磁场强度成正比：

$$M = \mu_0(\mu_r - 1)H = \mu_0\chi H \qquad (2-33)$$

此处 μ_r 为相对导磁率，是材料导磁率 μ_1 与真空导磁率 μ_0 之比，χ 是磁化率，$\chi = \mu_r - 1$。磁化率的值可以是正或负，具有负磁化率的物质为抗磁质，而具有正磁化率的物质称为顺磁质，磁化率超过一般物质许多倍的为铁磁质。

1. 抗磁性

材料的磁效应来源于原子轨道上电子的运动或电子自旋所引起的极细小的环形电流，有环形电流必产生磁矩。构成抗磁性材料的原子中所有磁矩是相互抵消的，原子总磁矩等于零，符合这个条件的，是那些填满了电子壳层的原子和离子，如 Si^{4+}、Al^{3+}、Ca^{2+}、K^+、O^{2-} 等；此外，还有两个具有异向平行自旋的 S 电子的原子或离子，如 Zn、Be、Ca 原子和 Pb^{2+} 离子等。大多数材料由价键结合，而这些价键是由异向平行的自旋电子耦合形成的。通常这类分子中，不仅合成的自旋动量矩等于零,而且绕原子核运动的合成动量也等于零,相应的合成磁矩也等于零。当这些材料加上磁场时,会产生磁化,其方向与磁场方向相反。因此,在原子和分子中,电子形成极细小的环形电流,在磁场作用下,其轨道发生变化,它所产生的磁场与所加磁场方向相反,所以磁化率是负的,这种磁效应较弱,约 10^{-4},相对导磁率 μ_r 比 1 小一点点。

2. 顺磁性

有些材料组成中的原子或离子具有未成对的电子,如过渡族元素或稀土元素的离子,由于它们壳层内电子自旋磁矩没有互相抵消,形成永久磁矩,在没有电场作用时,各个磁矩没有相互作用或作用很弱,它们的指向是无序分布的,没有形成宏观磁现象。但是在磁场作用下,这些磁矩沿磁场方向排列,结果有磁化发生,其磁化率大于零,表现出顺磁性。这种磁效应也较小,$\chi \approx 10^{-5}$。由于热运动使磁矩趋向于无规则,因此顺磁性与温度有关,而且与温度成反比。

3. 铁磁性

有些材料如 Fe、Ni、Co、Y 和少数氧化物如 CrO_2、EuO 等,其原子或离子内有未被抵消的自旋磁矩存在,这些磁矩之间相互作用强,在 0.01mm 线度数量级的微小区域的磁畴内,自旋磁矩沿一个方向平行排列,发生自发磁化。在磁畴之间的界面区域,磁矩方向是一个渐变过程,形成一个一定厚度的磁畴壁。这些磁矩在晶体内形成许多闭合磁路,因此,宏观上显示出整个晶体无磁性。在磁场作用下,由于磁畴存在,磁感应和磁化强度不是线性关系,而是和铁电体类似,呈磁滞回线关系,材料的这种性质叫做铁磁性。铁磁性也与温度有关,有一个铁磁性居里温度 T_C,高于此温度,就变成顺磁性了,此时 $\chi = C/(T - T_C)$(C 为常数)。温度低于 T_C 会产生自发磁化。铁磁性居里温度反映了原子的无序振动干扰了自发磁化的发生。

4. 反铁磁性

FeO、NiF_2 及各种锰盐与铁磁性材料相反,相邻的未被抵消的自旋磁矩具有异向平行排列的趋向,因此,形成的磁畴是无磁性的,磁化率是正的,而且数值不大,它随温度升高而增大,超过某一温度后就变成顺磁性了。这个温度叫尼尔温度 T_N,相当于铁磁体的居里温度 T_C。

5. 铁氧体磁性

$(Mn,Zn)Fe_2O_4$、$(Ni,Zn)Fe_2O_4$ 等物质,它们和铁磁体一样,有磁畴结构以及磁滞回线。磁导率和磁化率也是比较大的,这是它的未被抵消的自旋磁矩的离子相互作用的结果。但这种作用和前述铁磁性相反,磁畴内存在两种磁矩,而且是呈相反方向排列的。

上述各种形式磁性状态示意如图 2 - 10。

一些无机非金属材料因具有强磁性、高电阻和低介电损耗,而被广泛应用于电子技术中的元器件、计算机中的记忆元件和微波器件中。

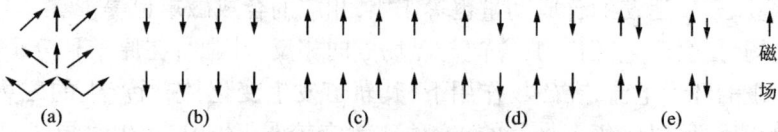

图 2 – 10　磁性自旋力矩的排列结构示意

(a)顺磁性;(b)抗磁性;(c)铁磁性;(d)反铁磁性;(e)铁氧体

2.3.4　光学性能

物质的光学性质来源于它与光线的相互作用,这种相互作用可以在整个物体上或只在物体表面上发生,与光的波长有紧密的联系。

光在空气中的传播速度接近它的最大速度 C_0。一束光线从空气中投射到物体内时,由于构成物体的离子相互作用而使速度降为 C,垂直投射的光线其传播方向(即光路)不变。如果是斜向投射,例如与法线方向成角 α,则进入光学密度较大的介质中后,传播方向与法线方向的夹角 β 就要小一些。按照光折射法则,折射率 n 为:

$$n = \frac{C_0}{C} = \frac{\sin\alpha}{\sin\beta} \qquad (2-34)$$

折射率 n 的大小不仅决定于相界面的折射性质,而且还决定于相界面的反射性质。即使是垂直方向投射也不是全部光线都进入物体中,总有一部分在表面反射掉,反射率 R 可按公式作近似计算(当吸收率很小时):

$$R = \left(\frac{n-1}{n+2}\right)^2 \qquad (2-35)$$

根据(2 – 35)式,当 $n = 1.5$ 时,$R = 2\%$,而当 n 增加到 1.9 时,R 增加到 5.3%,由此可见,含铅量较高的所谓水晶玻璃有耀眼的光泽就是由于反射光大的缘故。但从另一方面看,普通的窗玻璃和光学仪器中所使用的光学玻璃,由于光反射造成的光损失也随着折射率增大而增加,这意味着入射光的强度随着光在表面的反射而减小。因此,进入介质中的光强比入射光强要小。进入介质中的光一部分被材料本身所吸收,余下部分则透过材料。光的吸收率 A、透过率 T 和反射率 R有如下关系:

$$A + T + R = 1 \qquad (2-36)$$

在反射率不变的情况下,吸收率愈大,则透过率愈小。

当平行光束通过均质单相材料薄层时,由于光被吸收,其强度减少量 $\mathrm{d}I$ 是和薄层厚度 $\mathrm{d}x$ 和光束强度 I 成正比的:

$$-\mathrm{d}I = \beta I \mathrm{d}x \qquad (2-37)$$

此处 β 是比例常数,也叫吸收系数。若入射光的初始强度为 I_0,经过试样厚度和介质中光程长度 l 后,射出光强度为 I,可以从下式求出透光率 T:

$$\int_{I_0}^{I} \frac{\mathrm{d}I}{I} = -\beta \int_0^l \mathrm{d}x$$

故　　　　　　　　　　$T = I/I_0 = \exp(-\beta l)$ 　　　　　　　（2-38）

从（2-37）式知道，吸收系数 β 的单位是长度的倒数。如果考虑界面的反射损失，则对垂直入射光的透光率是：

$$I/I_0 = (1-R^2)\exp(-\beta l)$$ 　　　　　　　（2-39）

在光吸收研究中，还用吸收率 $A = 1 - T = (I_0 - I)/I_0$、光密度 $D = \lg(1/T)$ 或 $D = \lg(I_0/I)$ 等来表示光的吸收或透过性能，这种表示显然忽略了反射率这一因素。

如果仅从吸收与透过率来考虑，当材料不吸收可见光区的光时，材料就是透明的，但大部分陶瓷材料由 Si^{4+}、Al^{3+}、O^{2-} 和 R^+、R^{2+}（碱金属，碱土金属离子）组成，这些组分在可见光区没有吸收带，本应当是完全透明的，但实际情况并非如此。原因是陶瓷材料中大量的颗粒边界引起光的强烈散射。因此，要想获得透明陶瓷应从克服颗粒边界引起的光散射入手。

物质吸收光时，外层电子从基态跃迁到激发态，只要基态与激发态的能量差大于可见光的能量，物质就显示出颜色，能量差愈小，颜色就愈深；呈现的颜色与物质吸收光的波长有关。如吸收波长 4000Å 的光（紫色），观察到的颜色为绿黄。吸收波长 7300Å 的光（玫瑰色），观察到的颜色为绿色。利用这一原理可设计制造不同颜色的材料。

2.3.5　化学性能

材料在使用中一定会发生不同程度的气相与固相、液相与固相、固相与固相之间的反应，随着反应的进行材料表面逐渐被侵蚀，这种侵蚀甚至可以延伸到材料内部结构中去。材料抵抗外部物质侵蚀的能力称为耐蚀性或化学稳定性。

对于常温下使用的材料，其化学稳定性通常指的是抵抗周围介质中水、酸、碱的各种化学作用的能力，这种能力显然同材料化学组成、结构的稳定性等因素有关。

对于离子键性材料来说，为了阻止 H_2O 分子、酸液中的 H^+、碱液中的 OH^- 的侵蚀，要求阳离子和阴离子之间的结合充分牢固，而且质点的堆积状态应尽可能紧密。例如，NaCl 或 KCl 是典型的离子键紧密堆积结构，因其构成的离子电荷分别为 +1 价和 -1 价，键合力较弱，所以极化性大的 H_2O 分子很容易侵入到其中将其溶解。MgO 同样是 NaCl 型结构，经过充分煅烧成为紧密堆积结构后，由于其由电荷分别为 +2、-2 价的离子构成，键合力较强，H_2O 分子不易侵入到其中，所以 MgO 对水是稳定的。不过，Mg^{2+} 容易被酸溶液中的 H^+ 取代，对酸的耐蚀性较差。CaO 与 MgO 具有相同的结构类型，但因 Ca^{2+} 离子半径较大，堆积不是十分紧密，H_2O 分子会侵入到其中破坏其晶格。构成 $Al_2O_3 \cdot SiO_2$ 的离子电荷分别为 +3 价与 -2 价、+4 价与 -2 价，Al—O 及 Si—O 键键合力强，这些物质都难溶于酸。至于石墨,因是由 4 价的共价键牢固结合的,故对强酸、强碱的耐腐蚀性都很强。

　　无机非金属材料大多由氧化物所组成,这些氧化物的键合力愈大,其酸性愈强,而键合力愈小,碱性愈强。下列氧化物键合力依次减小,P_2O_5、SiO_2、B_2O_3、TiO_2、Al_2O_3、Fe_2O_3、BeO、MgO、ZnO、FeO、MnO、CaO、SrO、BaO、Li_2O、Na_2O、K_2O,其碱性依次增强。材料中含酸性氧化物愈多,则其耐酸的侵蚀能力愈强而耐碱的侵蚀能力愈弱;含碱性氧化物愈多,则其耐酸性愈弱。

　　对于高温下使用的材料的化学稳定性来说,除了受材料组成、结构、侵蚀介质影响外,还与温度关系密切。例如耐火材料通常用作各种熔炼炉的炉体,它在高温下与熔体相接触。如果材料内部不出现液相,侵蚀过程是一个固体溶解于液体侵蚀介质的过程。然而,在高温下,耐火材料中往往出现一些液相,其侵蚀过程不仅包括了固 – 液反应,也包括液 – 液反应,显然,后者反应更强烈一些;同时,高温时,液体侵蚀介质中往往发生强烈的对流作用,这种作用将会加速材料的溶解速度,导致腐蚀速率加强。

　　总之,化学稳定性是无机非金属材料的一个重要性能之一,了解材料化学性能方面的知识,对于合理地使用材料和开发新材料都有重要意义。当然,影响化学稳定性的因素很多,材料在实际使用中的环境也极为复杂,这里仅简要介绍一些最基本的知识。

思考题和习题

1. 简要说明恒容热容的概念及其与温度的关系。

2. 简要说明物质受热膨胀的本质及影响热膨胀系数的结构因素。

3. 通常无机非金属材料的热传导系数比金属材料的小,试说明其原因。

4. 试说明 $G = \dfrac{E}{2(1+\mu)}$,$K = \dfrac{E}{3(1-2\mu)}$ 中四个弹性常数各表示的意义。

5. 材料的理论强度远远高于其实际强度,试解释造成这种差别的原因。

6. 对于圆形裂纹,试计算裂纹端部应力 σ_m 和施加应力 σ 的比值 σ_m/σ。

7. 大多数无机非金属材料的导电性能都很差,试分析影响无机非金属材料导电性能的因素。

8. 在电容器两极板间放入介电质为何能提高电容器的电容量?

9. 在 SiC 中掺入 Al^{3+} 后,对 SiC 基陶瓷的能带结构会产生何种影响,绘出能带结构示意图。

10. 说明材料的顺磁性、抗磁性、铁磁性及反铁磁性的概念及其区别。

11. 根据材料对光的吸收率 A、透过率 T 和反射率 R 三者的关系,要想阻挡太阳光透过窗玻璃而进入室内,应控制哪个参数?

12. 玻璃是透明的,而陶瓷类材料往往是不透明的,试解释其原因。

13. 讨论影响材料热学、力学、电学、磁学及化学稳定性的主要结构因素。

第 3 章　陶　瓷

　　陶瓷是由粉状原料成形后在高温作用下硬化而形成的制品,是多晶、多相(晶相、玻璃相和气相)的聚集体。陶瓷材料是无机非金属材料中的一个重要部分,它具有耐高温、耐腐蚀、高强度、多功能等多种优异性能,已在各工业部门及近 30 年迅速发展起来的空间技术、火箭、导弹、医疗、电视等新技术领域得到广泛应用。陶瓷材料的使用量在日益增大,使用范围也在不断拓展,已形成庞大的工业体系;同时,科学技术的发展也对陶瓷材料提出了更多更新的要求,使得陶瓷材料领域的科研日益活跃。因此,无论从产业角度还是从科研角度来看,陶瓷材料都是十分引人注目的一个重要领域。

3.1　陶瓷材料的分类和制备工艺

3.1.1　陶瓷的分类

　　陶瓷材料的种类很多,缺乏统一的分类方法。按照习惯,一般分为传统陶瓷和新型陶瓷两大类。

1. 传统陶瓷

传统陶瓷又称为普通陶瓷,主要指硅酸盐陶瓷材料,因其中占主导地位的化学组成 SiO_2 是以黏土矿物原料引入的,所以也称传统陶瓷为黏土陶瓷。这类材料按其性能特点和用途,可分为日用陶瓷、建筑陶瓷、电器陶瓷、化工陶瓷、多孔陶瓷等。

2. 新型陶瓷

新型陶瓷又叫特种陶瓷,指一些具有特殊物理或化学性能和特殊功能的陶瓷。

新型陶瓷按化学成分分为两类,一类是氧化物陶瓷,如 Al_2O_3、MgO、CaO、BeO、ThO_2 和 UO_2 及复合氧化物 $BaTiO_3$ 等;另一类是非氧化物陶瓷,如碳化物、硼化物、氮化物、硅化物等。表 3 - 1 列出了具有各种功能和特性的新型陶瓷的类型及其应用领域。

表 3 - 1　功能陶瓷及其应用举例

分　类	特　性	典型材料和状态	主要用途
力学功能陶瓷	高强度(常温和高温)	Si_3N_4、SiC(致密烧结体)、Al_2O_3、BN、B_4C、金刚石(金属结合)、$Si_3N_4 \cdot Al_2O_3$	叶片、转子、活塞、内衬、喷嘴
	韧性	TiC、B_4C、Al_2O_3、WC(致密烧结体)	切削工具
	高硬性	Al_2O_3、B_4C、金刚石(粉状)	研磨、模具材料
热功能陶瓷	耐高温性	BeO、ThO_2、AlN、BN、Al_2O_3、ZrO_2、MgO、CaO、SiC、B_4C、ZrB_2、Mo_3Si(致密烧结体)	高温用坩埚、导弹、鼻锥体、天线罩、窗口材料
	耐热性	ThO_2、ZrO_2、Al_2O_3、SiC(致密烧结体)	耐热结构材料、高温炉
	绝热性	$K_2O \cdot nTiO_2$(纤维)、$CaO \cdot nTiO_2$(多孔质体)	耐热绝缘体、节能炉
	传热性	BeO(高纯致密烧结体)	轻质绝缘体、不燃性壁材
电子功能陶瓷	绝缘性	Al_2O_3(高纯致密烧结体、薄片状)、BeO(高纯致密烧结体)	集成电路衬底、散热性绝缘衬底、微波器件
	介电性	$BaTiO_3$(致密烧结体)	大容量电容器
	压电性	$Pb(Zr_xTi_{1-x})O_3$(经极化致密烧结体)、ZnO(定向薄膜)	滤波器、表面波延迟元件
	热释电性	$Pb(Zr_xTi_{1-x})O_3$（经极化致密烧结体）	红外检测元件
	铁电性	$PLZT$(致密透明烧结体)	图像记忆元件
	离子导电性	$Na - \beta - Al_2O_3$(致密烧结体)、ZrO_2(致密烧结体)	玻璃电极、钠硫电池氧量敏感元件
	半导体	$LaCrO_3$、SiC	电阻发热体
		$BaTiO_3$(控制显微结构)	正温度系数热敏电阻
		SnO_2(多孔质烧结体)	气体敏感元件
		ZnO(烧结体)	变阻器
	超导性	$Cu - Y - Ba - O$、$La - Ba - Cu - O$	超导元件
	电子发射性	LaB(致密烧结体、单晶)	电子枪用热阴极
磁功能陶瓷	软磁性	$Zn_{1-x}Mn_xFe_2O_4$(致密烧结体)	记忆运算元件、磁芯、磁带
	硬磁性	$SnO \cdot 6Fe_2O_3$(致密烧结体)	磁铁、隐形战斗机材料
	磁流体发电	Al_2O_3、BeO、Y_2O_3、BN、ZrO_2	电离气流通道、电极

续上表

分 类	特 性	典型材料和状态	主要用途
光功能陶瓷	透光性	Al_2O_3、MgO、Y_2O_3、CaF_2、BeO、$PLZT$、$PBZT$(致密透明烧结体)	新型光源发光管、窗口材料、光存储材料
	透红外性	MgF_2、ZnS、CaF_2、MgO、Al_2O_3(热压烧结体)	红外透过窗、导弹、整流罩
	荧光性	Y_2O_3、Eu(粉体)、$GaAs$、$GaAsP$	荧光体、有色电视、显像管、激光二极管
	导光性	光导玻璃纤维	通讯光缆、胃照相机
	偏光性	SnO_2(涂膜)、$PLZT$(致密透光烧结体)	半导体性可见光、防止模糊玻璃
	光反射性	TiN(金属光泽表面)	耐热金属特性、太阳热聚焦器
	红外线反射性	SnO_2(涂膜)	红外反射、节能用窗玻璃
化学功能陶瓷	传感	SnO_2、ZnO、NiO、FeO、SiO_2、$MgCr_2O_4$ - TiO_2、Al_2O_3、Si_3N_4	气体、湿度、化学传感器
	催化	Al_2O_3、堇青石、($Fe-Mn-Zn$) - 铝酸钙	催化载体、催化剂
放射性功能陶瓷	放射	UO_2、C、B_4C、SiC、Li_2O、钒酸纤维、ThC_2	核燃、核反应堆、放射性废物处理
	反应	UO_2、UC、ThO、BeO、SmO、GdO、HfO、B_4C、BeO、WC	陶瓷核燃料、减速剂、吸收热中子、反应堆反射
吸声功能陶瓷	吸声	多孔陶瓷、陶瓷纤维	吸声板
生物功能陶瓷	生物骨材替代	Al_2O_3、$Ca_{10}(PO_4)_6(OH)_2$、$Ca_3(PO_4)_2$	人造骨、人造齿、生物陶瓷
	载体性	SiO_2(孔径控制多孔体)、Al_2O_3、TiO_2(多孔质体)	酵系载体、触媒剂载体
	触媒性	$K_2O \cdot nTiO_2$(多孔质烧结体)	反应触媒用

3.1.2 陶瓷的制备工艺

陶瓷的制备工艺比较复杂,但基本的工艺包括:原材料的制备、坯料的成形、坯料的干燥和制品的烧成或烧结等 4 大步骤。通常还把表面加工作为最后一道工序。

1. 原料的制备

陶瓷工业原料,特别是传统的硅酸盐陶瓷材料所用的原料大部分是天然原料。

这些原料开采出来以后,一般需要加工,即通过筛选、风选、淘洗、研磨以及磁选等,分离出适当颗粒度的所需矿物组分。

对于特种原料,如生产电工陶瓷、磁性陶瓷等特殊陶瓷制品所用的原料使用化学工业制品已与日俱增。人们常称这些原料为"人工合成原料"。

(1)天然原料

传统陶瓷的典型制造过程是泥料的塑性成形。因而人们常将天然原料分为可塑性原料、弱塑性原料及非塑性原料三大类。

可塑性原料的主要成分是高岭土、伊利石、蒙脱石等黏土矿物,多为细颗粒的含水铝硅酸盐,具有层状晶体结构。当其用水混合时,有很好的可塑性,在坯料中起塑化和黏合作用,赋予坯料以塑性或注浆成形能力,并保证干坯的强度及烧成后的使用性能,如机械强度、热稳定性和化学稳定性等。它是陶瓷制品成形能够进行的基础,也是黏土质陶瓷成瓷的基础。最重要的黏土原料是以高岭石($Al_2O_3 \cdot 2SiO_2 \cdot 2H_2O$)为基础的矿物。

弱塑性原料主要有叶蜡石($Al_2O_3 \cdot 4SiO_2 \cdot H_2O$)和滑石($3MgO \cdot 4SiO_2 \cdot H_2O$),这两种矿物也都具有层状结构特征,与水结合时具有弱的可塑性。

非塑性原料的种类很多,这里只能选择一些最重要的加以说明。陶瓷中常讲到减塑剂及助熔剂,前者对可塑性有影响,后者则对烧成过程起作用。石英砂和黏土烧熟料是典型的减塑剂,长石是典型的助熔剂。

作为陶瓷中的非塑性原料,二氧化硅(SiO_2)应该排在首位,它质硬、化学稳定性高、难熔、能降低坯料的黏度或可塑性。烧成时部分石英溶解在长石熔体中,能提高液相的黏度,防止坯料高温变形,冷却后在瓷坯中起骨架作用。另一重要大类是含碱及碱土金属离子的原料,陶瓷泥料中的这些组分就由相应原料引入,它们对烧成性能起到决定性作用。在泥料制备过程中,原料通常要与水接触,原料中的碱金属离子必须不溶于水。这类原料中,长石是典型代表,如斜长石、钠长石、钾长石、钙长石等。

(2)合成原料

陶瓷在发展过程中对原料的要求越来越高,对某些制品人们希望采用均一而纯净的原料。因此,天然矿物原料已不能满足要求;而且某些新型陶瓷材料所用的原料自然界几乎没有或完全没有。在这种情况下只能用合成方法来生产所需的原料。化学工业提供了大量的这方面的原料,这里不作详细叙述。根据合成方法和用途可将它们分类。但各类互相交叉重复是不可避免的,也不能将所有原料都包括进去。特别是那些十分特殊的物质,例如SiC,它一般是按艾奇逊(Acheson)法用石英砂和焦炭在电炉中制成,用于特殊目的时也可通过从气相 CH_3SiH_3 的热裂解而获得。

2. 坯料的成形和干燥

在陶瓷生料中加入液体(一般为水)后形成一种特殊状态,它具有在成形过程中所需要的工艺性能。大量的水可使颗粒料形成稠厚的悬浮液(泥浆),少量的水形成可捏成团的粉料,水量适中则形成可塑的且在外力作用下可加工成各种形状的泥块(可塑泥料)。按照不同的制备过程,坯料可以是可塑泥料、粉料或泥浆,以适应不同的成形方法。

成形的目的是将坯料加工成一定形状和尺寸的半成品,使坯料具有必要的机械强度和一定的致密度。主要的成形方法有 3 种。

(1)可塑成形

是在坯料中加入水或塑化剂,制成塑性泥料,然后通过手工、挤压或机加工成形。这种方法在传统陶瓷中应用最多。

(2)注浆成形

是将浆料浇注到石膏模中成形。常用于制造形状复杂、精度要求不高的日用陶瓷和建筑陶瓷。

(3)压制成形

在粉料中加入少量水或塑化剂,然后在金属模具中加较高压力成形。这种方法应用范围广,主要用于特种陶瓷和金属陶瓷的制备。

除上述几种方法外,还有注射成形、爆炸成形、薄膜成形、反应成形等方法。注射成形是将粉末和有机黏结剂混合后,用注射成形机将混合料在 $130 \sim 300 \, ℃$ 下注射入金属模内,冷却后黏结剂固化,取出毛坯经脱脂处理就可按常规工艺进行烧结。爆炸成形是利用炸药爆炸后在瞬间产生的巨大冲击压力(可达 $1 \times 10^5 \, MPa$)作用在粉末体上,使粉体压坯获得接近理论值的密度和很高的强度。爆炸冲击波产生的高压和高温可用于烧结粉末体(这就是爆炸烧结),制备特种陶瓷。有多种薄膜成形技术和方法被用来制备陶瓷薄膜。例如轧膜法是将塑化的粉料喂入转动的轧缝中,经轧辊碾压而成为具有一定厚度和连续长度的薄带;又如丝网印刷法是将陶瓷油墨印刷在基片上,形成所需要的电路图形,经干燥、烧结,形成 $3 \sim 30 \, \mu m$ 的厚膜;经多次印刷和烧结,能将导体、半导体、绝缘体和焊料等结合在一起,或将电路片、电容器、电阻、传感器等集成封装成组合件。反应成形则是通过多孔坯体同气相或液相发生化学反应,使坯体质量增加,孔隙减小,并烧结成具有一定强度和精确尺寸的产品,用这种方法可使成形和烧结同时完成。

通常,成形后坯体的强度不高,常含有较高的水分。为了便于运输和适应后续工序(如修坯、施釉等),必须进行干燥处理。

将坯料放在空气中,当空气中的水蒸气分压小于坯体内的水蒸气分压时,水分即从坯体内排除,干燥过程从此开始。

干燥可以分为三个阶段。第一阶段为干燥的初始阶段,水分能不受阻碍地进入周围空气中,干燥速度保持恒定而与坯体的表面积成比例,大小则由当时空气中的湿度和温度决定。

当然,必须保持空气流通而使蒸发的水分随时离开坯体表面。这一阶段的水分排出量与泥料的体积收缩相当,即体积收缩与排出水分量成比例,排除的水分越多,则坯体体积收缩越大。第二阶段的干燥主要是排除颗粒间隙中的水分,其特点是干燥速度呈现下降趋势,坯体在继续收缩时已出现气孔,由于水分的输送主要通过毛细管进行,干燥时水分在坯体内蒸发,水蒸气要克服较大的扩散阻力才能进入周围空气中,而且微细的毛细管中水的蒸气压也较低。这些因素都使得干燥速度下降。实际中,干燥只进行到第二阶段即结束,此时坯体已具有一定的机械强度,可以被运输及修坯和施釉等。第三阶段主要是排除毛细孔中残余的水分及坯体原料中的结合水,这需要采用较高的干燥温度,仅靠延长干燥时间是不够的。

3.烧结或烧成

坯体经过成形及干燥过程后,颗粒间只有很小的附着力,因而强度相当低,要使颗粒间相互结合以获得较高的强度,通常是使坯体经一定高温烧成。在烧成过程中往往包含多种物理、化学变化和物理化学变化,如脱水、热分解和相变,熔融和溶解,固相反应和烧结以及析晶、晶体长大和剩余玻璃相的凝固等过程。

烧结是陶瓷制备中重要的一环,伴随烧结发生的主要变化是颗粒间接触界面扩大并逐渐形成晶界;气孔从连通逐渐变成孤立状态并缩小,最后大部分甚至全部从坯体中排除,使成形体的致密度和强度增加,成为具有一定性能和几何外形的整体。烧结可以发生在单纯的固体之间,也可以在液相参与下进行。前者称为固相烧结,后者称为液相烧结。无疑,在烧结过程中可能会包含有某些化学反应的作用,但烧结并不依赖化学反应的发生。它可以在不发生任何化学反应的情况下,简单地将固体粉料进行加热转变成坚实的致密烧结体,如各种氧化物陶瓷和粉末冶金制品的烧结就是如此,这是烧结区别于固相反应的一个重要方面。

烧结过程可以用图 3－1 来说明。图中(a)表示烧结前成形体中颗粒的堆积情况。这时,颗粒有的彼此以点接触,有的则互相分开,保留较多的空隙。(a)→(b)表明随烧结温度的提高和时间的延长,开始产生颗粒间的键合和重排过程。这时颗粒因重排而互相靠拢,

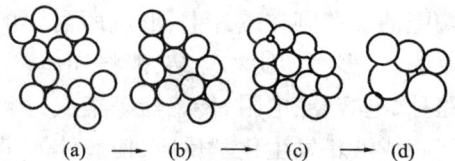

图 3－1　粉状成形体的烧结过程示意

(a)中的大空隙逐渐消失,气孔的总体积逐渐减少;但颗粒之间仍以点接触为主,颗粒的总表面积并没有减小。(b)→(c)阶段开始有明显的传质过程,颗粒间由点接触逐渐扩大为面接触,颗粒间界面积增加,固－气表面积相应减小,但仍有部分空隙是连通的。(c)→(d)表明,随着传质的继续,颗粒界面进一步发育长大,气孔则逐渐缩小和变形,最终转变成孤立的闭气孔。与此同时,颗粒粒界开始移动,粒子长大,气孔逐渐迁移到粒界上消失,烧结体致密度增高,如图(d)所示。

　　基于上述分析,可以把烧结过程划分为初期、中期、后期三个阶段。烧结初期只能使成形体中颗粒重排,空隙变形和缩小,但总表面积没有减小,并不能最终填满空隙;烧结中、后期则可能最终排出气体,使孔隙消失,得到充分致密的烧结体。

　　烧结方法有多种,除粉末在室温下加压成形后再进行烧结的传统方法外,还有热等静压、水热烧结、热挤压烧结、电火花烧结、爆炸烧结、等离子体烧结、自蔓延高温合成等方法。这些方法各有优缺点。如自蔓延高温合成是利用金属与硅、硼、碳、氮等互相作用的强烈放热效应,不采用外部加热源,而利用元素内部潜在的化学能将原始粉末在几秒到几十秒的极短时间内转化成化合物或致密烧结体。这种方法的主要优点是:不需要高温炉,过程简单,几乎不消耗电能,制得的产品纯净,能获得复杂相和亚稳相等。主要缺点是:不易获得高密度材料,不易严格控制制品性能,所用原料往往易燃及有毒,存在一定的安全隐患。

3.2　陶瓷的组织结构与性能

3.2.1　陶瓷的组织结构

　　在一般情况下,在烧成或烧结温度下,陶瓷坯体内部各种物理化学转变和扩散过程不能充分进行到底,所以陶瓷和金属不同,总是得到未达到平衡的组织,组织很不均匀、很复杂。

　　传统陶瓷的典型组织结构由晶相、玻璃相和气相组成。这种结构是坯料在热处理过程中经历一系列物理化学变化而形成的。例如,作为大部分白瓷工业基础的黏土 - 石英 - 长石三组成体系陶瓷,黏土含量大约为 40% ~ 60% ,长石为 20% ~ 30% ,石英为 20% ~ 50% ;日用细瓷的配料中,长石的含量一般不超过石英的 1.43 倍。在加热和冷却过程中,坯体相继发生以下 4 个阶段的变化:

　　低温阶段(室温至 300 ℃)——坯体中残余水分排出,形成大气孔。

　　中温阶段(300 ~ 950 ℃)——黏土等矿物中结构水排除;有机物、碳素、无机物氧化及碳酸盐、硫化物等分解;石英由低温型晶型转变为高温型晶型。

　　高温阶段(950 ℃ 至烧成温度)——氧化分解反应继续进行,长石 - 石英 - 高岭石(高岭土)三元共熔体、长石 - 石英、长石 - 高岭石共熔体、石英熔体(石英颗粒周边的熔蚀液)以及与杂质形成的碱和碱土金属硅酸盐共熔体相继出现,各组成逐渐溶解;在坯体中原黏土部位反应生成粒状或片状一次莫来石($3Al_2O_3 \cdot 2SiO_2$)晶体;在原长石部位结晶出针状二次莫来石晶体并显著长大;原石英颗粒被溶解成残留小块;晶体被液相黏结,陶瓷坯体体积收缩、致密度提高、机械强度增强,因而实现了由坯体到陶瓷体的转变。

　　冷却阶段(烧成温度至室温)——主要是原长石部位析出或长大成粗大针状

二次莫来石晶体,但量不多;液相则因黏度增加,质点来不及调整为晶格结构而转变为非晶态玻璃;残留石英由高温晶型向低温晶型转变。

经历上述物理化学反应后,陶瓷在室温下的组织包括一次莫来石、针状二次莫来石、残留石英颗粒。一次莫来石分布在以长石－高岭石为基体的玻璃介质中,二次莫来石则分布在以长石为基体的玻璃相中,石英颗粒周边为高硅氧玻璃,石英－长石－高岭石的交接处为三元或多元共熔体玻璃。同时,烧成后的制品中往往有一些气孔未完全排除。因此,传统陶瓷的组织特征为多晶、多相的聚集体。

一般来说,特种陶瓷原料都很纯,组织比较单纯。如刚玉陶瓷主要以 Al_2O_3 为成分,杂质很少,烧结时没有液相参加,所以在室温下的组织由一种晶相(即 Al_2O_3 晶粒)和极少量气相组成。

晶相、玻璃相及气相决定了陶瓷的特点及应用。

1. 晶相

晶相是陶瓷的主要组成成分,一般数量较大,对性能的影响也较大。它的结构、数量、形态和分布,决定了陶瓷的主要特点和应用。当陶瓷中有数种晶体时,数量最多、作用最大的为主晶相。如日用陶瓷中的主晶相为莫来石,残留的石英和其他可能存在的长石等为次晶相。次晶相对性能的影响也不可忽视,陶瓷中的次晶相主要有硅酸盐、氧化物和非氧化物等 3 种。硅酸盐晶体的结合键为离子共价混合键;氧化物主要以离子键结合,但也有一定成分的共价键存在;非氧化物晶体则主要以共价键结合,但也有一定成分的金属键和离子键存在。有关硅酸盐晶体和氧化物晶体的结构已在第一章作了介绍,非氧化物晶体的结构特征将在本章的新型陶瓷部分介绍。

2. 玻璃相

陶瓷中玻璃相的作用是:①将晶相颗粒黏结起来,填充晶相之间的空隙,提高材料的致密度;②降低烧成温度,加速烧结过程;③阻止晶体转变,抑制晶体长大;④获得一定程度的玻璃特性,如透光性及光泽等。玻璃相对陶瓷的机械强度、介电性能、耐热性等是不利的,因此不能成为陶瓷的主导组成部分,一般含量为 20%～40%*。

玻璃是无机非金属材料中的一大类物质,其结构和性能特征将在后面安排专门章节来介绍。

3. 气相

气相是指陶瓷组织内部残留下来而未排除的气体,通常以气孔形式出现。它的形成原因比较复杂,几乎与所有原料和生产工艺的各个阶段都有密切关系,影响因素也较多。根据气孔含量情况,可将陶瓷分为致密陶瓷、无开孔陶瓷和多孔陶

* 注:本书中未做特殊说明的百分含量(%)皆指质量百分含量。

瓷。除多孔陶瓷外,气孔都是不利的,它降低了陶瓷的强度和导热性能,也常常是造成裂纹的根源,所以应尽量减少制品中的气孔含量。一般普通陶瓷的气孔率为5% ~10%,特种陶瓷的气孔率在5%以下,金属陶瓷的气孔率则要求低于0.5%。

3.2.2　陶瓷的性能

1. 陶瓷的力学性能

（1）刚度

刚度用弹性模量来衡量,弹性模量反映结合键的强度,所以具有强结合力化学键的陶瓷都有很高的弹性模量,陶瓷的弹性模量是各类材料中最高的。比金属高若干倍,比高聚物高 2 ~4 个数量级。一些常见材料的弹性模量见表 3 -2。

弹性模量对组织(包括晶粒大小和晶体形态等)不敏感,但受气孔率的影响很大,气孔的存在往往会降低材料的弹性模量,温度升高也使弹性模量降低。

（2）硬度

和刚度一样,硬度也决定于化学键的强度,所以陶瓷材料也是各类材料中硬度最高的。这是它的一大特点。例如,各种陶瓷的硬度多为 1000 ~5000 HV,淬火钢的硬度为 500 ~800 HV,高聚物最硬不超过 20 HV。

陶瓷的硬度随温度的升高而降低,但在高温下仍有较高的数值。

表 3 -2　常见材料的弹性模量和硬度

材料	弹性模量/MPa	硬度/HV	材料	弹性模量/MPa	硬度/HV
橡胶	6.9	很低	钢	207000	300 ~800
塑料	1380	~17	氧化铝	400000	~1500
镁合金	41300	30 ~40	碳化钛	390000	~3000
铝合金	72300	~170	金刚石	1171000	6000 ~10000

（3）强度

按理论计算,陶瓷的强度应很高,约为弹性模量 E 的 1/10 ~1/5,但实际上一般只有 E 的 1/1000 ~1/100,甚至更低。陶瓷的实际强度比理论值低很多的原因,一是组织中存在着晶界,如图 3 -2 所示。第一,晶界上存在有晶粒间的局部分离或空隙;第二,晶界上原子间距被拉长,键强度被削弱;第三,相同电荷离子的靠近产生斥力,可能造成裂缝。

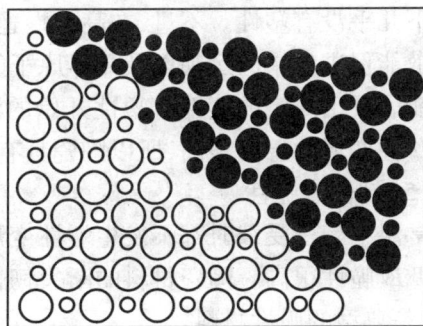

图 3 -2　陶瓷晶界结构示意图

所以消除晶界的不良作用,是提高陶瓷强度的基本途径。二是陶瓷的实际强度受致密度、杂质和各种缺陷的影响很大。如热压氮化硅陶瓷,在致密度增加到气孔率趋于零时,强度可接近理论值;刚玉陶瓷纤维,因为减少了缺陷,强度可提高 $1\sim2$ 个数量级;而微晶刚玉则由于组织细化,强度比一般刚玉高出许多倍。表 3－3 列出了几种典型陶瓷的弹性模量和强度值。

陶瓷对应力状态特别敏感,它的抗拉强度很低,抗弯强度较高,抗压强度则非常高,一般比抗拉强度高一个数量级。

表 3－3　几种典型陶瓷的弹性模量和强度

陶　瓷	弹性模量/GPa	强度/MPa
滑石瓷	69	138
莫来石瓷	72.4	107
氧化铝陶瓷(90% ~95% Al_2O_3)	365.5	345
烧结氧化铝(~5%气孔率)	365.5	207 ~345
烧结尖晶石(~5%气孔率)	237.9	90
烧结碳化钛(~5%气孔率)	310.3	1103
烧结硅化钼(~5%气孔率)	406.9	690
热压碳化硼(~5%气孔率)	289.7	345
热压氮化硼(~5%气孔率)	82.8	48 ~103

(4)塑性

塑性变形是在剪切应力作用下由位错运动引起的密排原子面间的滑移变形。陶瓷晶体的滑移系比金属少得多,位错运动所需要的剪切应力很大,比较接近于晶体的理论剪切强度。另外,共价键有明显的方向性和饱和性,而离子键的同号离子接近时斥力很大,所以主要由离子键和共价键晶体构成的陶瓷的塑性极差,陶瓷在室温下几乎没有塑性。不过,在高温慢速加载的条件下,由于滑移系的增多,原子的扩散能促进位错的运动以及晶界原子的迁移,特别是当组织中存在玻璃相时,陶瓷也能表现出一定的塑性。塑性开始的温度约为 $0.5T_m$(T_m 为熔点温度)。由于开始塑性变形的温度很高,所以陶瓷具有较高的高温强度。

(5)韧性或脆性

常温下陶瓷受载时都不发生塑性变形,就在较低的应力作用下断裂,因此,韧性极低或脆性很高。陶瓷材料的断裂韧性值很低,大多比金属材料低一个数量级以上,是典型的脆性材料。

断裂包括裂纹的形成和扩展两个过程。陶瓷的脆性对表面状态特别敏感,陶瓷的表面和内部由于表面划伤、化学侵蚀、冷热胀缩不均等原因,很容易产生细微裂纹。受载时,裂纹尖端产生很高的应力集中,由于不能由塑性变形产生高的应力松弛,所以裂纹很快扩展,陶瓷表现出很高的脆性。

陶瓷断裂时,晶相通常沿特定晶面发生解理(断裂),而玻璃相在软化温度以下沿随机的路径断开,无结晶学特点。

脆性是陶瓷的最大缺点,是其作为结构材料被广泛应用的主要障碍。提高陶瓷的韧性,改善其脆性是当前及今后研究的重要课题。

2. 陶瓷的热学性能

(1) 热膨胀

热膨胀是温度升高时物质原子振动振幅增加及原子间距增大所导致的体积增大现象。陶瓷的热膨胀系数的大小与晶体结构和结合键强度密切相关。键强度高的材料其热膨胀系数很低,如金刚石、碳化硅等具有较高键强的物质,其热膨胀系数就较小。对于氧离子紧密堆积结构的氧化物,一般线膨胀系数较大,如 MgO、BeO、Al_2O_3、$MgAl_2O_4$ 和 $BeAl_2O_4$ 都是氧紧密堆积结构,都具有相当大的热膨胀系数,这是由于氧离子接触,相互热振动导致膨胀系数增大之故。表 3 − 4 列出了一些材料的平均热膨胀系数值。

表 3 − 4　一些材料的平均热膨胀系数

材　料	线膨胀系数(0 ~ 1000 ℃) /(×10⁻⁶℃⁻¹)	材　料	线膨胀系数(0 ~ 1000 ℃) /(×10⁻⁶℃⁻¹)
金刚石	~ 3.106	SiC	4.7
BeO	9.0	TiC	7.4
MgO	13.5	熔石英玻璃	0.5
ZrO_2(稳定化)	10.0	尖晶石	7.6
莫来石	5.3	ZrO_2	4.2

(2) 导热性

陶瓷的热传导主要依靠原子的热振动。由于几乎没有自由电子参与传热,陶瓷的导热性比金属差。导热性受其组成和结构的影响较大,在室温时金属材料热传导系数在 42 ~ 4187 W/(m·K)之间,而硅酸盐材料的热传导系数则约为 4.2 W/(m·K)。陶瓷中的气孔对传热是不利的,陶瓷多为较好的绝热材料。

(3) 热稳定性

热稳定性就是抗热震性,可衡量陶瓷在不同温度范围波动时的寿命,一般用试样急冷到水中不破裂所能承受的最高温度来表示。例如,日用陶瓷的热稳定性为 220 ℃。热稳定性与材料的热膨胀系数和导热性等有关。线膨胀系数大和导热性低的材料,其热稳定性不高;韧性低的材料的热稳定性也不高,所以陶瓷材料的热稳定性比金属要低得多,这是陶瓷的另一个主要缺点。

3. 其他性能

（1）导电性

陶瓷的导电性变化范围很大。由于基本上缺乏电子导电机制，大多数陶瓷是良好的绝缘体，但也有一些陶瓷既是离子导体，又有一定的电子导电性，许多氧化物，例如 ZnO、NiO、Fe_2O_3 等实际上是介于导体与绝缘体之间的半导体，所以陶瓷也是重要的半导体材料。

（2）耐火性及化学稳定性

陶瓷的结构非常稳定。在以离子晶体为主的陶瓷中，金属原子为氧原子所包围，被屏蔽在其紧密排列的间隙中，很难再同介质中的氧发生作用，甚至在 1000℃以上的温度下也是如此，所以陶瓷具有很好的耐火性能或不可燃性能。另外，陶瓷对酸、碱、盐等腐蚀性很强的介质均有较强的抗侵蚀能力，与许多金属的熔体也不发生作用，是化学稳定性很高的材料。

归纳一下，陶瓷材料的性能特点是：具有不可燃烧性、高耐热性、高化学稳定性、高的硬度和良好的抗压能力，但脆性很高，热稳定性差，抗拉强度较低。

3.3 传统陶瓷材料

硅酸盐陶瓷由黏土、长石、石英组成。改变组成配比，控制骨料、基体和助熔剂以及颗粒细度和坯体致密度，可以获得不同特性的陶瓷。各种陶瓷的组成范围，如图 3-3 所示。

属于这一大类的材料可按其结构特征分成小类（从制成的材料上容易看出这种特征），大体分为粗陶瓷制品及细陶瓷制品，前者用肉眼看上去不是均一的坯体，后者的坯体则是均匀的，不同结构单元的大小超过 0.1～0.2 mm 就可以分辨出不均匀现象。也可按气孔率的大小分为不致密材料和致密材料两类。

3.3.1 不致密陶瓷材料

泥料中含助熔剂少及烧成温度低时制成的制品是不致密陶瓷。在细陶瓷中属于这种类型的有陶器和精陶。粗陶瓷制品中不致密的制品占相当大一部分，如砖瓦制品、熟料黏土砖等都属于这一范围。

1. 砖瓦

砖瓦这一名称下面包括许多制品，如墙砖、屋瓦、墙面砖、下水管道及烟囱用砖、电缆保护筒用砖等。

砖瓦属于大批量生产和使用的制品，必须考虑使其生产成本降到最低。基于这一原因应当以当地有的黏土或黄土为原料。只要能满足成形、干燥、烧成等过程的要求以及达到成品所需的性能，原料的矿物本质如何是次要的问题。

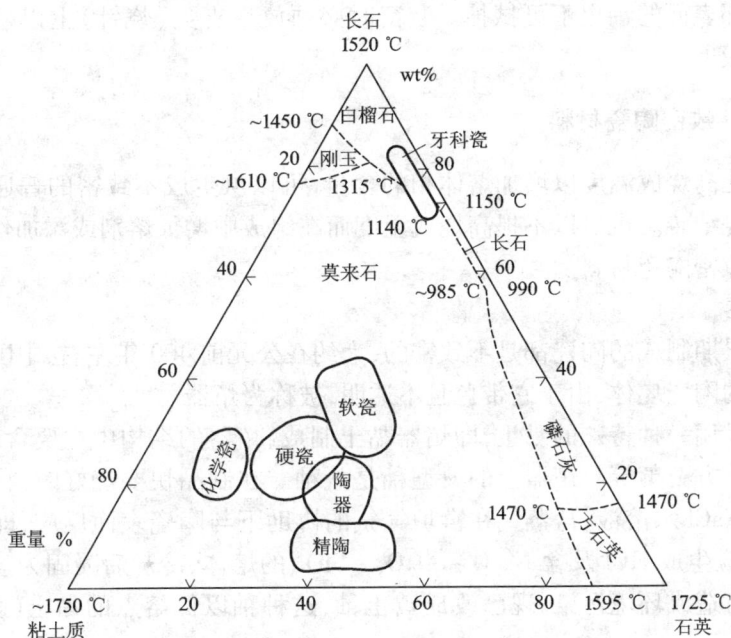

图 3-3 各种陶瓷在黏土-长石-石英三元体系中的组成范围

砖瓦的烧成温度一般在 1000 ℃左右,成品的气孔率是相当高的,按原料和烧成方式的不同在 10% ~40%(体积百分数)之间。因此砖瓦一般都能满足透气性和隔热性要求。如要增加砖瓦的隔热效果,可将气孔率尽可能增大;降低烧成温度的方法不能采用,因为它会使砖的机械强度降低到不能接受的程度。增加气孔率的有效办法是添加发泡剂(如锯末、纸浆、有机物等),发泡剂烧化后可遗留出所要求的气孔。轻质高强、隔热保温应该是砖瓦业发展的方向。

2. 陶器和精陶

陶器用的原料类似于制砖瓦的泥料。由于备料比较精细可制成均匀的坯体,烧成后获得细陶瓷不致密材料。其制品类型有花盆、彩陶、釉陶、釉面砖等。后两种制品,其釉中含铅多,含碱及硅氧较少,这种釉可与坯体牢固结合而无裂纹出现。

精陶由高岭石、烧成为白色的黏土、石英及助熔剂制成,有时还添加些方石英或黏土熟料。它的坯体是不致密的,助熔剂只加少量。根据所加助熔剂种类分为长石精陶、石灰石精陶及长石和石灰石混合精陶等。

精陶制造过程中的烧成方式是很特殊的。素烧温度(坯料烧成温度)一般选择在 1100 ~1250 ℃之间,而施釉后的釉烧温度则比素烧温度约低 100 ℃。因此釉料必须与此低温烧成温度相适应。

素烧后坯体的气孔率对施釉至关重要。提高素烧温度就会降低气孔率,因为吸水率差会造成施釉困难。由于精陶釉还有密封坯体表面的任务,将器皿各部分上釉后底部表面的釉也不可拭掉。装窑时必须放在支尖(烧针)上以避免烧成后黏结在垫板上。

3.3.2 致密陶瓷材料

通过提高烧成温度以增加熔体相的含量,可以从生成不致密的普通砖瓦到生成致密的烧结砖。也可以不提高烧成温度而在组成中增加熔剂或添加作用强的助熔剂获得致密陶瓷材料。

1. 炻器

人类早期制成的陶瓷都是不致密的,大约在公元前400年左右,中国第一次制成了致密的陶瓷坯体,由于它带色且不透明,被称为炻器。

炻器是用一种特殊的黏土,即炻器黏土制成,炻器的结构中主要含玻璃相、莫来石、石英、方石英等。炻器上的典型釉是盐釉。在制品快要烧好时,将盐撒在窑中或喷入 NaCl 水溶液,盐蒸气在窑炉气氛的协助下与陶瓷表面反应,即与气氛中的 H_2O 反应生成 HCl 及含 $Na_2O - Al_2O_3 - SiO_2$ 的熔体,冷却后凝固为盐釉。由于制造盐釉时造成环境污染,现已改成黄土釉,这种釉以低熔点的黏土(黄土)为主要成分。

2. 瓷器

从历史发展角度看,瓷器可能是从炻器开始,通过逐步改善坯体的质量而形成的。瓷器有一系列的不同品种,但均是致密烧结的白色坯体。

传统瓷器用高岭石、长石、石英的配合料制成,考虑要求的致密烧结和火焰中的形状稳定性对瓷器配方提出下列极限,如用重量百分数来表示:高岭土最少含40%以保证泥料的可塑程度,长石20%~35%、石英0~40%,可添加其他成分来改变制品的性质。有两种类型的传统瓷器,即硬质瓷和软质瓷。前者为中欧一带瓷器的主要类型。配方为两份高岭土、一份石英和一份长石,后者配料中含较多的助熔剂,长石高达35%,甚至40%。与此相应就减少了高岭土的含量,从而影响泥料的可塑性。人们将一部分高岭土用烧成后为白色的黏土代替以增加其可塑性。

还有另一种瓷,它是18世纪末英国人发明的骨灰瓷。配方中除高岭土、长石、石英外还有骨灰,其加入量可达60%。由于配料中可塑料比较少,骨灰瓷泥料在加工上较传统瓷的泥料困难得多。

如在高岭土、长石、石英中引入一定量滑石,可烧制成滑石质瓷,引入一定量绢云母,可烧制成绢云母质瓷。

如将滑石和黏土按1:2的比例配合煅烧,制成的材料中主要的结晶相为董青石 $Mg_2Al_4Si_5O_{18}$。

3.3.3　传统陶瓷的用途

硅酸盐陶瓷材料的用途包括日用和工业用两部分。

日用陶瓷主要为瓷器,一般要求具有良好的白度、光泽度、热稳定性和机械强度。日用陶瓷主要有长石质瓷、绢云母质瓷、骨灰质瓷和滑石质瓷等四种类型。长石质瓷是目前国内外普遍使用的日用瓷,也用作一般制品;绢云母质瓷是我国的传统日用瓷;骨灰质瓷是较少用的高级日用瓷;日用滑石质瓷是近年来我国开发的一类新型日用瓷。四种类型陶瓷的配料、性能特点及应用列于表3-5。

普通工业陶瓷主要为炻器和精陶。按用途包括建筑瓷、卫生瓷、电瓷、化学瓷和化工瓷等。建筑卫生瓷一般尺寸较大,要求强度和热稳定性好,常用于铺设地面、砌筑和装饰墙壁、铺设输水管道以及制作卫生间的各种装置、器具等。电工瓷要求机械强度高,介电性能和热稳定性好,主要用于制作机械支撑以及连接用的绝缘材料。化学化工瓷主要要求耐各种化学介质侵蚀的能力强,常用作化学、化工、制药、食品等工业和实验室的实验器皿、耐蚀容器、管道、设备等。

表3-5　各类日用陶瓷的配料、性能、特点和应用

日用陶瓷的类型	原料配比/%	烧成温度/℃	性能特点	主要应用
长石质瓷	长石 20~30 石英 25~35 黏土 40~50	1250~1350	瓷质洁白,半透明,不透气,吸水率低,坚硬,强度高,化学稳定性好	餐具,茶具,陈设陶瓷器,装饰美术瓷器,一般工业制品
绢云母质瓷	绢云母 30~50 高岭土 30~50 石英 15~25 其他矿物 5~10	1250~1450	同长石质瓷,但透明度和外观色调较好	餐具,茶具,工艺美术制品
骨灰质瓷	骨灰 20~60 长石 8~22 高岭土 25~45 石英 9~20	1220~1250	白度高,透明度好,瓷质软,光泽柔和,但较脆,热稳定性差	高级餐具,茶具,高级工艺美术瓷器
滑石质瓷	滑石约 73 长石约 12 高岭土约 11 黏土约 4	1300~1400	良好的透明度和热稳定性,较高的强度和良好的电性能	高级日用器皿,一般电工陶瓷

3.4　新型陶瓷

与传统陶瓷相比,新型陶瓷具有如下特点:①在原料上,新型陶瓷突破了传统陶瓷以黏土为主要原料的界限,通常以氧化物、氮化物、硅化物、碳化物等作为主要

原料。②在化学组成控制上,传统陶瓷的组成由黏土的成分决定,所以不同产地和炉窑的陶瓷有不同的化学组成和性能。而新型陶瓷的原料是化合物,成分由人工配比决定,其性质的优劣由原料的纯度和工艺决定,与产地关系不大。③在制备工艺上,突破了传统陶瓷以普通炉窑为主要生产设备的界限,广泛采用真空烧结、保护气氛烧结、热压、热等静压等手段。④在性能上,新型陶瓷具有不同于传统陶瓷的特殊性能和功能,如高强度、高硬度、耐腐蚀、导电或绝缘,以及在磁、电、光、声、生物工程等方面具有的特殊功能。⑤在应用方面,传统陶瓷主要应用于工业及人们日常生活中,而新型陶瓷多用于现代科技中的高、精、尖端领域。

3.4.1　氧化物陶瓷

氧化物陶瓷材料可以一种元素的氧化物(如 Al_2O_3、MgO 等)为原料,也可在它们的晶格中除氧离子外还含几种元素的阳离子(例如 $BaTiO_3$、$ZnFe_2O_4$ 等)。

氧化物陶瓷通常是将合成的原料粉末通过烧结而制成。原料粉末是将矿物原料经酸处理或碱处理溶解后,用沉淀法制取沉淀物再煅烧得到的。各种陶瓷成形方法原则上都可用来成形氧化物陶瓷。由于原料缺乏可塑性,许多情况下必须添加有机增塑剂。材料的致密化可根据实际要求在 $1500 \sim 1800\ ℃$ 温度下、以普通烧结方法进行,特殊情况下也可采用加压烧结等方法制得。

1. 氧化铝陶瓷

氧化铝陶瓷是用途最广泛的氧化物陶瓷材料中的一种,它可用作机器及设备制造中的耐磨蚀材料、化学工业中的抗腐蚀材料、电工及电子技术中的绝缘材料、热工技术中的耐高温材料以及航空、国防等领域中的某些特种材料。

氧化铝制品的成形方法可采用一般的成形方法,如干压法、浇注法、挤压法、轧膜法等。

氧化铝制品和一般高熔点氧化物制品在烧成过程中不出现液相,是通过固相间反应来烧结的。因此,同传统陶瓷相比,烧结过程要简单些。它分为三个阶段:①烧结前阶段。随温度上升,坯体收缩,致密度与强度变化都不大(有时因排除了黏结剂,强度还有所下降),微观组织上晶粒尺寸没有变化,由于水分和黏结剂被排除,颗粒间仅有点接触,坯体中孔隙很大。在这一阶段中,坯体开裂主要是因为排除了大量黏结剂、水分等。为防止坯体变形和开裂,必须严格控制升温速率,缓慢排物,待排净后升温就可以加快。②烧结初期阶段。温度有较小幅度变化时,体积收缩,致密度等会发生很大变化。尽管微观组织上晶粒尺寸仍无显著变化,但颗粒间不再是点接触,孔隙也大大减小。这一阶段坯体发生因烧结而出现的体积收缩,较易引起坯体开裂和变形。③烧结后期阶段。随温度继续上升,坯体进一步收缩,致密度和强度的变化达到最大后又缓慢变化,最后达到几乎不变的程度。微观组织上晶粒尺寸明显变大,孔隙变得很小,而且互不连通,形成孤立气孔,部分气孔残留在晶粒内。上述从松散粉末状坯体变为致密体的过程是整个系统表面能降低的过程,表面能的变化是促进烧结的主要动力。

氧化铝的固相烧结,主要通过扩散途径来进行物质传递。在 Al_2O_3 晶体中增加 O^{2-} 离子空位时,O^{2-} 离子的扩散速度变大,Al_2O_3 的烧结速度也会加快。所以,任何有利于增加 O^{2-} 离子空位的手段都能促进 Al_2O_3 中 O^{2-} 离子的扩散速度,从而加快烧结;另外,超细粉碎原料,可增加比表面,加大原料的活性,从而促进烧结;加入添加剂时,或与 Al_2O_3 形成低共熔物或产生阳离子置换从而使 Al_2O_3 整个晶格产生畸变或其他缺陷,也能促进 Al_2O_3 的烧结。

在烧结后期出现的晶粒长大会造成不良后果,如残余气体留在颗粒内部而难于排除,坯体强度下降等。排除最后的残余气孔需要提高烧成温度或延长烧成时间,但此举又会引起晶粒长大。因此,工艺上一般采用加入添加剂的办法抑制晶粒长大。例如,添加 MgO 对抑制 Al_2O_3 晶粒长大作用非常明显。MgO 在 1000 ℃时与 Al_2O_3 生成尖晶石($MgO \cdot Al_2O_3$),它包裹在 Al_2O_3 晶粒外,处于晶界处。当 Al_2O_3 晶粒长大时,它受到晶界处异物阻隔。在 Al_2O_3 中加入 ZnO 和 MnO_2 也可起到与加入 MgO 相同的作用。

2. 氧化铍陶瓷

氧化铍晶体属六方晶系,在熔点以下无同质异晶转变。BeO 材料的热导率很高,热膨胀系数不是很大,故抗热震性极好。它导电率很低,介电常数很高,因此,被认为是现有材料中最好的绝缘材料,特别是高温下亦如此。BeO 在室温时的抗压强度虽比较低,不到 Al_2O_3 的四分之一,但它随温度上升发生的变化却较小,到 1600 ℃时可达到与 Al_2O_3 相等的抗压强度。BeO 的化学性质稳定,高温下抵抗各种性质熔渣的腐蚀能力很强。某些稀贵金属在 BeO 器皿中熔炼时其熔体可保持高纯而不受污染。

早期 BeO 制品在制造过程中所遇到的最大困难是不同原料所制备的制品尽管工艺条件相同,但性能也往往不能恒定。这是因为制备 BeO 时,煅烧原料的温度不相同,所获得 BeO 晶粒大小也往往不同。因此,当时所获得的 BeO,不论其原来煅烧温度如何,都在 1700 ℃高温下保温 1 h 来消除这种变动的因素。但经这样处理的原料很难烧结,烧结温度往往高达 1800 ℃以上。近年来出现了活化烧结法。所谓活化烧结是指控制制备 BeO 的原料[如 $Be(OH)_2$ 或 $BeSO_4$ 等]煅烧成 BeO 的温度,使所获得的 BeO 颗粒具有一定的表面活性而促进烧结。在 $BeSO_4$ 与 $Be(OH)_2$ 受热分解成 BeO 的过程中,开始阶段化学成分虽已接近 BeO,但晶体结构并非完整的 BeO 晶体,要等到热分解温度达到一定程度如 1000 ℃以上粉末才逐渐形成完整的 BeO 结晶,只有处于这种状态下的粉末才最易烧结。即化学成分接近 BeO 且结晶结构即将形成完整 BeO 晶体这样一种状态下的粉末最适合于氧化铍陶瓷的烧结。活化 BeO 烧结时其收缩特别大,其制备工艺还有待进一步研究。

3. 氧化镁陶瓷

MgO 陶瓷的导热率略大于 Al_2O_3，但热膨胀系数特别大，而抗折强度又比较小，所以抗热震性能不是很好。它在机械强度上的特点是在高温下抗压强度较高，能经受住较大载荷。由于 MgO 属于碱性氧化物，故可抵抗熔融碱与碱性熔渣的腐蚀，适合于做 Ag、Au 等贵金属熔炼的容器。然而 MgO 在室温或高温下均易受酸性物质的侵蚀，仅对 HF 略能抵抗，这是因为其表面与 HF 作用生成一层稳定的 MgF_2 之后，可起保护作用。MgO 在还原性气氛下使用，在温度低于 1700 ℃时有很严重的挥发现象发生。

较纯 MgO 制品(含 MgO 98% ~ 99%)的使用范围比较狭窄，除用作耐高温材料外，由于具有较高的比电阻，也使用在电子工业中。此外，以 MgO 为基料的大部分陶瓷材料，如镁砖及铬镁砖等都是作为耐火材料使用的。

4. 氧化钙陶瓷

尽管 CaO 的熔点高达 2600 ℃，其原料供应也极其丰富，但 CaO 陶瓷至今未获得广泛使用，甚至还有人认为它不是一种高温陶瓷材料品种。这是因为 CaO 极易在潮湿空气中水化，结果使制品崩裂为粉末状。但因 CaO 抵抗熔融金属的还原作用特别强，故在熔炼纯度要求特别高的贵金属如铂、铑、铱及用作核燃料的纯金属钍和铀等时，它往往不能被其他氧化物陶瓷取代，因而也引起一定程度的重视。

5. 氧化锆陶瓷

纯 ZrO_2 陶瓷由于容易发生晶型变化而严重地影响了它的用途。ZrO_2 有 4 种变体，即立方相(c 相)、四方相(t 相)、单斜相(m 相)和三方相(r 相)。最近又提出一种畸变的亚稳立方相(g 相)。陶瓷中四方相($t - ZrO_2$)和单斜相($m - ZrO_2$)之间的转变属马氏体转变，伴有体积变化，其转变温度为 $t - ZrO_2 \rightarrow m - ZrO_2$ (1150 ℃)，$m - ZrO_2 \rightarrow t - ZrO_2$(950 ℃)，转化是可逆的；在 2200 ℃温度下 $t - ZrO_2$ 可转换为 $c - ZrO_2$。由于单斜相和四方相之间的转变伴有体积变化，因此，对作为高温材料的 ZrO_2 来说，应避免在这个温度区的破坏性晶型转换发生。办法是添加一些起稳定作用的物质。如常温下在单斜相的纯态 ZrO_2 中掺入一定量的 CaO、MgO 可生成部分稳定的 $t - ZrO_2$，若掺入一定量 Y_2O_3，则可得到完全稳定的 $c - ZrO_2$。

研究氧化锆的烧结情况以及分析各工艺参数的影响的目的几乎都是围绕着稳定的或部分稳定的氧化锆材料的制造。制造过程可以通过氧化物混合、预烧或熔化操作以获得混合晶体，也可以通过研磨并将磨好的氧化物粉末进行烧结。有时人们也试验在烧结过程中进行稳定化，将各组分的化合物共同沉淀以使氧化锆及产生稳定作用的氧化物充分混合，使混合沉淀物在烧结时作为第一相结晶出来。

施拉尔汉等详细介绍了以 CaO - MgO 稳定的 ZrO_2 及以 MgO 稳定的 ZrO_2 为基料的两种材料的性能，其中含立方晶相 85% ~ 90%，单斜晶相 0 ~ 15%。这些材料的密度可达理论密度的 98.5% 以上。维尔莫特及奥尔特测得经熔化得到的完

全稳定 ZrO_2 材料的热膨胀系数为 $10.8 \times 10^{-6}/K$，温度范围为 $25 \sim 1200$ ℃。部分稳定 ZrO_2 的热膨胀系数要小些，因而耐温度急变性较好。稳定 ZrO_2 的导热系数很小，它几乎不随温度变化，有人使用有缺陷的结构进行解释。部分稳定 ZrO_2 材料具有优越的机械性能，其高强度和高韧性是缘于四方晶型向单斜晶型的马氏体转变时伴随有能量吸收，形成较高的断裂能。

陶瓷增韧是通过 ZrO_2 的马氏体转变而实现的。从力学观点出发，可以对 ZrO_2 的相变增韧作出解释。①相变诱发微裂纹增韧：ZrO_2 在不同陶瓷中，室温下能保持 $t - ZrO_2$ 的临界尺寸（105 Å）是不同的。当大于临界尺寸时，$t - ZrO_2$ 不能在室温下保存，变为 $m - ZrO_2$，并在其周围的陶瓷结构中形成微裂纹。在外力加载时这种均匀分布的微裂纹可缓和主微裂纹尖端的应力集中或通过裂纹分支来吸收能量，从而提高断裂能。②应力诱发相变增韧：氧化锆颗粒弥散在其他陶瓷体中，由于两者膨胀系数不同，成形后的 ZrO_2 颗粒周围有不同的受力状况，当材料受到外应力时基体对 ZrO_2 晶粒的压抑作用得到松弛，此时发生 ZrO_2 颗粒晶型转变 $t - ZrO_2 \rightarrow m - ZrO_2$，在陶瓷基体中产生微裂纹从而吸收主微裂纹能量，达到增韧效果。

ZrO_2 陶瓷主要用于耐火坩埚、炉子和反应器的绝热材料，金属表面的防护涂层，机械工业中用作高强度高韧性材料等。

6. 钛酸钙陶瓷

钛酸钙陶瓷是广泛应用的电容器陶瓷材料之一。纯钛酸钙的烧结温度较高，烧成范围很窄。如在瓷料中加入少量二氧化锆可以降低烧成温度、扩大烧结范围，且能有效抑制高温下钛酸钙晶粒的长大。

目前，我国生产的钛酸钙陶瓷配方为：

钛酸钙烧块（$CaTiO_3$）　　　　99%

二氧化锆（ZrO_2）　　　　　　1%

陶瓷料烧成温度（1360 ± 20）℃，其介电常数达 150 左右，损耗角正切值 $\tan\delta$ 为 $(2 \sim 4) \times 10^{-4}$，比体积电阻 $\rho_v > 10^{10} \Omega \cdot cm$。

以 $CaCO_3$ 和 TiO_2 为原料制备钛酸钙烧块的反应式如下：

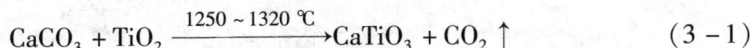

$$CaCO_3 + TiO_2 \xrightarrow{1250 \sim 1320 ℃} CaTiO_3 + CO_2 \uparrow \qquad (3-1)$$

烧块合成温度可以参考差热分析所得的结果并结合具体工艺条件而确定。也可以用测定游离氧化钙含量的方法来确定。若采用干压法成形烧块时，游离氧化钙含量可达 2%。无论是钛酸钙烧块还是制品煅烧都应保持在氧化气氛中进行。

在 $TiO_2 - CaO$ 二元系中，两者比例不同，性能亦有变化。此外，如希望获得介电常数更大的陶瓷，可添加 $SrTiO_3$ 和 Bi_2TiO_5 来调整介电常数大小。

7. 钛酸镁陶瓷

钛酸镁陶瓷也是目前国内外大量使用的一种材料。

根据 MgO – TiO$_2$ 系统相图,二氧化钛和氧化镁可以形成三种化合物:正钛酸镁(2MgO·TiO$_2$);二钛酸镁(MgO·2TiO$_2$);偏钛酸镁(MgO·TiO$_2$)。

一般情况下很难生成偏钛酸镁,总是优先生成正钛酸镁,多余的 MgO 或 TiO$_2$ 则游离出来。

当 TiO$_2$ 和 MgO 的比例变化时,材料的介电常数也随之改变。为了降低烧结温度,改善烧结性能,可以添加少量助熔剂。助熔剂可分为两类:一类是在高温下变成液相的熔剂,如 H$_3$BO$_3$、Bi$_2$O$_3$、PbO、BaCl$_2$、MgCl$_2$ 等;另一类是能与配方中其他组分形成低共熔物的助熔剂,如 ZnO、CaF$_2$ 及滑石等。这些助熔剂能有效地改善烧结性能。为了防止 TiO$_2$ 还原,也可以加入少量 MnCO$_3$。

为了调整材料的介电常数及温度系数,可以加入 CaTiO$_3$、SrO、BaO、La$_2$O$_3$ 等,实际上它们已属于 TiO$_2$ – MgO – CaO、TiO$_2$ – MgO – SrO、TiO$_2$ – MgO – BaO、TiO$_2$ – MgO – La$_2$O$_3$ 三元系统。

8. 钛酸钡陶瓷

钛酸钡陶瓷的主要原料是 BaCO$_3$ 和 TiO$_2$。BaTiO$_3$ 的合成方法有固相合成反应法和溶液反应法两种。目前工业生产上主要用固相合成反应法制备各种烧块,但用这种方法获得的陶瓷材料的组成与结构均匀性都较差。而用溶液反应法可制得高纯、超细的粉料,并可精确控制各组元的化学成分,从而改善材料的显微结构和介电性能。用溶液反应法合成 BaTiO$_3$ 时,其工艺流程如下:

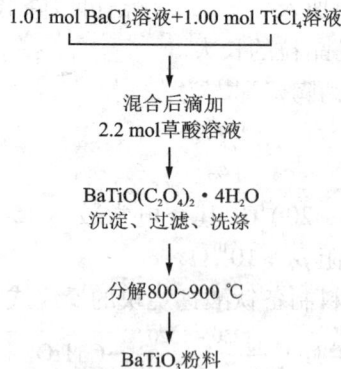

1.01 mol BaCl$_2$溶液+1.00 mol TiCl$_4$溶液
↓
混合后滴加
2.2 mol草酸溶液
↓
BaTiO(C$_2$O$_4$)$_2$·4H$_2$O
沉淀、过滤、洗涤
↓
分解800~900 ℃
↓
BaTiO$_3$粉料

图 3 – 4 湿化学方法合成 BaTiO$_3$ 粉料的工艺流程

此法制备的 BaTiO$_3$ 粉料颗粒细度小于 1 μm,混合均匀,是制备原料的较好方法。

钛酸钡陶瓷坯料的研磨工艺要求快速细磨,防止杂质混入而影响介电性能。成形主要采用轧模、干压、挤压等方法。

一般钛酸钡陶瓷在 1300 ~ 1400 ℃ 的电窑中以氧化气氛烧成,烧成温度范围都在 20 ℃ 以上。烧成温度过高或保温时间过长,则将有大晶粒出现而影响介电性能。垫粉最好用高温煅烧的氧化锆。

钛酸钡陶瓷的居里点温度不高(120 ℃),限制了器件的工作温度范围。为了扩大钛酸钡陶瓷的使用温度范围,并使其在工作温度范围内不存在相变点,出现了以 $BaTiO_3$ 为基的 $BaTiO_3 - CaTiO_2$ 系和 $BaTiO_3 - PbTiO_3$ 系陶瓷。$PbTiO_3$ 的加入,可使陶瓷的居里温度移向高温,而 $CaTiO_3$ 的加入则对居里点温度的影响不大。

钛酸钡系陶瓷是应用最广泛的压电陶瓷。广泛使用的另一类压电陶瓷是锆钛酸铅 $Pb(Zr_x Ti_{1-x})O_3$,或称为 PZT,它是 $PbTiO_3$ 和 $PbZrO_3$ 形成的连续固溶体。

除上面介绍的几种氧化物陶瓷外,还有 ZnO、NiO、FeO、SnO_2、SiO_2、TiO_2、UO_2、HfO_2 等氧化物陶瓷及二元、三元或多元复合氧化物陶瓷。

9. 硅砂尾矿基泡沫陶瓷及陶瓷板

以硅砂尾矿、粉煤灰、煤矸石等废渣为主要组成,利用其主要成份为 SiO_2 与 Al_2O_3 的特点,通过废渣合理搭配,使其在泡沫陶瓷和陶瓷板材料中起骨架作用,赋予泡沫陶瓷和陶瓷板材优良的机械性能、热学性能和化学稳定性。同时,利用硅砂尾矿和煤矸石中一定量的 Na_2O、K_2O、CaO 等与 SiO_2、Al_2O_3 反应生成硅酸盐、铝酸盐熔体,进而形成玻璃相,可大大降低烧结温度,并使废渣中引入的汞、砷、铬、铅、氰及放射性物质在烧结与发泡过程中被固溶与固化。少量的 TiO_2、Fe_2O_3、FeO、SO_3、WO_3 等是制备泡沫材料可有可无的组成,在烧结过程中,可使其参与泡沫陶瓷与陶瓷板的构成,从而降低原料的相对成本。添加少量 $CaCO_3$ 作为发泡剂、硅酸钠作为稳泡剂与粘结剂、硼酸钠作为助熔剂,降低烧结温度,制备轻质、高强、气孔率高及废渣利用率高的建筑节能用泡沫陶瓷材料。

因泡沫陶瓷具有高气孔率,赋予其隔热、保温、隔声功能;因经过了高温烧结,赋予泡沫陶瓷的防火功能,优于树脂类隔热保温材料。高温烧结后,组成颗粒间形成牢固的化学键合,可以确保制品长期使用可靠性。在泡沫陶瓷和陶瓷板的高温烧结过程中,原料中的有毒有害组分与 $Si—O^-$、$Al—O^-$ 等形成化学键合,使用过程中不易逸出,且陶瓷中存在一定量玻璃相,可包裹住有毒有害物,不产生二次污染,优于不经烧结而制备的无机泡沫材料,如不烧砖、加气混凝土、添加废渣的泡沫水泥等。陶瓷板材因具有废渣引入高、强度高、成本低、无二次污染等特点而明显优于同类建筑陶瓷制品。表 3 - 6 列出了硅砂尾矿基泡沫陶瓷及陶瓷板的部分理化性能。

表3-6　硅砂尾矿基泡沫陶瓷及陶瓷板的性能

指标名称	泡沫陶瓷	陶瓷板
废渣总引入量/wt%	85	80
抗弯强度/MPa	6	
抗压强度/MPa	12	256
块体密度/(g·cm^{-3})	0.68	2.46
气孔率/%	73%	
耐酸腐蚀性/%	98.8	98.5
耐碱腐蚀性/%	99.2	99.2

10. 铅锌矿-煤矸石-红泥基泡沫陶瓷

以铅锌矿尾矿、粉煤灰和赤泥为主要组成，三种废渣的总引入量达80wt%以上，其中，铅锌矿尾矿引入量5~25wt%，粉煤灰40~75wt%，赤泥10~20wt%，并添加少量助熔剂硼酸钠。利用三种废渣中含有一定量SiO_2与Al_2O_3特点，通过三者的合理搭配，使其在泡沫陶瓷材料中起骨架作用，赋予泡沫陶瓷优良的机械性能、热学性能和化学稳定性。同时，利用三种废渣中含有的一定量Na_2O、K_2O、CaO等与SiO_2、Al_2O_3反应生成硅酸盐、铝酸盐熔体，进而形成玻璃相，一方面降低烧结温度，另一方面，实现对废渣中重金属离子的固溶与固封。另添加少量硼酸钠作为助熔剂，降低烧结温度。可制备出具有轻质、高强、气孔率高、废渣利用率高及具有隔热、保温、隔声、防火、使用可靠性高、无二次污染、工艺简单的建筑节能用泡沫陶瓷材料。其主要性能列于表3-7。

表3-7　铅锌矿-煤矸石-红泥基泡沫陶瓷的性能

性能名称	性能
废渣总引入量/wt%	80
抗压强度/MPa	6.9~7.6
块体密度/(g·cm^{-3})	0.64~0.68
气孔率/%	69~73
吸水率/%	4.19~4.92
耐酸腐蚀性/%	98.21~98.62
耐碱腐蚀性/%	98.63~99.15

3.4.2 非氧化物陶瓷

近年来非氧化物陶瓷材料的发展很快,包括的化合物也很多。不过只有那些具有特殊性质如较好的高温强度、高的硬度等的材料才能引起人们的重视。同时还要求材料有较好的化学稳定性,这样在工业上能加以利用的非氧化物陶瓷材料的范围就变得更小了。

非氧化物陶瓷可以人为地分为两类:一类是含周期表中第四族到第六族的过渡金属元素 Ti、Zr、Hf、V、Nb、Ta、Cr、Mo、W 等的碳化物、氮化物、硼化物、硅化物,这类材料为金属陶瓷或硬质合金材料;另一类是金刚石、石墨、SiC、Si_3N_4、B_4C、BN 等非氧化物,作为非金属非氧化物陶瓷材料。

1. 金刚石和石墨

金刚石和石墨的化学成分都是碳,但是因形成条件不同而造成两者结构差异很大。金刚石属于立方晶系晶体,C 的配位数为 4,呈四面体配位;石墨却属于六方晶系,C 的配位数为 3,具有平面三角形配位。这种化学组

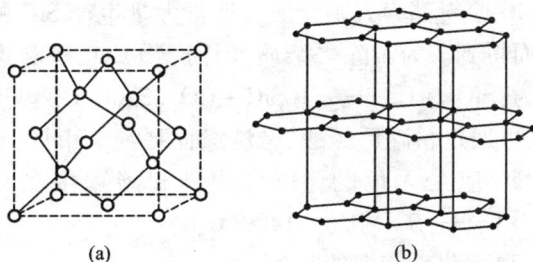

图 3-5 金刚石和石墨的结构

(a)金刚石的结构;(b)石墨的结构

成相同的物质,在不同热力学条件下开始结晶成结构不同的晶体的现象,称为同质多晶现象。两者的结构差异示于图 3-5。

金刚石是目前所知的最硬和抗划痕能力最强的材料,其莫氏硬度为 10,几乎可刻划任何其他材料,然而工业生产的单晶金刚石价格昂贵,而且易碎裂,性质各向异性,形状尺寸有局限性,影响其广泛使用。烧结金刚石多晶体(聚晶),由无数取向不一的小晶粒组成,具有较好的强度和韧性,且各向同性,并可制成一定的形状和尺寸,工业上广泛采用静压法制备烧结金刚石多晶体。将金刚石粉末经净化处理去除表面吸附物后装入石墨管内,靠石墨管通电间接加热,在 6000 ~ 8000 MPa 压力和 1600 ~ 1800 ℃温度下烧结成多晶体。金刚石因其超硬性而被广泛用作工具材料。

与金刚石不同,石墨材料的制备是将各种粒度的焦炭加黏合剂(沥青、柏油)放在加热的捏练机中混合后通过水压或振动等方法成形。在 1000 ~ 1200 ℃预烧,使大部分黏合剂焦化。然后在 2600 ~ 3000 ℃的温度下石墨化,获得的石墨晶体大多是六方层状结构,呈 ABAB…排列,即第三层与第一层完全重复,第四层与第二层完全重复。由于石墨晶体中存在自由电子,因而呈现出金属的导电性能,而层内碳原子以共价键结合,层与层之间为分子间力,性能呈现明显的方向性。

石墨结构特殊,具有良好的导电、导热性能,且具有金属光泽。原子间结合力强,具有很高的熔点、很好的高温稳定性。即使在 3000 ℃ 以上,其热膨胀也仅为 1%。石墨制品的高温强度与其他制品显著不同,其强度随温度升高而升高。石墨的弹性模量比其他材料高,因此,石墨具有良好的热稳定性。

石墨制品的最大用途是做电极材料,其次是利用其化学稳定性做耐火材料炉衬和高温模具及压头等。另外还在原子能工业中做减速剂,航天技术中做燃烧室喷管和高温结构材料,但多数情况下仅限于在还原气氛或高温瞬时下使用。

2. 碳化硅

碳化硅属于最重要的非氧化物特种陶瓷。

(1)碳化硅原料的制备

SiC 原料都为人工合成。通常大量生产 SiC 的工业方法是通过碳还原硅的氧化物而得到。为了除去杂质及让产物 CO_2 顺利逸出,常加入 NaCl 及木屑。还原反应为:$SiO_2 + C \longrightarrow \alpha - SiC + CO_2 (2200 ℃)$。这种方法制备的产物中有大量不纯物,可通过粉碎后经酸、碱洗涤而提纯。市场上出售的 SiC 有绿色和黑色两种,高纯 SiC 应是无色的。也可用硅和碳直接在高温下反应合成 SiC,其反应式为:$Si + C \longrightarrow \beta - SiC(> 1400 ℃)$。

(2)碳化硅陶瓷的制备

由于 SiC 为强共价键化合物,分子间质点吸引力很强,因而自扩散系数很低,难于采用如 Al_2O_3、MgO、BeO 等化合物那样的常压烧结获得高致密材料,必须采用特殊的方法或靠第二相物质帮助促进烧结。

高纯 SiC 需要在大于 2000 ℃ 高温及大于 0.35 MPa 高压下烧结才能致密化,这在工艺上很困难。近年来发现添加某些物质能强烈地促进烧结,使其在通常热压条件下就能致密化并接近理论密度,添加剂有 Al_2O_3、Al_4C_3、B、C + B、B_4C 等,其中 B 的作用最明显。加入百分之零点几,在 1950 ℃(30min)和 0.7 MPa 压力下即可获得大于 95% 理论密度的 SiC 制品。同时,研究也表明,游离 C 的存在是促进 SiC 烧结的另一个必要条件。因为 B 与 C 反应生成 B_4C,然后 B_4C 与 SiC 再生成固溶体,这与直接加 B_4C 到 SiC 中的作用相同。

(3)SiC 的结构

SiC 单位晶胞是由相同的[SiC_4]四面体构成,Si 原子处于 C 原子构成的四面体中心,Si 的配位数为 4。

SiC 有为数颇多的同质异晶体,目前已知的 SiC 多晶体约有 150 种。常见的晶型有 $\alpha - SiC$、$\beta - SiC$、4HSiC、6HSiC、15RSiC 等,所有不同晶型均是由[SiC_4]四面体堆积而成,不同的只是平行结合或反平行结合的取向不同或硅碳双层在结构中的堆积方式不同。$\alpha - SiC$ 是高温稳定的六方晶系晶体,$\beta - SiC$ 则是低温稳定的立方晶系晶体。$\beta - SiC$ 在 2100 ℃ 时可以转化为 $\alpha - SiC$,这种转化是不可逆的。

（4）性能与应用

碳化硅材料的特点是硬度大（9.5莫氏硬度）、导热性好、高温强度大、高温抗氧化性能好等，是很好的工程材料和结构材料，除用作磨料外，还用作高温耐火材料、窑具、电热元件、电动机及气轮机的制造等。

3. 氮化硅

氮化硅作为陶瓷材料已日益受到重视。

（1）Si_3N_4陶瓷的制备工艺

Si_3N_4陶瓷按其烧结方法不同可分为反应烧结法、热压烧结法、气氛加压烧结法、化学气相沉积法等。下面简要介绍一下化学气相沉积法和气氛加压烧结法。化学气相沉积法是利用气相反应方法使Si_3N_4沉积在某一基材上，如用$SiCl_4$和N_2反应（在H_2气氛保护下），使Si_3N_4沉积在石墨基体上形成一层致密的Si_3N_4保护层。其反应式为：$3SiCl_4 + 2N_2 + 6H_2 = Si_3N_4 + 12HCl$。此法可用于制作薄壁管制品，但不宜制作厚制品。

气氛加压烧结法是为了防止Si_3N_4的高温分解而采用加大氮气压力的方法。通常用几十个MPa的N_2，在高温（2000℃）下快速烧结得到相当致密的Si_3N_4制品。该法要求炉子设备气密性好，且要经得起高压。

（2）结构特征

氮化硅有α-Si_3N_4及β-Si_3N_4两种晶型，都属于六方晶系晶体。β-Si_3N_4的结构可从硅铍石（Be_2SiO_4）的结构导出，即将两个铍原子用硅代替，所有氧原子用氮代替。晶格中的[SiN_4]四面体是歪扭的，四面体之间共角连接，每个氮原子属于三个四面体。α-Si_3N_4中的基元晶胞中这些四面体的连接方式则更为复杂。

（3）性能与应用

Si_3N_4陶瓷室温强度不高，而高温强度较高，且其强度强烈地依赖于气孔率。对气孔率趋于零的热压和无压烧结Si_3N_4，则常温强度较高，但它们的高温强度强烈地受晶界相物质的影响，与晶界物质的性质（软化点和熔点等）和数量有关。

Si_3N_4具有较高硬度，仅次于金刚石、立方氮化硼、碳化硼等。Si_3N_4耐磨，具有自润滑性，利用这种特性可作机械密封材料，但它仍属于脆性材料，受瞬时冲击易破碎。

Si_3N_4的热膨胀系数仅为2.53×10^{-6}/℃，比MgO、Al_2O_3低很多。其热导率是较高的，可达18.4 W/(m·K)。Si_3N_4材料低的热膨胀系数、高的导热率及机械强度使其具有优良的抗热震性。

Si_3N_4的抗氧化温度可达1300~1400℃，具有高温抗氧化性。这种材料几乎不受各类无机酸的腐蚀，常温下不受强碱作用，但易被熔融碱液侵蚀。Si_3N_4的另一个优点是不受大部分熔融金属侵蚀，不反应，不润湿，如用Si_3N_4作容器，用熔融铝浸泡280 d也不反应。

Si_3N_4 制品在烧结过程中,几乎不发生收缩,可制成精密度高的产品。

目前 Si_3N_4 陶瓷主要用来制造气轮机叶片、发动机轴承等。由于它能耐高温,可大大提高热机效率。

4. 硼化物陶瓷

氮化硼陶瓷(又称白石墨),具有石墨类六方结构,可作为介电体和耐火润滑剂。在高压和 1360 ℃ 温度时,氮化硼转变为立方结构的 $\beta - BN$,其密度为 3.45 g/cm^3,有极高的硬度,抗高温达 2000 ℃。立方氮化硼为金刚石的代用品。

碳化硼 B_4C 是另一类强共价键化合物,由于 B—C 之间有强共价键结合,因此其硬度、强度较高,莫氏硬度达 9.3,仅次于金刚石和立方氮化硼;B_4C 的热膨胀系数较低,热导率较高,与一般酸碱不起反应,再加上其密度低,这些特点使其在高温材料中具有独特地位。

3.4.3　氮氧化物陶瓷

1. 赛龙(Sialon) 陶瓷

赛龙陶瓷是 Si_3N_4 中部分 Si 被 Al 取代、部分 N 被 O 取代后形成的 Si – Al – N – O 系材料,可看成是 Al_2O_3 溶于 Si_3N_4 而形成的固溶体,在 1800℃ 高温下进行热压烧结而成。

对应于 Si_3N_4 的 $\alpha - Si_3N_4$ 及 $\beta - Si_3N_4$ 两种变型体,其固溶体分别称为 $\alpha - $ Sialon 和 $\beta - $ Sialon,这些陶瓷的微观结构由 (Si, Al)(N, O)$_4$ 构成,四面体间也是共角连接。

与目前常用的 Al_2O_3 陶瓷相比,赛隆(Sialon)陶瓷具有独特的综合性能,即高温稳定性、高强度、耐磨损、耐腐蚀和抗热震等,适宜于在冶金、化工等高温、腐蚀性环境下使用。

目前,赛龙陶瓷的应用依然受到限制,其主要原因在于高昂的成本使其难以在普通商用市场上立足,只能少量应用于一些高精尖端技术领域。因此,降低成本且保持其优异性能,就成为今后 Sialon 陶瓷开发应用的重要方向。

2. 氧氮微晶玻璃

为了提高高温结构材料的力学性能,克服外加纤维存在的组成不相容、热膨胀系数不匹配及抗氧化性差等缺点,在 $Y_2O_3 - La_2O_3 - Al_2O_3 - SiO_2$ 玻璃粉中加入 $\alpha - Si_3N_4$,在烧结过程中,$\alpha - Si_3N_4$ 转变成 $\beta - Si_3N_4$,在复合材料中原位生长出 $\beta - Si_3N_4$ 纤维、棒晶状 $Y_2O_3 - La_2O_3 - Al_2O_3 - SiO_2/Si_3N_4$ 体系微晶玻璃复合材料(图 3-6)。$\beta - Si_3N_4$ 纤维/棒晶状微晶体与微晶玻璃有较好的化学相容性,且晶粒间相互交联咬合,形成网状结构,因此能起到类似纤维增强的作用。同时利用稀土铝硅酸盐玻璃粉促进复合材料的烧结致密化,使材料中尽可能多地生成长纤维/棒晶状 $\beta - Si_3N_4$,提高微晶玻璃复合材料的综合性能。

图 3 – 6　纤维/棒晶 β – Si_3N_4 增强氧氮微晶玻璃的 SEM 图

Y_2O_3 – La_2O_3 – Al_2O_3 – SiO_2/Si_3N_4 复合材料在烧结过程中，发生 α – Si_3N_4 向 β – Si_3N_4 的转变：（1）在烧结第一阶段，部分 Y_2O_3 – La_2O_3 – Al_2O_3 – SiO_2 玻璃析晶形成晶相，部分玻璃熔化形成液相；（2）α – Si_3N_4 逐渐溶解到液相玻璃成分中，形成一定浓度的玻璃 – Si_3N_4 溶液；（3）在第二烧结阶段，原位析出 β – Si_3N_4 晶粒并长大。Si_3N_4 在液相 Y_2O_3 – La_2O_3 – Al_2O_3 – SiO_2 玻璃中的实际浓度大于 β – Si_3N_4 的饱和浓度，浓度差值为析出 β – Si_3N_4 晶粒的驱动力。

Y_2O_3 – La_2O_3 – Al_2O_3 – SiO_2/Si_3N_4 复合材料的相变研究表明，从 α – Si_3N_4 到 β – Si_3N_4 的相转变率随稀土铝硅酸盐玻璃含量的增加而增加。因为玻璃的含量越高，在高温烧结过程中诱导 Si_3N_4 相变的液相含量越高。烧结后获得的微晶玻璃复合材料的 XRD 谱如图 3 – 7 所示。从图 3 – 7 可以看出，采用合适的组成配比，可实现 α – Si_3N_4 到 β – Si_3N_4 的完全转换。

通过组成与工艺的优化，可获得高强度、低膨胀系数、高热导率的原位生长 β – Si_3N_4 纤维/棒晶增强微晶玻璃基复合材料，表 3 – 8 列出了部分试样的机械性能。该材料的应用前景广泛，可部分替代碳/碳、碳化硅、碳/碳化硅、氮化硅等陶瓷基高温结构材料，使用在航天、航空、国防军工、先进制造等高科技领域。

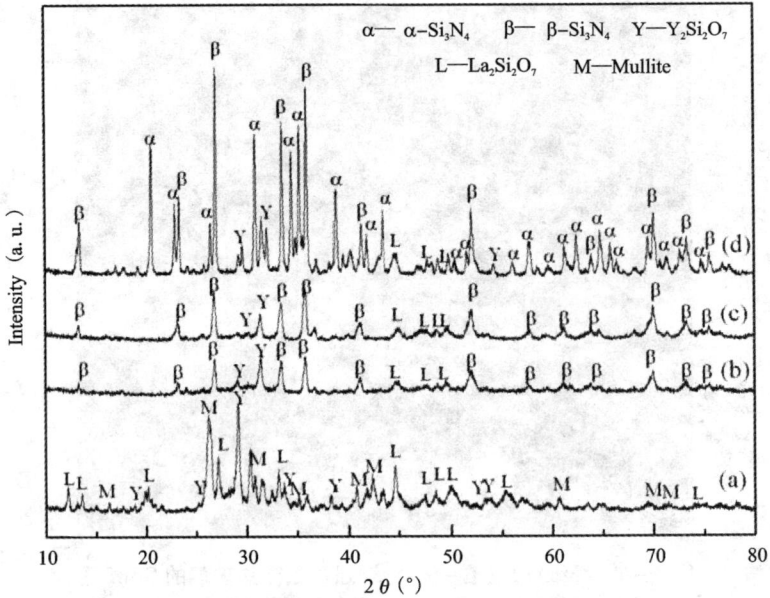

图 3-7　纤维/棒晶 $\beta-Si_3N_4$ 增强氧氮微晶玻璃的 XRD 图

(a) G1：$Y_2O_3-La_2O_3-Al_2O_3-SiO_2$ 玻璃粉烧结微晶玻璃；

(b) 50wt% G1＋50wt% $\alpha-Si3N4$；(c) 30wt% G1＋70wt% $\alpha-Si_3N_4$；(d) 10wt% G1＋90wt% $\alpha-Si_3N_4$

表 3-8　原位生长 $\beta-Si_3N_4$ 纤维/棒晶增强微晶玻璃复合材料的性能

性　能	C1	C2	C3	C4	C5	C6
密度/($g\cdot cm^{-3}$)	3.64	3.45	3.42	3.67	3.58	3.62
抗弯强度/MPa	598	791	719	672	562	687
维氏硬度/GPa	12.8	15.6	13.9	13.2	15.7	14.2
断裂韧性/$MPa\cdot m^{1/2}$	5.8	6.7	6.3	6.0	6.2	7.2
热导率/($W\cdot m^{-1}\cdot K^{-1}$)	20.89	28.45	31.61	21.34	22.45	25.32
热扩散率/($J\cdot kg^{-1}\cdot K^{-1}$)	1025.6	1203.7	1315.5	1074.9	1102.3	1125.2
热膨胀系数/(25-800℃)($10^{-6}\cdot ℃^{-1}$)	5.76	5.59	5.37	5.84	5.62	5.45

思考题和习题

1. 根据功能分类,陶瓷有哪些类型? 各种类型功能陶瓷的主要用途是什么?

2. 陶瓷的制备包括哪些工序? 陶瓷料坯的干燥分为几个阶段及各个阶段有什么特点?

3. 陶瓷在烧结过程中会发生哪些物理化学变化? 如何理解陶瓷的烧结并不依赖于化学反应的发生?

4. 简述陶瓷粉末成型体随烘烤与烧结温度的提高和时间的延长而发生的致密化过程。

5. 如何理解"陶瓷是一种多晶多相的聚集体"? 这些物相是如何形成的?

6. 玻璃相在陶瓷材料的制备和使用中的作用是什么?

7. 简要说明陶瓷材料实际强度比理论强度低很多的原因并讨论提高陶瓷强度的途径。

8. 大多数陶瓷与金属一样都是晶态物质,金属材料具有高韧性,而陶瓷材料通常表现为脆性,试分析其原因。

9. 传统陶瓷材料有哪些类型? 简要说明其性能特点和应用领域。

10. 与传统陶瓷相比,新型陶瓷在组成和制备工艺上有何特点?

11. ZrO_2 有哪些变体? 如何避免 ZrO_2 陶瓷在某些温度区间发生的破坏性晶型转变?

12. 讨论 ZrO_2 在陶瓷材料中的增韧机制。

13. 碳化硅、氮化硅及赛龙在组成、结构和性能方面各有什么特点?

14. 纤维/棒晶 $\beta-Si_3N_4$ 增强氧氮微晶玻璃材料有什么优势?

第4章　玻　璃

　　玻璃是非晶态固体中最重要的一族。玻璃作为非晶态材料,无论在科学研究或实际应用上,与单晶体或多晶体(如陶瓷)相比都有它的独特之处。正因为如此,玻璃科学已经发展成为一门新兴的应用性科学,玻璃制品的生产已形成庞大的工业体系。玻璃的品种在不断增加,已由过去的传统氧化物玻璃(如硅酸盐玻璃、硼酸盐玻璃、磷酸盐玻璃、锗酸盐玻璃)发展到非传统氧化物玻璃(如重金属氧化物玻璃)和非氧化物玻璃(硫化物玻璃、卤化物玻璃等)。玻璃的应用领域也在不断拓展,从传统的建筑采光玻璃、日用及装饰玻璃等发展到通讯用玻璃纤维、核聚变用激光玻璃、加速器用闪烁玻璃、光信号调制用非线性光学玻璃及探测用红外光纤等用途。

4.1　玻璃的概念和通性

4.1.1　玻璃的定义

　　玻璃的狭义定义为:"熔融物在冷却过程中不发生结晶的无机物质。"根据这个定义,用熔融法以外的其他方法,如真空蒸发、放射线照射、凝胶加热等方法制作的非晶态物质不能称为玻璃。还有组成上不同于无机物质的非晶态金属和非晶态高分子材料也不能称为玻璃。然而,若根据制成的材料状态及性质等方法对玻璃进行科学的分类,就不能采用上面狭义的定义。若某种材料显示出典型的经典玻璃所具有的各种特征性质,那么,不管其组成如何,我们都可以称之为玻璃。所谓经典玻璃的特征性质是指存在热膨胀系数和比热的突变温度,即存在玻璃转变温度 T_g,也就是说,具有 T_g 的非晶态材料都是玻璃。从这个观点出发,除传统氧化物玻璃外,还可将非晶态硫系化合物、非晶态金属合金、大部分非晶态高分子都称为玻璃。当然,在没有证明是玻璃时,最好称之为非晶态物质。

　　从实用的角度来说,玻璃是一种透明的无定形固体材料。透明性指的是对可见光具有一定的透明度;无定形指的是结构中质点排列是无规则的,在 X 射线谱上呈现出宽幅的散射峰。可以根据这两条来判断某物质是否是玻璃。

4.1.2　玻璃的通性

　　传统玻璃(如硅酸盐玻璃、硼酸玻璃、磷酸盐玻璃、锗酸盐玻璃等)及一些非传统玻璃(如重金属氧化物玻璃、卤化物玻璃、硫化物玻璃等)都是由玻璃原料经加热、熔融、冷却而形成的非晶态透明固体。获得玻璃除有熔体冷却法外,现在还有气相沉积法、水解法、高能射线辐照法、冲击波法、溅射法等非熔融法。玻璃态物质究竟有哪些特征呢?

(1)各向同性

玻璃态物质的质点排列总是无规则的,是统计均匀分布的,因此,它的物理化学性质在任何方向都是相同的。例如,在不存在机械应力的情况下,均匀玻璃没有双折射现象,也没有解理性,不像晶体那样,不同的方向具有的性质也不同。

(2)介稳性

玻璃态物质一般是由熔体过冷得到,在冷却过程中黏度急剧增大,质点来不及作有规则排列,没有释放出结晶潜热。因此,玻璃态物质比相应的结晶态物质含有较大的内能,它不是处于能量最低的稳定状态,而是介于熔融态和晶态之间,属于介稳态。从热力学观点看,玻璃是一种不稳定的高能量状态,必然有向低能量状态转化的趋势,即有析晶的倾向。但从动力学角度来说,因玻璃析晶的动力学条件不具备,阻碍了向晶体转化的进行,所以,通常看到的玻璃长时间都是不结晶的。

(3)无固定熔点

玻璃态物质由固体转变为液体是在一定温度区域内进行的,它与结晶态物质不同,没有固定的熔点。

(4)物理化学性质的渐变性

玻璃态物质从熔融状态冷却(或加热)过程中,其物理化学性质产生逐渐的和连续的变化,而且是可逆的。图 4 - 1 是物质熔融状态冷却过程中内能与体积的变化情况。

从图 4 - 1 可以看到,在结晶情况下,从熔融态(液态)到固态过程中,内能与体积(或其他物理化学性质)在它的熔点处发生突变(沿 $ABCD$ 变化)。

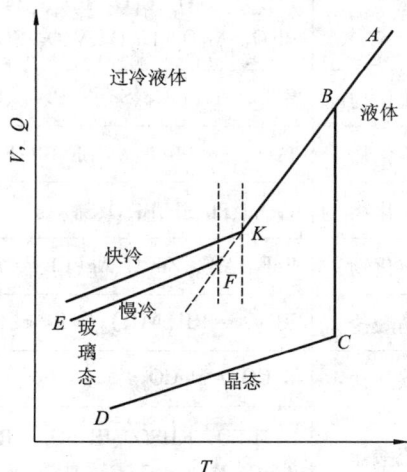

图 4 - 1　物质内能与体积随温度的变化

而冷却成玻璃时,其内能与体积(或其他物理化学性质)却是逐渐地变化(沿 $ABKFE$ 变化),当熔体冷却到 F 点时,开始固化成玻璃,这时的温度称为玻璃的转变温度 T_g(或称脆性温度)。当玻璃组成不变时,T_g 与冷却速度有关,冷却愈快,T_g 愈高,因此,T_g 应该是一个随冷却速度变化的温度范围。T_g 是区分玻璃与其他非晶态固体(如硅胶、树脂等)的重要特征温度。具有上述通性的物质都属于玻璃。

4.2 玻璃的形成

4.2.1 形成玻璃的物质

近代研究证实,只要冷却速度快到足以使熔体的无定形结构状态被继承下来,就可以形成玻璃或非晶态材料;晶态固体借助于剪切应力或放射线照射也可形成非晶态结构。也就是说,为了获得玻璃,可以有两条途径:一是将液体或气体的无序状态在环境温度下保存下来;二是破坏晶体的有序结构,使之非晶化。因此,形成玻璃的物质是非常广泛的,有人认为几乎所有物质都可以借助特定的条件形成玻璃或非晶态材料。表 4-1 和表 4-2 列出了熔融法和非熔融法形成玻璃的物质。

表 4-1 熔融法形成玻璃的物质

种　类	物　质
元素	S、Se、Te、P
氧化物	B_2O_3、SiO_2、GeO_2、P_2O_5、As_2O_3、Sb_2O_3、In_2O_3、Tl_2O_3、SnO_2、TeO_2、SeO_2、WO_3、Bi_2O_3、Al_2O_3、La_2O_3、V_2O_5、SO_3
硫化物	B、Ca、Tl、In、Ge、Sn、N、P、As、Sb、Bi、O、Se 的硫化物,As_2S_3,Sb_2S_3,CS_2
硒化物	Tl、Si、Sn、Pb、P、As、Sb、Bi、O、S、Te 的硒化物
碲化物	Tl、Sn、Pb、Sb、Bi、O、Se、As、Ge 的碲化物
卤化物	BeF_2、AlF_3、$ZnCl_2$、Ag(Cl、Br、I)、Pb(Cl_2、Br_2、I_2)和多组分混合物
硝酸盐	$RINO_3$-$RII(NO_3)_2$(RI=碱金属离子,RII=碱土金属离子)
碳酸盐	K_2CO_3-$MgCO_3$
硫酸盐	Tl_2SO_4、$KHSO_4$、RI_2SO_4·$RII_2(SO_4)_3$·$2H_2O$(RI=碱金属、NH_4 等,RII=Al、Cr、Fe、Co、Ga、In、Ti、V、Mn、Ir 等)
有机化合物	简单的:甲苯、3-甲己烷,2,3-二甲酮、二乙醚、甲醇、乙醇、甘油、葡萄糖等。聚合物:聚乙烯($-CH_2-$)$_n$
水溶液	酸、碱、氯化物、硝酸盐、磷酸盐、硅酸盐等
金　属	Au-Si、Pd-Si、Fe-Ni-P-B 等

表 4-2 非熔融法形成玻璃的物质

原始物质	形成主因	处理方法	实　　例
固体（结晶）	剪切应力	冲击波	对石英、长石等结晶体用爆破法施加 60 GPa 冲击波使其非晶化，石英变成 $\rho = 2.22$，$n_d = 1.46$ 的玻璃，但在 35 GPa 时不能非晶化
		磨碎	磨细晶体，粒子表面层逐渐非晶质化
	放射线照射	高速中子线，α 粒子线	以石英晶体用强度 $1.5 \times 10^{20}\ cm^{-2}$ 的中子线照射使其非晶质化，$\rho = 2.26$，$n_d = 1.47$
液体	溶液化学反应	水解与缩聚	Si、B、P、Pb、Zn、Na、K 等金属醇盐与酒精溶液加水分解得到溶胶，经缩聚而形成凝胶，通过加热形成单元或多元系统氧化物玻璃
气体	升华	真空蒸发	在低温基板上用蒸发法形成非晶质薄膜，如 Bi、Ga、Si、Ge、B、Sb、MgO、Al_2O_3、ZrO_2、TiO_2、Ta_2O_3、Nb_2O_3、MgF_2、SiC 等化合物
		阴极溅射和氧化反应	在低压氧化气氛中，把金属或合金做成阴极，飞溅在基板上形成 SiO_2、$PbO - TeO_3$ 系统薄膜、$PbO - SiO_2$ 系统薄膜、莫来石薄膜等
	气相反应	气相反应	$SiCl_4$ 加水分解或 SiH_4 氧化形成 SiO_2 玻璃，在真空中加热 $B(OC_2H_3)_3$ 到 $700 \sim 900\ ℃$ 形成 B_2O_3 玻璃
		辉光放电	辉光放电制造原子氧气，在低压中分解金属有机化合物，在基板上形成非晶质氧化物薄膜，此外，还可以用微波发生装置代替辉光放电装置
	电气分解	阳极法	利用电解质溶液的电解反应，在阴极上析出非晶质氧化物，如 Ta_2O_5、Al_2O_3、ZrO_2、Na_2O_5 等

4.2.2　形成玻璃的方法

从表 4-1 和表 4-2 可以看出，有多种不同的方法可形成玻璃，其中一些方法已在生产实际中获得应用，而另一些方法则只有学术价值或还处于实验室研究开发阶段。

1. 熔体冷却法

熔体冷却法包括常规的熔体冷却和极端骤冷两种方法。常规的熔体冷却法是目前工业生产普遍采用的方法。在工业生产中，配合料由投料口进入熔窑后，在上部火焰和下层玻璃液的加热下升温、脱水，进行硅酸盐反应，并伴随有吸热或放热效应的发生。随着温度的进一步升高，反应产物变成含有大量气泡（如 CO_2、SO_3、

SO₂等)的玻璃熔体。配合料熔化后由于密度增大,逐渐流下配合料堆,进入下层熔融玻璃液。

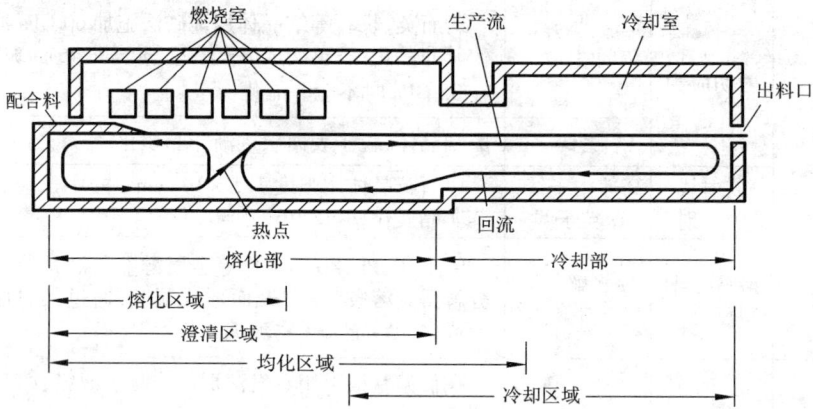

图4-2　玻璃熔窑熔制过程及液流运动和反应区域

　　熔窑中的玻璃液,由于温度分布的不均匀和出料作业的综合作用,形成图4-2所示的液流运动。在投料池至热点区域,上层玻璃液流向投料口,下层玻璃液流向热点,并在热点上升。上升后的玻璃液,由于出料作业,部分玻璃液越过热点流向出料口。流向出料口的玻璃液逐渐冷却降温,密度增大,部分玻璃液下沉进入回流,返回熔化部。

　　在玻璃熔窑中,一般希望投料口至热点区域有足够强的自然对流,保证配合料在稳定位置熔化,避免尚未熔化的配合料越过热点直接流向出料口。热点至熔化部末端区域,希望上层玻璃液流速较慢,以保证成形玻璃液在高温区域有较长的滞留时间。冷却部主要是保证成形玻璃液能均匀冷却,满足成形要求。在此前提下,希望回流量尽可能小,以减少对回流玻璃液进行二次加热的能耗。

　　由于配合料熔化后形成的玻璃液中含有大量的气泡,这些气泡必须在离开熔化部之前彻底排出熔体或被熔体吸收,以免出现在制品中,影响制品质量。排除玻璃液中气泡的过程叫玻璃液的澄清。同时,玻璃液中往往还夹杂着大量尚未完全熔化的砂粒和条纹等不均匀相,这些砂粒和不均匀相也必须在离开熔化部之前彻底熔化,以保证玻璃液中化学组分的均匀,这个过程称之为玻璃液的均化。澄清并均化好的玻璃液其温度是很高的,黏度极小,不能直接形成玻璃制品,因此必须对玻璃液进行冷却,以满足成形对玻璃液黏度的要求。因此,玻璃的熔制通常需要经历配合料熔化、玻璃液澄清、玻璃液均化和玻璃液冷却四个过程。

　　就常规的熔体冷却方法而言,采用普通冷却速率在空气中进行冷却就能获得玻璃态物质。在冷却过程中,少量晶核的形成是不可避免的,只要确保降温速率足够快使形成的晶核来不及长大成晶体,就能使熔体的无序状态在冷却后的固态中得以保存。因此,凡是有利于晶核形成和晶体生长的因素都不利于玻璃的形成。用常规的熔体冷却方法可以获得硅酸盐玻璃、硼酸盐玻璃、磷酸盐玻璃及重金属氧化物玻璃等。

与常规的熔体冷却方法不同,一些熔体(如金属及强离子键性物质)采用普通冷却速度(如在空气中冷却)是不能获得玻璃的。原因是这些熔体黏度极小,在冷却过程中熔体中质点极易移动而排列成晶格结构。为了获得玻璃态物质,就必须采用极端骤冷方法,即通过急速冷却使熔体的无序状态被继承下来。

最早的急速冷却形成玻璃技术是使用压力冲击波将熔体液滴抛向弯曲的铜板,由于高速导热冷却(冷却速度为 $10^5 \sim 10^9℃/s$),形成数微米厚的玻璃薄片。另一种急速冷却方法是将熔体液滴从坩埚中挤出下落至两块金属平板之间,由液滴通过光电池进行电子触发使其中一块平板快速向另一块静止平板运动而对液滴施加压力,这种方法制成的玻璃薄片厚度较前一种方法更为均匀,且没有气孔,但冷却速度较慢(约为 $10^5℃/s$)。类似的方法有将熔体液滴滴在两个快速旋转的滚轮之间进行冷却。用上述方法只能制得用于实验室中进行结构研究的小样品。

随后人们开发了获取连续带状金属玻璃的技术。方法是将熔体液滴撞击以 $300 \sim 1800$ rpm 速度旋转的 Cu – Be 金属滚轮的花托状凸表面内侧,急冷得到的玻璃带在离心力作用下从滚轮上脱落。用此种方法可制得宽 0.5 mm、厚 20 mm、长达 100 mm 的玻璃带。进一步改进这项技术,在旋转滚轮的外侧将熔体急冷,急冷速率为 $10^6 \sim 10^8℃/s$,将熔体展开成连续膜的形式,制出宽度达几十厘米的玻璃带。

从原理上讲,只要冷却速度能够达到使熔体冷却时的无序状态被继承下来,就可以获得玻璃态物质。因此可以说,只要熔化条件及冷却速度能满足要求,几乎所有物质都可以通过极端骤冷方法形成玻璃。当前和今后的问题是如何获得用常规熔体冷却法难以得到的固体玻璃材料。

2. 气相冷却技术

将一种或几种组分在气相中沉积到基体上也能得到非晶态固体。气相物质是通过加热适当的化合物得到的。无化学反应介入时称为非反应沉积,有化学反应介入时则称为反应沉积。气相冷却技术通常用来制取电子学和光学应用方面的薄膜,反应沉积法也可制得用熔体冷却方法不易得到的块状玻璃或超纯材料。气相冷却技术制备玻璃通常包括蒸发冷却、溅射和反应沉积等几种方法。

蒸发冷却是使物质在真空下气化后冷凝而积聚在基体上的方法。使物质气化的加热方法有电阻加热、电子束加热和高频加热等。真空压力约为 $1.33 \times 10^{-2} \sim 1.33 \times 10^{-5}$ Pa,而被沉积物质的气相压力保持在约 1.33 Pa 以下。单金属较易用此法蒸发。对于多组分系统来说,往往要用几个分离的蒸发源或易于以"闪蒸发"进行快速沉积的金属合金作为蒸发源。

溅射法是将待涂层的基底和固体溅射源同处于一个低压气氛（一般用氩气）的密闭溅射室内（图4-3），用几千伏特的直流高压引起辉光放电，基底作为阳极。辉光放电产生的 Ar^+ 离子在电场作用下飞向阴极，从阴极中溅射出原子。这些原子的一部分凝聚在试样表面形成一层均匀的非晶态薄膜，其组成与溅射源相近。

此法可沉积单质金属或合金，并被广泛应用于电子学和光学领

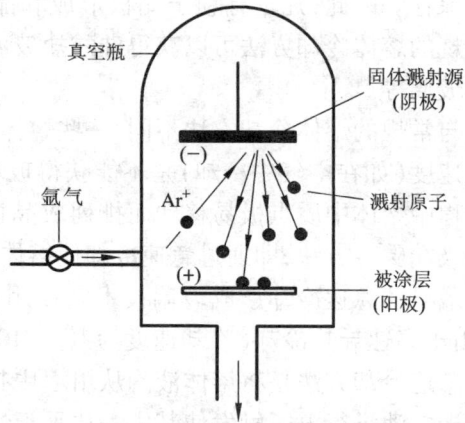

图4-3　溅射涂层装置示意图

域。连续溅射装置用来在玻璃板上镀制金属或氧化物膜层，用于建筑物的采光控制。在工业生产装置中还使用交流电场和磁场（称为磁控溅射）增加离子运动的路程，从而提高它们相互碰撞的几率以便得到更好的溅射效率。

反应沉积则是通过提供足够的激活能引发气相化学反应，该激活能可为热能或射频辉光放电的电能。

在反应溅射方法中，如果氩气中含有氧气或氮气，形成的溅射膜将会是阴极金属的氧化物或氮化物。如果使用 Si 阴极，则将得到 SiO_2 或 Si_3N 薄膜。这类反应溅射沉积方法在电子工业中极为重要，例如使用玻璃薄膜层包覆集成电路和用介电薄膜作为有源或无源元件。那些用直接方法不可能制得薄膜的系统也常能运用此类技术制得无定形薄膜。

化学气相沉积法（chemical vapor deposition，简称 CVD）是利用非均相化学反应将金属有机化合物和金属氧化物气相沉积到加热的固体基底上。例如，将 SiH_4、PH_3 和 O_2，或 $SiCl_4$、$POCl_3$ 和 O_2 这些混合气体流过温度在 1000 ℃ 以下的 Si 表面并以小于 1 $\mu m/min$ 的速率生成 $SiO_2 - P_2O_5$ 玻璃。

在这方面已做过的大多数工作是关于 SiO_2、Si_3N_4、$SiO_2 - P_2O_5$、$SiO_2 - B_2O_3$ 和 Al_2O_3 薄膜的制备，既有低温（450 ℃）CVD 法也有高温（850 ℃）CVD 法。辉光放电等离子体（射频或微波）法是一种低温（310 ℃）方法，用于制取硫族化合物玻璃薄膜和 $Si_xN_yH_z$ 薄膜。

用气相沉积技术制取高纯度高品质的大块玻璃是通过金属卤化物气体混合物的热激发均相氧化反应。通常把金属卤化物（$SiCl_4$，$GeCl_4$，$TiCl_4$，BCl_3，$POCl_3$）和 SiH_4 以及金属有机化合物［例如（CH_4）$_3B$］作为起始原料，在 1500 ℃ 以上，均相氧

化反应占优势。在没有催化表面参与的情况下,生成微细分散的玻璃颗粒材料,称为"烟灰"(soot)。$SiCl_4$ 和 O_2 的混合气体通过甲烷 – 氧火焰喷灯,发生如下反应:

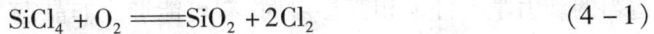

$$SiCl_4 + O_2 \Longrightarrow SiO_2 + 2Cl_2 \tag{4-1}$$

形成的"烟灰"具有很高的比表面积($\approx 20 \text{ m}^2/\text{g}$)。

将"烟灰"沉积在加热至足够高温度(对 SiO_2,≈ 1800 ℃)的靶上便可烧结成无气泡玻璃。用此法可制得尺寸很大的 SiO_2 玻璃块(500 kg 以上),玻璃可以是纯 SiO_2,也可以含有添加物(如 TiO_2,Al_2O_3,B_2O_3 等)。

3. 固态方法

除前面介绍的用熔体冷却和气相冷却法获得玻璃或非晶态物质外,也可以通过固态方法从晶体得到非晶态固体,如辐照、冲击波、机械及扩散等。

高能粒子辐照是将高能粒子与晶体中原子碰撞形成晶格缺陷,使晶格的有序度降低,最终形成非晶态固体。快中子的碰撞几率较低,但每一次碰撞都能产生大量的晶格缺陷。带电粒子碰撞的几率较高,但能形成的位错较少。粒子的动能传给临近原子便形成"热刺"(thermal spike),在 $10^{-10} \sim 10^{-11}$ s 时间内温度达到数千开尔文,使 10^4 个原子的区域内局部熔融,接着发生超快急冷。许多陶瓷材料受到剂量约为每平方厘米 3×10^{20} 个中子的照射可变成无定形态。

石英和方石英受高能粒子辐照也会逐渐无定形化,性质向 SiO_2 玻璃变化。放射性材料例如复合氧化铀矿物,受到自身放射性辐照而无序化。

爆炸产生的数十万巴的强冲击波可使晶体无定形化。虽然晶体的外形保持不变,内部也没有物质的流动,但晶体格子受到破坏而形成玻璃。

陨石的冲击亦能形成非晶态材料,已发现月球表面覆盖有一层玻璃态材料。与月球探险有关的玻璃研究(Apollo 研究计划)之目的在于确定这些玻璃态材料是由火山喷发引起的还是由连续不断的陨石冲击形成的。

利用冲击波实现非晶化的实际应用至今尚少。Schott 玻璃厂获得了一个用超声波制取高折射率氧化物玻璃(B_2O_3 – La_2O_3 – ThO_2 – Nb_2O_5 – Ta_2O_5)和氟化物玻璃(CaF_2 – SrF_2 – LaF_3 – AlF_3 – $NaPO_3$)的专利(Schott,1968),所使用的压力为 0.5 ~ 1 GPa。这种氧化物玻璃不能用常规的熔化法制得,氟化物玻璃的折射率则高于用熔化法制取的产品。

冲击波方法的一个重要应用是在金属玻璃领域,将金属玻璃颗粒进行爆炸压缩成为均匀的圆柱或圆盘。这些块体金属玻璃用烧结法制造时会发生结晶,但用冲击波法处理则能保持材料的无定形特征。日本正在开发玻璃粉末的动态冲击压缩和玻璃带的超声焊接技术。

在长时间机械研磨的情况下,由于剪切力的作用可使晶体的有序性逐渐被破坏,最终形成非晶态固体。

相互扩散作用可用于制取非晶态材料。Johnson 等(1985)研究了由晶态金属薄膜叠加而成的多层体制取无定形夹层的可能性。纯金属的混合热高,当它们在适当的动力学条件下相互接触时,有可能形成非晶态。所研究的系统为 Au – La,Zr – Ni 和 Hf – Ni 等。

4. 溶胶 – 凝胶法

有一系列通过溶液化学途径合成无机玻璃的方法,溶胶 – 凝胶法是其中之一。这种方法的特点是,玻璃网络结构是通过低温下适当化合物的液相化学聚合反应而形成的。首先通过液体原料的混合反应而形成溶胶,然后通过凝胶化使溶胶转变为凝胶,最后除去凝胶中的水分及有机物等液相并通过烧结除去固相残余物而制得玻璃。

这种从先驱体出发合成玻璃及陶瓷和复合材料的方法是目前发展最迅速的材料科学技术领域之一。在世界重要的玻璃科学技术实验室里,用溶胶 – 凝胶法制取玻璃的研究十分活跃。

通过溶胶 – 凝胶方法可以获得不同类型的材料,如图 4 – 4 所示。

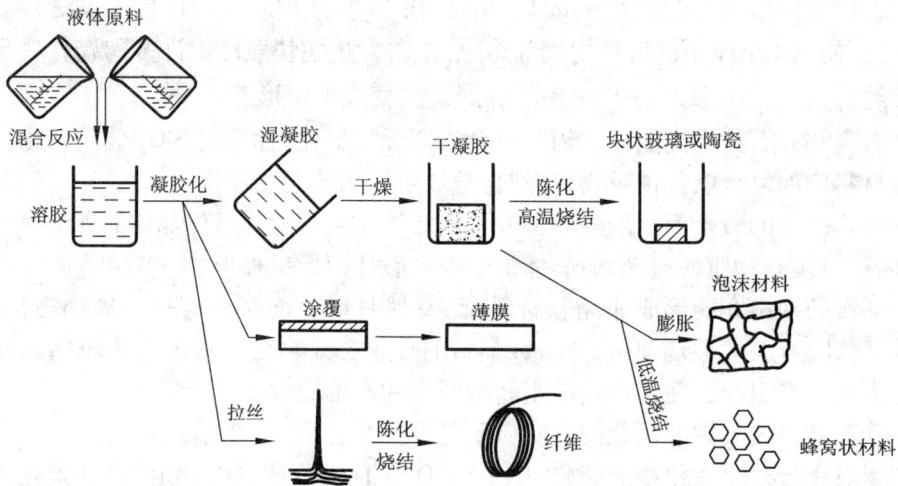

图 4 – 4　通过溶胶 – 凝胶法获得不同材料的示意图

通常由金属醇盐作为先驱体,由水解反应获得溶胶,再通过缩聚反应形成凝胶,反应式可表示如下:

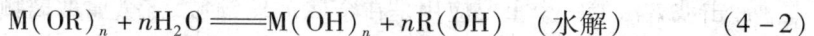

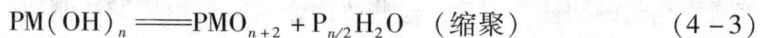

$$M(OR)_n + nH_2O \rightleftharpoons M(OH)_n + nR(OH) \quad (水解) \quad (4-2)$$

$$PM(OH)_n \rightleftharpoons PMO_{n+2} + P_{n/2}H_2O \quad (缩聚) \quad (4-3)$$

上式中 M 可以是 Si^{4+},也可以是 Al^{3+}、Ti^{4+}、B^{3+}、Zr^{4+}、Y^{3+} 及 Ca^{2+} 等离子。因此,通过溶胶 – 凝胶法可以获得许多不同组成的材料。由于原料为液体,其混合是分子级混合,可获得化学组成均匀的材料,又由于在低温下可形成网络结构,通过熔胶－凝胶方法获得玻璃或陶瓷材料的烧结温度也就相对较低。同时,可获得复杂形状的材料。当然,由于凝胶中往往含有大量水分及有机物,凝胶需经历干燥和烧结过程,在干燥和烧结过程中,凝胶容易开裂,这是特别需要注意的一个问题。

总之,获得玻璃或非晶态固体的方法很多,除前面介绍的四种方法外,通过阳极氧化及热分解也可以获得非晶态固体。

需要指出的是,由熔融法获得玻璃时,冷却速度是一个影响玻璃形成的重要因素。因为熔体冷却到一个稳定的、均匀的玻璃体一般要经过一个析晶温度范围。必须快速越过析晶温度范围,冷却到凝固点以下,方能形成玻璃体。为了分析影响玻璃形成的种种因素,常从热力学、动力学和结晶化学方面寻找其内在联系。

4.2.3 形成玻璃的条件

1. 热力学条件

从热力学观点看,玻璃处于介稳状态,有转变为稳定晶态的趋势。一般来说,如果同组成的玻璃体与晶体的内能差别大,则在不稳定过冷状态下,晶化倾向大,而形成玻璃的倾向小。

2. 动力学条件

熔体玻璃化或结晶化是矛盾的两个方面,凡是对熔体结晶作用不利的因素,恰恰是玻璃形成的有利因素。而熔体能否结晶主要取决于熔体过冷后能否形成新相晶核以及晶核能否长大成晶体。前者如果是熔体内部自发成核,称为均态核化;如果是由表面效应、杂质或引入晶核剂等各种因素支配的成核过程,则称为非均态核化。核化以后,就决定于晶体能否长大。成核和晶体生长都需要时间,如果要从熔体冷却获得玻璃,必须要在熔点以下迅速冷却使之来不及析晶,换句话说,玻璃的形成可以通过控制晶核生成速率(I_v)

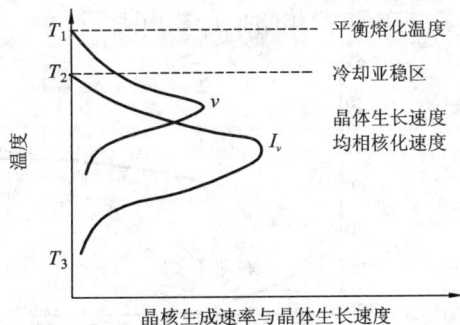

图 4－5 晶核生成速率、晶体生长速率与过冷度的关系

和晶体生长速度(v)来实现,这两个速率均与过冷度($\Delta T = T_m - T$)有关,T_m 是熔点温度,T 为过冷液体的实际温度。如图 4－5 所示,如果晶体生长的最大速率所处的温度范围和晶核生成的最大速率所处的范围很近,晶核一经形成,就能迅速生长,系统容易析晶,不易形成玻璃;反之,两种速度的最大值相应的温度差愈大,当温度降低到晶体生长温度区时,因没有晶核形成,也就不会有晶体长大;而当温度

降低到晶核形成区时,虽有大量晶核形成,但已越过晶体生长区,因而晶核也就不能长大成晶体,在这种情况下,熔体就不会析晶,而容易形成玻璃体。

总的来说,任何种类的玻璃形成物质,在熔点以下的温度保持足够长的时间都能析晶,形成玻璃的关键是熔体应该冷却多快以免出现可见的析晶。这个冷却速度决定于在时间 t 内,单位体积的基质玻璃中包含晶体的体积分数 V^β/V 要少到什么程度才可见和可测。实验证明,当晶体混乱地分布于熔体中时,晶体的体积分数 (V^β/V) 为 10^{-6} 时,刚好为可探测出来的浓度。这样就可以根据公式 $V^\beta/V = \frac{\pi}{3}I_v U^3 t^4$ 来估计防止一定的体积分数的晶体析出所必需的冷却速度。上式中 V^β 为析晶的体积分数,V 为熔体体积,I_v 为晶核生成速率,v 为晶体生长速度,t 为时间。

如果熔体内部自发成核,为避免得到 10^{-6} 体积分数的晶体,可根据上式通过绘制 3T 图(时间、温度、转变)曲线来估算必须采用的冷却速度。绘制 3T 图时,首先给定一个特定的结晶分数 (V^β/V),在一系列温度下计算出成核速率 I_v 和晶体生长速度 v,并将 V^β/V、I_v、v 代入上述公式求出对应的时间 t;然后以过冷度 ΔT 为纵坐标,冷却时间 t 为横坐标绘图。图 4-6 给出了这类图的实例。由于结晶驱动力(过冷度)随温度降低而增加,原子迁移率随温度降低而下降,因而 3T 图曲线弯曲而出现头部突出点。曲线头部的顶点对应了析出的晶体体积分数为 10^{-6} 时的最短时间。为了避免形成可探测到的晶体的体积分数,所需要的冷却速度(临界冷却速度)可由下式粗略地计算出来。

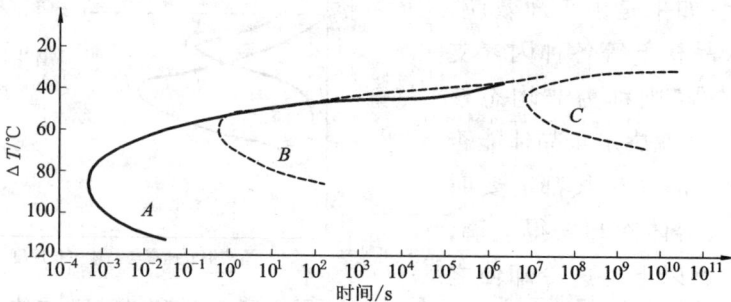

A:$T_m = 356.6\ \text{K}$　　B:$T_m = 316.6\ \text{K}$　　C:$T_m = 276.6\ \text{K}$

图 4-6　析晶体积分数为 10^{-6} 时具有不同熔点物质的 3T 图

$$\left(\frac{\mathrm{d}T}{\mathrm{d}t}\right)_c = \Delta T_n/\tau_n \tag{4-4}$$

式中 $(\mathrm{d}T/\mathrm{d}t)_c$ 为临界冷却速度,$\Delta T_n = T_m - T_n$ 为过冷速度,T_n 和 τ_n 分别对应 3T 图曲线头部顶点的温度和时间。

表 4-3 所示是根据上述方法估算的几种物质形成玻璃所必需的冷却速率。表中数据说明 SiO_2 熔体冷却时,形成一定体积分数的晶体的冷却速度最小,最易于形成玻璃。而金属从液相冷却成玻璃态是非常困难的。

表 4-3 玻璃形成的冷却速度

物　　质	$dT/dt(℃/s)$ 均相核化 $\Delta G^* = 50kT, T_r = 0.2$	$dT/dt(℃/s)$ 非均相核化 $\theta = 80°, \Delta G^* = 50kT, T_r = 0.2$	$dT/dt(℃/s)$ 均相核化 $\Delta G^* = 60kT, T_r = 0.2$①
$Na_2O \cdot 2SiO_2$	4.8	46	0.6
GeO_2	1.2	4.3	0.2
SiO_2	7×10^{-4}	6×10^{-3}	9×10^{-5}
水杨酸苯酚	14	220	1.7
金属	1×10^{10}	2×10^{10}	2×10^9
H_2O	1×10^7	3×10^7	2×10^6

①表中 $T_r = \dfrac{T_m - T}{T_m}$,$\theta$ 是指核化物质在非均态基质上的润湿角。这里取每立方厘米有 10^9 个非均态核来进行计算。

除冷却速率外,晶体的生长与原子或分子加到晶核上去的难易程度也有关,也就是说与液体中质点的迁移难易及速率有关。液体愈稀,质点迁移愈容易,晶体生长也就愈容易;而液体越稠,质点迁移需克服的液层间的内摩擦力(即黏度)也就越大,晶体生长更困难。从黏度(或内摩擦力)对质点迁移的影响可以说明液体黏度的大小对玻璃形成有重要影响。通常,如果熔体在熔点时具有高的黏度,并且黏度随温度降低而剧烈增加,就使析晶需要克服的能量势垒增高,这类熔体易于形成玻璃;而一些在熔点处黏度很小的熔体如 NaCl、LiCl、金属等,易析晶而不易形成玻璃。

在相似的黏度-温度曲线情况下,具有较低熔点 T_m 和较高转变点 T_g 即 T_g/T_m 值较大时易于获得玻璃态物质。一些氧化物、非氧化物和金属合金的 T_g 与 T_m 的关系为直线 $T_g = \dfrac{2}{3}T_m$,以 T_m 为横坐标,以 T_g 为纵坐标作图,得到一条直线。易生成玻璃的氧化物位于直线的上方,较难生成玻璃的非氧化物及金属合金位于直线的下方。当 $T_g/T_m = 0.5$ 时,形成玻璃的冷却速度约为 $10^6℃/s$,表明用常规熔体冷却方法已很难获得玻璃。

上面讨论了冷却速度、黏度和 T_g/T_m 对玻璃形成的影响,但这些因素毕竟是反映物质内部结构的外部属性。玻璃形成规律的探索还需要从物质内在结构的化学键性及原子排列方式上来考察,也就是下面要介绍的玻璃形成的结晶化学条件。

3. 玻璃形成的结晶化学条件

(1)熔体中质点的聚合程度

熔体自高温冷却,原子、分子的动能减小,它们必将进行聚合并形成大阴离子团[如硅酸盐熔体中的$(Si_2O_7)^{6-}$、$(Si_6O_{18})^{12-}$、$(Si_4O_{11})^{6-}$等],从而使熔体黏度增大。一般认为,如果熔体中阴离子团是低聚合的,就不容易形成玻璃。因为结构简单的小阴离子团(特别是离子)便于迁移、转动而调整为晶格结构;反之,如果熔体中阴离子团是高聚合的,其位移、转动、重排都困难,因而不易调整成为晶体,容易形成玻璃。例如氯化钠熔体由自由的 Na^+ 离子和 Cl^- 离子构成,在冷却过程中,很容易排列成为 NaCl 晶体,不能生成玻璃。而 SiO_2 熔体由高聚合的大阴离子团组成,因此,冷却过程中,熔体结构复杂,转动和重排都很困难,故不易调整为晶体结构,玻璃形成能力很大。但熔体阴离子团的大小并不是能否形成玻璃的必要条件。低聚合的阴离子因特殊的几何构型或因其间有某种方向性的作用力存在,只要析晶激活能比热能相对大得多,都有可能形成玻璃。

(2)键强

氧化物的键强是决定它能否形成玻璃的重要条件。孙光汉首先于 1947 年提出可用元素与氧结合的单键强度大小来判断氧化物能否形成玻璃,他首先计算出各种化合物的分解能,并以该化合物的配位数除之,得出的商即为单键能。

根据单键能的大小,可将氧化物分为三类:

(1)网络形成体氧化物(其中正离子为网络形成体离子),其单键强度大于334.94 kJ/mol,这类氧化物能单独形成玻璃。

(2)网络变性体氧化物(正离子为网络变性离子),其单键强度小于251.21 kJ/mol,这类氧化物不能单独形成玻璃,但能改变网络结构,从而使玻璃性质改变,故又称为玻璃改性氧化物。

(3)网络中间体(正离子为中间离子),其作用介于玻璃形成体和网络变性体两者之间。表4-4列出了各氧化物单键能数值。

由表4-4可以看出,网络形成体的键强比网络变性体高得多,在一定温度和组成时,键强越高,熔体中负离子团越牢固。因此,键的破坏和重新组合也越困难,成核势垒也越高,故不易析晶而形成玻璃。

(3)键型

化学键的特性是决定物质结构的主要因素,对玻璃形成有着重要影响。

离子型化合物如 NaCl、CaF_2 等,在熔融状态以单独离子存在,流动性很大,在凝固点靠库仑力迅速组成晶格。离子键作用范围大,且无方向性,并且一般离子键化合物具有较高的配位数(6 或 8),离子相遇组成晶格的几率较高,所以一般离子键化合物很难单独形成玻璃。

金属键物质如单质金属或合金,因金属键的无方向性、饱和性,其结构倾向于最紧密排列,在金属晶格内形成一种最高的配位数(12),原子间相遇组成晶格的几率很大,因此最不容易形成玻璃。

表 4 – 4　氧化物的单键能

类型	元素	原子价	每个 MO_x 的分解能 E_d/kJ	配位数	M—O 单键能 /($kJ \cdot mol^{-1}$)	类型	元素	原子价	每个 MO_x 的分解能 E_d/kJ	配位数	M—O 单键能 /($kJ \cdot mol^{-1}$)
网络形成体	B	3	1489.5	3	497.9	网络变性体	Na	1	426.8	6	83.7
	B	3		4	372.4		K	1	481.2	9	54.4
	Si	4	1774.0	4	443.5		Ca	2	1075.3	8	133.9
	Ge	4	1803.3	4	451.9		Mg	2	928.8	6	154.4
	P	5	1849.3	4	464.4 ~ 368.2		Ba	2	1087.8	8	138.1
	V	5	1878.6	4	468.6 ~ 376.6		Zn	2	602.5	4	150.6
	As	5	1460.2	4	364.0 ~ 292.9		Pb	2	606.7	4	150.6
	Sb	5	1460.2	4	355.6 ~ 284.5		Li	1	602.5	4	150.6
	Al	3	1326.3 ~ 1682.0	4	330.5 ~ 422.6		Sc	3	1514.6	6	251.0
网络中间体	Zn	2	602.5	2	301.2		La	3	1698.7	7	242.7
	Pb	2	606.7	2	305.4		Y	3	1669.4	6	209.2
	Al	3	1326.3 ~ 1682.0	6	221.8 ~ 280.3		Sn	4	1163.2	6	192.5
	Be	2	857.7	4	263.6		Ga	3	1121.3	6	188.3
	Zr	4	2029.2	8	255.2		Rb	1	481.2	10	50.2
	Cd	2	497.9	2	251.0		Cs	1	477.0	12	41.8

　　共价键有方向性和饱和性,作用范围小,但单纯共价键的化合物大都为分子结构,而作用于分子间的力为范德华力,由于范德华力无方向性,组成晶格的几率比较大,一般容易在冷却过程中形成分子晶格,所以共价键化合物也不易形成玻璃。

　　从以上分析可见,比较单纯的键型如金属键、离子键化合物在一般条件下不容易形成玻璃,而纯粹的共价键化合物也难于形成玻璃。只有当离子键和金属键向共价键过渡,或极性过渡键具有离子键和共价键的双重性质时,极性键的共价性成分有利于促进生成具有固定结构的配位多面体,构成近程有序性;而极性键的离子性成分,促进配位多面体不按一定方向连接,产生不对称变形,构成远程无序的网络结构,在能量上有利于形成一种低配位数结构,所以形成玻璃的倾向大。

4.3　玻璃的结构理论

　　玻璃作为非晶态材料中的主要一族,对它的结构研究是比较多的。最早提出玻璃结构理论的是门捷列夫,他认为玻璃是无定形物质,没有固定的化学组成,与合金类似。塔曼把玻璃看成为过冷的液体。索克曼等提出玻璃基本结构单元是具有一定化学组成的分子聚合体。半个多世纪以来,人们提出了很多玻璃结构学说,但由于涉及的问题比较复杂,至今还没有完全一致的结论。目前较普遍为人们所接受的玻璃结构学说是晶子学说和无规则网络结构学说。

4.3.1 无序密堆硬球模型

Bernal 将堆积的轴承用滚珠放在软橡胶中,通过混合搅拌使其均匀分散于黑色橡胶介质中,滚珠在橡胶介质中的分布可看成是无序堆积结构。与此类似,如果将一定量大小相同的刚性球快速地放入壁面不规则的容器中,也可以得到刚性球的一种无序但是极为稳定的位形。

如果将刚性球比作原子或比作由阳离子与阴离子形成的多面体,那么这种位形可以用来表征玻璃的无序密堆积结构模型。换句话说,玻璃的结构可以看成是由原子或多面体经无序堆积而成的。

面心立方结构中金属原子的填充因子(球体积在空间所占的比例)是 0.7405,而无序密堆积结构中原子的填充因子是 0.637,这就是说,若用同样的刚性球,非晶无序密堆积结构的致密度是晶态有序密堆积结构致密度的 86% 。图 4 – 7 是用计算机绘出的 100 个原子的无序密堆积图形。

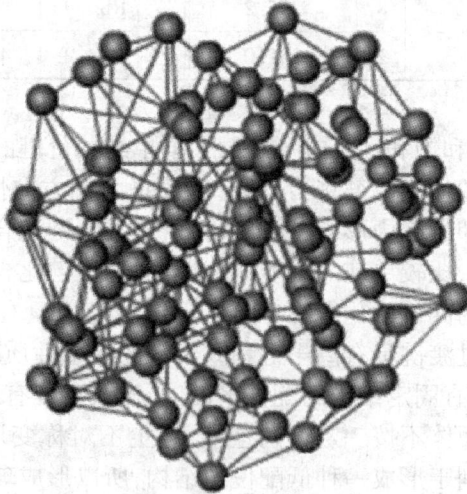

图 4 – 7   100 个原子的无序密堆积模型

由于原子间的不同排列组合可以形成不同类型的多面体(典型的多面体见图

4-8)，因此，非晶态的无序密堆积也可看成是这些多面体的无序连接。

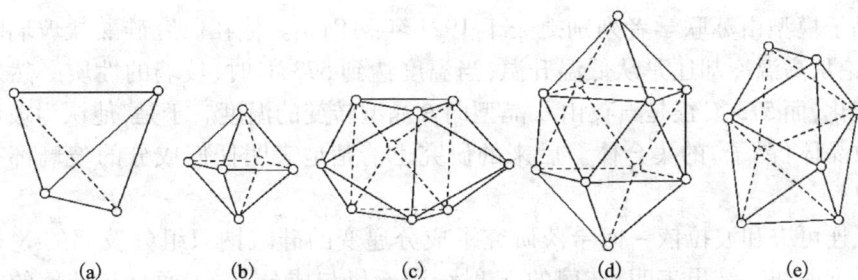

图 4-8　等径球体堆积形成的多面体

(a)四面体；(b)正八面体；(c)带三个半八面体的三角棱柱；
(d)带两个半八面体的阿基米德反棱柱；(e)四角十二面体

4.3.2　无规则线团模型

无规则线团模型适用于描述以有机高分子为基础的非晶态固体结构。每一条高分子长链可以看作为一根线段，各线段之间互相交织、互相穿插，如同图 4-9 所示的乱线团一样，故得名无规则线团模型。

图 4-9　无规则线团模型

无规则线团模型可成功地解释各种高聚合物玻璃的可混合性及其他性能。与无序密堆积模型和随后将介绍的无规则网络模型一样，无规则线团模型表征的也是均匀单相玻璃的结构。

4.3.3　晶子模型

晶子模型由苏联学者列别捷夫于 1921 年初创立。他在研究硅酸盐玻璃时发现,无论从高温冷却还是从低温升温,当温度达到 573 ℃时,玻璃的性质必然发生反常变化,而 573 ℃正是石英由 α 晶型向 β 晶型转变的温度。于是,他认为玻璃是高分散晶体(晶子)的集合体。后来的研究也清楚地表明任何成分的玻璃都有这种现象。

瓦连可夫和波拉依－柯希茨研究了成分递变的硅酸钠双组分玻璃的 X 射线散射强度曲线。结果表明,玻璃的 X 射线谱不仅与成分有关,而且与玻璃的制备条件有关。提高热处理温度或延长加热时间,X 射线谱的主散射峰陡度增加,衍射图也越清晰,他们认为这是由于晶子长大所造成的。

虽然结晶物质和相应玻璃态物质的 X 射线衍射或散射强度曲线极大值的位置大体相似,但不一致的地方也是明显的,很多学者认为这是玻璃中晶子点阵结构畸变所致。

弗洛林斯卡娅观察到在许多情况下,玻璃和析晶时以初晶析出的晶体的红外反射和吸收谱极大值是一致的。这意味着,玻璃中有局部不均匀区,该区中原子排列与相应晶体的原子排列大体一致。

根据很多的实验研究得出晶子学说的主要论点为:玻璃由无数"晶子"所组成,所谓的"晶子"不同于微晶,它是带有晶格变形的有序区域;这些"晶子"分散在无定形介质中;从"晶子"部分到无定形部分的过渡是逐步完成的,两者之间无明显界线。

晶子学说揭示了玻璃的一个结构特征,即微不均匀性和有序性。

4.3.4　无规则网络模型

无规则网络模型由德国学者查哈里阿森在 1932 年提出,以后逐步发展成为玻璃结构理论的一种学派。

查哈里阿森认为:凡是成为玻璃态的物质与相应的晶体结构一样,也是由一个三度空间网络构成。这种网络是由离子多面体(四面体或三角体)构筑起来的。晶体结构网络由多面体无数次有规律的重复而构成,而玻璃体的结构中多面体的重复没有规律性。

在无机氧化物所组成的普通玻璃中,网络是由氧离子的多面体构筑起来的。查哈里阿森假定:①一个氧离子最多只能同两个形成网络的正离子 M(如 B、Si、P 离子等)连接;②正离子的配位数是 3 或 4,正离子处于氧多面体(如[BO_3]三角体,[SiO_4]四面体等)的中央;③这些氧多面体通过顶角上的公共氧依不规则方向相连,但不能以氧多面体的边或面连接;④要形成连续的空间结构网络要求每个多面体至少有三个角是与相邻多面体公共的。这些公共氧被称为"桥氧"（记作 O^0），结构中桥氧越多，表明网络的连接程度越好。

如果玻璃成分中有 R^+（碱金属离子 Na^+，K^+ 等）和 R^{2+}（碱土金属离子 Ca^{2+}，Mg^{2+} 等）网络改性离子氧化物，它们也引入一定数量的氧离子，这时桥氧键就有可能被切断而成为非桥氧（记作 O^-），如 $\equiv\!Si\!-\!O\!-\!Si\!\equiv + Na_2O \rightarrow 2(\equiv\!Si\!-\!O\!-\!Na^+)$，右边与 Na^+ 离子相连的氧离子就是非桥氧。桥氧数减少，非桥氧必然增加，网络结构的完整程度也将下降。R^+ 或 R^{2+} 离子位于被切断的桥氧离子附近的网络外间隙中，作为整体玻璃来说是统计分布均匀的。如果玻璃中引入的 R_2O 或 RO 很多，氧多面体有可能以孤立状态存在，即出现不与网络形成体离子成键的氧，这种氧离子被称为游离氧（记作 O^{2-}）。这些游离氧与碱金属或碱土金属离子成键，以离子键化合物形式存在于物质结构中。从以上分析可以看到，玻璃的无规则网络结构随组成不同或网络被切断的程度不同而异，可以是三维网络，也可以是二维层状结构或一维链状结构，甚至可以是大小不等的环状结构，也可能是多种不同结构共存。

总之，无规则网络结构学说强调了玻璃中离子与氧多面体相互间排列的均匀性、连续性及无序性等特征，即强调了玻璃结构的近程有序和远程无序性。这些结构特点可以在玻璃的各向同性及随成分改变时玻璃性质变化的连续性等基本特性上得到反映。因此，网络学说能解释一系列玻璃性质的变化，它长期以来是玻璃结构学说的主要学派。

近年来，随着实验技术的进步和对玻璃结构与理化性能相关性的深入研究，积累了愈来愈多的关于玻璃内部不均匀的资料。例如，首先在硼硅酸盐玻璃中发现分相与不均匀现象。以后又在光学玻璃和氟化物与磷酸盐玻璃中均发现分相现象。用电子显微镜观察玻璃时发现，在肉眼看似乎是均匀一致的玻璃，实际上都是由许多从 $0.01 \sim 0.1\mu m$ 的各不相同的微小区域构成。所以，现代玻璃结构理论必须能反映出玻璃内部结构的另一方面，即近程有序和化学上的不均匀性。

无规则网络结构学说近年来也得到一定发展。它认为阳离子在玻璃结构网络中所处的位置不是任意的，而是有一定配位关系，多面体的排列也有一定规律性，并且在玻璃中可能不只存在一种网络（骨架）。因而承认了玻璃结构的近程有序和微观不均匀性。

晶子学说代表者也逐渐认识到在玻璃结构中除了有极度变形的较有规则排列的微晶子外，尚有无定形中间层存在。最规则结构大约在晶子中心部位。通过有序程度的逐渐降低，相邻两个晶子融合于无定形介质中。

随着对玻璃性质及其结构的更深入研究，各方面都承认，具有近程有序和远程无序是玻璃态物质的结构特点。玻璃是具有近程有序区域的无定形透明物质。

4.3.5　玻璃结构的近程有序论

Ivailo 将玻璃结构中的有序区域分为 5 类：①电子有序区，以化学键、原子和分子轨道为结构单元；②Zachariasen 有序区，以原子或离子与最近邻的配位体（第一配位圈）构成的配位多面体为结构单元；③分子有序区，以配位多面体结合而成的分子为结构单元；④簇团有序区，以多个分子结合而成的大阴离子团或大分子团为结构单元；⑤相有序区，以微相为结构单元(如微晶玻璃，分相玻璃)。这五种有序区范围依次由小到大。

作者认为，由于无规则网络学说是建立在若干假设基础上的，因此，用它来描述各种玻璃的结构及解释与结构有关的性能变化规律存在较大的局限性。根据有序区域的划分，将晶子学说做一些改进用于对各种玻璃结构的描述似乎更有普遍的适应性。

1) 玻璃结构中的有序区域不应包括相有序区，微晶玻璃应归属于介于晶态与非晶态之间的一种物质形态。

2) "分相玻璃"则要分两种情况来考虑：发生分相后，如果母体与分相物都具有玻璃的特征(非晶态、存在转变温度 T_g 且透明)，则可称之为玻璃；如果母体是玻璃，而分相物是非晶态物质，但不透明也不存在转变温度 T_g，则不能称之为玻璃。这种含分相物的混杂物结构中也不存在相有序区。

3) 玻璃态物质结构中的近程有序范围可以是电子有序区、Zachariasen 有序区、分子有序区和簇团有序区。

4) 如果将有序区按核坯、晶核、微晶体和晶体来划分，玻璃态物质结构中有序区的范围可界定为小于或等于晶核的尺寸，允许存在的有序区含量可界定为其体积分数(V_β/V)应小于 10^{-6}。

对玻璃结构的研究至今还在继续进行，对无序区与有序区的大小、结构等的判定仍有分歧。随着结构分析技术的进步，玻璃结构理论将得到不断发展和完善。

4.4　常见玻璃简介

4.4.1　传统氧化物玻璃

1. 硅酸盐玻璃

硅酸盐玻璃是以 SiO_2 为主要成分形成的玻璃。石英玻璃是硅酸盐玻璃系统中最简单的一种。

石英玻璃是由硅氧四面体[SiO_4]以顶角相连而组成的三维网络结构，这些网络结构没有像石英晶体那样的远程有序。石英玻璃是其他二元、三元或多元硅酸盐玻璃结构的基础。

当在石英玻璃组成 SiO_2 中引入碱金属氧化物 R_2O 或碱土金属氧化物 RO 时，由于增加了 O、Si 比，原来 O、Si 比为 2 的三维架状结构被破坏，随之玻璃的性质也发生变化。硅氧四面体的每一种连接方式的改变都会引起玻璃物理性质的变化。尤其是从连续三维方向发展的硅氧架状结构向二维方向层状结构及由层状结构向一维方向发展的硅氧链状结构变化时，性质变化更大。

基于玻璃无规则网络结构的基本概念，并考虑玻璃中各原子或离子的相互依存关系，和便于比较玻璃各种物理性质，引用一些基本结构参数来描述玻璃的网络特性。诸如用 X 表示氧多面体的平均非桥氧数，Y 表示氧多面体的平均桥氧数，Z 表示包围一种网络形成正离子的氧离子数目，即网络形成正离子的配位数，Z 为 3 或 4；R 表示玻璃中全部氧离子与全部网络形成体离子数之比。四个结构参数之间的关系为：

$$\begin{cases} X + Y = Z \\ X + \dfrac{1}{2}Y = R \end{cases} 即 \begin{cases} X = 2R - Z \\ Y = 2Z - 2R \end{cases} \tag{4-5}$$

根据 4 个结构参数之间的关系，可以计算出桥氧 Y 和非桥氧 X 的数量，并由此判断玻璃网络结构连接程度的好坏。

例如，石英玻璃 SiO_2 的 Z 为 4，氧与网络形成体的比例 R 为 2，则计算得 X 为 0，Y 为 4，说明所有氧离子都是桥氧，$[SiO_4]$ 四面体的所有顶角都是共有，玻璃网络连接程度达最大值。

又如玻璃含 Na_2O 12%、CaO 10% 和 SiO_2 78%（摩尔百分数），则 $R = (12 + 10 + 156)/78 = 2.28$，$Z = 4$，算得 X 为 0.56，Y 为 3.44，表明玻璃网络结构连接程度比石英玻璃差。

结构参数 Y 对玻璃性质有重要意义，Y 越大网络连接程度越紧密（见图 4-10 对比图），玻璃的机械强度越高；Y 越小，网络连接越疏松，网络空穴越大，网络改性离子在网络空穴中越易移动，玻璃的热膨胀系数增大，电导增加，高温下的黏度下降。

上述结构参数除了用于硅酸盐玻璃外，也可用于其他玻璃。目前的平板玻璃、瓶罐玻璃、餐具玻璃、压花玻璃等都属于硅酸盐玻璃系统。

2.硼酸盐玻璃

纯 B_2O_3 玻璃是硼酸盐玻璃中最简单的一种。在 B_2O_3 玻璃中，B^{3+} 以 $[BO_3]$ 三角体形式存在，这种结构中 $Z = 3$，$R = 1.5$，其他两个结构参数 $X = 2R - Z = 0$，$Y = 2Z - 2R = 3$。因此，在 B_2O_3 玻璃中，$[BO_3]$ 三角体的顶角也是共有的。根据核磁共振、红外和喇曼光谱分析以及其他物理性质推论，由 B 和 O 交替排列的平面六角环的 B-O 集团是 B_2O_3 玻璃的重要基元，这些环通过 B-O-B 链连成层状网络。

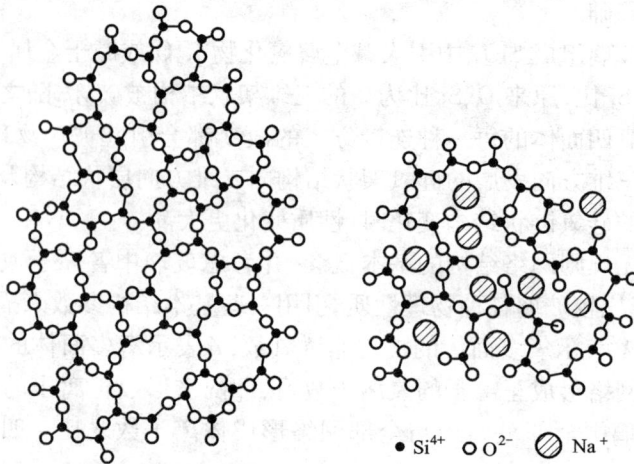

图 4 – 10　石英玻璃和 Na_2O-SiO_2 玻璃的结构

在 B_2O_3 中引入其他氧化物（如 R_2O、RO 等）可获得二元或三元或多元硼酸盐玻璃。R_2O 或 RO 的引入对硼酸盐玻璃结构和性能的影响比硅酸盐复杂。例如，在钠硼酸盐玻璃中，当 Na_2O 的引入量在 16.7% 以下时，玻璃的热膨胀系数随 Na_2O 引入量增加而降低；而 Na_2O 超过 16.7% 时，热膨胀系数随 Na_2O 的增加而上升，Na_2O 含量为 16.7% 时，热膨胀系数取极小值。这种现象被称为"硼反常"，在硅酸盐玻璃中不存在这种现象。对硼酸盐与硅酸盐玻璃的这种区

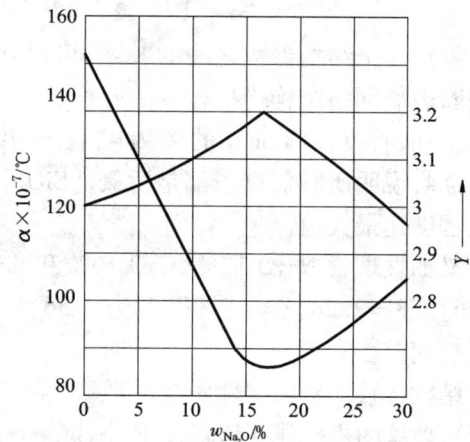

图 4 – 11　$Na_2O-B_2O_3$ 玻璃的
Y 与热膨胀系数 α 之间的关系

别可作如下分析：在石英玻璃中引入 R^+ 时，会破坏相邻 $[SiO_4]$ 四面体的桥氧键，形成两个非桥氧，网络断开，Y 降低，R^+ 引入量越大，Y 降低越多，玻璃的结构网络联系程度更差，因此，随着 R^+ 的引入及引入量的增加，玻璃的热膨胀系数增加。而在 B_2O_3 中引入 R_2O 时，R_2O 给出游离氧，开始使一部分 $[BO_3]$ 三角体转变为 $[BO_4]$ 四面体，另一部分 B^{3+} 仍以 $[BO_3]$ 三角体形式存在。这些 $[BO_4]$ 四面体参与到玻璃网络结构中，使玻璃结构从层状向架状转变，结构变得更紧凑，因而当 R_2O 引入量在一定范围内时，随 R_2O 的引入，热膨胀系数下降，当达到饱和量（16.7%）

时,热膨胀系数达最小值。当 R_2O 引入量超过 16.7% 时,[BO_4]四面体达一定数量,由于[BO_4]四面体本身带有负电荷不能直接相连接,需要中性离子团来隔开。这时[BO_3]三角体不再转变成[BO_4]四面体;加入的游离氧就像在硅酸盐玻璃中一样,引起硼氧网络的破裂。由于形成非桥氧,Y 值随 R_2O 引入量增加而下降。硼酸盐玻璃随 R_2O 加入量增加而引起结构参数 Y 及热膨胀系数的变化如图 4-11所示。

在硼酸盐玻璃系统中,最具实用价值的是硼硅酸盐玻璃,这种玻璃以 R_2O、B_2O_3、SiO_2 为基础组成,因具有热膨胀系数小及热稳定性和化学稳定性良好等特点而被广泛应用于仪器玻璃方面。

3. 磷酸盐玻璃

纯 P_2O_5 玻璃是磷酸盐玻璃中最简单的一种。在 P_2O_5 玻璃中,P 与 O 原子构成磷氧四面体[PO_4]$^{3-}$,它是磷酸盐玻璃网络结构的基本单元。磷是五价离子,与

[SiO_4]四面体不同的是,[PO_4]四面体的四条键中有一条是双键 $\left(\begin{array}{c} O \\ | \\ -P-O \\ \| \\ O \end{array}\right)$,

P—O—P 的键角约 115°,[PO_4]四面体以顶角相连形成三维网络。由于 P=O 双键的存在,每个[PO_4]四面体只和 3 个[PO_4]四面体而不是和 4 个[PO_4]四面体共顶连接,网络的连接程度及完整程度显然低于硅酸盐玻璃。在纯 P_2O_5 玻璃中,Z 为 4,R 为 2.5,由此可求得平均桥氧数为 3,非桥氧数为 1。

在 P_2O_5 中引入碱金属或碱土金属氧化物可形成二元或多元磷酸盐玻璃。随着碱金属或碱土金属氧化物的引入及引入量的增加,[PO_4]四面体组成的三维网络结构被破坏,也就是说碱金属或碱土金属氧化物的引入,导致结构中 P—O—P 键断裂。

磷酸盐玻璃的上述特点,使得该类玻璃具有较低的软化温度和较差的化学稳定性,而且其热膨胀系数往往也比较高,因此,只有少量磷酸盐玻璃及含 P_2O_5 玻璃具有实用价值。如磷酸盐玻璃具有较大的受激发射截面、较低的三阶非线性折射率,可用作高功率激光聚变装置的激光放大器介质材料;通过控制玻璃的溶解速率,使其中所含的过渡金属元素或其他活性元素释放出来,用于动、植物痕量元素的检测;在磷酸盐玻璃组成中加入卤化物,可大大提高其离子传导性,用于电池研究领域;此外,磷酸盐玻璃也被用于生物组织缺损部位的修复,是一种较好的生物功能材料。

4. 锗酸盐玻璃

锗酸盐玻璃具有较长的红外截止波长和较宽的透过波段,是一类理想的红外光学窗口材料。

　　纯 GeO_2 玻璃是锗酸盐玻璃中组成最简单的一种。在纯 GeO_2 玻璃中，$[GeO_4]$ 四面体通过共用顶角氧而形成三维网络结构。当在 GeO_2 中引入碱金属或碱土金属氧化物时，玻璃组成 – 结构 – 性能关系上出现"锗反常"。

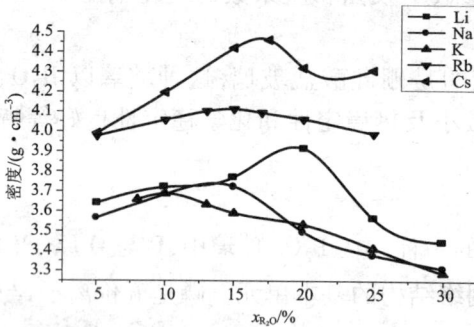

图 4 – 12　$xR_2O – (100 – x)GeO_2$
体系玻璃的密度

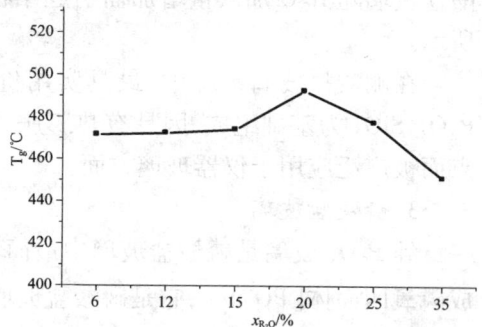

图 4 – 13　$xCaO – (100 – x)GeO_2$
玻璃的转变温度

　　从图 4 – 12 可以看出，随着碱金属氧化物含量的增加，二元碱金属锗酸盐体系玻璃的密度出现先增大后减小的变化趋势，表现出锗反常特性。对于不同的碱金属氧化物，玻璃密度极值点对应的氧化物含量不同。从图 4 – 13 则可看出，在 $xCaO – (1 – x)GeO_2$ 玻璃中，随 CaO 含量的增加，玻璃的转变温度也出现先增大后减小的变化趋势。这表明，在 GeO_2 中引入碱金属氧化物和碱土金属氧化物都将引起锗反常现象。

　　国外材料科学工作者对碱金属氧化物引起的锗反常现象进行了大量研究，提出了几个不同的理论模型。一些人认为，随着碱金属氧化物的引入，$[GeO_4]$ 四面体向 $[GeO_6]$ 八面体转变，当碱金属氧化物含量达到一定量时，$[GeO_6]$ 八面体达到饱和，在此过程中不产生非桥氧，试样密度出现极大值。继续增加碱金属氧化物含量，$[GeO_6]$ 八面体转变成 $[GeO_4]$ 四面体，结构中出现大量非桥氧，密度随碱金属氧化物含量的增加而下降。另一些人认为，随着碱金属氧化物的引入，四元 $[GeO_4]$ 四面体环转变成三元 $[GeO_4]$ 四面体环，在性能极值点处，三元 $[GeO_4]$ 四面体环达到饱和。还有一些人则认为，$[GeO_5]$ 的产生是产生锗反常的原因。显然，人们对锗反常现象的解释还没有达成共识，相关研究一直在进行中。

4.4.2　非传统氧化物玻璃

非传统氧化物玻璃指不是以传统网络形成体氧化物(如 SiO_2、B_2O_3、P_2O_5、GeO_2 等)为主要成分形成的玻璃。如铝酸盐玻璃、钨酸盐玻璃、钼酸盐玻璃、重金属氧化物玻璃等。研究最多且实用价值最大的是重金属氧化物(heavy - metal oxide,简称 HMO)玻璃。

重金属氧化物玻璃指的是以氧化铅(PbO)、氧化铋(Bi_2O_3)、氧化锑(Sb_2O_3)、氧化碲(TeO_2)以及其他在元素周期表中的第 5、6 周期中具有高原子量的金属氧化物为基础组分而形成的玻璃。在这类玻璃中,重金属阳离子含量大于 50%。

重金属氧化物玻璃与传统氧化物玻璃的主要差别在于:①传统硅酸盐、硼酸盐、磷酸盐玻璃以传统网络形成体氧化物 SiO_2、B_2O_3、P_2O_5 等为主要成分的,而重金属氧化物玻璃以传统概念中的网络改性体氧化物为主要成分;②传统网络形成体氧化物中离子键占 40% ~50%,而共价键占 50% ~60%,共价键的方向性使得这些物质在熔融冷却过程中,其键角允许分布在与晶体有差异的一定范围内,从而易于形成无定形网络结构,由单一 SiO_2 或 B_2O_3 或 P_2O_5 也能获得玻璃。而重金属氧化物玻璃以离子键为主,当熔体冷却时,正负离子间的距离和相对几何位置容易改变,析晶需要克服的能量势垒较小,易于按紧密堆积原理排列成为有规则的晶体结构,因此,重金属氧化物通常不能单独形成玻璃,需要引入第二、第三组分或更多组分才能形成玻璃。根据第二、第三组分的不同,可将重金属氧化物玻璃分为三类:一类是添加物仅为传统网络形成体氧化物(如 $PbO - SiO_2$、$PbO - B_2O_3$、$PbO - Bi_2O_3 - B_2O_3$、$PbO - Bi_2O_3 - SiO_2$、$PbO - Bi_2O_3 - P_2O_5$ 等系统)的玻璃;一类是添加物为非传统网络形成体氧化物(如 $PbO - Bi_2O_3 - Fe_2O_3$、$PbO - Bi_2O_3 - CdO$、$PbO - Bi_2O_3 - Ga_2O_3$、$PbO - Bi_2O_3 - CdO - Fe_2O_3$ 等系统)的玻璃;还有一类是添加物既含传统网络形成体也含非传统网络形成体的混杂物(如 $PbO - TeO_2 - SiO_2 - B_2O_3 - TiO_2$,$PbO - Bi_2O_3 - SiO_2 - B_2O_3 - CdO$ 等)的玻璃。根据这种分类,重金属氧化物玻璃是玻璃家族中组成十分庞杂的一大玻璃体系,构成玻璃的主要组成可以是 PbO、Bi_2O_3、Sb_2O_3、TeO_2 等单一氧化物,也可以是这些氧化物的二元、三元或四元系统;而添加物可以是单一的传统网络形成体氧化物或非传统网络形成体氧化物,也可以是多组分的网络形成体氧化物或多组分的非网络形成体氧化物,还可以是既含传统网络形成体又含非传统网络形成体的混杂物。但实际上,在已知的玻璃系统中,研究最多且更有实际意义的是 PbO、Bi_2O_3 基重金属氧化物玻璃。Pb^{2+}、Bi^{3+} 离子所具有的特性使得 PbO、Bi_2O_3 基重金属氧化物玻璃具有一系列传统玻璃不具有的特殊性能。表 4 - 5 列出了氧化物玻璃中一些阳离子的特征。

表 4-5　氧化物玻璃中一些阳离子的特征

元素	电荷 Z	配位数	原子间距 /Å	场强 Z/a^2	原子质量 μ	离子折射因子 Ri
B	+3	3	1.36	1.62	10.81	0.006
B	+3	4	1.47	1.39	10.81	0.006
Si	+4	4	1.61	1.54	28.09	0.08
P	+5	4	1.52	2.16	30.97	0.05
Ge	+4	4	1.75	1.31	72.61	0.40
As	+5	6	1.85	1.46	74.92	
Sb	+3	6	2.11	0.67	121.75	2.8
Pb	+2	6	2.53	0.31	207.20	8.1
Pb	+2	8	2.64	0.29	207.20	
Pb	+4	6	2.13	0.88	207.20	
Pb	+4	8	2.29	0.76	207.20	
Bi	+3	6	2.37	0.53	208.98	3.80
Bi	+3	8	2.46	0.50	208.98	
Al	+3	4	1.74	0.99	26.98	0.14
Al	+3	6	1.88	0.85	26.98	
Fe	+3	6	2.00	0.75	55.85	
Ga	+3	6	1.97	0.77	69.72	0.60
Zn	+2	6	2.10	0.45	65.41	9.7
Cd	+2	6	2.30	0.38	112.41	2.8
Ba	+2	6	2.71	0.27	137.33	4.67
Tl	+1	6	2.85	0.12	204.38	10.0

　　从表 4-5 所列数据可以看到,重金属离子比传统网络形成体离子和网络中间体离子具有更低场强和更高的原子质量及离子折射度 Ri。场强与阳离子电荷成正比而与离子间距的平方成反比,它表示阳离子与氧阴离子吸引力的大小。Pb^{2+}、Bi^{3+} 等重金属离子具有小的场强,表明 Pb—O、Bi—O 间的结合键较弱或具有较低的弹性恢复力常数 k_S。根据键强大小与吸收边波数之间的关系:

$$\sigma = \frac{1}{2\pi} \sqrt{\frac{k_S}{\mu}} \qquad (4-6)$$

　　式中 σ 为振动频率,用波数 cm^{-1} 表示,k_S 为弹性恢复力常数,μ 为阳离子与阴离子的折合质量 $(m_c \cdot m_o)/(m_c + m_o)$。不难看出,重金属氧化物玻璃因具有小的 k_S 和大的 μ 而具有较小的基频振动频率 σ,或具有更长的透过截止波长 λ,从而使这类玻璃成为透红外光学玻璃的最佳材料,例如,PbO、Bi_2O_3 基重金属氧化物玻璃的透红外光截止波长达 $8 \sim 9 \mu m$,高于所有传统氧化物玻璃。离子折射度 Ri 用于衡量离子的极化能力,具有高折射度的离子,其极化率也就比较大,而极化率愈大,玻璃的非线性光学性能也愈显著。可从下式来估算三阶非线性极化率的大小:

$$\chi^{(3)} = [\chi^{(1)}]^4 \times 10^{-10} \qquad (4-7)$$

也就是说,线性极化率 $\chi^{(1)}$ 大的材料,其三阶非线性极化率 $\chi^{(3)}$ 也就大,重金属氧化物玻璃因具有大的线性极化率而具有大的三阶非线性极化率;而且,其三阶非线性极化率随重金属氧化物含量的增加而增大。

通常,三阶极化率可以分成共振和非共振两部分。共振指的是电子从一个能级跃迁到另一个能极,这种电子的跃迁导致了电子布居重新分布,使得极化强度发生变化,$\chi^{(3)}$ 增加,这个效应叫共振增强。共振愈明显,增强愈大。材料的非线性响应快慢取决于电子布居弛豫时间,由于纯电子极化非线性材料的布居弛豫时间很短(约 $10^{-15}s$),可以产生快速响应效果。因此,具有高三阶极化率的重金属氧化物玻璃在光子开关(photonic switch)材料的研制中受到特别注意。

从集成光学系统的观点来看,有三个重要的基本因素:材料的非线性光学折射率、开关速度和光学损耗。这些参数决定了开关一个装置所需功率的大小、恢复的快慢。因此,对于大型集成光学系统,低功率操作是基本的要求。一般用 $n_2/\tau \cdot \alpha$ 为指标数衡量所需功率大小,式中 τ 为响应时间,α 为光学损耗,n_2 为非线性指标,n_2 正比于线性折射率。指标数愈大,开关功率愈小。因此,重金属氧化物玻璃因具有适中的非线性指数 n_2、较小的光学损耗及快的响应时间,其指标数均高于任何传统玻璃,也高于多级量子阱(MQM, GaAs/GaAlAs)和聚丁二炔(polydiacetylenes),成为光子开关的最佳候选材料之一。

重金属氧化物玻璃的另一个重要应用是制备加速器用闪烁玻璃。新一代加速器的需要,引起人们对于寻找具有优异性能的闪烁材料的极大兴趣。

含 Pb^{2+}、Bi^{3+} 离子的重金属氧化物玻璃,一方面其高原子量可以赋予玻璃高密度,使之成为闪烁材料的基材;另一方面,Pb^{2+}、Bi^{3+} 离子在紫外区能产生强烈的吸收,这就意味着这些离子结构中的电子能在紫外光激发下产生跃迁,当跃迁电子退激时,一部分能量将以荧光形式发射出来;再一方面,玻璃固有的透明性、易制备、能形成大体积等特点,使得重金属氧化物玻璃成为颇有希望的闪烁材料。

也可利用这种玻璃的高密度、透明性、高折射率,制备高能物理实验及防 X 射线、β 射线、γ 射线的辐射屏蔽窗,光学凸透镜道路标志,路面划线,交通管理标志反光标志板上的玻璃微珠等。

用重金属氧化物玻璃还可制成低光学损耗光学纤维材料,在进行这方面的研究和开发过程中,一些研究者意外地观察到玻璃中高的喇曼散射,这意味着这些玻璃可作为喇曼活性光纤放大器的活性介质。

　　除上面这些应用外,重金属氧化物玻璃也可用作超导材料。例如,具有钙钛矿型结构的 $BaPb_{0.2}Bi_{0.3}O_3$ 玻璃是一种半导体,这种类型的化合物在很低温度下显示出超导性,人们也对 $Bi_2O_3 - CuO - Ca_{0.5}S_{0.5}$ 系统作过研究。

　　总之,重金属氧化物玻璃所具有的高密度,高折射率,优异的透红外光、发射荧光,非线性光学和超导性能等特点,使得这类玻璃在许多领域显示出潜在的乐观的应用前景,成为当前玻璃科学中的一个重要分支,研究内容包括玻璃形成规律和结构研究及应用开发研究等。

4.4.3　非氧化物玻璃

1. 硫属化合物玻璃

　　这类玻璃是指以周期表第六主族的硫、硒、碲三元素为主要成分的玻璃。除了硫属单质或硫属元素本身相结合的玻璃外,尚有硫属元素和 As、Sb、Ge 等相结合的玻璃。由于后者具有一系列的重要性能,颇受人们的重视。硫属玻璃大部分不含氧,故又称为非氧玻璃。硫属化合物玻璃是重要的半导体材料、透红外光材料、易熔封接材料等。它具有特殊的开关效应,近年来已用作光开关的光电导体,将为玻璃在新技术应用方面开辟新的途径。

　　单质硫和硒都能形成玻璃态物质。单质硫的分子相当于分子式 S_8。它具有环状结构,每个硫原子采取 sp^3 杂化态并形成两个共价单键,并且聚合成长链。把加热到230 ℃的熔融态硫迅速注入冷水中,便成为玻璃态硫。

　　硫属化合物玻璃主要是以砷为主族的硫化物、硒化物和碲化物为基础制成的。硫属化合物所以能聚合形成线形或层状结构的玻璃态物质,主要是通过硫属元素的"桥联"作用来实现的。而硫属化合物的聚合和形成链状结构的能力,则是它形成玻璃态物质的基本条件。

　　硫属化合物玻璃中最主要的是砷 - 硫属系统,其代表为 As_2S_3、As_2Se_3(As_2Te_3 不能用正常的方法制得玻璃)。X 射线和红外吸收光谱等结构分析证明:由 As_2S_3 所组成的玻璃很接近于线状有机聚合体(即表现为链状结构)。当引入卤素(如碘)时,链状结构被破坏,就形成类似于图 4 - 14 的结构。这类玻璃的特点是非常易熔,如 As 19%、S 34%、Br 47%(摩尔百分数)的玻璃,其软化温度约为 60 ℃。

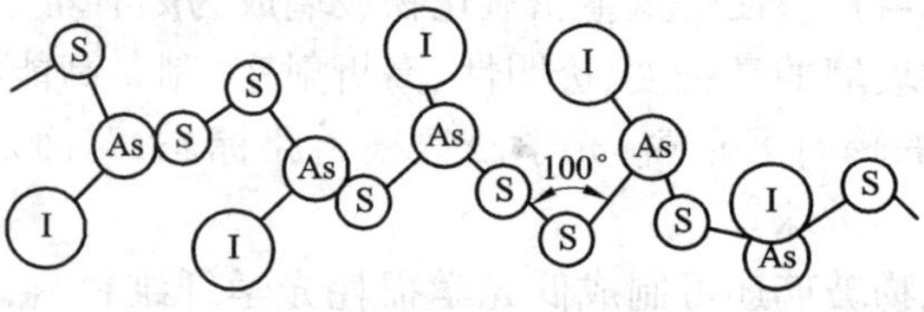

图 4 - 14　含碘、硫、砷化合物玻璃的链状结构

一般认为由 As_2Se_3 以及由 $As_2Se_3 - As_2Te_3$ 所组成的玻璃同样也是链状结构。

As_2S_3 和 As_2Se_3 玻璃具有很大的电阻。若用其他元素置换部分硫属元素,电阻随之减小,而显示出半导体性。例如 $Tl_2Se - As_2Se_3$ 是最早发现的玻璃半导体。

制备硫属化合物玻璃时,一般是把配合料加入透明石英玻璃容器中进行真空密封,然后置于电炉中加热熔融,按一定的工艺规程将容器急冷、淬冷得到所需的玻璃。硫属化合物玻璃蒸气有毒,制备时必须采取防护措施。

2. 卤化物玻璃

这类玻璃通常是由金属卤化物(主要是氟化物)组成的。它的结构特点是通过第七族元素的"桥联"作用,把结构单元连结成架状、层状或链状结构。人们很早已制成 BeF_2 玻璃。一般认为 $[BeF_4]$ 四面体是它的结构单元,在玻璃中形成类似于 SiO_2 结构的空间排列。它的短程有序和 $\alpha -$ 方石英相似。已经证明,氟化铍玻璃是由 $[BeF_4]$ 四面体连结成的三度空间的架状结构。而其他卤化物(如 Cl、Br、I)玻璃则常常是形成层状或链状结构。

BeF_2 玻璃也可以含有碱金属氟化物和 AlF_3 等组分,如 $BeF_2 - AlF_3 - NaF$ 系统的某些组成的熔体经急冷可形成玻璃。$BeF_2 - AlF_3 - KF$ 系统形成玻璃的范围较大,而 $BeF_2 - AlF_3 - LiF$ 系统则不易形成玻璃。

氟化物玻璃具有超低折射和色散的特性,是重要的光学材料。氟化物玻璃也用作易熔封接材料。

近年来又发展了一种混合型氧化物 - 氟化物玻璃,玻璃结构中氧和氟都起桥联作用。

为了防止氟化物的氧化和挥发,氟化物玻璃一般在密闭坩埚中进行熔制。含氟玻璃析晶倾向强烈,熔好后必须快速降温。由于它析晶倾向大,故一般不易获得数量较大的玻璃。

3. 氧氮玻璃

氧氮玻璃最早发现于 Si_3N_4 基陶瓷的晶界相中。Si_3N_4 属于强共价键结合的化合物,其机械性能高、结构稳定、绝缘性能优良,能承受较高工作温度;与普通氧化物陶瓷相比,其抗化学腐蚀的能力更强,因此,Si_3N_4 陶瓷一直作为高温结构材料而被广泛开发研究。

热压氮化硅基陶瓷及其衍生物 Sialon 经常使用 MgO、Y_2O_3、Al_2O_3 等烧结助剂来实现其结构的致密化。因此,在氮化硅基陶瓷的烧结过程中,陶瓷晶界处往往存在一定量玻璃相,这些玻璃相的组成和性质对氮化硅基陶瓷的高温性能有显著影响。上世纪 70 年代,科研工作者发现存在于氮化硅基陶瓷晶界中的玻璃相主要是由 Y、Mg、Si、Al、O 和 N 这几种元素组成的氧氮玻璃。由于氧氮玻璃存在氮化硅陶瓷的晶界中,不方便予以研究,于是,科研工作者通过设计玻璃组成,制备出块体氧氮玻璃,并对其制备技术与性质进行研究。研究发现,尽管晶界处的氧氮玻璃会导致氮化硅基陶瓷高温性能的降低，但氧氮玻璃本身却具有许多优良的性能。与氧化物玻璃相比，氧氮玻璃的弹性模量、断裂韧性、显微硬度、机械强度、高温粘度、玻璃转变温度等都有很大提高，而热膨胀系数却明显较低。氧氮玻璃的这些特点，使其成为材料科学与工程领域的热门研究开发方向之一。

1）氧氮玻璃的分类

表4－6列出了自上世纪70年代以来研究的氧氮玻璃体系。从表4－6看到，研究较多的是硅酸盐和铝硅酸盐氧氮玻璃，其基础玻璃组成分别是 $Si-O-N$ 和 $Si-Al-O-N$。添加物包括稀土离子氧化物、碱金属氧化物、碱土金属氧化物。图4－15是 $Mg-Si-Al-O-N$ 及 $Y-Si-Al-O-N$ 体系氧氮玻璃形成区域示意图。

表4－6 氧氮玻璃体系

氧氮玻璃体系	举例
铝硅酸盐体系	$Si-Al-O-N$
	$RE-Si-Al-O-N$（RE＝Y, Ln, La, Yb, Nd, Er, Lu, Gd 等）
	$Mg-Si-Al-O-N$
	$Y-Mg-Si-Al-O-N$
	$Li-Si-Al-O-N$
	$M-Si-Al-O-N$（M＝Mg, Ca, Ba, Mn）
	$RE-Mg-Si-O-N$
硅酸盐体系	$Si-O-N$
	$RE-Si-O-N$（RE＝稀土）
	$M1-M2-Si-O-N$（M1＝碱金属，M2＝碱土金属）
磷酸盐体系	$Li-Na-P-O-N$, $Na-P-O-N$
	$P-O-N$
硼酸与硼硅酸盐体系	$M1-B-O-N$（M1＝Li, Na, K）
	$Na-B-Si-O-N$
	$Na-Ba-B-Si-Al-O-N$

至于磷酸盐、硼酸盐和硼硅酸盐体系氧氮玻璃，因熔融态 P_2O_5 和 B_2O_3 不稳定，研究相对较少。

2）制备技术

(a)　　　　　　　　　　　(b)

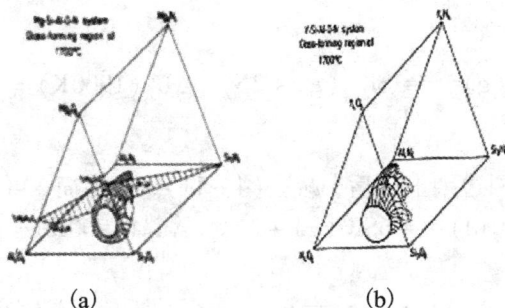

图 4 – 15　Mg – Si – Al – O – N(a) 和 Y – Si – Al – O – N(b) 系统在 1700℃的玻璃形成范围

　　熔体冷却法是制备玻璃最常用的方法。与传统氧化物玻璃相比，熔融法制备氧氮玻璃的要求更高。要使氧氮玻璃原料熔融并制得均匀的玻璃熔体，熔制温度一般高达 1550 ~ 1750℃。为了避免或减少氮化物在氧氮玻璃制备过程中的氧化，玻璃制备全过程必须在氩气或氮气等保护气氛下进行。作为玻璃中主要原料的含氮化合物的种类非常有限，尽管 AlN、Mg_3N_2、YN、Si_2ON_2 或 Li_3N 都能做为氮源，但常用氮源仍为 Si_3N_4。

　　熔融法制备氧氮玻璃的工艺流程如下所示：

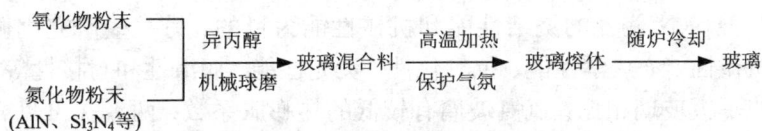

　　熔融法制备氧氮玻璃时，一般先将氧化物和氮化物混合后，再经机械球磨而制得配合料。将配合料在1550℃以上的高温下，在氮气或其它缺氧气氛条件下使玻璃配合料熔融，均匀熔体随炉冷却到室温。采用熔融法制备氧氮玻璃时，必须考虑到玻璃组成相互之间在高温下的化学反应。有关氧氮玻璃的稳定性包括两个方面的内容：一是什么因素影响到玻璃的稳定性，二是何种化学组成适合于掺入以形成氧氮玻璃。可采用标准吉布斯自由能来预测熔体的相对稳定性。对于只由 Si、O、N 这三种元素组成的氧氮玻璃，在 1900K 时会发生如下反应：

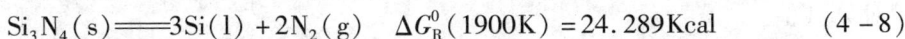

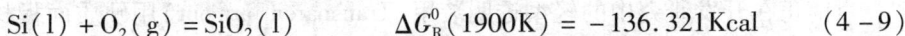

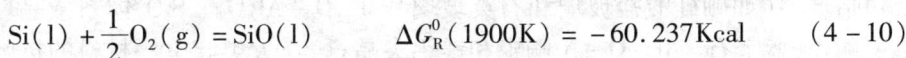

$$Si_3N_4(s) = 3Si(1) + 2N_2(g) \qquad \Delta G_R^0(1900K) = 24.289 Kcal \qquad (4-8)$$

$$Si(1) + O_2(g) = SiO_2(1) \qquad \Delta G_R^0(1900K) = -136.321 Kcal \qquad (4-9)$$

$$Si(1) + \frac{1}{2}O_2(g) = SiO(1) \qquad \Delta G_R^0(1900K) = -60.237 Kcal \qquad (4-10)$$

　　将反应(4 – 8)与(4 – 9)及(4 – 8)与(4 – 10)分别加和，可得到如下反应：

$$Si_3N_4(s) + 3O_2(g) = 3SiO_2(l) + 2N_2 \quad \Delta G_R^0(1900K) = -384.674Kcal$$

$$(4-11)$$

$$Si_3N_4(s) + \frac{3}{2}O_2(g) = 3SiO_2(g) + 2N_2 \quad \Delta G_R^0(1900K) = -156.422Kcal$$

$$(4-12)$$

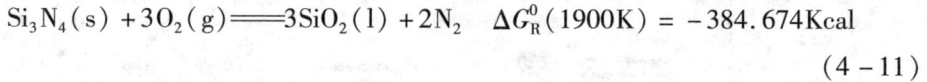

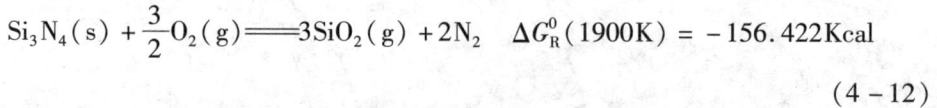

将反应(4-12)两边乘上2后，减去(4-11)，并化简，可得反应：

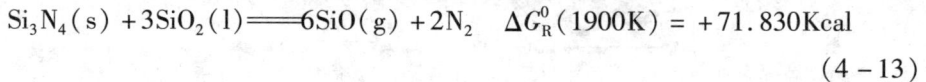

$$Si_3N_4(s) + 3SiO_2(l) = 6SiO(g) + 2N_2 \quad \Delta G_R^0(1900K) = +71.830Kcal$$

$$(4-13)$$

从反应(4-11)和反应(4-12)可知，氮化硅在1900K时很容易与氧气反应，生成SiO_2、N_2、SiO和N_2，从而导致氧氮玻璃中的氮损失和气泡的形成。反应式(4-13)的标准吉布斯自由能为正值，说明在1900K时Si_3N_4与SiO_2不会直接反应分解决出N_2。

动力学计算表明：引入Li_2O、CaO、MgO、Al_2O_3等氧化物组分有利于氧氮玻璃的成形。而玻璃混合料中如含有Na_2O、K_2O、TiO_2等，Si_3N_4特别容易发生分解，使得氧氮玻璃在冷却后形成大量气孔，同时导致氮元素的损失。某些网络形成体氧化物如SiO_2、B_2O_3、P_2O_5等能被Si_3N_4还原生成SiO_2、N_2和金属元素单质。此外，要获得优质氧氮玻璃，还须综合考虑熔制温度、气氛、气压等因素。

3）氧氮玻璃的性能特点

自从20世纪70年代以来，国内外在氧氮玻璃方面已进行大量研究工作，一些研究以改善Si_3N_4陶瓷的烧结性能和机械性能为目的，另一些研究则侧重于氧氮玻璃的机械性能、热学性能、抗氧化性、荧光性能、润滑性和封接性等。

与传统平板玻璃相比，氧氮玻璃有较低的热膨胀系数，两者在可见光区的透光性能相近。特别是，氧氮玻璃有更高的硬度、强度、弹性模量、断裂韧性，表现出优异的综合力学性能，使其弹能耗散能力远远高于传统平板玻璃。

通常，材料的弹能耗散能力由D判据或D值来表征。材料的D值与材料抗高速冲击的能力成正比，D值越高，则其弹能耗散能力越强，抗冲击性能越好。D定义为：$D = \frac{H_v \times E}{K_{IC}^2}\sqrt{\frac{E}{\rho}}$，式中，$H_v$、$E$、$E_{IC}$分别表示材料的显微硬度、弹性模量、断裂韧性和密度。实际测算时以相对值D_{rel}表示，即相对浮法玻璃的D值，$D = D_{实测}/D_{浮化玻璃}$。表4-7列出了浮法玻璃、Al-O-N陶瓷、蓝宝石和氧氮玻璃的相对Drel值。

目前正在开发研究中的轻型透明装甲(Transparent armour)用硬质面板材料主要包括玻璃(如硼硅酸盐玻璃和石英玻璃)、Li_2O-Al_2O_3-SiO_2体系微晶玻璃和透明陶瓷(蓝宝石、Al-O-N陶瓷和镁铝尖晶石)三大类。单一材料的抗弹试验结果表明，只有Al-O-N陶瓷和蓝宝石显示出足够的抗弹能力。

表 4 - 7 几种材料的相对 D_{rel} 值

性能	浮法玻璃	Al - O - N 陶瓷	蓝宝石	氧氮玻璃
密度/$(g \cdot cm^{-3})$	2.50	3.69	3.97	2.93
抗弯强度/MPa	70	300	400 ~ 650	
弹性模量/GPa	73.4	334	344	143
显微硬度/GPa	5.0	17.7	19.6	7.8
断裂韧性/$(MPa \cdot m^{\frac{1}{2}})$	0.8	2.4	3.0	1.08
D_{rel}（相对浮法玻璃）	1.00	3.14	2.24	2.15

从表 4 - 7 可以看出，Al - O - N 系陶瓷的 D_{rel} 最高，达 3.14，是浮法玻璃的 3.14 倍，抗弹性能最好。蓝宝石具有高刚度、高硬度、高强度、适中的密度和高化学稳定性等特点，D_{rel} 达 2.24，是浮法玻璃的 2.24 倍。但这两种材料都存在尺寸受限、成本高、异型加工困难、原料和设备要求高、对杂质敏感及通过调整组成来"剪裁"性能困难等问题。尖晶石是采用与 Al - O - N 陶瓷相似的粉末烧结、热压、热等静压等工艺而制得的晶态材料，其力学性能与蓝宝石和 Al - O - N 陶瓷可比，但目前只能提供研究用小试样，这一现状使新型透明装甲的发展遇到严重挑战。

从表 4 - 7 也可以看出，早期氧氮玻璃的相对弹能耗散能力 D_{rel} 与蓝宝石相近。表 4 - 8 列出了作者团队研制的部分氧氮玻璃的性能。

表 4 - 8 2 mm 厚透明氧氮玻璃的弹能耗散能力

物化性能	1#	2#	3#	4#	5#
热膨胀系数(25 ~ 800℃)/$(10^{-6}℃^{-1})$	6.25	6.63	6.31	6.88	7.27
玻璃转变温度/℃	854	792	778	738	717
抗弯强度/MPa	99	96	89	78	76
密度/$(g \cdot cm^{-3})$	3.32	3.27	3.20	2.97	2.84
弹性模量/GPa	152	153	166	141	140
显微硬度/GPa	10.3	10.2	9.0	7.9	7.8
断裂韧性/$(MPa \cdot m^{1/2})$	1.22	1.21	1.08	0.98	0.95
D_{rel}	2.04	2.09	2.65	2.29	2.44

　　显然，氧氮玻璃完全有可能替代透明 Al – O – N 陶瓷与蓝宝石而用作轻型透明装甲的硬质面板材料。同时，玻璃具有制备条件相对简单（相对于透明晶体）、容易做成大尺寸制品和异型制品、便于通过组成调整来设计和优化材料的性能及杂质影响小等特点，这使得氧氮玻璃有望成为高抗冲击性能的轻型透明装甲用硬质面板材料的重要发展方向。

　　4）氧氮玻璃的结构

　　硅酸盐材料以 $[SiO_4]$ 四面体为基本结构单元。按照 $[SiO_4]$ 四面体的聚合程度，可将硅酸盐材料的结构分为岛状、组群状、链状、层状和架状 5 种形式。硅氧四面体的有限聚合结构，由图 4 – 16 所示，Q^n 单元中的 n 表示桥氧数。至于由硅氧四面体 $[SiO_4]$ 以顶角相连而组成的三维网络结构，请参考有关著作。

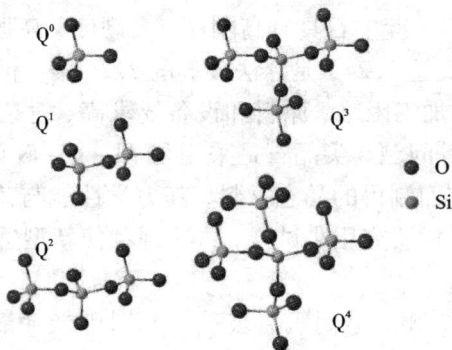

图 4 – 16　低 $[SiO_4]$ 四面体聚合硅酸盐材料中可能存在的 Q^n 结构单元

　　在硅酸盐材料中引入 N 后，N 原子可分别与 3 个、2 个和 1 个 Si 原子成键，标记为 $N^{[3]}$，$N^{[2]}$ 和 $N^{[1]}$，如图 4 – 17 所示。

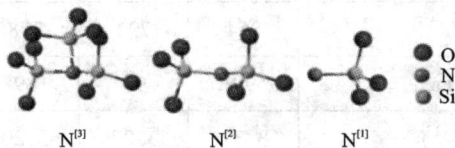

图 4 – 17　氧氮硅酸盐玻璃中氮原子可能的连接方式

　　氧氮玻璃结构中存在 $N^{[3]}$ 的证据，来自于固体核磁共振（NMR）、光电子能谱（XPS）、红外（IR）吸收光谱和拉曼（Raman）散射光谱、X 射线衍射（XRD）谱以及中子粉末衍射分析，大部分都针对氮含量较低的玻璃（小于 15 eq. %）。对于 Na – Ca – Si – O – N 体系玻璃，红外吸收峰 1055 cm^{-1} 对应于 Si – O 伸缩振动，随着氮含量的增加向低波数方向移动，并伴随着半宽峰不对称伸缩振动的增加。因为 Si_3N_4 在 1000 cm^{-1} 附近显示不对称的 $Si-N-Si$ 键伸缩振动，这被认为是玻璃包含 $N^{[3]}$ 的证据。

　　$M-Si-Al-O-N$ 玻璃的三维网络结构如图 4-18 所示。由图 4-18 可见，$M-Si-Al-O-N$ 体系氧氮玻璃结构由 $[SiO_4]$、$[SiO_3N]$、$[SiO_2N_2]$ 和 $[AlO_3N]$ 四面体等结构单元组成，构成氧氮玻璃的三维网络骨架。氧氮玻璃结构中也存在一些网络间断点，即存在非桥氧键。这些非桥氧由 M^{2+} 离子与其配位，以满足电中性要求。对于磷酸盐、硼硅酸盐体系氧氮玻璃，玻璃的结构单元与硅酸盐或铝硅酸盐氧氮玻璃的结构单元相似。例如，当氮取代 PO_4 中的部分氧时，形成 $[PO_3N]$、$[PO_2N_2]$ 等结构单元。

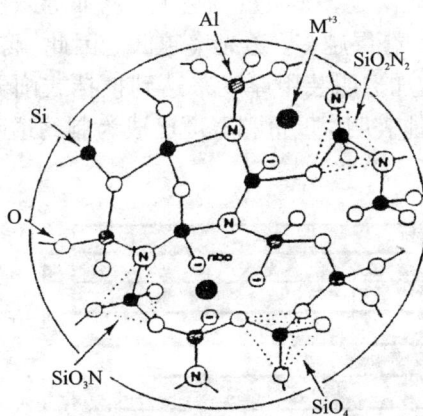

图 4-18　氧氮玻璃的结构示意图

　　由于氮原子有更高的化合价，氮取代氧原子使玻璃的网络结构得到强化，结构更为致密，原子间的结合更强，从而赋予氧氮玻璃优异的机械性能和热学性能。

　　5）氧氮玻璃的地位和作用

　　在防暴、防盗、反恐、维和及战争过程中，往往潜在着各种各样的威胁（如爆炸、枪械射击、导弹类重武器攻击、硬物撞击等），这就要求人们能对威胁源进行有效的防护和抵御，同时又能对险境作出快速反应（与可见光透过有关），以增强人员的生存能力；要求在保护装备和设施中的光学仪器不受冲击损伤的同时，又不影响其透光功能的（如透过紫外光和红外光）。这一需求背景趋动着世界先进国家不惜花费大量人力、物力和财力开发或直接购买透明装甲。

　　透明装甲是一种用于抵挡或削弱威胁源的攻击力以保护被攻击目标不受损伤的透明防护壳，它是由透明材料构造的功能集成的复合系统，被广泛使用在地面车辆、空中运载工具和空间站、光学仪器和人员保护等方面。显然,透明装甲对于和平环境下的人类生命财产安全和战争过程中的军事行动胜负都有着极其重要的作用。

目前已有不少军民用透明装甲产品问世(如汽车与建筑物防弹玻璃、执法与保安人员用的非战斗盾牌等)。然而,随着威胁数量的不断增加、威胁类型的更趋多样化及威胁力的不断增强,对高抗冲击性能的轻便型透明装甲提出了越来越高的要求,可快速部署、重量轻、成本低、性能优异的新型透明装甲已成为世界范围的热门研究课题。

传统透明装甲通常由多层浮法玻璃与聚合物粘合而成。对于组成确定的材料,装甲的抗击穿能力与厚度相关。只要装甲足够厚,就有足够安全系数的抗冲击能力。但装甲越厚或叠层越多,质量就越大,从而导致整车重量的增加及其容量与载重的减少。同时,叠层越多,透光率越低。因此,除个别情况外(如不计成本的单纯防护),通过增加透明装甲厚度来达到抵挡或削弱威胁源攻击力的目的是不现实的。这就清楚地表明,重量和厚度已成为制约透明装甲应用和发展的主要因素。

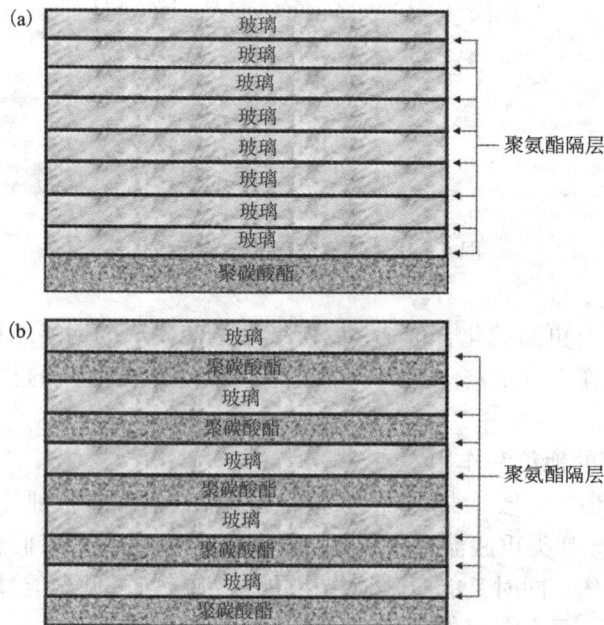

图 4 – 19　传统装甲系统的结构示意图

目前,发达国家正在努力寻求新式轻型透明装甲的解决方案。开发研究中的透明装甲由 3 个功能层组成: 1)可导致弹头金属钝化、弹能削弱和弹体碎裂的硬质面板;2)可吸收弹能、捕获裂纹并缓解热膨胀失配的中间层(有机玻璃);3)可捕捉弹丸与装甲残余碎片、遏制碎片剥落并阻碍裂纹进一步扩展的支承背板(聚碳酸脂),层与层之间由弹性聚氨酯粘结,构成叠层结构。

与传统透明装甲相比,新型透明装甲的厚度与重量明显减少,透光性能得到改善。如果将其装配到车辆等装备上,装备的机动性、快速部署能力、燃油效率等都将得到大幅度提高。然而,厚度和层数减少以后是否能达到有效的防弹目的,这是一个必须要解决的关键问题。从理论上讲,如果硬质面板足以使弹头金属钝化(硬-硬碰撞)、弹能削弱(弹能转化成材料的晶格振动和结合键断裂能)和弹体碎裂(硬-硬碰撞过程中的机械损毁),那么,就有可能构造结构简单、重量轻、透明度高的轻型透明装甲(如硬质面板/粘合层/支承背板三层结构)。很明显,硬质面板是制备新型透明装甲的关键材料。

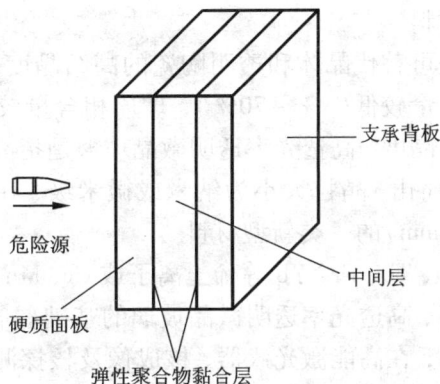

图4-20 新型透明装甲结构示意图

除透明装甲外,氧氮玻璃在纤维增强制品、高温结构材料、红外窗口、信息显示、成像、照明等行业都有潜在应用价值。因此,氧氮玻璃的开发研究,对于促进新型透明装甲的发展,满足国家安全、国防建设、社会发展对高性能透明装甲材料的需求,形成多个领域的产业集群,有着极为重要的价值和意义。

4.4.4 微晶玻璃

将加有成核剂(个别可不加)的特定组成的基础玻璃在一定温度下进行热处理时,可变成具有微晶体和玻璃相均匀分布的材料,此为微晶玻璃。

微晶玻璃的结构、性能及生产方法同玻璃和陶瓷都有所不同,其性能集中了后两者的特点,成为一类独特的材料,所以它也称为玻璃陶瓷或结晶化玻璃。

微晶玻璃具有许多宝贵的性能,如膨胀系数变化范围大、机械强度高、化学稳定性及热稳定性好、使用温度高及坚硬耐磨等。

　　微晶玻璃的生产过程,除增加热处理工序外,同普通玻璃的生产过程一样。微晶玻璃所用原料不特殊、生产过程简单,但产品却有着优异的性能。因而把微晶玻璃的出现,看成是玻璃生产的一次重大进展。由于微晶玻璃具有物美价廉的特点,并且其中的某些品种如矿渣微晶玻璃又可以利用工业废料,所以得到了迅速的发展。

　　微晶玻璃最初(1953年)是由感光玻璃发展而来的。经过紫外线照射并在析晶温度下进行热处理,感光玻璃就变成了光敏微晶玻璃。后来(1957年)美国康宁玻璃公司发现了不经紫外线照射、调整热处理温度也能制取微晶玻璃的方法,称为热敏微晶玻璃。

　　微晶玻璃的性能,是由晶相的矿物组成与玻璃相的化学组成以及它们的数量决定的。调整上述各种因素,就可以生产出各种预定性能的材料。现在已经研究出了数千种微晶玻璃材料。

　　特别值得一提的是可替代晶体和透明陶瓷的高结晶度透明微晶玻璃。通常,透明微晶玻璃中晶相含量较低(3%~70%)、玻璃相含量较高(高于30%)、晶粒大小为纳米级。而高结晶度、高透光率透明微晶玻璃是指晶相含量高于95%、玻璃相含量低于5%、无气孔、晶粒大小为纳米或微米级、在可见光区的透过率大于80%(试样厚度为3 mm)的一类新型材料。

　　将Ce、Pr、Nd、Sm、Tb、Er、Yb等稀土离子或Cr、Mn、Fe、Co、Ni等过渡金属离子引入到高结晶度、高透光率透明微晶玻璃的基础玻璃组成中,可以制成激光介质材料和闪烁材料,在高能激光武器、核成像及核探测系统有非常重要的应用,可望替代国内目前不能生产及制备技术和性能与国外差距较大的透明闪烁晶体和透明陶瓷激光介质材料。与晶体相比,透明微晶玻璃是多化学成份的组成体系,化学组成可在较大范围进行调节,功能性组份有更多的选择,组份的引入量有更大的范围,微量杂质不会影响微晶玻璃中主晶相的结构和性能。因此,可望克服晶体材料开发研究中存在的一些主要问题。与透明陶瓷材料相比:1)陶瓷组成的均匀性取决于原料的机械混合,而微晶玻璃是从母体玻璃原位析出微晶体而制得,组成分布更均匀;陶瓷通常不可避免地存在着大量晶界,而微晶玻璃中微晶体与玻璃相、微晶体与微晶体之间并没有明显界限(微晶是从母体玻璃中原位析出的)。2)陶瓷材料中往往含有一定量气孔容易制得无气泡的玻璃,将这种无气泡的玻璃微晶化容易获得无气孔的微晶玻璃,其结构比陶瓷更致密。3)透明陶瓷的化学组成往往比较单一,微量杂质的存在往往会影响主晶相的结构和性能,而透明微晶玻璃都是多化学成份的组成体系,微量杂质的存在往往不会影响主晶相的结构和性能,对杂质有更好的包容性,组成范围宽,这就使得微晶玻璃材料性能的"剪裁"和优化更容易进行。

对这种透明微晶玻璃的光谱特性研究结果表：微晶玻璃荧光峰值位置在 1060 nm 处，对应 1060 nm 处的 $^4F_{3/2} \rightarrow {}^4I_{11/2}$ 跃迁具有较大的发射截面积 σ（$0.368 \times 10^{-19} cm^2$）；$^4F_{3/2} \rightarrow {}^4I_{11/2}$ 跃迁的荧光分支比 β（luminesence braching ratios）随结晶度的提高而持续增大，最高达 44.3%，略小于 Nd：YAG 晶体的荧光分之比（50%）；光谱质量因子 X 达 1.07，介于 0.9~1.1 之间（通常，不同基质中 Nd^{3+} 的 X 介于 0.2~1.5 之间，Nd：YAG 晶体的 X 为 0.66），表明这种高结晶度透明微晶玻璃有优良的荧光性能及替代晶体作为激光介质的潜力。

总之，微晶玻璃还在不断地发展。它在国防建设、国民经济建设和人们日常生活等方面作为结构材料和功能材料而获得越来越广泛的应用。

4.4.5 金属玻璃

金属玻璃系统大致分为五类，见表 4-9。主要的两类是①和②；最初的研究多数集中于金属-类金属玻璃系统，即第①类，它们是采用快速凝固获得的第一批金属玻璃，也是最有用的一种。金属-类金属玻璃最容易用快速凝固法制成，其中有两种玻璃（$Pd_{40}Ni_{40}P_{20}$ 和 $Pd_{77.5}Cu_6Si_{16.5}$），如果采用适当的方法抑制表面异相成核，甚至冷却速率低至 1 ℃/s 时也能形成玻璃。

第③类和第⑤类是一些罕见的情况，人们对它们的兴趣很小。以前人们对于第④类的关注程度也是如此（含 Be 的玻璃曾一度因能用作低密度、高强度的补强带而引起广泛重视，但由于 Be 对健康有害，这一研究大大降温），现在却因最近发现的富 Al 玻璃而发生变化，并已发现许多种富 Al 玻璃。对于第①类和第④类玻璃，主要研究的是三元系统。第②类玻璃，主要是二元系统。对于第③类玻璃，除了快速凝固方法以外，几乎所有玻璃形成方法都被用来进行研究。

表 4-9 可生成玻璃的合金系统分类

类 别	代表系统	典型成分范围(at.%)
①T^2 或贵金属+类金属(m)	Au-Si,Pd-Si,Co-P,Fe-B,Fe-P-C,Fe-Ni-P-B,Mo-Ru-Si,Ni-B-Si	15%~25%的类金属
②T^1 金属+T^2(或铜)	Zr-Cu,Zr-Ni,Y-Cu,Ti-Ni,Nb-Ni,Ta-Ni,Ta-Ir	30%~65% Cu 或 T^2,或更小的成分范围
③A 金属+B 金属	Mg-Zn,Ca-Mg,Mg-Ga	无固定的成分范围
④T^1J 金属+A 金属	(Ti,Zr)-Be,Al-Y-Ni	20%~60% Be,10% Y-5% Ni
⑤锕系元素+T^1	U-V,U-Cr	20%~40% T^1

A 金属：Li,Mg 族；B 金属：Cu,Zn,Al 族。T^1：轻过渡族金属(Sc,Ti,V 族)；T^2：重过渡族金属(Mn,Fe,Co,Ni 族)。

　　这里简要介绍一下新型富 Al 玻璃。其中一种玻璃,具有很吸引人的性能(高强度、高韧性及重量轻),它的典型成分为 80% 的 Al 和 10% 的过渡族金属,如 Ni、Co 或 Fe 及 10% 的稀土金属如 Y、Ce 或 La。日本和美国的研究人员发现,虽然铝与稀土的二元组合可形成玻璃,但玻璃形成范围很窄,加入第三种元素(过渡族金属)可拓宽其玻璃形成范围。

　　到目前为止,金属玻璃惟一大批量应用的系统是铁基玻璃,利用其软磁性能可做成变压器片,其他磁性应用及电催化应用研究仍在发展之中。而一些金属玻璃的高强度和高韧性的应用开发则远落后于其他应用研究。

思考题和习题

　　1. 简述玻璃的定义和通性。如何理解玻璃是一种介稳态物质?

　　2. 形成玻璃的方法有哪些? 常规的熔体冷却法可制备哪些玻璃?

　　3. 溶胶－凝胶法在制备无机非金属材料方面有什么优势?

　　4. 简述形成玻璃的热力学条件、动力学条件和结晶化学条件。

　　5. 简述玻璃结构理论中的无规则网络学说和晶子学说的主要观点。

　　6. 已知 A 玻璃含 12% Na_2O、14% CaO 和 74% SiO_2(摩尔百分数),B 玻璃含 14% Na_2O、8% CaO 和 78% SiO_2(摩尔百分数),通过计算比较两种玻璃网络结构连接程度的好坏。

　　7. 分析在硼酸盐玻璃中出现"硼反常"的原因,讨论如何利用硼反常来改善硼酸盐玻璃的热学性能。

　　8. 与传统氧化物玻璃相比,重金属氧化物玻璃在组成、结构、性能等方面有何特点?

　　9. 如何利用公式 $\sigma = \dfrac{1}{2\pi}\sqrt{\dfrac{k}{u}}$ 和 $\chi^{(3)} = [\chi^{(1)}]^4 \times 10^{-10}$ 来设计功能玻璃材料?

　　10. 简要说明通过传统熔体冷却法制备玻璃的工艺过程。

　　11. 有哪些方法可以提高玻璃液的澄清和均化效果?

　　12. 采用极端骤冷的方法可以制得金属玻璃,试分析采用极快冷却速度对玻璃形成的作用。

　　13. 试分析通过常规熔体冷却法获得非晶态金属材料的可能途径。

　　14. 玻璃结构有哪些模型? 各有什么特点? 分析讨论各模型的局限性。

第5章　水　泥

凡细磨成粉末状,加入适量水后,可成为塑性浆体,既能在空气中硬化,又能在水中硬化,并能将砂、石、钢筋等材料牢固地胶结在一起的水硬性胶凝材料,通称为水泥。在无机非金属材料中,水泥占有突出的地位,它是基本建设的主要原材料之一,广泛地应用于工业、农业、国防、交通、城市建设、水利以及海洋开发等工程。同时,水泥制品在代替钢材、木材等方面,也显示出在资源利用和技术经济上的优越性。水泥的种类很多,如按照主要的水硬性矿物组成可分为硅酸盐水泥、铝酸盐水泥、硫铝酸盐水泥、氟铝酸盐水泥及铁铝酸盐水泥等。其中,硅酸盐水泥是应用最广泛和研究最深入的一种。

本章将系统扼要地介绍硅酸盐水泥的组成、制备工艺、结构特征及性能与应用上的一些基本原理,并对其他类型水泥的相关问题作简要论述。

5.1　硅酸盐水泥概述

凡以适当成分的生料烧至部分熔融得到的以硅酸钙为主要成分的硅酸盐水泥熟料,加入适量的石膏,磨细制成的水硬性胶凝材料,称为硅酸盐水泥,也称为纯熟料水泥,又名波特兰水泥(Portland cement)。由硅酸盐水泥熟料,加入不大于15%的活性混合材料或不大于10%的非活性混合材料以及适量石膏经磨细制成的水硬性胶凝材料,称为普通硅酸盐水泥(简称普通水泥)。掺加混合材料达一定量时,则在硅酸盐水泥名称前冠以混合材料的名称,如将硅酸盐水泥熟料与20% ~ 70%的粒化高炉矿渣或20% ~50%的火山灰质材料或20% ~40%的粉煤灰混合并加入适量石膏共同磨细而制得的水泥分别称为矿渣硅酸盐水泥(简称矿渣水泥)、火山灰质硅酸盐水泥(简称火山灰水泥)、粉煤灰硅酸盐水泥(简称粉煤灰水泥)等。当熟料成分仍以硅酸钙为主,但适当调整熟料矿物组成、石膏掺入量、水泥粉磨细度或掺入少量某些外加剂,使水泥具有特殊性质或用途时,则在硅酸盐水泥名称前冠以特殊性质或用途,如低热膨胀硅酸盐水泥、抗硫酸盐硅酸盐水泥、白色硅酸盐水泥等。

5.1.1　水泥的原料

1.硅酸盐水泥熟料所用原料

硅酸盐水泥熟料的化学成分主要有氧化钙(CaO)、氧化硅(SiO_2)、氧化铝

（Al_2O_3）和氧化铁（Fe_2O_3），它们的总和在95%以上。同时，含有5%以下的少量氧化物，如氧化镁（MgO）、硫酐（SO_3）、氧化钛（TiO_2）、氧化磷（P_2O_5）以及碱金属氧化物（如Na_2O、K_2O）等。各主要氧化物的大致范围为：CaO 62% ~ 67%，SiO_2 20% ~ 24%，Al_2O_3 4% ~ 7%，Fe_2O_3 2.5% ~ 6.0%。生产硅酸盐水泥熟料所用的工业原料，按其组成和主要作用可分为石灰质原料、黏土质原料和校正性原料三类。

石灰质原料以碳酸钙（$CaCO_3$）为主要成分，在熟料的烧成过程中，碳酸钙受热分解，生成氧化钙并放出二氧化碳（CO_2）气体。石灰质原料是水泥熟料中氧化钙的主要来源，是水泥生产中使用最多的一种原料。常用的天然石灰质原料有石灰岩、泥灰岩、白垩、贝壳等。石灰岩中的白云石（$CaCO_3 \cdot MgCO_3$）是熟料中 MgO 的主要来源，为使熟料中的 MgO 含量少于 5.0%，石灰岩中 MgO 的含量应少于 3.0%。除天然的石灰质原料外，某些工业废渣，如电石渣、糖滤泥、碱渣和白泥等，都可作为石灰质原料使用。

黏土质原料主要提供二氧化硅、氧化铝以及少量的三氧化二铁，此外，黏土质原料往往还含有少量 CaO、MgO、K_2O、Na_2O、TiO_2、SO_3 等成分。常用的天然黏土质原料有黄土、黏土、页岩、泥岩、粉砂岩及河泥等，除天然黏土质原料外，粉煤灰、冶金工业炉渣、煤矸石等其他工业废料，也可作为黏土质工业原料使用。

将石灰质原料和黏土质原料适当配合后，如生料的化学成分仍不符合生产硅酸盐水泥的成分要求，必须根据所缺少的组分掺入相应的原料，这些原料被称为校正性原料。例如，生料中 Fe_2O_3 含量不足时，可以加入黄铁矿渣或含铁高的黏土等加以调整；生料中 SiO_2 不足时，可以加入硅藻土、火山灰、硅质渣等加以调整；如生料中 Al_2O_3 含量不足时，可以加入含铝高的黏土加以调整。

2. 石膏

在生产硅酸盐水泥时，要加入适量的石膏作为缓凝剂和激发剂，引入石膏的主要原料有天然石膏矿和工业副产品石膏。天然石膏矿有天然二水石膏（$CaSO_4 \cdot 2H_2O$）及天然无水石膏（$CaSO_4$）。天然二水石膏质地较软，称为软石膏；天然无水石膏因质地较硬，故又称为硬石膏。工业副产品石膏主要指以硫酸钙为主要成分的副产品，如磷石膏、氟石膏、盐石膏、乳石膏、黄石膏、苏打石膏等，采用工业副产品石膏时，必须经过试验，证明对水泥性能无害。

3. 活性混合材料

活性混合材料系指具有火山灰性或潜在水硬性的混合材料，如火山灰质混合材料、粉煤灰及粒化高炉矿渣等。凡是天然的或人工合成的以含活性 SiO_2、活性 Al_2O_3 为主的矿物质材料，经磨细后与石灰加水混合，不但能在空气中硬化，而且能在水中继续硬化的添加物都称为火山质混合材料，这类材料依其活性组分的不同，可分为含水硅酸质、铝硅玻璃质及烧黏土质等三个主要类别。含水硅酸质混合

材料以无定形的 SiO_2 为主要活性成分,并含有结合水,形成 $SiO_2 \cdot nH_2O$ 的非晶质矿物,它与石灰的反应能力强,活性好。铝硅玻璃质混合材料除以 SiO_2 为主要成分外,还含有一定数量的 Al_2O_3 和少量的碱性氧化物($Na_2O + K_2O$)。这种材料由高温熔体经过不同程度的急速冷却而形成,其活性取决于化学成分和冷却速度,并与玻璃体含量直接有关。火山爆发的生成物,如火山灰、凝灰岩、浮石等属于天然的混合材料,其中常有结合水的存在,而人工合成的材料则是煤炭燃烧后的残渣,及采煤时排出的碳质页岩经自燃或煅烧后的产物等。烧黏土质混合材料的活性组成主要为脱水黏土矿物,如脱水高岭土($Al_2O_3 \cdot 2SiO_2$)等,其化学成分以 SiO_2 和 Al_2O_3 为主,其中 Al_2O_3 的含量与活性大小明显相关。

粉煤灰是火力发电厂燃煤燃烧后排出的废渣,它是一种具有一定活性的火山灰质混合材料,粉煤灰的化学组成主要是 SiO_2、Al_2O_3、Fe_2O_3、CaO 和未燃炭粉,其活性主要来自低铁含量玻璃体,这种玻璃体含量愈高,则活性愈高,石英、莫来石、赤铁矿等不具有活性,这些矿物含量多时,粉煤灰的活性下降。另外,粉煤灰的颗粒形状及大小对粉煤灰的活性也有较大影响,细小的密实球形玻璃体含量愈高,单位质量的表面积愈大,粉煤灰的活性也愈高。

高炉矿渣是冶炼生铁的副产品,其主要成分为 CaO、SiO_2、Al_2O_3,总量一般在90%以上,另外还有少量 MgO、FeO 和一些硫化物等。矿渣的活性,不仅取决于化学成分,而且在很大程度上取决于内部结构。在一般情况下,矿渣的 SiO_2 含量较高,如果由熔融态慢慢冷却而结晶,就成为坚硬的块状"硬矿渣",活性极小,但热熔矿渣经过急速冷却,形成以玻璃体为主的结构时,就可以获得活性大的"粒化矿渣"。磨细的粒化矿渣单独与水拌和时,反应极慢,得不到足够的胶凝性能,但在 $Ca(OH)_2$ 的溶液中,就会发生显著的水化作用,而且,在饱和的 $Ca(OH)_2$ 溶液中反应更快。因此可以说,矿渣的活性是"潜在的",而这种潜在活性的发挥,则以石灰等物料的存在为必要条件。这些物料起着激发矿渣活性、促使胶凝硬化的作用,因而被称为"激发剂"。常用的激发剂有两类:一是碱性激发剂,一般为石灰或水化时能析出 $Ca(OH)_2$ 的硅酸盐水泥。从化学角度看,$Ca(OH)_2$ 与矿渣中的活性 SiO_2 和活性 Al_2O_3 可以化合而形成水化硅酸钙和水化铝酸钙等,反应式如下:

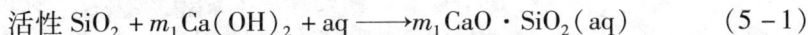

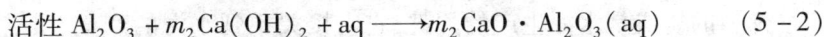

$$活性\ SiO_2 + m_1 Ca(OH)_2 + aq \longrightarrow m_1 CaO \cdot SiO_2(aq) \qquad (5-1)$$

$$活性\ Al_2O_3 + m_2 Ca(OH)_2 + aq \longrightarrow m_2 CaO \cdot Al_2O_3(aq) \qquad (5-2)$$

二是硫酸盐激发剂,一般为石膏或以 $CaSO_4$ 为主要成分的化工原料。在 $Ca(OH)_2$ 存在的条件下,石膏能与矿渣中的活性 Al_2O_3 化合,生成水化硫铝酸钙:

$$活性\ Al_2O_3 + 3Ca(OH)_2 + 3(CaSO_4 \cdot 2H_2O) + aq \longrightarrow 3CaO \cdot Al_2O_3 \cdot 3CaSO_4 \cdot$$
$$32H_2O \qquad (5-3)$$

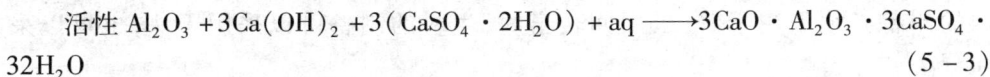

如将上述两种激发剂配合使用,可使矿渣的潜在活性得到较充分的发挥,例如,在矿渣中掺加一定数量的石灰和石膏,即可配制成石膏矿渣无熟料水泥。

粒化高炉矿渣、火山灰质混合材料及粉煤灰等活性混合材料,其品质要求必须分别符合 GB203—78、GB2847—81 和 GB1596—79 的要求。

4.非活性混合材料

非活性混合材料系指活性指标不符合标准要求的潜在水硬性或火山灰质混合材料以及矿岩和石灰石等。

5.1.2　水泥的制备工艺

硅酸盐水泥的生产工艺可用"两磨一烧"来概括,即生料的配制与磨细。将生料煅烧使之部分熔融形成以硅酸钙为主要成分的熟料矿物;将熟料与适量石膏或适量混合材料共同磨细为水泥,制备工艺可大致示意如下:

图 5 - 1　水泥的制备工艺示意图

1.生料的制备

生料的制备包括生料的配合、粉磨与均化,有干法和湿法两种方法,所得生料分别称为生料粉与生料浆。

当采用干法制备时,先将原料干燥,而后混合、磨细,制得生料粉,再通过预均化措施(如采用空气搅拌),得到混合均匀的生料粉。

如采用湿法制备生料时,则先将石灰石破碎至大小为 8 ~ 25 mm 的颗粒,同时将黏土压碎并将其加入到淘泥池中淘洗。然后,将经破碎后的石灰石与黏土泥浆,按配料的要求,共同在生料磨中湿磨,所得生料浆可以用泵送入料浆库,在料浆库中对其化学成分再进行调整,然后用泵送至料浆池中备用。

2.熟料的烧成

熟料的烧成是水泥生产的关键,它直接关系到水泥的产量、质量、燃料与材料的消耗以及煅烧设备的安全运转。通常采用回转窑与立窑两种煅烧设备,立窑适用于规模较小的工厂,而大中型厂则宜采用回转窑。采用立窑煅烧水泥熟料时,生料的制备必须采用干法;采用回转窑时,生料的制备可以采用干法,也可以采用湿法。

窑内的煅烧过程虽因窑型不同而有所差别,但基本过程和反应是相同的或大致相同。

（1）干燥与脱水

干燥即物料中自由水的蒸发，而脱水则是黏土矿物类原料放出结合水。

生料中的自由水因生产方法与窑型不同而异，干法窑生料含水量一般不超过 1.0%，湿法窑的料浆水分应保持可泵性，通常为 30%～40%，自由水蒸发耗热十分巨大，如 35% 左右水分的料浆，每生产 1 kg 熟料用于蒸发水分的热量高达 2100 kJ，占湿法窑热耗的 35% 以上。

黏土类矿物的结合水有两种：一种以 OH^- 离子状态存在于晶体结构中，称为晶体配位水；一种以水分子状态吸附在晶层结构间，称层间吸附水，配位水的脱水温度高达 $400～600\ ℃$ 以上，而层间吸附水的脱水温度相对较低。

（2）碳酸盐分解

生料中的 $CaCO_3$ 与少量 $MgCO_3$ 在煅烧过程中都分解放出 CO_2 气体，分解吸收的热量约占干法窑热耗的一半以上，其反应式如下：

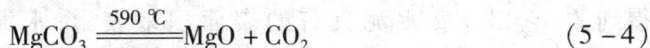

$$MgCO_3 \xlongequal{590\ ℃} MgO + CO_2 \tag{5-4}$$

$$CaCO_3 \xlongequal{890\ ℃} CaO + CO_2 \tag{5-5}$$

这是可逆反应，受系统温度和周围介质中 CO_2 的分压影响较大，为了使分解反应顺利进行，必须保持较高的反应温度，降低介质中 CO_2 的分压，并供给足够的热量。

（3）固相反应

通常在碳酸钙分解的同时，石灰质与黏土质组分间通过互相扩散，进行固相反应，其反应过程大致如下：

~$800\ ℃$：$CaO \cdot Al_2O_3（CA）$、$CaO \cdot Fe_2O_3（CF）$、$2CaO \cdot SiO_2（C_2S）$ 开始形成。

$800～900\ ℃$：$12CaO \cdot 7Al_2O_3（C_{12}A_7）$ 开始形成。

$900～1000\ ℃$：$2CaO \cdot Al_2O_3 \cdot SiO_2（C_2AS）$ 形成，随后又重新分解，$3CaO \cdot Al_2O_3（C_3A）$、$4CaO \cdot Al_2O_3 \cdot Fe_2O_3（C_4AF）$ 开始形成，所有 $CaCO_3$ 分解完毕，游离氧化钙达最高值。

$1100～1200\ ℃$：大量形成 C_3A 和 C_4AF，C_2S 达最大值。

$1260～1300\ ℃$：水泥生料开始熔融并出现液相，从而创造 C_2S 吸收 CaO 生成 $3CaO \cdot SiO_2（C_3S）$ 的条件。这时生料中的 MgO，一部分以方镁石小晶体析出，一部分以分散状态存在于液相中。

$1300～1450\ ℃$：C_3A 与 C_4AF 呈熔融状态，产生的液相把 CaO 及部分 C_2S 溶解于其中，C_2S 吸收 CaO 而形成 C_3S。这一过程是煅烧水泥的关键，必须有足够的时间使生成 C_3S 的反应完全，否则，水泥中将有不少游离 CaO 存在，它将影响水泥的性质。

经以上各阶段煅烧，形成硅酸盐水泥熟料，其矿物组成主要是 C_3S、C_2S、C_3A、

C_4AF,其中硅酸钙($C_3S + C_2S$)占70%以上。

将形成的硅酸盐水泥熟料迅速冷却后,即为水泥熟料块,将水泥熟料块与适量石膏共同磨细即成为硅酸盐水泥。

5.1.3　硅酸盐水泥的技术性能

1. 细度

水泥的细度是表示水泥磨细的程度或水泥分散度的指标,它对水泥的水化硬化速度、水泥的需水量和易性、放热速度以及强度都有影响,所以是一个非常重要的物理特性。

测定水泥细度的方法一般有两种:一是筛分法,二是测定比表面积法。

我国水泥标准规定,用0.080 mm的方孔筛进行筛分,其筛余量不超过15%。

测定水泥的比表面积是根据常压空气穿透水泥层时所遭受的阻力大小计算而得到的,它以1 g水泥具有的表面积来表示,水泥的比表面积一般波动在 $2500 \sim 3500$ cm^2/g之间。

2. 需水量

水泥的需水量是水泥为获得一定稠度时所需的水量,国家标准规定用标准稠度测定仪测定水泥浆标准稠度的用水量。硅酸盐水泥的标准稠度需水量一般为25% ~28%。

影响水泥需水量的因素很多,主要有:

(1)水泥细度。水泥越细,则包裹水泥表面的水越多,因而需水量越大。

(2)水泥的矿物组成对需水量也有一定影响。铝酸三钙(C_3A)的需水量最大,硅酸二钙(C_2S)的需水量最小。

3. 泌水性

硅酸盐水泥在建筑上主要用以配制砂浆和混凝土,在拌制混凝土时,为了保证必要的和易性,往往要加入比水泥标准稠度需水量更多的水分。这些多余的水分在混凝土成形后如能均匀地分布在其中,则对混凝土性能影响较小;如果经一段时间后水分离析出来,则会产生混凝土的分层,削弱水泥浆与砂、石等骨料的胶结作用,使混凝土的性能变坏。这种水分的离析现象称为泌水性。水泥的矿物组成和细度对水泥的泌水性影响最大。一般来说,细度小,泌水性小;熟料矿物中C_3A含量愈多,泌水性愈小。

4. 凝结时间

水泥加水拌和成泥浆后,会逐渐失去其流动性,由半流动状态转变为固体状态,此过程称为水泥的凝结。从加水时算起,开始凝结的时间称为初凝时间,浆体流动性完全消失的时间称为终凝时间。初凝时间过短,往往来不及施工就已开始凝结;反之,如终凝时间太长,也会妨碍工程进度,造成实际施工的困难。为此,各国有关标准都规定了水泥的凝结时间。

测定水泥的凝结时间是用维卡仪,以标准稠度的水泥泥浆在规定的温度和湿度下进行。一般初凝时间不得早于 45 min,而终凝时间不得迟于 12 h。

5. 强度与标号

水泥的强度是最主要的技术性能之一。由于水泥强度是逐渐增大的,所以必须说明养护龄期,通常将 28 d 以前的强度称为早期强度,28 d 及其后的强度称为后期强度,也有将 3 个月、6 个月或更长时间的强度称为长期强度。

强度的测定方法有两种:一种是硬练法,另一种是软练法。硬练法是干硬性成形,软练法是塑性成形。根据我国国情,通过大量试验,制定了一套软练标准试验方法。规定硅酸盐水泥分为 425、525、625 等 3 个标号。普通硅酸盐水泥分为 225、275、325、425、525、625 等 6 个标号。这些标号的水泥在各龄期的强度不得低于表 5 -1 所列的数值。

表 5 -1 硅酸盐水泥和普通水泥强度值

水泥标号	硅酸盐水泥			普通硅酸盐水泥		
	3 d	7 d	28 d	3 d	7 d	28 d
抗压强度/×9.8×10⁴Pa						
225					130	225
275					160	275
325				120	190	325
425	180	270	425	160	250	425
525	230	340	525	210	320	525
625	290	430	625	270	410	625
抗折强度/×9.8×10⁴Pa						
225						28
275						33
325				25		37
425	34	46	64	34		46
525	42	54	72	42		54
625	50	62	80	50		62

硅酸盐水泥的强度与其熟料矿物组成的关系较大,不同熟料矿物在标准条件下,强度的发展如表 5 - 2 所示。

表 5 - 2 水泥熟料单矿物的强度

矿物名称	抗压强度/ $\times 9.8 \times 10^4$ Pa				
	3 d	7 d	28 d	90 d	180 d
C_3S	296	320	496	556	626
C_2S	14	22	46	194	286
C_3A	60	52	40	80	80
C_4AF	154	168	186	166	196

从表 5 - 2 可以看到,C_3S 具有较高的早期强度,而 C_2S 的早期强度较低,但后期强度较高。有些资料报道,在水化一年后,C_2S 的强度将超过 C_3S 的强度值。C_3A 与 C_4AF 的强度均在早期发挥,后期强度没有大的发展。硅酸盐水泥的强度与上述矿物组成的相对含量有关,但不是简单的加权平均关系。

6. 水化热

水泥的水化热是由各类熟料矿物水化作用所产生的。对于大体积混凝土来说,由于水泥与水作用而放出大量的热,这些热可能积蓄在其内部,使温度升高 30～50 ℃ 或更高,这样就会产生很大的内外温度差;由于温差引起内应力,可能使硬化的混凝土开裂。所以对大体积的混凝土来说,水泥的放热量大、放热速度快是有害的。因此,用于建造大坝的水泥常用低热水泥,或要采用人工冷却等措施。对于冬季施工而言,水化放热有利于水泥的正常硬化,不会因环境温度过低而使水化太慢。

水化热的大小与放热速率首先取决于水泥的矿物组成。总的规律是:C_3A 的水化热与放热速度最大,C_3S 与 C_4AF 次之,C_2S 的水化热最小,放热速度也最慢。因此,适当增加 C_4AF 以减少 C_3A 的含量或减少 C_3S 并相应增加 C_2S 含量均能降低水化热。这实际上就是调整熟料的矿物组成,配制低热水泥的基本措施。

7. 体积变化

硬化水泥浆体的体积变化也是一项重要的性能指标。如果所生产的水泥在硬化过程中产生剧烈而不均匀的体积变化,安定性就不良。在通常情况下,影响安定性的主要因素是水泥中游离 CaO 和游离 MgO 的含量。过烧的 CaO 和 MgO 的水化速度较慢,如果在水泥硬化以后,水泥中 CaO、MgO 再硬化时,产生的固相体积将增大。

游离氧化钙对安定性的影响是用沸煮法检验的。它是将标准稠度的水泥浆试饼,经 24 h 养护后,在沸煮箱内按一定制度沸煮后,若没有发现用肉眼察觉的体积变化,包括裂纹和弯曲,就表明安定性合格,否则就不合格。对水泥熟料中 MgO 的含量一般限制在5%以内。

8.耐久性

硅酸盐水泥硬化后,在通常使用条件下,一般有较好的耐久性。有些 100 ~ 150 年以前建造的水泥混凝土建筑至今仍毫无损坏的迹象。部分长龄期试验的结果表明,30 ~ 50 年后的抗压强度比 28 天时会提高 30% 左右,有的达到一倍以上。但也有不少失败的工程实验指出,早到 3 ~ 5 年就会有早期损坏,甚至有彻底破坏的危险。

影响耐久性的因素虽然很多,但抗渗性、抗冻性及抗侵蚀性,则是衡量硅酸盐水泥耐久性的三个主要方面。

抗渗性是指水泥抵抗种种有害介质(包括流动水、溶液及气体等)进入内部的能力。通常用渗透系数 K 表示抗渗性的大小。K 可以表示如下:

$$K = C\frac{\varepsilon r^2}{\eta} \tag{5-6}$$

式中 ε 为总孔隙率,r 为孔隙半径(孔隙体积/孔隙表面积),η 为流体黏度,C 为常数。

可见,渗透系数 K 正比于孔隙半径的平方,与总孔隙率却只有一次方的正比关系。因此,孔径的尺寸对抗渗性有着更为重要的影响。经验表明,当管径小于 $1\mu m$ 时,几乎所有水都吸附于管壁或作定向排列,很难流动;至于水泥凝胶,由于胶孔尺寸更小,其渗透系数 K 仅为 7×10^{-16} m/s。因此,凝胶孔的多少对抗渗性实际上无影响,渗透系数 K 主要决定于毛细孔率的大小,特别是直径超过 1320 Å 的孔的数量。实验表明,当水灰比提高时,大尺寸毛细孔增多,渗透系数也增大。图 5-2 表示渗透系数与水灰比的关系。

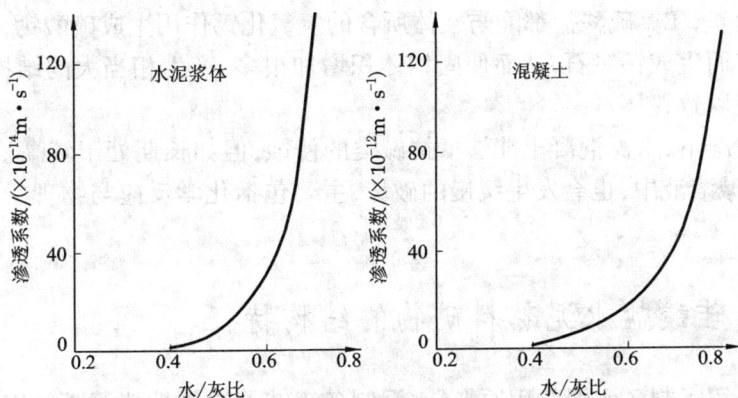

图 5-2 硬化水泥浆体与混凝土的渗透系数与水灰比的关系

由图 5-2 可见,水灰比在一定限度以下时(如小于 0.5),充分硬化的水泥浆体及混凝土具有优良的抗渗性。

抗冻性指水泥抵抗冻融循环的能力,水在结冰时,体积将增加9%,因此硬化水泥浆体中的水结冰会使孔壁承受一定的膨胀应力,如这种应力超过浆体的抗拉强度,就会引起微裂纹等不可逆的结构变化,从而在冰融化后,不能完全复原。再次冻结时,原先形成的裂缝又由于水结冰而扩大,如此反复循环,裂缝越来越大,导致更为严重的破坏。

关于水泥品种与矿物组成对抗冻性的影响,一般认为硅酸盐水泥比掺混合材料水泥的抗冻性好,增加 C_3S 含量,抗冻性可以改善。有些实验结果还认为 C_3A 与碱含量高的水泥抗冻性差,但也有人用 C_3A 含量高的水泥配成耐冰冻的混凝土。

对于水泥耐久性有害的环境介质主要为:淡水、酸和酸性水、硫酸盐溶液和碱溶液等。

硅酸盐水泥属于水硬性胶凝材料,理应有足够的抗水能力。但是硬化浆体如不断受到淡水的侵蚀时,其中一些组成如 $Ca(OH)_2$、$Mg(OH)_2$ 等将按照溶解度的大小,依次被水溶解,产生溶出性侵蚀,从而导致毁坏。

当水中溶有一些无机或有机酸时,硬化水泥浆体将受到溶析与化学溶解双重作用。将浆体组成转变为溶盐类,侵蚀明显加速,酸类离解出来的 H^+ 离子和酸根 R^-,分别与浆体所含 $Ca(OH)_2$ 中的 OH^- 和 Ca^{2+} 结合成水和钙盐。

所以酸性水溶液侵蚀作用的强弱,决定于水中的氢离子浓度。如 pH 小于6时,硬化水泥浆体就有可能受到侵蚀。无机酸与有机酸很多是在化工厂或工业废水中遇到的,化工防腐已是一个重要的专业课题。

绝大部分硫酸盐对硬化水泥浆体都有明显的侵蚀作用,只有硫酸钡除外。在一般的河水和湖水中,硫酸盐含量不大,但在海水中,SO_4^{2-} 离子的含量常达 2500～2700 mg/L。硫酸盐都能与浆体所含的氢氧化钙作用生成硫酸钙,再与水化铝酸钙反应而生成钙矾石,从而使固相体积增加很多,产生相当大的结构应力,造成膨胀开裂以致毁坏。

一般情况下,水泥混凝土能够抵抗碱类的侵蚀,但如长期处于较高浓度(大于10%)的含碱溶液中,也会发生缓慢的破坏,主要包括化学反应与物理析晶两方面的作用。

5.2 硅酸盐水泥熟料矿物的结构特征

前面介绍了制备水泥所用原料、水泥制备工艺及水泥性能等基本知识。水泥制备的关键问题是获得符合组成要求的熟料矿物,而组成是通过结构来影响性能的,因此,对性能的了解有赖于对结构的认识。

5.2.1 硅酸三钙

硅酸三钙(C_3S)是硅酸盐水泥熟料中的主要矿物,其含量通常在 50% 左右,对水泥的性质有重要影响。

在研究 $CaO - SiO_2$ 二元系统时发现,硅酸三钙只有在 1250 ℃ 以上才是稳定的,如果它在此温度下缓慢冷却时会按下式分解:

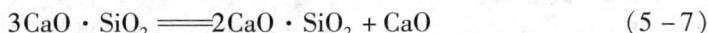

$$3CaO \cdot SiO_2 \Longrightarrow 2CaO \cdot SiO_2 + CaO \qquad (5-7)$$

在急冷条件下,$3CaO \cdot SiO_2$ 的分解速度小到可以忽略不计,因此,可以在常温下保持其介稳状态。在水泥熟料中一般含有 MgO、Al_2O_3 以及少量其他氧化物,它们能进入 C_3S 的晶格并形成固溶体,人们称它为阿里特矿(简称为 A 矿)。在硅酸三钙中,MgO 的极限含量为 1.0% ~ 1.5% ,Al_2O_3 的极限含量为 6% ~7% 。因此,A 矿的组成不是固定的。如果固溶程度高,其晶格变形程度及无序程度也高,结构活性也就愈大。固溶程度较高的阿里特的组成为 $54CaO \cdot 16SiO_2 \cdot MgO \cdot Al_2O_3$(简写为 $C_{54}S_{16}MA$)。此外,还有一系列不同固溶程度的阿里特矿,如 $154CaO \cdot 2MgO \cdot 52SiO_2(C_{154}M_2S_{52})$、$151CaO \cdot 5MgO \cdot 52SiO_2(C_{151}M_5S_{52})$ 等。

对硅酸三钙结晶结构形态的研究指出,它可能存在三种晶系六个晶型,即三方晶系 – R 型;单斜晶系 – M 型,它有两种形态,M_1 和 M_2 型;三斜晶系 – T 型,它有三种形态,T_1、T_2、T_3 型。上述各种变型的转变温度为:

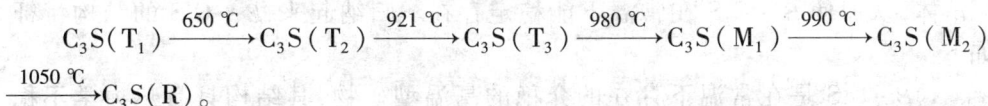

$$C_3S(T_1) \xrightarrow{650\,℃} C_3S(T_2) \xrightarrow{921\,℃} C_3S(T_3) \xrightarrow{980\,℃} C_3S(M_1) \xrightarrow{990\,℃} C_3S(M_2)$$
$$\xrightarrow{1050\,℃} C_3S(R)。$$

在常温下保留下来的一般是 T 型 C_3S,但如果有少量 MgO 或 Al_2O_3 等氧化物与之形成固溶体,就可以使 M 型和 R 型 C_3S 稳定下来。实验证明,固溶程度较高的高温型阿里特矿物具有较高的强度。

对硅酸三钙晶体结构的进一步研究指出,它的晶胞是由 9 个硅、27 个钙、45 个氧所组成。Si^{4+} 以 $[SiO_4]$ 四面体形式存在,四面体通过 Ca^{2+} 离子连接;Ca^{2+} 与 O^{2-} 形成配位数为六的 $[CaO_6]$ 八面体;与钙离子的正常配位数(8 ~ 12)相比,C_3S 晶体结构中的 Ca^{2+} 离子配位数较低,因而是不稳定的。在 $[CaO_6]$ 八面体中,O^{2-} 的分布也不规则,5 个 O^{2-} 集中在一边,另一边只有一个 O^{2-},因而在结构中存在较大的"空穴"。

归纳起来,硅酸三钙具有如下结构特征:

1)硅酸三钙是在常温下存在的介稳的高温型矿物,其结构是热力学不稳定的。

2)在硅酸三钙结构中,Al^{3+} 与 Mg^{2+} 离子进入其晶格并形成固溶体,固溶程度越高,活性越大。在 $C_{54}S_{16}MA$ 结构中,由于部分 Si^{4+} 被 Al^{3+} 所取代,为了补偿电价

而引入 Mg^{2+}，因而引起硅酸三钙的变形，可提高其活性。

3）在硅酸三钙晶体结构中，Ca^{2+} 离子配位数较正常情况低，并且处于不规则状态，因而 Ca^{2+} 离子具有较高的活性。

4）在阿里特矿物结构中存在大尺寸的"空穴"或通道，可使 OH^- 离子直接进入晶格中，因而具有大的水化速度。

5.2.2　硅酸二钙

硅酸二钙也是硅酸盐水泥熟料的重要组成部分，含量一般为 20% 左右，常含有少量的杂质，如氧化铁及氧化钛等，人们称之为贝里特矿（简称 B 矿）。

硅酸二钙具有四种晶型，即 $\alpha - C_2S$、$\alpha' - C_2S$、$\beta - C_2S$、$\gamma - C_2S$。$\alpha - C_2S$ 在 1447 ℃ 以上是稳定的。在 1447 ℃ 温度下，$\alpha - C_2S$ 转变为 $\alpha' - C_2S$，$\alpha' - C_2S$ 在 830 ~ 1447 ℃ 温度范围内是稳定的，在 830 ℃ 下，$\alpha' - C_2S$ 可以直接转变为 $\gamma - C_2S$，但要实现这种转变，晶格要作很大幅度的重排。如果冷却速度很大，这种晶格的重排是来不及完成的，于是便形成介稳的 $\beta - C_2S$。在 $\beta - C_2S$ 的晶体结构中，钙离子的配位数一半是 6，一半是 8，其中每个氧和钙的距离不等，因而也是不稳定的。但是，没有 C_3S 中具有的那种结构空穴。

水泥原料中存在的微量物质如 Al_2O_3、MgO、Fe_2O_3 以及 Cr_2O_3、V_2O_5、P_2O_5、B_2O_5 和 Mn_2O_3 等对 C_2S 的结构有显著的影响，这些物质能与高温形成的 C_2S 形成固溶体，从而使 $\beta - C_2S$ 在常温下能稳定存在。归纳起来，$\beta - C_2S$ 的结构特征如下：

1）$\beta - C_2S$ 是在常温下存在的介稳的高温型矿物，其结构具有热力学不稳定性；

2）$\beta - C_2S$ 中的钙离子具有不规则配位，具有较高的活性；

3）在 $\beta - C_2S$ 中杂质和稳定剂的存在，使之形成固溶体，提高了它的结构活性；

4）在 $\beta - C_2S$ 结构中，不具有 C_3S 结构中的那种大"空穴"，因而它比 C_3S 的水化速度慢。

5.2.3　铝酸三钙和铁铝酸四钙

铝酸三钙由许多[AlO_4]四面体、[CaO_8]八面体和[AlO_8]八面体所组成，中间由配位数为 12 的 Ca^{2+} 离子松散地连结，具有较大的空穴。铝酸三钙中部分 Ca^{2+} 具有不规则的配位数以及与部分 Ca^{2+} 和 O^{2-} 的松散连结，使得这些 Ca^{2+} 具有大的活性；而[AlO_4]四面体是变形了的四面体，Al^{3+} 离子也具有大的活性；铝酸三钙中大的孔穴，使 OH^- 离子易于直接进入晶格内部，其水化速度较大。

铁铝酸四钙也称为里特矿或 C 矿。C_4AF 的结晶结构是由[FeO_4]四面体和

$[AlO_6]$ 八面体互相交叉组成,这些四面体和八面体由 Ca^{2+} 离子相连接,其结构式为 $Ca_8Fe_4^{IV}Al_4^{VI}O_{20}$,其中 Fe^{IV} 表示配位数为 4 的 Fe^{3+} 离子,Al^{VI} 表示配位数为 6 的 Al^{3+} 离子。在水泥熟料中,铁铝酸四钙常常是以固溶体形式存在的,其组成可以从 $6CaO \cdot 2Al_2O_3 \cdot Fe_2O_3$ 到 $4CaO \cdot Al_2O_3 \cdot Fe_2O_3$ 变到 $2CaO \cdot Fe_2O_3$。在氧化铁含量高的熟料中,其组成接近于 $4CaO \cdot Al_2O_3 \cdot Fe_2O_3$。铁铝酸盐的固溶体是铝原子取代铁酸二钙中铁原子的结果,这种取代引起晶格稳定性降低,从而提高其水化活性。

5.2.4 玻璃相

玻璃相也是水泥熟料的一个重要组成部分,玻璃相的形成是由于熟料烧至熔融时,部分液相在冷却过程中来不及析晶的结果。玻璃相在热力学上是不稳定的,具有一定的水化活性。

5.3 硅酸盐水泥的水化与硬化

5.3.1 水泥熟料与矿物水化反应能力的热力学判断

硅酸盐水泥熟料矿物(C_3S、C_2S、C_3A、C_4AF 等)的水化反应能力主要与其内部结构有关。从热力学角度看,结构的稳定性愈低,则水化反应能力愈强。表 5-3 列出了水泥熟料矿物与水化物的热力学数据。

表 5-3　水泥熟料矿物与水化物的热力学数据

化合物名称	状态	ΔH_{298}^0 /(kJ·mol^{-1})	$-\Delta G_{298}^0$ /(kJ·mol^{-1})	S_{298}^0 /(J·mol^{-1}·℃$^{-1}$)
CaO	晶体	635.5	604.2	39.7
Ca(OH)$_2$	晶体	986.6	896.8	76.1
β-C$_2$S	晶体	2308.5	2193.2	127.6
C$_3$S	晶体	2968.3	2784.4	168.6
C$_2$SH$_{1.17}$	晶体	2665.8	2480.7	160.7
C$_5$S$_6$H$_3$	晶体	9937.0	9267.6	513.2
C$_5$S$_6$H$_{5.5}$	晶体	10695.6	9880.3	611.5
C$_5$S$_6$H$_{10.5}$	晶体	12180.7	17076.3	808.1
C$_3$A	晶体	3556.4	3376.5	205.4
C$_4$AF	晶体	5066.8	4790.7	326.4

续上表

化合物名称	状态	ΔH_{298}^0 /(kJ·mol^{-1})	$-\Delta G_{298}^0$ /(kJ·mol^{-1})	S_{298}^0 /(J·mol^{-1}·℃$^{-1}$)
C_3AH_6	晶体	5510.3	4966.4	372.4
C_2AH_8	晶体	5401.5	4778.1	414.2
C_4AH_{13}	晶体	8299.0	7317.8	686.2
C_4AH_{19}	晶体	10079.3	8752.9	920.5
$C_3ACaSO_4·H_{12}$	晶体	8714.4	7713.6	
$C_3A·3CaSO_4·H_{31}$	晶体	17199.9	14879.8	
H_2O	液体	285.8	237.2	69.9
$\alpha-SiO_2$(石英)	晶体	910.4	—	
$\beta-SiO_2$(石英)	晶体	911.1	853.5	41.8
SiO_2(玻璃)	固体	901.6	848.6	46.9
Al_2O_3	固体	1669.8	1576.5	51.0
Fe_2O_3	固体	822.2	741.0	90.0

　　在氧化物以及由这些氧化物所形成的熟料中,原子排列的有序程度,即其稳定性可以用反应过程的熵变值来表征。下面计算由氧化物形成不同熟料矿物的反应过程的熵变值:

1)$2CaO + SiO_2 = \beta-2CaO·SiO_2(\beta-C_2S)$　　　　　　　　　　(5-8)

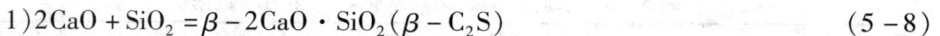
$\Delta S_{298}^0 = 127.6 - 2 \times 39.7 - 41.8 = 6.4[J·(mol·℃)^{-1}]$

2)$3CaO + SiO_2 = 3CaO·SiO_2(C_3S)$　　　　　　　　　　　　(5-9)

$\Delta S_{298}^0 = 168.6 - 3 \times 39.7 - 41.8 = 7.7[J·(mol·℃)^{-1}]$

3)$3CaO + Al_2O_3 = 3CaO·Al_2O_3(C_3A)$　　　　　　　　　　(5-10)

$\Delta S_{298}^0 = 205.4 - 3 \times 39.7 - 51.0 = 35.3[J·(mol·℃)^{-1}]$

4)$4CaO + Al_2O_3 + Fe_2O_3 = 4CaO·Al_2O_3·Fe_2O_3(C_4AF)$　　(5-11)

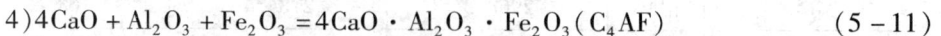
$\Delta S_{298}^0 = 326.4 - 4 \times 39.7 - 51.0 - 90.0 = 26.6[J·(mol·℃)^{-1}]$

　　上述四个反应中,熵变值均为正值,即左边氧化物的熵的和都小于右边生成的熟料矿物的熵值。这表明其结构的有序度降低,或混乱程度增加。一般认为,熵变ΔS愈大,其有序度愈低,结构稳定性差。

　　比较上述4个反应的ΔS_{298}^0值可知,$\beta-C_2S$的熵变值是最低的,表明其结构的有序度较大,因而具有较小的化学活性。而C_3A和C_4AF则具有较高的ΔS_{298}^0值,其结构的有序度较低,具有较高的活性。

　　另外,我们可以从熟料矿物与水的互相作用过程自由焓的变化,来分析水泥熟料矿物水化反应的可能性。

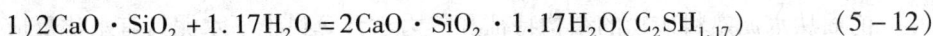

1)$2CaO \cdot SiO_2 + 1.17H_2O = 2CaO \cdot SiO_2 \cdot 1.17H_2O(C_2SH_{1.17})$　　　　(5-12)

$\Delta G_{298}^0 = -2480.7 + 2193.2 + 1.17 \times 237.2 = -9.976(J/mol)$

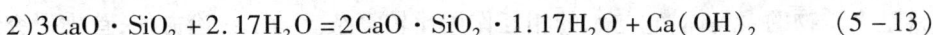

2)$3CaO \cdot SiO_2 + 2.17H_2O = 2CaO \cdot SiO_2 \cdot 1.17H_2O + Ca(OH)_2$　　(5-13)

$\Delta G_{298}^0 = -2480.7 - 896.8 + 2784.4 + 2.17 \times 237.2 = -78.376(J/mol)$

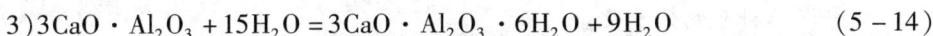

3)$3CaO \cdot Al_2O_3 + 15H_2O = 3CaO \cdot Al_2O_3 \cdot 6H_2O + 9H_2O$　　　(5-14)

$\Delta G_{298}^0 = -4966.4 - 9 \times 237.2 + 3376.5 + 15 \times 237.2 = -166.7(J/mol)$

上述反应过程自由焓变化均为负值,表明其水化反应过程都能自发进行。ΔG 值愈小,则反应进行的可能性愈大。

　　上述两个方面的热力学计算表明水泥熟料矿物的水化反应能力依序为:$C_3A > C_3S > C_2S$。这个事实已为大量实验所证实。

　　下面进一步从能量的角度来讨论熟料矿物水化反应能力(水化活性)。可以近似地认为,Si—O 与 Al—O 键能不论是对水泥熟料和其水化物来说都是基本不变的。因此用无水化合物与水化物中 Ca—O 键能的平均变化值来表征熟料矿物的水化反应过程的能量变化。Ca—O 键能变化如表 5-4 所示。

表 5-4　水泥矿物及其水化物中 Ca—O 平均键能的变化　　　　(kJ/键)

水泥矿物			水 化 物			水泥矿物转化为水化物时能量的增加
矿物	阴离子	Ca—O 平均键能	水化物	阴离子	Ca—O 平均键能	
C_3S	SiO_4^{4-}	556.7	$C_2SH_{1.17}$	$Si_6O_7^{10-}$	588.3	31.6
C_2S	SiO_4^{4-}	568.0	$C_2SH_{1.17}$	$Si_6O_7^{10-}$	588.3	20.3
C_3A	AlO_4^-	534.3	C_4AH_{19}	$Al(OH)_6^{3-}$	592.5	58.2
CA	AlO_4^-	545.6	C_4AH_{19}	$Al(OH)_6^{3-}$	592.5	46.9

　　从表 5-4 可知,由无水矿物向水化物的转变是键能增大并趋向稳定的过程。C_3A 增大值为 58.2 kJ,C_3S 增大值为 31.6 kJ,C_2S 增大值为 20.3 kJ。这表明 C_3A 的化学活性和反应能力大,C_2S 的化学活性与反应能力小。这个结论与 ΔS_{298}^0 及 ΔG_{298}^0 值的变化规律是一致的,也与前面从结晶结构分析得出的结论一致。

　　应该指出的是,热力学方法只能指明反应过程的可能性、方向及限度。至于反应过程的速度和历程,热力学方法是不能解决的。另外,热力学方法在水泥化学方面的应用时间不长,许多热力学参数或缺乏或不够准确,再加上水泥水化反应过程本身比较复杂,这些都使得热力学方法的应用受到限制。虽然如此,热力学的理论和方法,依然是研究水泥化学的一个重要工具。

5.3.2　硅酸盐水泥的水化反应过程

前面从水泥熟料矿物的结构特征和热力学计算讨论了水泥具有水化反应能力和发生水化反应的可能性。现在来讨论硅酸盐水泥的水化反应过程。由于水泥熟料是多矿物的聚集体，它与水的相互作用比较复杂。为了讨论方便，首先研究水泥单矿物的水化，然后在这个基础上讨论硅酸盐水泥的水化作用过程和机理。

1. 水泥熟料矿物的水化

（1）硅酸钙矿物的水化

对不同硅酸钙矿物水化反应的研究表明，不同的硅酸钙其水化反应能力相差很大。

1）硅酸一钙（$\beta - CS$）在一般条件下不具有水化反应能力。

2）γ 型硅酸二钙（$\gamma - C_2S$）在一般条件下具有很小的水化反应能力，以致认为它在常温下也不具有水化反应能力。

3）β 型硅酸二钙（$\beta - C_2S$）具有明显的水化反应能力，但水化反应速度比较慢。

4）硅酸三钙（C_3S）具有比较强烈的水化反应能力。

C_3S 在常温下的水化反应用下列反应式表示：

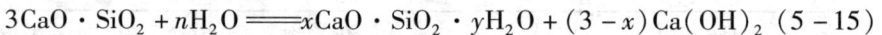

$$3CaO \cdot SiO_2 + nH_2O =\!=\!= xCaO \cdot SiO_2 \cdot yH_2O + (3 - x)Ca(OH)_2 \quad (5 - 15)$$

这个反应式表明，C_3S 与水发生水化作用后，其产物为水化硅酸钙和氢氧化钙；硅酸三钙水化产物的组成并不是固定的，和水固比、温度及有无异种离子参与水化反应都有关。在常温下，水固比增加将使水化硅酸钙的 CaO、SiO_2 比减小，而且 CaO、SiO_2 比随水化时间的增长而下降，在无限加水稀释的情况下，水化生成物最终会分解成氢氧化钙和硅酸凝胶。

硅酸三钙的水化过程可以分为五个阶段。

第一阶段为初始水解期：当 C_3S 与水作用时，C_3S 中的 Ca^{2+} 离子在 OH^- 离子的作用下溶出进入溶液中，在 C_3S 表面形成一个缺钙的富硅层，其厚度约为 50 Å。接着，溶析出来的 Ca^{2+} 离子通过化学吸附作用而吸附在富硅层表面，形成双电层。这个水化阶段为诱导前期，时间很短，在 15 min 内即可以完成。

第二阶段为诱导期：经历第一阶段后，溶液中 Ca^{2+} 离子浓度增加，但尚未达到饱和，因此，C_3S 中 Ca^{2+} 离子可以继续被溶析出来而进入溶液。由于在 C_3S 表面形成了富硅层表面的双电层，因而从 C_3S 中溶出 Ca^{2+} 离子的速度减慢，产生诱导期，这一阶段又称静止期，一般持续 2～4 h，是硅酸盐水泥浆体能在几小时内保持塑性的原因。初凝时间基本上相当于诱导期的结束。

第三阶段为加速期：随着溶液中 Ca^{2+} 和 OH^- 浓度增加，一旦达到足够的过饱和度，就会形成稳定的 $Ca(OH)_2$ 晶核，在靠近 C_3S 颗粒表面离子浓度最大的区域，晶核开始长大。由于 $Ca(OH)_2$ 还会与水化硅酸钙中的硅酸根离子结合, $Ca(OH)_2$ 也可作为水化硅酸钙的晶核。但由于硅酸根离子比 Ca^{2+} 离子迁移困难,所以水化硅酸钙仅限于在颗粒表面生长。$Ca(OH)_2$ 晶体开始也可能在 C_3S 颗粒表面上生长,但有些晶体可远离颗粒或在孔隙中形成。由于水化硅酸钙或氢氧化钙的成核结晶,液相中 Ca^{2+} 离子浓度减小,C_3S 中的 Ca^{2+} 就易于向外扩散,从而使其水化重新加速。

第四阶段为衰退期:随着水化的进行,C_3S 界面和富硅层逐渐推向内部,外层形成纤维状的水化硅酸钙,成为离子迁移的障碍,从而导致水化速率的降低或水化作用的衰退。此时水化速度主要受离子通过水化产物层扩散速度的控制。

第五阶段为稳定期:反应速率很低,属基本上稳定的阶段。水化作用完全受扩散速率控制。

β 型硅酸二钙的水化过程和 C_3S 极为相似,也有诱导期、加速期等,但水化速率小得多,约为 C_3S 的 1/20 左右。

(2)铝酸钙矿物的水化

铝酸三钙与水反应迅速,其水化产物的组成与结构受溶液中 Ca^{2+}、Al^{3+} 离子浓度和温度的影响很大。在常温下,铝酸三钙依下式水化:

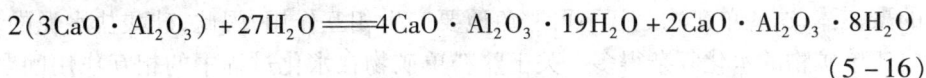
$$2(3CaO \cdot Al_2O_3) + 27H_2O = 4CaO \cdot Al_2O_3 \cdot 19H_2O + 2CaO \cdot Al_2O_3 \cdot 8H_2O \tag{5-16}$$

或

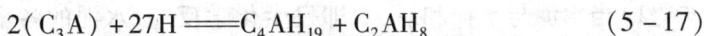
$$2(C_3A) + 27H = C_4AH_{19} + C_2AH_8 \tag{5-17}$$

C_4AH_{19} 在低于 85% 的相对湿度时,即失去 6 mol 的结晶水而成为 C_4AH_{13}。C_4AH_{19}、C_4AH_{13} 和 C_2AH_8 均为六方片状晶体,在常温下处于介稳状态,有向 C_3AH_6 等轴晶体转化的趋势。

在液相的 CaO 达到饱和时,C_3A 还可能依下式水化:

$$3CaO \cdot Al_2O_3 + Ca(OH)_2 + 12H_2O = 4CaO \cdot Al_2O_3 \cdot 13H_2O \tag{5-18}$$

即

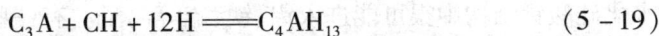
$$C_3A + CH + 12H = C_4AH_{13} \tag{5-19}$$

这个反应在硅酸盐水泥浆体的碱性液相中最易发生,而处于碱性介质中的六方片状晶体 C_4AH_{13} 在室温下又能够稳定存在,其数量迅速增多,就足以阻碍粒子的相对移动,使水泥浆体产生瞬时凝结。为此,在水泥粉磨时通常都掺有石膏。在石膏与 CaO 同时存在的条件下,C_3A 虽然开始快速水化成 C_4AH_{13},但接着就会与石膏反应,形成三硫型水化硫酸钙,又称钙矾石。

$$4CaO \cdot Al_2O_3 \cdot 13H_2O + 3(CaSO_4 \cdot 2H_2O) + 14H_2O = 3CaO \cdot Al_2O_3 \cdot 3CaSO_4 \cdot 32H_2O + Ca(OH)_2 \tag{5-20}$$

当 C_3A 尚未完全水化而石膏已经耗尽时,则 C_3A 水化所生成的 C_4AH_{13} 又能与先前形成的钙矾石生成单硫型水化硫铝酸钙:

$$3CaO \cdot Al_2O_3 \cdot 3CaSO_4 \cdot 32H_2O + 2(4CaO \cdot Al_2O_3 \cdot 13H_2O) = 3(3CaO \cdot$$
$$Al_2O_3 \cdot CaSO_4 \cdot 12H_2O) + 2Ca(OH)_2 + 20H_2O \tag{5-21}$$

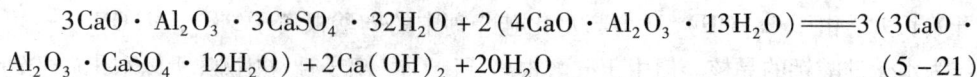

当石膏含量极少时,在所有的钙矾石都转化成单硫型水化硫铝酸钙后,就可能还有未水化的 C_3A 剩余,此时会发生下列反应:

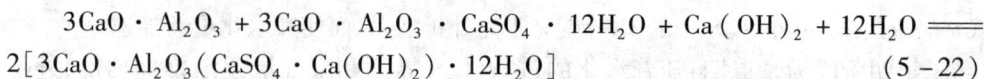

$$3CaO \cdot Al_2O_3 + 3CaO \cdot Al_2O_3 \cdot CaSO_4 \cdot 12H_2O + Ca(OH)_2 + 12H_2O =$$
$$2[3CaO \cdot Al_2O_3(CaSO_4 \cdot Ca(OH)_2) \cdot 12H_2O] \tag{5-22}$$

由此可见,石膏的引入使铝酸盐的溶解度降低,而石膏加 $Ca(OH)_2$ 更会进一步使其溶解度减小到接近于零。因此,石膏与 $Ca(OH)_2$ 一起所产生的延缓水解的作用是最为明显的。

铁铝酸钙(C_4AF)的水化作用及其产物与 C_3A 极为相似。其中的氧化铁基本上起着与氧化铝相同的作用,在水化产物中铁置换部分铝,形成水化硫铝酸钙和水化硫铁酸钙的固溶体。C_4AF 的水化速率较 C_3A 略低,水化热较低,即使单独水化也不会产生瞬凝。

2. 硅酸盐水泥的水化

上面讨论了硅酸盐水泥熟料单矿物的水化作用。由于水泥颗粒是一个多矿物的聚集体,这些单矿物之间不可避免地要产生相互作用,因此,硅酸盐水泥的水化要比单矿物的水化复杂得多。关于熟料单矿物在水化过程中的相互作用问题,目前还认识得很不够,根据已有的一些资料,可以看到以下几方面的情况:

1)当水泥与水拌和后,立即发生化学反应,水泥的各个组分开始溶解。当硅酸三钙水化时,会析出大量 $Ca(OH)_2$。此外,在水泥中还掺有少量石膏,所以填充在颗粒之间的液相不再是纯水,而是含有各种离子的溶液。水泥的水化作用基本上是在 $Ca(OH)_2$ 和 $CaSO_4$ 的饱和溶液或过饱和溶液中进行的。因此可以认为,在常温下,硅酸盐水泥的水化产物主要是氢氧化钙、水化硅酸钙、碱度较高的含水铝酸钙、含水铁酸钙以及水化硫铝酸钙等。

2)在硅酸盐水泥水化过程中,由于溶液中有各种离子(如铝、铁、硫等),因此水化硅酸钙结构中很可能进入铝、铁、硫等离子。有一些研究者认为,在水泥水化过程中还可能由于水化硅酸盐和水化铝(或铁)酸盐之间发生二次反应生成水化硅铝(或铁)酸钙。

3)水泥中各种矿物组成之间对水化过程也要产生影响。如硅酸盐水泥中 C_3A 的存在就要影响其中硅酸钙的水化速度,其原因可能是由于 C_3A 在水化时要结合较多的 $Ca(OH)_2$,形成高碱性的水化物 C_4AH_{13},从而使液相中 Ca^{2+} 离子浓度降低所致。又如由于 C_3S 较快水化,迅速提高了液相中 Ca^{2+} 离子浓度,促使 $Ca(OH)_2$ 成核结晶,从而使 $\beta-C_2S$ 的诱导期缩短,水化有所加速。再如,C_3A 和 C_4AF 都要与硫酸根离子结合,但 C_3A 反应速度快,较多的石膏被其消耗后,就使 C_4AF 不能按计量要求形成足够的硫铝(铁)酸钙,有可能使水化受到延缓。

3. 水化速度及其影响因素

熟料矿物或水泥的水化速率常以单位时间内的水化程度或水化深度来表示。水化程度是指在一定时间内发生水化作用的量与完全水化量的比值。而水化深度是指已水化层的厚度。水化速率必须在颗粒粗细、水灰比以及水化温度等条件基本一致的情况下才能加以比较。

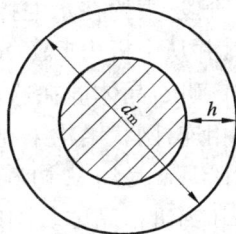

图 5 - 3　水泥粒子的水化模型图示

测定水化速率的方法有直接法和间接法两类。直接法是利用岩相分析、X 射线分析或热分析等方法,定量地测定已水化和未水化部分的数量。间接法则有测定结合水、水化热或 $Ca(OH)_2$ 生成量等方法,其中以测定结合水较为简便,将所测各龄期化学结合的水量与完全水化时的结合水量相比,即可计算出不同龄期时的水化程度。

假设水泥为球形粒子,直径为 d_m,若水化深度为 h,水泥粒子的体积为 $\frac{1}{6}\pi d_m^3$,

水化部分的体积为: $\frac{1}{6}\pi d_m^3 - \frac{1}{6}\pi(d_m - 2h)^3$

所以水化程度 α 可以用下式表示:

$$\alpha = \frac{\text{水化部分的量}}{\text{完全水化的量}} = \frac{\frac{1}{6}\pi d_m^3 - \frac{1}{6}\pi(d_m - 2h)^3}{\frac{1}{6}\pi d_m^3} = 1 - \left(1 - \frac{2h}{d_m}\right)^3 \qquad (5-23)$$

水化深度 $h = \frac{d_m}{2}(1 - \sqrt[3]{1-\alpha})$ \qquad (5-24)

决定水泥水化速率的因素,主要有以下几个方面:①水泥熟料矿物的组成与结构;②水泥粒子的大小;③水泥的加水量;④水化时的温度;⑤加入的混合材料及外加剂的类型和数量等。

5.3.3　水泥的凝结与硬化过程

水泥加水拌成的浆体起初具有可塑性和流动性。随着水化反应的不断进行,浆体逐渐失去流动能力,转变为具有一定强度的固体,这个过程被称为水泥的凝结和硬化。水化是水泥产生凝结硬化的前提,但能与水互相作用并生成的水化物,不一定都具有胶凝能力,也就是说不一定具有硬化并形成人造石的能力。水泥硬化并形成人造石的一个决定性条件是能否形成足够数量的稳定的水化物,以及这些水化物能否彼此连生并形成网状结构。

水泥的凝结和硬化可分为 3 个阶段:

第一阶段，大约在水泥拌水起到初凝时为止，C_3S 与水迅速反应生成 $Ca(OH)_2$ 饱和溶液，并从中析出 $Ca(OH)_2$ 晶体。同时，石膏也很快进入溶液和 C_3A 反应生成细小的钙矾石晶体。在这一阶段，由于水化产物尺寸小，数量又少，不足以在颗粒间架桥相连，网状结构未能形成，水泥浆呈塑性状态。

第二阶段，大约从初凝起到 24 h 为止，水泥水化开始加速，生成较多的 $Ca(OH)_2$ 和钙矾石晶体。同时水泥颗粒上长出纤维状的水化硅酸钙。由于钙矾石晶体的长大以及水化硅酸钙的大量形成，产生强（结晶的）、弱（凝集的）不等的接触点，将各颗粒初步连接成网，而使水泥浆凝结。随着接触点数目的增加，网状结构不断加强，强度相应增加，原先剩留在颗粒空间中的非结合水，就逐渐被分割成各种尺寸的水滴，填充在相应大小的孔隙之中。

第三阶段，是指 24 h 以后，直到水化结束的阶段。在一般情况下，石膏已耗尽，所以钙矾石转化为水化硫铝酸钙，还可能形成 $C_4(A \cdot F)H_{13}$。随着水化的进行，水化硅酸钙、氢氧化钙、水化硫铝酸钙以及 $C_4(A \cdot F)H_{13}$ 等水化产物的数量不断增加，结构更趋致密，强度相应提高。

5.4　其他品种水泥

5.4.1　铝酸盐水泥

铝酸盐水泥以铝酸盐为基础组成。高铝水泥是铝酸盐水泥系统中最重要的一个品种，其主要矿物组成为铝酸一钙和二铝酸一钙等铝酸盐，通常将高铝水泥称为铝酸盐水泥。本节介绍高铝水泥的矿物组成、性能和应用。

1. 高铝水泥的化学成分和矿物组成

高铝水泥以矾土和石灰石为原料，按适当比例配合后进行烧结或熔融，再经粉磨而成，又称为矾土水泥。我国主要用烧结法生产，其煅烧工艺与一般硅酸盐水泥基本相同。

高铝水泥熟料的主要化学成分为氧化铝、氧化钙、氧化硅，还有氧化铁及少量氧化镁、氧化钛等。化学成分大致波动范围如下：

Al_2O_3	33% ~60%	CaO	32% ~44%
SiO_2	3% ~11%	Fe_2O_3	4% ~12%
FeO	0 ~11%	TiO_2	1% ~3%
MgO	<2%	R_2O	<1%

由于高铝水泥以 CaO、Al_2O_3、SiO_2 为主要成分，其矿物组成可按 CaO – Al_2O_3 – SiO_2 三元系统相图进行讨论。

1）铝酸一钙（CaO · Al_2O_3，简称 CA）：是高铝水泥的主要矿物，具有很高的水硬活性。其特点是凝结不快,而硬化迅速,为高铝水泥强度的主要贡献者。但 CA 含量过高的水泥,强度发展主要集中在早期,后期强度增加不显著。

2)二铝酸一钙($CaO \cdot 2Al_2O_3$,简写为 CA_2):在氧化钙含量低的高铝水泥中,CA_2 的含量较多,CA_2 水化硬化较慢,后期强度较高,但早期强度却较低。如 CA_2 含量过多,将影响高铝水泥的快硬性能。质量优良的高铝水泥,其矿物组成一般以 CA 和 CA_2 为主。

3)铝方柱石($2CaO \cdot Al_2O_3 \cdot SiO_2$,简称 C_2AS):在高铝水泥中,C_2AS 晶格内离子配位很对称,因此,胶凝性很差。通常成长方、正方、板状和不规则形状。

4)七铝酸十二钙($12CaO \cdot 7Al_2O_3$,简写为 $C_{12}A_7$):$C_{12}A_7$ 晶体结构中铝和钙的配位极不规则,晶体结构中有大量空腔,水化极快,凝结极快,强度不及 CA 高。水泥中含有较多 $C_{12}A_7$ 时,水泥出现快凝,强度降低,耐热性下降等现象。

5)六铝酸一钙($CaO \cdot 6Al_2O_3$,简写为 CA_6):CA_6 是惰性矿物,没有水硬性,如水泥中含有 CA_6 矿物,其耐热性将提高。

另外,当组成中存在 MgO 时可以形成镁铝尖晶石,含 TiO_2 时则可以形成钙钛石,而含 Fe_2O_3 时可以生成铁酸二钙与铁酸钙等矿物,这些矿物除铁酸二钙具有弱的胶凝性能外,其余矿物均不具有胶凝性。

2. 高铝水泥的水化硬化过程

高铝水泥的水化主要是铝酸一钙的水化及水化物的结晶。铝酸一钙晶体结构中钙、铝配位极不规则,水化极快。其水化反应随温度的不同而有如下几种方式:

当温度低于 20 ~ 22 ℃时,

$$CaO \cdot Al_2O_3 + 10H_2O = CaO \cdot Al_2O_3 \cdot 10H_2O \qquad (5-25)$$

当温度高于 20 ~ 22 ℃时,

$$2[CaO \cdot Al_2O_3] + 11H_2O = 2CaO \cdot Al_2O_3 \cdot 8H_2O + Al_2O_3 \cdot 3H_2O \qquad (5-26)$$

高铝水泥中的 CA_2,其水化反应与 CA 基本相似,但水化速度较慢。$C_{12}A_7$ 的水化作用很快,水化产物也为 $2CaO \cdot Al_2O_3 \cdot 8H_2O_6$。结晶的 C_2AS 与水作用则极为微弱,以至于可以认为是惰性矿物。

$CaO \cdot Al_2O_3 \cdot 10H_2O$ 或 $2CaO \cdot Al_2O_3 \cdot 8H_2O$ 都属于六方晶系,其晶体呈片状或针状,互相交错攀附,重叠结合,可以形成坚强的结晶聚合体,使水泥获得很高的机械强度。同时,水化 5 ~ 7 d 后,水化物的数量就很少增加,因此,高铝水泥硬化初期的强度增长很快,以后则不那么显著。

3. 高铝水泥的性能与应用

高铝水泥初凝时间不早于 30 min,终凝时间不迟于 10 h,其最大特点是早期强度增长速度极快,24 h 即可达到极限强度的 80% 左右。故其标号要按 3 d 抗压强度而定,分为 425、525、625、725 号 4 个标号。

高铝水泥的另一个特点是在低温下(5 ~ 10 ℃)也能很好硬化,而在高温下(大于 30 ℃)养护,强度则剧烈下降,这一特性与硅酸盐水泥截然相反。因此,高铝水泥的硬化温度不得高于 30 ℃,更不宜采用蒸汽养护。

高铝水泥不经过试验,不应随便与石灰或硅酸盐水泥等水化后产生 $Ca(OH)_2$ 的胶凝材料掺合使用,否则会造成凝结不正常和强度下降。原因是 $Ca(OH)_2$ 与低碱性水化铝酸钙发生反应,形成立方形水化铝酸三钙(C_3AH_6)。

高铝水泥的总水化热为 450~500 J/g,与硅酸盐水泥相近。但是,高铝水泥的水化热在 24 h 内(20 ℃)放出 70%~90%,而硅酸盐水泥在 24 h 内仅放出 25%~50%,这使得高铝水泥具有在 0 ℃ 也能硬化的特性。

高铝水泥具有很好的抗硫酸盐及抗海水腐蚀性能,甚至比抗硫酸盐水泥还好,这是由于高铝水泥的主要组成是碱性铝酸钙,水化时不析出游离 $Ca(OH)_2$,水泥石液相碱度低,与硫酸盐介质形成的水化硫酸钙晶体分布均匀。另外,高铝水泥水化生成铝胶,使水泥石结构致密,抗渗性好。

高铝水泥具有一定的耐高温性,在高温下仍能保持相对较高的强度,干燥的高铝水泥在 900 ℃ 温度下,还有原始强度的 70%;1300 ℃ 时尚有 53% 的强度。这是由于产生了固相烧结反应,逐步代替了水化结合的缘故。所以高铝水泥可作为耐热混凝土的胶结料,配制 1300 ℃ 以下的耐热混凝土。

此外,高铝水泥与石膏等经过一定配合,可制成各种类型的自应力水泥和膨胀水泥,这是目前高铝水泥最主要的用途之一。

高铝水泥的这些性能使得这种快硬早强的水硬性胶凝材料适用于军事工程、紧急抢修工程、冬季施工以及要求早强的特殊工程等。

5.4.2 硫铝酸盐快硬水泥

以铝质原料(如矾土)、石灰质原料(如石灰石)和石膏,经适当配合后,煅烧成含有适量无水硫铝酸钙的熟料,再掺适量石膏,共同磨细,即可制得硫铝酸盐快硬水泥。

无水硫铝酸钙熟料的主要矿物为 $3CaO \cdot 3Al_2O_3 \cdot CaSO_4$($C_3 \cdot A_3 \cdot CaSO_4$)和 $\beta - C_2S$,此外还有少量的 $CaSO_4$、钙钛矿和含铁相等。所用矾土的品位可以稍低(例如 Al_2O_3 在 50%~60%),石灰石和石膏原则上以杂质越少越好,但无特殊要求。根据有关研究,可以认为在煅烧过程中,将发生下列反应:

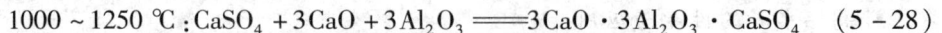

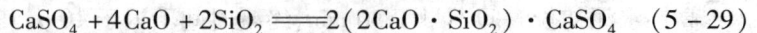

$$900~1000\ ℃:CaCO_3 =\!=\!= CaO + CO_2 \tag{5-27}$$

$$1000~1250\ ℃:CaSO_4 + 3CaO + 3Al_2O_3 =\!=\!= 3CaO \cdot 3Al_2O_3 \cdot CaSO_4 \tag{5-28}$$

$$CaSO_4 + 4CaO + 2SiO_2 =\!=\!= 2(2CaO \cdot SiO_2) \cdot CaSO_4 \tag{5-29}$$

$$1280\ ℃ 左右:2(2CaO \cdot SiO_2) \cdot CaSO_4 =\!=\!= 2(2CaO \cdot SiO_2) + CaSO_4 \tag{5-30}$$

如果温度继续升高到 1400 ℃ 以上,则无水硫铝酸钙按下式分解,含量明显减少:

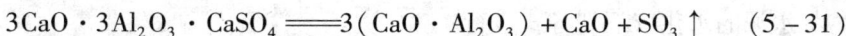

$$3CaO \cdot 3Al_2O_3 \cdot CaSO_4 \Longrightarrow 3(CaO \cdot Al_2O_3) + CaO + SO_3 \uparrow \quad (5-31)$$

所以煅烧温度应控制在(1350 ± 50)℃范围为宜。

无水硫铝酸钙与石膏的水化反应,一般认为主要有如下两种形式:

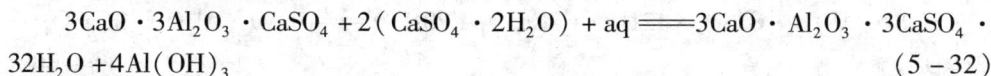

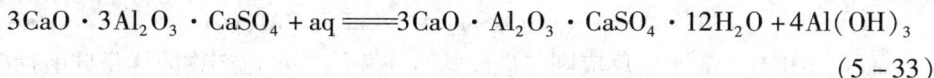

$$3CaO \cdot 3Al_2O_3 \cdot CaSO_4 + 2(CaSO_4 \cdot 2H_2O) + aq \Longrightarrow 3CaO \cdot Al_2O_3 \cdot 3CaSO_4 \cdot$$
$$32H_2O + 4Al(OH)_3 \quad (5-32)$$

$$3CaO \cdot 3Al_2O_3 \cdot CaSO_4 + aq \Longrightarrow 3CaO \cdot Al_2O_3 \cdot CaSO_4 \cdot 12H_2O + 4Al(OH)_3$$
$$(5-33)$$

当石膏与无水硫铝酸钙的摩尔比等于 2 时,全部无水硫铝酸钙形成钙矾石($3CaO \cdot Al_2O_3 \cdot 3CaSO_4 \cdot 32H_2O$),如果两者的摩尔比小于 2,则石膏数量不足,部分无水硫铝酸钙在液相介质中形成单硫型无水硫铝酸钙($3CaO \cdot Al_2O_3 \cdot CaSO_4 \cdot 12H_2O$)。所以,如果石膏掺入量较少,反应所得的钙矾石大部分在水泥石尚未失去塑性时生成,在较短时间内即能形成坚强骨架。而且同时析出的铝胶 $Al(OH)_3$ 使水泥中晶体和凝胶的相对比例较为协调,从而减少了内应力。另一方面,β-C_2S 水化时,所析出的 $Ca(OH)_2$ 在铝胶和石膏存在的条件下,又会依下式反应生成钙矾石:

$$3Ca(OH)_2 + 3(CaSO_4 \cdot 2H_2O) + Al(OH)_3 + aq \Longrightarrow 3CaO \cdot Al_2O_3 \cdot 3CaSO_4 \cdot 32H_2O$$
$$(5-34)$$

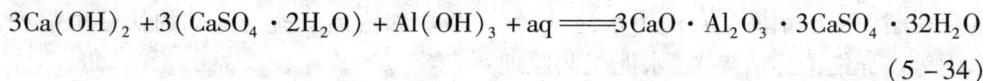

这样也促进了 β-C_2S 的水化反应,加速了水化硅酸钙凝胶的形成。因为铝胶与水化硅酸钙凝胶对钙矾石都能起良好的胶结与衬垫作用,所以不但能使水泥石结构很快密实,达到早强效果,而且后期强度还能有所增长。

当石膏掺量增多时,在已经初步硬化的水泥石中,继续生成钙矾石,会引起膨胀,而成为硫铝酸盐型膨胀水泥。

硫铝酸盐型快硬水泥的凝结时间比较快,初凝一般早于 15 min,终凝早于 20 min。这类水泥除快硬早强的特点外,对硫酸盐的抗蚀能力强,抗渗性很好,又由于水化放热量大,宜于冬季施工。

5.4.3 氟铝酸盐快硬水泥

氟铝酸盐快硬水泥是以铝质原料、石灰质原料、萤石,或再加石膏,经过适当配合,烧制成以氟铝酸钙($11CaO \cdot 7Al_2O_3 \cdot CaF_2$,简写为 $C_{11}A_7 \cdot CaF_2$)起主导作用的熟料,再与适量石膏一起磨细而成。拌水后,氟铝酸钙与掺入的石膏很快生成较多数量的水化铝酸钙。因此,在数小时内就能达到较高的早期强度。至于后期强度的增长,则依靠 C_3S 或 C_2S 等熟料矿物的水化。这种水泥凝结迅速,硬化很快,由于还可以用缓凝剂对其凝结时间作适当调节,所以又是一种调凝水泥。

水泥所需要的铝质原料主要用矾土、粉煤灰及煤矸石等代替。石灰石原则上要求较纯,但用高镁石灰石(MgO 8.2%)也曾试烧成功,煅烧温度控制在 1300～1400 ℃。

水泥的水化依下列各式进行：

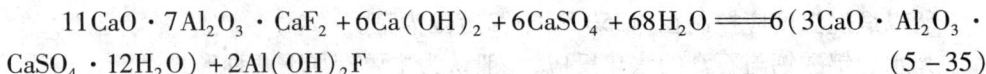

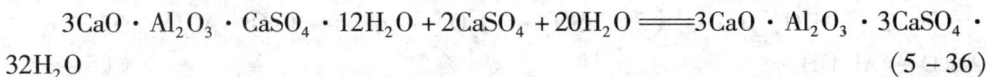

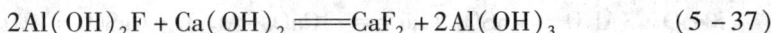

$$11CaO \cdot 7Al_2O_3 \cdot CaF_2 + 6Ca(OH)_2 + 6CaSO_4 + 68H_2O =\!=\!= 6(3CaO \cdot Al_2O_3 \cdot$$
$$CaSO_4 \cdot 12H_2O) + 2Al(OH)_2F \qquad\qquad (5-35)$$

$$3CaO \cdot Al_2O_3 \cdot CaSO_4 \cdot 12H_2O + 2CaSO_4 + 20H_2O =\!=\!= 3CaO \cdot Al_2O_3 \cdot 3CaSO_4 \cdot$$
$$32H_2O \qquad\qquad (5-36)$$

$$2Al(OH)_2F + Ca(OH)_2 =\!=\!= CaF_2 + 2Al(OH)_3 \qquad\qquad (5-37)$$

而 C_3S 和 C_2S 的水化反应则与硅酸盐水泥相同。水化产物同样是硅酸钙凝胶和 $Ca(OH)_2$，只是反应速度有所增加。因此，其水泥石结构也是以钙矾石晶体为骨架，但其中填充以水化硅酸钙凝胶和铝胶，能迅速达到很高的致密程度，$2 \sim 3\ h$ 抗压强度可达 $200\ kg/cm^2$。

氟铝酸盐快硬水泥所配的混凝土，除快硬早强外，其抗拉、抗弯、弹性模量等力学性能与普通水泥混凝土相差不大，而且其结构致密，孔隙细小，故抗渗性高，干缩小。又由于受热后易于溃散，宜于在铸造工业中用作型砂胶黏剂。

除了上面介绍的几种水泥外，还有由硅酸盐水泥、高铝水泥和石膏按一定比例共同粉磨或分别粉磨再经混匀而成的硅酸盐自应力水泥，以高铝水泥和二水石膏混合粉磨而成的铝酸盐自应力水泥，以氟铝酸盐和硫铝酸盐为基础的快硬早强型水泥等。详细论述请参考《水泥工艺原理》等专著。

思考题和习题

1. 硅酸盐水泥、普通硅酸盐水泥及矿渣硅酸盐水泥三者之间有何联系与区别？

2. 简要说明硅酸盐水泥的生产工艺过程。在水泥熟料的烧成过程中通常发生哪些物理和化学反应？

3. 硅酸盐水泥熟料的矿物组成主要包括 C_3S、C_2S、C_3A、C_4AF，各符号表示什么物质？

4. 水泥的强度与标号有什么关系？标号为 425 的水泥，在经历 28 天的养护后强度达到多少？

5. 说明硅酸三钙、硅酸二钙、铝酸三钙和铁铝酸四钙四种矿物的结构特征。

6. 通过熵变值（ΔS_{298}^0）计算，比较 C_3S 与 C_3A 两种矿物的化学活性大小。

7. 通过热力学计算，证明水泥熟料矿物的水化反应能力顺序依次为 $C_3A > C_3S > C_2S$。

8. 简述硅酸三钙水化过程的五个阶段，并比较硅酸三钙与硅酸二钙的水化速率大小，说明两者水化速率不同的原因。

9. 简述硅酸盐水泥的水化、凝结及硬化过程与机理。

10. 简述铝酸盐水泥在化学组成、矿物组成、水化及硬化过程方面的特点。

第 6 章　耐火材料

耐火材料是指耐火度不低于 1580 ℃的无机非金属材料,它是为高温技术服务的基础材料,是砌筑窑炉等热工设备的结构材料,也是制造某些高温容器和部件或起特殊作用的功能材料。耐火材料被广泛地应用在冶金、建材、化工、石油、机械和原子能等工业领域中。

6.1　耐火材料的分类

耐火材料是以铝矾土、硅石、菱镁矿、白云石等天然矿石为原料经加工后制造的耐高温结构材料。除天然原料外,现在,采用某些工业原料和人工合成莫来石、尖晶石、碳化硅等原料制造的耐火材料也日益增多。用于纯金属或特殊合金的熔炼以及高温技术方面制造氧化物和难熔化合物的耐火材料,也得到了很大的发展。这些耐火材料构成了品种繁多而庞杂的耐火材料体系。不同的耐火材料有不同的组成、制备工艺、结构特征和使用性能;同样组成的耐火材料也可以有不同的制备工艺和外观形状。因此,为便于研究和合理使用,有必要对耐火材料进行科学的分类。根据不同的观点,有多种分类方法。

1)按组成来分,耐火材料可分为硅质制品、硅酸铝质制品、镁质制品、白云石(质)制品、铬质制品、碳质制品、锆质制品、纯氧化物制品及非纯氧化物制品等。这种分类方法能表征各种材料的基本组成和特性,在生产、使用和科学研究上均有实际意义。表 6-1 列出了按化学组成分类的各种耐火材料。

2)按工艺方法来划分,可分为泥浆浇注制品、可塑成形制品、半干压成形制品、由粉状非可塑料捣固成形制品、由熔融料浇注的制品、经喷吹或拉丝成形的制品及由岩石锯成的天然制品等。这种分类方法直观地表明了耐火材料制品的工艺特征。

3)根据耐火度来分,可分为普通耐火材料制品,其耐火度为 1580 ~ 1770 ℃;高级耐火材料制品,其耐火度为 1770 ~ 2000 ℃;特级耐火材料制品,其耐火度为 2000 ℃以上。这种分类方法表明了耐火材料的高温使用性能。

4)根据耐火材料的外形来分,可分为定形耐火材料制品,如烧成砖、电熔砖(熔铸砖)、耐火隔热砖以及实验和工业用坩埚、器皿等特殊制品;不定形耐火材料制品,简称散装料,在使用地点才制成所需要的形状和进行热处理,如浇注料、捣打料、投射料、喷射料、耐火泥等;耐火纤维,如铝纤维、硅酸铝纤维等,使用时一般经过二次加工成毯、毡、板、绳、组合件和纤维块制品。这种分类方法直观地反映了耐火材料的外形。

表 6 – 1　耐火材料的化学组成与分类

分　类	类　别	主要化学成分	主要矿物成分
硅质制品	硅砖 石英玻璃	SiO_2 SiO_2	磷石英、方石英、 石英玻璃
硅酸铝质制品	半硅砖 黏土砖 高铝砖	SiO_2、Al_2O_3 SiO_2、Al_2O_3 SiO_2、Al_2O_3	莫来石、方石英 莫来石、方石英 莫来石、刚玉
镁质制品	镁砖(方镁石砖) 镁铝砖 镁铬砖 镁橄榄石砖 镁硅砖 镁钙砖 镁白云石砖 镁碳砖	MgO MgO、Al_2O_3 MgO、Cr_2O_3 MgO、SiO_2 MgO、SiO_2 MgO、CaO MgO、CaO MgO、C	方镁石 方镁石、镁铝尖晶石 方镁石、铬尖晶石 镁橄榄石、方镁石 方镁石、镁橄榄石 方镁石、硅酸二钙 方镁石、氧化钙 方镁石、无定形碳(或石墨)
白云石质制品	白云石砖	CaO、MgO	氧化钙、方镁石
铬质制品	铬砖 铬镁砖	Cr_2O_3、FeO Cr_2O_3、MgO	铬铁矿 铬尖晶石、方镁石
碳质制品	碳砖 石墨制品 碳化制品	C C SiC	无定形碳(石墨) 石墨 碳化硅
锆质制品	锆英石砖	ZrO_2、SiO_2	锆英石
特殊制品	纯氧化物制品	Al_2O_3、ZrO_2、 CaO、MgO	刚玉、高温型 ZrO_2 氧化钙、方镁石
	其他:碳化物 　　氮化物 　　硅化物 　　硼化物 　　复合耐火材料	SiC Si_3N_4 $MoSi_2$ B_4C $Al_2O_3 \cdot SiC \cdot C$	

6.2　耐火材料的组成

耐火材料的性质取决于其中的物相组成、分布及各相的特性,即取决于制品的化学组成。化学组成一定时,可以采用适当的工艺,获得具有一定特性的矿物组成

（如晶型、晶粒大小、分布以及形成固溶体和玻璃相等），在一定限度内提高制品的使用性能。

6.2.1 化学组成

通常将耐火材料的化学组成按各成分含量和作用分为两部分，即占绝对多量的基本成分——主成分，和占少量的处于从属地位的副成分。副成分是原料中伴随的夹杂成分和在工艺过程中特别加入的添加成分。

1. 主成分

主成分是耐火制品中构成耐火材料基体的成分，是耐火材料的特性基础。主成分的性质和数量直接决定制品的性质。耐火材料按其主成分的化学性质可分为三类。

一类是酸性耐火材料，这种耐火材料中含有相当数量的二氧化硅（SiO_2），酸性最强的耐火材料是硅质耐火材料，几乎由 94% ~ 97% 的 SiO_2 构成。黏土质耐火材料与硅质相比，SiO_2 的量较少，是弱酸性的，半硅质耐火材料居于中间。

另一类是中性耐火材料，主要指碳质耐火材料、高铝质耐火材料（Al_2O_3 45% 以上），它们是偏酸性而趋于中性的耐火材料，铬质耐火材料则是偏碱性而趋于中性的耐火材料。

还有一类是碱性耐火材料，其中含有相当数量的 MgO 和 CaO 等。镁质和白云石质耐火材料是强碱性的，铬镁系和镁橄榄石质耐火材料以及尖晶石耐火材料属于弱碱性耐火材料。

此种分类对于了解耐火材料的化学性质，判断在使用中耐火材料之间及耐火材料与接触物之间的化学作用情况有着重要意义。

2. 杂质成分

耐火材料的原料绝大多数是天然矿物，含有一定量的杂质。这些杂质是某些能与耐火基体作用而使其耐火性能降低的氧化物或化合物，通常称为溶剂型杂质。例如镁质耐火材料化学成分中的主要成分是 MgO，其他氧化物成分属于杂质成分。因杂质成分的熔剂作用使系统的共熔液相生成温度降低，单位熔剂生成的液相量增多，且随温度上升液相量增长速度加快。液相黏度愈小，润湿性愈好，则杂质熔剂作用愈强。杂质的熔剂作用可通过相应的相平衡图定量计算来进行比较。例如在硅质耐火材料中，往往含有一些 Al_2O_3、TiO_2 等杂质，Al_2O_3 和 TiO_2 与 SiO_2 都有共熔关系，其熔融温度相应为 1545 ℃ 和 1550 ℃，差别仅为 5 ℃。但在 1600 ℃ 时，若 Al_2O_3 和 TiO_2 含量均为 0.7%，所产生的液相量却相差很大，SiO_2 - Al_2O_3 系为 19%，SiO_2 - TiO_2 系为 8%，因而 Al_2O_3 对 SiO_2 的熔剂作用比 TiO_2 强。

耐火制品中杂质成分除熔剂作用外，还具有降低制品烧成温度、促进烧结的作用，但同时也会使制品的某些耐火性能降低。

3. 添加成分

在耐火材料的生产中,为了促进其高温变化和降低烧成温度,有时加入少量的添加成分。如在制造 ZrO_2 质耐火材料时,为了利用 ZrO_2 优越的热稳定性,避免在 $1000\sim1200\ ℃$ 范围的破坏性晶型转变,常加入 CaO、MgO、Y_2O_3 等稳定剂;又如在制造高含量 Al_2O_3 耐火材料时,往往添加少量的 MgO 以促进烧结。

从化学组成看,构成耐火材料的主要物质一般都具有很高的熔点,表 $6-2$ 列出了一些常见耐火材料组分的熔点。

表 $6-2$　常见耐火材料中的主要物质和熔点

名称	成分	熔点/℃	名称	成分	熔点/℃
氧化硅	SiO_2	1725	莫来石	$3Al_2O_3\cdot2SiO_2$	1810
氧化铝	Al_2O_3	2050	镁铝尖晶石	$MgO\cdot Al_2O_3$	2135
氧化镁	MgO	2800	镁铬尖晶石	$MgO\cdot Cr_2O_3$	2180
氧化钙	CaO	2570	白云石	$MgO\cdot CaO$	2300
氧化铬	Cr_2O_3	2435	正硅酸钙	$2CaO\cdot SiO_2$	2130
氧化锆	ZrO_2	2690	锆英石	$ZrO_2\cdot SiO_2$	2500
石墨	C	3700	镁橄榄石	$2MgO\cdot SiO_2$	1890
氮化硼	BN	3000	碳化硅	SiC	2700
氮化硅	Si_3N_4	2170	碳化硼	B_4C	2350

6.2.2　矿物组成

矿物组成指由材料中的氧化物或非氧化物形成的不同矿物相及其含量。矿物相分为结晶相和玻璃相两类。结晶相种类很多,在微观结构中,熔点较高且起主导作用的晶相称为主晶相,其性质、数量、晶体大小和排列分布等因素决定了材料的基本性能;在材料主晶相间填充的其他不同成分的晶相和玻璃相,称为结合相,也是基质材料。在不定形耐火材料中,基质材料具有决定性的作用。

绝大多数耐火制品,按其主晶相和基质成分可分为两类:一类是仅含晶相的多成分制品,基质多为细微的结晶体,如镁砖、铬镁砖等耐火材料。这些制品在高温下烧结时,产生一定数量的液相,但液相在冷却过程中并不形成玻璃,而是形成结晶性基质,将主晶相胶结在一起,基质晶体的成分不同于主晶相成分。另一类是既含晶相又含玻璃相的多相组成体,如黏土砖、硅砖等,这些制品在烧结时也产生一定数量的液相,液相在冷却过程中,形成非晶态玻璃基质,将晶体胶结在一起。与此相应,耐火材料的微观组织结构也有两种类型:一种是由硅酸盐类玻璃体结合物胶结晶体的结构类型;另一类由晶体颗粒直接交错结合成结晶网。微观结构上的差别取决于耐火材料的组成和制备工艺。组成和工艺条件不同,所形成的矿物相的种类、数量、晶粒大小和结合情况不同,获得的耐火制品的高温使用性能也将不同。已知属于直接交错结合成结晶网的制品具有更优越的高温性能,因此,这些年来,国内外都在致力于研究和制造直接结合砖,即采用高纯原料,减少砖中低共熔结合物,并在高温下使少量液相移向颗粒间隙中,而不包围在固体颗粒周围,使固体颗粒构成连续的结晶网,形成直接结合的结构,从而显著提高制品的高温性能,延长使用寿命。

6.3　耐火材料的宏观组织结构和性能

6.3.1　宏观组织结构

耐火材料的组织结构可以分为宏观结构和微观结构两类。前面简要介绍了耐火制品的微观结构特征,其中各矿物相的含量、颗粒大小、形状和排列分布等情况,一般需借助于显微镜才能鉴别,故又称之为显微组织结构。从宏观上看,耐火材料是由固相(包括结晶相和玻璃相)和气孔两部分构成的非均匀体,其中各种形状和大小的气孔与固相之间的宏观关系(包括它们的数量、大小、分布和结合状况等)构成耐火材料的宏观组织结构,通常能用肉眼和物理方法测定。

耐火材料的宏观组织结构一般用气孔率、体积密度(亦称容积质量)、真密度和透气度等宏观性能指标来表征,这些性能与材料的致密度直接相关,对耐火材料的抗渣性、抗热震性和导电率等性能也有一定影响。因此,宏观结构性能是评价原料和成形体质量的重要指标。

1. 气孔率

耐火材料中的气孔是由原料中气孔和成形后颗粒间的气孔所构成,可分为三类:①闭气孔,它封闭在制品中不与外界相通;②开口气孔,一端封闭,另一端与外界相通,能为流体所填充;③贯通气孔,贯通制品两面,能为流体通过。

为简便起见,通常将上述三种类型的气孔合并为两类,即开口气孔(包括贯通气孔)和闭口气孔。在一

图 6 - 1　耐火材料制品中气孔类型
1—封闭气孔;2—开口气孔;3—贯通气孔

般耐火材料制品中,开口气孔体积占总气孔体积的绝大部分,闭口气孔体积占的比例则很小,另外,闭口气孔体积也难以直接测定。因此,制品的气孔率指标,常用开口气孔率(亦称显气孔率)来表示。

总气孔率(或真气孔率)$A = (V_1 + V_2)/V_0 \times 100\%$,开口气孔率(显气孔率)$B = V_1/V_0 \times 100\%$,式中 V_0,V_1,V_2 分别代表气孔总体积、开口气孔体积和闭口气孔体积,单位是 cm^3。

气孔的形状、大小及数量对耐火材料制品的质量有显著影响,在研究气孔对耐火制品在使用过程中被外界介质(如液体、熔渣、气体等)侵入而加速其损坏的影响时,通常认为贯通气孔起着主要作用;开口气孔也能被介质侵入,但因其中空气被压缩,对流体侵入有阻碍作用,受外界介质侵蚀的影响较贯通气孔小;闭口气孔的影响不大。

2. 体积密度

体积密度指试样烘干后的质量与其体积之比值,即制品单位体积(表观体积)的质量,单位是 kg/m^3 或 g/cm^3。体积密度是表征耐火制品致密程度的主要指标,密度高时,可减少外部侵入介质对耐火材料作用的总表面积,从而提高使用寿命,所以致密化是提高耐火材料质量的重要途径。通常在生产中应控制原料煅烧后的体积密度、砖坯的体积密度和制品的烧结程度。由于体积密度较易测定,在生产中通常作为判断烧结程度的手段。

3. 真密度

真密度指不包括气孔在内的单位体积耐火材料的质量,可用下式表示:

$$d_{真} = G/[V - (V_1 + V_2)] \quad (g/cm^3) \qquad (6-1)$$

式中 G 为干燥试样重量(单位为 g),V、V_1、V_2 分别为试样总体积、开口气孔体积、闭口气孔体积,单位是 cm^3。

4. 透气度

透气度是表示气体通过耐火制品难易程度的特性值,耐火材料的透气度是在一定时间内,由一定压力的气体透过一定断面和厚度的试样的数量。用下式来表示:

$$k = Qd/(p_1 - p_2)At \qquad (6-2)$$

式中 Q 为气体透过的数量,单位为 L;d 为试样的厚度,单位为 m;A 为试样的横截面积,单位为 m^2;$(p_1 - p_2)$ 为试样两端的压力差,单位为 N/cm^2;t 为时间,单位为 s。

显然,透气度与气孔的构造、形状和含量有关,也与耐火材料的裂纹有关。

通常认为,制品的透气度愈小愈好,但随着技术的发展,为满足特殊的使用条件,有时候则要求制品有良好的透气度。例如,为了提高钢的质量,用氩气通过透气砖对钢液进行净化处理,这种透气制品的透气度被视为一种重要的性能指标。

6.3.2 耐火材料的性能

1.热学性能

热学性能包括热膨胀、热导率、热容等,前面两个性能最常用,与材料的组成和使用有密切关系。

(1)热膨胀

耐火材料的热膨胀很重要,砌筑耐火构件时必须考虑材料的加热膨胀而留出一定的膨胀缝。热膨胀性能可以用线膨胀率或线膨胀系数表示,也可以用体膨胀率表示。

耐火材料的热膨胀取决于它的化学组成、矿物组成及微观结构。图 6-2 给出几种耐火材料的热膨胀曲线。

从图 6-2 可以看出这些耐火材料加热到 1400 ℃其膨胀率(伸长率)可增长 1% ~2%,许多耐火材料都是随温度升高而逐渐均匀伸长,伸长率与温度的关系近似于线性关系。硅砖则是由于 SiO_2 的晶型转变在 600 ℃以前膨胀比较厉害,而在高温下很小,甚至出现负膨胀(或收缩),产生收缩的原因是未完全烧结、发生了相变或化学反应等几个因素中的一个或几个共同作用。

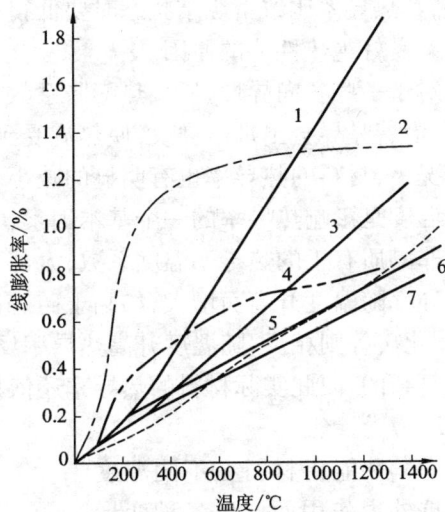

图 6-2 耐火材料的热膨胀曲线
1. 镁砖;2. 硅砖;3. 铬镁砖;4. 半硅砖;
5. 黏土砖;6. 高铝砖;7. 黏土砖

耐火材料的热膨胀对其抗热震稳定性有直接影响,在烧成或使用过程中应根据材料的热膨胀特性来确定烧成温度制度和烘烤温度制度。如升温到发生体积变化的晶型转变点时,应采用缓慢的升温速率或在该温度保温一段时间,避免产生过大的热不均匀性,因为升温到某一温度时,直接与热源接触的部位的温度与材料内部的温度是不同的,也就是说,耐火砖中要达到温度均一需要一定的时间间隔,如果出现较大的温度差,由于砖材中热膨胀不均匀,形成机械应力,当应力超过材料的强度时,就会导致断裂。

(2)热导率

热导率是表征耐火材料导热特性的一个物理指标,是在单位温度梯度下通过单位面积试样的热流速率。

耐火材料的热导率对于高温热工设备的设计是不可缺少的重要数据。对于那些要求绝热性能良好的轻质耐火材料和要求导热性能良好的隔焰加热炉结构材料,热导率的测定都具有重要意义。

耐火材料的热导率与其化学组成、组织结构及温度有密切关系。材料的化学组成越复杂、杂质含量越多、添加成分形成的固溶体越多,它的热导率降低越明显;晶体结构越复杂的材料,热导率也越小。例如 $MgAl_2O_4$ 的热导率比 Al_2O_3、MgO 的热导率都低,莫来石的结构比 $MgAl_2O_4$ 更复杂,因而热导率更低。

耐火材料中含有的气孔总是降低材料的导热能力,气孔率愈大,则热导率愈小。以黏土砖的实测数据为例,当体积密度分别为 2.2、1.95、0.8 时,其热导率相应为 1.28、1.05、0.58 W/m·℃。对于纤维和粉末材料,因在其间的气孔形成了连续相,其热导率比致密烧结状态时要低得多,这也是通常粉末、多孔材料和纤维类材料有良好绝热性能的原因。

对于一些各向异性显著、热膨胀系数相差大的多相复合材料,由于存在大的内应力,沿着晶界会出现微裂纹,使热流受到严重阻碍,这样即使是在总气孔率很小的情况下,材料的热导率也有明显的减小。

温度是影响热导率的一个基本因素,一般晶体具有负的热导率温度系数,玻璃质和非晶质有正的热导率温度系数,大部分耐火材料因其中含有相当量玻璃质使其热导率随温度升高而增大,如黏土砖、硅砖大都是如此。但有些耐火材料,如镁砖、碳化砖等则相反,随温度升高热导率反而降低。影响耐火材料热导率的因素是比较复杂的,因此实际材料的热导率还依靠实验测定。

2. 力学性能

力学性能指材料在不同温度下抵抗外力作用而产生各种变形和应力但不被破坏的能力,耐火材料的力学性能可分为常温力学性能和高温力学性能。前者的有关知识已在第二章作了介绍。下面介绍耐火材料的高温力学性能。

(1)高温耐压强度

高温耐压强度是材料在高温下单位截面所能承受的极限压力。图6-3给出了几种耐火材料的耐压强度与温度的关系。

由图可见,耐压强度与温度变化呈现复杂的关系。镁砖在室温至1400℃温度范围内,耐压强

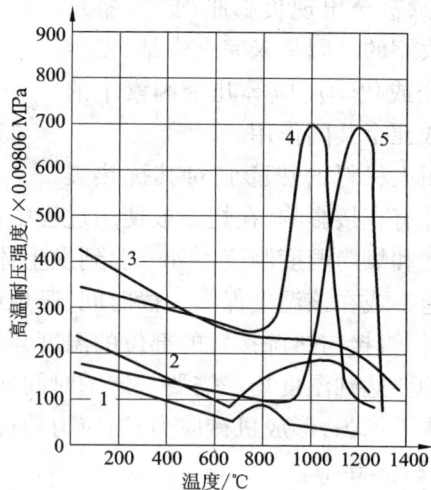

图6-3　耐火材料的高温耐压强度与温度的关系

1,2.硅砖;3.镁砖;4.高铝砖;5.黏土硅

度随温度升高而下降;硅砖、高铝砖及黏土砖在较低温度段,耐压强度随温度升高而下降;在较高温度段,强度随温度上升而增加,出现极大值,温度进一步升高,强度急剧下降。这种变化与耐火材料的液相的出现以及基质与主晶相结合程度的变化有关。

(2)高温断裂强度

高温断裂强度是指材料在高温下单位截面积所能承受的极限弯曲应力,它表征材料在高温下抵抗弯曲的能力,也称为高温抗弯强度。测定时采用三点弯曲法。

耐火材料的高温强度与其实际使用效果密切相关。抗弯强度愈大则抵抗因温度梯度产生的剪应力的能力愈强,因而制品在使用时不易产生剥落现象。高温抗弯强度大的制品亦会提高其对物料的抗撞击和耐磨性,增强化学稳定性,因此,高温抗弯强度常作为表征制品强度的指标。

耐火材料的高温抗弯强度,取决于制品的化学组成、组织结构和生产工艺。其中,熔剂型添加物或杂质及烧成温度对制品的抗弯强度有显著影响。

3. 高温使用性能

(1)耐火度

耐火材料在无荷重时抵抗高温作用而不熔化的性质称为耐火度。它与熔点不同,熔点是纯物质的结晶相与其液相处于平衡状态下的温度。耐火材料是由各种矿物组成的集合体,无固定熔点,只有一个熔融温度范围。

耐火度是个技术指标,其测定方法是:把试验物料制作成截头三角锥,上底每边长 2 mm,下底每边长 8 mm,高 30 mm,截面成等边三角形。将其在一定升温速度下加热时,液相量随温度升高而增加,黏度随之降低,当液相量增加到一定时由于其自重的影响而逐渐变形弯倒,当其弯倒直至顶点与底盘相接触的温度,即为试样的耐火度。

材料的矿物组成和微观结构是影响耐火度的最基本因素,各种杂质成分特别是强熔剂杂质成分严重影响耐火度。因此,对原材料进行精选和高纯化十分必要。应当指出,将耐火度作为一般材料的使用温度是不对的,因为达到耐火度温度时,材料已软化。使用温度采用耐火度和荷重软化温度等性能指标综合评定。

(2)荷重软化温度

荷重软化温度指试样在连续升温条件下承受恒定载荷而产生变形的温度。它表征材料在高温和荷重共同作用下的抵抗变形的能力。

荷重软化温度的测定方法是在制品上切取并加工成直径为 50 mm 和高为 50 mm 的圆柱体,施加 0.2 MPa 的静压力,按一定的升温速度连续升温加热,测定试样压缩 0.6%(即试样高度压缩 0.3 mm)、4%(压缩 2 mm)和 40%(压缩 20 mm)的温度,以压缩 0.6% 时的变形温度为被测材料的荷重软化开始温度,即通称的荷重软化温度。表 6-3 给出了几种耐火材料的耐火度和荷重软化温度。

表 6 – 3　　几种耐火材料的耐火度及 0.2 MPa 荷重变形温度

品种名称	耐火度/℃	开始变形温度 T_h/℃	4%变形温度/℃	40%变形温度 T_k/℃	$T_k - T_h$
硅砖	1730	1650	—	1670	20
一级黏土砖	1730	1400	1470	1600	200
三级黏土砖	1250	1320		1500	250
莫来石砖		1600	1660	1800	200
刚玉砖		1870	1900	—	—
镁砖	>2000	1550		1580	30

荷重变形温度主要取决于制品的化合物组成和组织结构,如晶体形成网状骨架,其变形温度高,而晶体以孤立状态分散于液相中,其变形温度低,且液相含量和黏度不同,变形温度也不同。

(3)抗热震稳定性

耐火材料抵抗温度急剧变化而不被破坏的性能称为抗热震稳定性,也称为抗热震性或温度急变抵抗性。硅砖受急冷急热时易产生裂纹、开裂,镁硅易于剥落,这些材料的抗热震稳定性低。

材料在使用过程中,温度的升高或降低不可避免,材料因而产生膨胀或收缩,即产生热应力。当应力超过材料的自身结构强度时,就会发生开裂或剥落,甚至使衬体崩溃,因此,抗热震稳定性是判断材料质量的重要指标,也是设计选材和使用操作的依据之一。

抗热震稳定性与材料的矿物组成、微观结构、物料颗粒大小与分布、热膨胀和热导率等性能有密切的关系,与材料的宏观组织结构和强度也有密切的关系。一般来说,材料的热膨胀率大,抗热震稳定性差;热导率越高,抗热震稳定性越好。

(4)抗蚀性

耐火材料在高温下抵抗外来物质侵蚀作用而不被破坏的能力称为抗蚀性。外来物质包括与耐火材料相接触的冶金炉渣、燃料灰分、飞尘、各种材料(包括固态、液态材料如烧结水泥块、煅烧石灰、铁屑、熔融金属、玻璃液等)和气体物质(如煤气、一氧化碳、硫、碱等气体)等。耐火材料行业也称抗蚀性为抗渣性,如采用抗渣性来表征材料的抵抗侵蚀能力,则"熔渣"的概念具有广泛意义,应包括上述各种物质。

熔渣侵蚀是耐火材料在使用过程中最常见的一种损坏形式,如各种炼钢炉衬及盛钢桶的工作衬、炼铁高炉的炉衬、冶金炉衬、玻璃池窑的池壁以及水泥回转窑的内衬等的损坏,多是由此种作用引起。因此,研究耐火材料的抗蚀(渣)性具有非常重要的意义。

耐火材料的侵蚀包括两个过程:一是耐火材料在熔渣中的溶解过程;二是熔渣向耐火材料内部的侵入(渗透)过程。

溶解过程又可分三种情况:①耐火材料与熔渣不发生化学反应的物理溶解作用,即单纯溶解过程;②耐火材料与熔渣在其界面处发生化学反应的溶解过程,反应的结果使耐火材料的工作面部分转变为低熔物而溶于渣中,同时改变了熔渣和制品的化学组成;③高温溶液或熔渣通过气孔侵入耐火材料内部深处,或通过耐火材料的液相扩散和向耐火材料的固相扩散,使制品的组织结构发生质变而溶解的侵入变质过程。溶解速度与扩散层中耐火材料的扩散系数、扩散层厚度、溶解度、熔渣的黏度等因素有关。

熔渣对耐火材料的侵蚀不仅仅限于表面的溶解作用,而且还能侵入(渗透)耐火材料内部,使其反应面积和反应深度扩大。侵入的程度大致与气孔率成正比,耐火材料的开口气孔率愈高,熔渣侵入速度也愈快;即使耐火材料的气孔率相同,但气孔的形状、大小和分布等情况不同,其侵蚀速度也会发生变化。

6.4　定形耐火材料

6.4.1　硅质耐火材料

硅质制品属酸性耐火材料,对酸性炉渣抵抗能力强,但易被碱性熔渣强烈侵蚀,易受 K_2O、Na_2O 等氧化物作用而破坏,但对 FeO、Fe_2O_3 等氧化物有良好的抵抗性。硅质制品中的典型产品硅砖具有荷重变形温度高的特点,其荷重软化温度接近磷石英、方石英的熔点(1670 ℃,1713 ℃);硅砖砌筑体有良好的气密性和结构强度,最大的缺点是抗热震稳定性低。硅砖主要用于焦炉、玻璃熔窑、酸性炼钢炉及其他热工设备的结构材料。

1. 原料

制造硅砖用原料包括主要原料、结合剂和矿化剂等。硅砖的主要原料是石英。自然界中有许多石英品种,从结晶状态看有隐晶的火石到理想晶体的水晶等,耐火材料中这两个极端品种都不适应,原因是煅烧过程中低温型石英向各种高温型晶型转变时或出现瞬间转化(如火石),或转化特别缓慢(如水晶),最适宜于制造硅砖耐火材料的是胶黏石英岩或块状石英岩。此外,硅砖生产过程中产生的烧成废品也可作为原料使用,这可以减少砖坯的烧成膨胀,减少烧成废品。但加入废砖会降低制品的耐火度和机械强度、增加气孔率,因此,废砖加入量通常控制在20%以下。

硅砖制造中的结合剂有石灰和有机结合剂。石灰以石灰乳的形式加入坯料中,结合砖坯内的石英颗粒,在干燥后增加砖坯的强度。最常用的有机结合剂是亚硫酸纸浆废液,其作用是提高坯料可塑性和砖坯干燥后的强度。

石灰的另一个作用是在烧成过程中起矿化剂作用,促进石英的转变,此外,也有采用轧钢皮(铁磷)、平炉渣、硫酸渣、软锰矿等矿化剂的。

2. 制备工艺

硅砖生产的工艺流程大体可分为原料的组成选择、成形、烧成及冷却四个主要过程。

硅砖要求的粒度一般是大于1 mm的颗粒占30%~35%,0.09~1 mm的颗粒占35%~40%,余下的小于0.09 mm。硅质坯体加热时的松散与烧结能力取决于颗粒组成中粗细两种粒度的性质和数量,粗颗粒转变在很大程度上发生在细颗粒转变和硅体开始烧成之后。所以粗颗粒转变时体积膨胀是砖体趋于松散以至开裂的基本因素。相反,细颗粒多处于颗粒堆积的孔隙中,细颗粒本身的膨胀不仅对砖坯的膨胀影响小,而且因具有较大的比表面积,在高温下与矿化剂作用而使烧结能力增加。因此,希望在砖坯中有足够数量的细颗粒含量,以提高砖坯的烧结性。矿化剂必须在球磨机中细磨,使大于0.5 mm的颗粒不超过1%~2%,小于0.09 mm的颗粒大于80%。

符合粒度要求的原料选好后,可进入成形阶段制备硅砖坯料。坯料的成形性能受颗粒组成、水分和加入物的影响,调整这些因素可以改善坯料的成形性能。由于硅质坯料的结合性和可塑性都很差且质硬,因此,为了保证制得致密砖坯,需要采用加压成形,通常成形压力应不低于100~150 MPa。

将成形并干燥后的砖坯送入烧成窑内烧结。在烧成过程中伴随有大量的物理化学变化,如砖坯中残余水的排除,石灰乳[$Ca(OH)_2$]的脱水反应,SiO_2的晶型转换,CaO与SiO_2、Fe_2O_3与SiO_2的固相反应等。根据这些变化的特点,可制定出烧成制度。在600℃以下时,虽有$\beta \rightarrow \alpha$型SiO_2的晶型转变以及伴随的体积变化,但由于坯体的导热性差,加热时的坯体中心部位温度低于表面温度,因此$\beta \rightarrow \alpha$石英转变不是在瞬间完成的,而是发生在某一温度范围,在坯体内不会引起很大的应力,且对坯体强度影响不大,因此,在此阶段,可用较快而均匀的升温速度烧成,通常在20~600℃间的升温速率为20℃/h;在600~1100℃温度范围内,因砖坯体积变化不大,强度逐渐提高,不会产生过大热应力,在保证砖坯均匀加热的前提下,可快速升温,一般采用25℃/h的升温速度;在1100℃至烧成最高温度范围内,晶型转变及体积变化均很显著,它是决定砖坯出现裂纹与否的关键阶段,这个阶段升温速度应逐渐降低,并能缓慢均匀升温。硅砖最高烧成温度应不超过 1430 ℃。烧成温度过高时,方石英生成量多,导致烧成废品率增加。硅砖烧成至最高烧成温度时,通常根据制品的形状大小、窑的特性、晶型转变难易、制品要求的密度等给以足够的保温时间,一般波动在 20 ~ 48 h。

硅砖烧成后,高温下(600 ~ 800℃以上)可以快冷;低温时因有方石英和磷石英的快速晶型转变,产生体积收缩,故应缓慢冷却。

3. 硅砖的使用

硅砖的使用主要从它在 600 ℃以上耐温度急变性能的好坏来考虑。硅砖在急冷急热时易产生开裂,因此应特别注意哪些部位经常在这个温度范围内变化,如炼焦炉、煤气发生炉、空气加热器、电炉炉顶等。另一个使用区域是熔窑建筑后的烤窑温度范围。新窑烤窑时需要从室温升温到玻璃熔化温度。因此,耐火材料在烤窑过程中将发生一系列晶型转变和体积效应。由于硅砖在 200 ℃到 700 ℃温度范围内有较大的热膨胀,烤炉时必须十分仔细地制定升温曲线并严格控制升温速度。硅质耐火材料除硅砖外,还有特种硅砖、石英玻璃及其制品等。

6.4.2　硅酸铝质及刚玉质耐火材料

硅酸铝质耐火材料是以 Al_2O_3 和 SiO_2 为基本化学组成的耐火材料。根据制品中的 Al_2O_3 含量,可以分为四类:Al_2O_3 含量为 15% ~ 30% 的为半硅质制品;Al_2O_3 含量为 30% ~ 46% 的为黏土质制品;Al_2O_3 含量大于 48% 的为高铝质制品;Al_2O_3 含量大于 90% 的为刚玉质制品。

硅酸铝质耐火材料的基本特性主要取决于它们的矿物组成。而制品的矿物组成随 Al_2O_3、SiO_2 比值不同而异。

半硅质制品中含有一定数量的酸性物质(石英变体),故呈半酸性,耐火度不高,在使用时略有膨胀,有利于保持砌体的整体性,减弱熔渣对砖缝的侵蚀作用。

高铝质耐火材料是用天然高铝矾土原料制造的。通常分为三类:Ⅰ 等制品,其 Al_2O_3 含量大于 75%;Ⅱ 等制品,Al_2O_3 含量为 65% ~ 75%;Ⅲ 等制品,Al_2O_3 含量为 48% ~ 65%。Ⅰ 等制品为莫来石 - 刚玉质或刚玉 - 莫来石质。刚玉的化学稳定性和耐火性比莫来石高,因此,刚玉含量愈高,制品的耐火性愈好。但刚玉的热膨胀系数比莫来石大得多,因而刚玉含量增多,制品的抗热震性能下降。Ⅱ 等高铝制品为莫来石质制品,其中因原料的组成分布不均匀,使部分 Al_2O_3 未与 SiO_2 化合成莫来石,而以刚玉形态单独存在。Ⅲ 等高铝制品与黏土制品的性能相近,其主晶相为莫来石,具有较好的高温性能,对使用条件有较大的适应性。

刚玉制品中主晶相为刚玉,对各种熔渣的侵蚀抵抗能力远比其他硅酸铝质制品强,是一种用途广泛的优质高级耐火材料。

　　硅酸铝质制品及刚玉制品的制备工艺与硅砖制备工艺基本相同,一般都需要经过原料制备、坯料成形、干燥、烧成、冷却等几个阶段。

6.4.3　碱性耐火制品

　　许多其他高熔点氧化物如 MgO、CaO、Cr_2O_3 也作为主要组分制成特殊耐火材料。如果这些物质的总和在制品中占绝大多数则称为碱性制品,如镁砖、铬镁砖、烧结白云石砖、镁橄榄石砖以及尖晶石砖等大都属于此类。

　　除作为砖标志的 MgO、CaO、Cr_2O_3 等氧化物以外,砖中还可能含 Fe_2O_3、Al_2O_3、SiO_2 等,这些组分被称为杂质,镁砖中的 CaO 就是属于杂质范围。

6.4.4　特种制品

　　除上述致密耐火砖外,还有一系列具有特殊性质和特殊用途的耐火材料。可以粗略地分为氧化物和非氧化物两类。

　　在特殊材料中,以硅酸锆($ZrSiO_4$,矿物名称为锆英石)及氧化锆(ZrO_2,矿物名称为斜锆石)为基料的耐火材料具有十分重要的意义。特别是高质量 ZrO_2 材料的使用有日益增加的趋势。

　　玻璃工业中将锆英石耐火材料用来建造硼硅酸盐玻璃及乳浊玻璃的熔化池,锆英石也具有良好的抵抗 V_2O_5 侵蚀的能力。它的另一使用范围是钢铁工业,除钢液桶用 $ZrSiO_4$ 材料作衬里外,主要用作连续铸钢的浇注口和封口闸板等。

　　在非氧化物特殊耐火材料中以碳素最具有实用价值,它的熔点约为 3570 ℃,具有很高的耐火度。

　　碳素砖由非晶型煤烟与石墨混合制成,突出性能是热膨胀小和导热性能好,但要求石墨化的程度比较高。高炉中可用碳素砖铺底及作支撑和基座用。

　　另一种非氧化物材料是碳化硅砖,SiC 的含量在40% ~90% 之间,可在 1400 ~1600 ℃下烧成。SiC 材料的突出性能是高温抗弯强度很高,导热性能好,热膨胀小,因而其耐高温急变性特别好。主要用作直接加热的窑炉和用作窑具。SiC 具有抵抗非铁金属如锌、铝、铜、铅侵蚀的能力,可用于直接与这些金属熔体接触的部位。

6.4.5　熔铸制品

　　前面介绍的耐火制品都是按一般陶瓷成形方法制得的,大多数由压制法制造。另一种制造工艺是根据氧化物熔体在高温(大于 2000 ℃)中有足够高的导电性,因而可以在电阻炉或电弧炉中通过熔铸方法而制得耐火材料。作为炉衬就是熔体外部的凝固物。成形方法是将熔体浇注到准备好的模子中,冷却后再脱模。这种成形方法制造的砖的气孔率很低,开口气孔率几乎为零。如果采取适当的措施避免形成熔铸空洞,闭口气孔也很少,因而制品抗侵蚀性特别强,主要用于玻璃熔化池的砌筑。

6.5 不定形耐火材料

6.5.1 定义与分类

各工业部门新技术、新工艺、新装备的不断涌现,促进了工业窑炉的变革,推动了耐火材料的发展,而且品种结构也发生了质的变化。定形耐火材料的产量在逐年下降,而被喻为第二代耐火材料的不定形耐火材料的产量在逐年上升,详情见表 6-4。

表 6-4 若干国家历年耐火材料品种结构的变化   /%

国 名	年 度	黏土砖	高铝质砖	硅砖	碱性砖	其 他	不定形材料
美国	1970	42.6	6.8	2.8	11.1	5.0	31.5
	1975	37.7	7.6	2.4	12.4	2.7	37.1
	1987	17.2	13.6	1.3	9.3	9.1	49.5
日本	1970	50.0	5.4	7.4	15.3	7.2	14.7
	1975	36.4	6.3	5.3	14.0	7.2	30.8
	1980	32.2	6.4	2.2	15.8	8.6	34.7
	1986	20.8	8.2	1.4	14.0	11.6	44.0
	1990	18.2	11.1	0.4	15.6	7.1	47.6
前西德	1970	44.9		4.4	12.9	7.3	30.5
	1975	29.0	5.4	3.6	20.5	8.8	32.5
	1986	18.9	8.0	2.7	24.8	6.8	44.8
前苏联	1970	73.9		7.0	18.2	0.8	
	1975	46.0	2.6	4.8	12.1	1.0	33.5
	1985	42.6	1.6	5.1	13.7	2.2	34.9
	1990	41.7	2.1	5.2	13.9	1.2	36.0
中国	1970	69.5	8.7	5.5	14.9		1.4
	1975	68.4	10.1	3.1	16.6		1.8
	1980	65.8	8.5	3.0	12.3	2.7	7.7
	1985	61.2	10.4	2.4	10.4	5.0	10.6
	1990	59.9	7.4	1.3	8.6	7.2	15.6

从表列数据可以看出,不定形耐火材料是耐火材料工业的重要发展方向。

1. 定义

不定形耐火材料是由耐火骨料和粉料、结合剂或另掺外加剂以一定比例组合的混合料,在使用地点才制成所需要的形状并进行热处理,故称为不定形耐火材料。

耐火骨料一般指粒径大于 0.09 mm 的颗粒,它是不定形耐火材料组织结构中的主体材料,起骨架作用,决定其物理和高温使用性能,也决定材料的应用范围。耐火骨料的品种很多,能做定形耐火材料的原料,均可作为耐火骨料,如工业炉渣、废旧耐火砖、陶粒、多孔物料、膨胀珍珠岩和白砂石等。

耐火粉料也称为细粉,一般指粒径等于或小于 0.09 mm 的颗粒料。它是不定形耐火材料组织结构中的基质材料,一般在高温作用下起胶结耐火骨料的作用。耐火材料粉料通常用优质黏土熟料、矾土熟料、软质黏土、氧化铝、刚玉、莫来石、尖晶石、镁砂和硅石等原料经筒磨机磨细而成,故细粉亦称作为筒磨粉。当细粉粒径小于 5 μm 时,则称为超微粉。

结合剂是能使耐火骨料和粉料胶结起来并显示出一定强度的材料。它是不定形耐火材料的重要组成部分,可用无机、有机及其复合物等材料作为结合剂,其主要品种有水泥、水玻璃、磷酸、溶胶、树脂、软质黏土和某些超微粉等。结合剂在一定条件下通过水合、化学聚合和凝聚等作用,使拌和物硬化并获得强度。

外加剂是强化结合剂作用和提高基质相性能的材料,它是耐火骨料、耐火粉料和结合剂构成的基本组分之外的材料。外加剂种类很多,分为促凝剂、分散剂、减水剂、抑制剂、早强剂和膨胀剂等。

2. 分类

不定形耐火材料品种繁多,命名不一。其分类一般不是按化学组成而是按施工或用途分类的。按施工制作方法的不同,可分为耐火浇注料、耐火捣打料、耐火可塑料、耐火喷涂料、耐火涂抹料、耐火投射料、耐火压入料、不烧砖、耐火泥浆或耐火泥等。这种分类方法,不甚严谨,但在实际使用中用得最多,也最形象,因而为各国所普遍采用。按工艺特性而分类的各种不定形耐火材料的主要特征如表6-5所示。

表6-5　不定形耐火材料的主要特征

种　类	定　义　和　主　要　特　征
浇注料	以粉粒状耐火材料与适当结合剂和水等配成并具有较高流动性的耐火材料。多以浇注或(和)震实方式施工。结合剂多用水硬性铝酸钙水泥。用绝热的轻质材料制成者称轻质浇注料。
可塑料	由粉粒状耐火物料与黏土等结合剂和增塑剂配成,呈泥膏状,在较长时间内具有较高可塑性。施工时可轻捣或压实,经加热获得强度。

续表

种　类	定　义　和　主　要　特　征
捣打料	以粉粒状耐火物料与结合剂组成的松散状耐火材料,以强力捣打方式施工。
喷射料	以喷射方式施工用的不定形耐火材料,分湿法施工和干法施工两种。因主要用于涂层和修补其他炉衬,还分别被称为喷涂料和喷补料。
投射料	以投射方式施工用的不定形耐火材料。
耐火泥	以细粉状耐火物料和结合剂组成的不定形耐火材料。有普通耐火泥、气硬性耐火泥、水硬性耐火泥和热硬性耐火泥之分。加适当液体制成的膏状和浆状混合物料,常称为耐火泥膏和耐火泥浆。用于涂抹之用时,也称为涂抹料。

6.5.2　浇注耐火材料

浇注料由耐火物料制成的粒状和粉状料并加入一定量结合剂和水分共同组成。它具有较高的流动性,适宜用浇注方式施工。

有时为减少其加水量或提高其流动性,还可另加减水剂或塑化剂。有时为促进其凝结和硬化,还可再加促硬剂。由于其基本组成和施工、硬化过程与土建工程中常用的混凝土相同,因此也常称此种材料为耐火混凝土。

1. 浇注料用的耐火骨料和粉料

（1）粒状料

粒状料可由各种材质的耐火原料制成。以硅酸铝质熟料和刚玉质材料用得最多。硅质、镁质、尖晶石质、铬质、锆英石质和碳化硅质材料也可用,根据需要而定。

当采用硅酸铝质原料时,常用蜡石、黏土熟料和高铝矾土熟料。硅线石类天然矿物可不经煅烧而直接使用。但是蓝晶石不宜直接用作粒状材料,原因是矿物在1200～1400 ℃范围内变成莫来石时发生急剧体积膨胀。若将其制成粉状料加入不定形耐火材料之中,可防止烧缩。红柱石在莫来石化时的膨胀性低于硅线石和蓝晶石,可直接使用。由烧结和熔融法合成的莫来石,可用作浇注料的优质原料。烧结和熔融刚玉制成的粒状料可制成高温性能良好、耐磨损和耐冲刷、宜于在强还原气氛下使用的不定形耐火材料。

硅质材料在中温下体积膨胀较大,高温下与碱性结合剂的反应强烈,体积稳定性和耐热震性都很低,因此,用者极少。在这类材料中的熔融石英,由于其热膨胀系数极小,耐热震性很好,并耐酸性介质的侵蚀,因而可在中温下使用,特别是可作为某些要求耐热震性高的化学工业炉窑所用浇注料的原料。

镁质材料的热膨胀系数较大,在急剧加热时易崩裂,除在加热炉炉底使用以外,很少作为加热炉用浇注料的原料。但是,这种材料耐碱性熔渣的能力很好,可用作受碱性熔渣侵蚀的熔炼炉用浇注料的原料。如与石墨等混合,用残碳量较高的有机结合剂可制成具有优良特性的镁质浇注料。

铬质材料的质量因产地不同而异。可用于加热炉中气氛变化不大的部位。在加热炉中,碱性同酸性材料的中间隔层处可用这种材料。

尖晶石材料耐高温性能良好,是制造尖晶石浇注料的主要原料。

锆英石是制造锆英石浇注料的重要原料。

碳化硅是制造浇注料的优质原料,既可用于制造高温还原气氛下使用的浇注料,更宜于制造要求耐磨、高导热和耐热震的浇注料。

一般认为,以烧结良好且吸水率为 1% ～5% 的烧结材料作为粒状料,可获得较高的强度。以熔融材料作为粒状料,因其表面不吸水,易使浇注料中粗颗粒的下部集水多,使颗粒与结合剂之间结合强度降低。而且在使用过程中也不易烧结为致密的整体。但若以超细粉的形式加入,则不仅对强度无不利影响,而且可提高耐侵蚀性。要制造抗热震性很好的不定形耐火材料,可选用热膨胀系数很小和导热性很高的材料作为粒状料,如在高温下使用的浇注料可用碳化硅和石墨质;在中温下,除可使用熔融石英外,利用 $SiO_2 - Al_2O_3 - MgO$ 系的堇青石和 $SiO_2 - Al_2O_3 - LiO_2$ 系的锂辉石作为粒状料,也具有此种效果。

浇注料的粒状料也可用轻质多孔的材料制成。另外,还可使用纤维质的耐火材料和钢纤维作为浇注料的强化材料,制成含纤维的浇注料。

(2)粉状料

浇注料的细料,对实现骨料和粉料的紧密堆积,避免粒度偏析,保证混合料的流动性,提高浇注料的致密性与结合强度,保证其体积稳定性,促进其在使用中的烧结和提高其耐侵蚀性都是极重要的。因此,除材质必须得到保证外,粒度组成也应合理,细度应较高,并应含有一定量粒度小于 1 μm 的超细粉。

在浇注料中由于结合剂的加入,往往产生助熔作用,使浇注料基质部分的高温强度、体积稳定性和耐侵蚀性有所减弱。为提高基质的品质,避免基质部分可能带来的不利影响,常采用与粒状料相同材质的原料中等级更优良者作为粉料,以使其与粒状料的品质相当。

在高温下浇注料的基质部分一般都要收缩。而由体积稳定的熟料所制成的粉状料却因受热而膨胀。两者间产生较大的胀缩差,引起内应力,甚至在结合层之间产生裂纹,降低耐侵蚀性。为避免此种危害,除应尽量选用热膨胀系数小的耐火材料作为粒状料外,在构成基质的组分中可加入适量的膨胀剂,使基质和粒状料的热膨胀系数尽可能匹配。

2.浇注料用的结合剂

结合剂是浇注料中不可缺少的重要组分。在浇注料中用的结合剂多为具有自硬性或加少量促硬剂即可硬化的无机结合剂。最广泛使用的为铝酸钙水泥、水玻璃和磷酸盐。另外,制造含碳浇注料或由易水化的碱性原料制造浇注料,也常用有机结合剂。

3．浇注料的配制与施工

浇注料的各种原料确定以后，首先要经过合理的配合，再经搅拌而制成混合料。根据混合料的性质采取适当方法浇注成形并养护。最后将已硬化的构筑物经正确烘烤处理后投入使用。

（1）浇注料的配合

1）骨料与粉料的搭配，根据最紧密堆积原则进行配合。

由于浇注料多用于构成各种断面较大的构筑物和大型砌块，与耐火砖相比，粒状料的极限粒度可相应增大。但是，为避免颗粒与水泥石之间在加热过程中产生的胀缩差值过大，而导致两者的结合破坏，提高浇注料硬化后的体积稳定性和耐热震性，除应选用低膨胀性的粒状料以外，也应当适当控制极限粒度。一般认为，震动成形者，粒度应控制在 10 ~ 15 mm 以下；机压成形者粒度应小于 10 mm；对大型制品或整体构筑物粒度则不应大于 25 mm；各种颗粒皆应小于断面最小尺寸的1/5。

各级颗粒料的配比，一般为 3 ~ 4 级，颗粒料的总量约占 60% ~ 70%。

在高温下体积稳定且细度很高的粉状掺合料，特别是其中还有一部分超细粉的掺合料，对浇注料的常温和高温性质都有积极作用，应配以适当数量，一般认为细粉用量在 30% ~ 40% 为宜。

2）结合剂及促凝剂的确定。结合剂的品种取决于对构筑物或制品性质的要求，应与所选粒状和粉状料材质相对应，也与施工条件有关。

当采用水泥作结合剂时，应兼顾对硬化体的常温和高温性质的要求，尽量选用快硬高强而含易熔物较少的水泥。其用量应适当，一般不宜超过 12% ~ 15%。为避免硬化体因水泥的水化物分解等引起的中温强度降低和提高其耐高温性能，应尽量减少水泥用量，而代以相应材质的高纯超细粉，制成水泥含量较低的（水泥用量 7% ~ 8%，CaO 1% ~ 2.5%）低水泥浇注料和水泥含量很低的（水泥用量 2% ~ 3%，CaO 0.2% ~ 1.0%）超低水泥浇注料。

若采用磷酸或磷酸盐作结合剂，则应视对浇注料硬化剂性质的要求和施工特点，采用不同浓度的稀释磷酸。以浓度为 50% 左右的磷酸计，其外加用量一般控制在 11% ~ 14%。若以磷酸铝为结合剂，当 Al_2O_3、P_2O_5 摩尔比为 1：3.2，密度为 1.4 g/cm^3 时，外加用量宜控制在 13% 左右。由于此种结合剂配制的浇注料硬化体在未经热处理前凝结硬化慢，强度很低，故常外加少量碱性材料以促凝。如以普通高铝水泥作促凝剂，一般外加量为 2% ~ 3%。

若采用水玻璃（$R_2O \cdot nSiO_2$，R 为 Na^+，K^+），应控制其模数及密度。模数是指 SiO_2 与 Na_2O 的摩尔比值。当用模数为 2.4 ~ 3.0、密度为 1.36 ~ 1.40 g/cm^3 的水玻璃时，一般用量为 13% ~ 15%。

其他结合剂及其用量，也依骨料和粉料特性、对硬化物的性能和施工要求而定。

3)用水量。各种浇注料一般都含有与结合剂用量相应的水分。水分可以在结合剂与骨粉料组成混合料后再加入,如对易水化且凝结速度较快的铝酸钙水泥就常以此种形式进行。也可以预先与结合剂混合并制成一定浓度的水溶液或溶胶的形式加入,对需预先水解才具有黏结性的结合剂则主要以此种形式进行。当结合剂与水反应后不变质时,为使结合剂在浇注料中分布均匀,或为控制凝结硬化速度也往往预先同水混合,如前述磷酸和水玻璃等就是如此处理的。另外,应该指出,一些干震式浇注料呈粉粒状,其中不含水分,可直接以干式震动法施工,为防止粉尘,可混入少量(如0.5%)煤油。此种浇注料可快速烘烤而不易爆裂。

水泥的凝结硬化速度与硬化后的强度除与水泥特性有关外,主要由水灰比决定。最适当的水灰比应依水泥品种而相应地在其水灰比-强度曲线上选取,并以近于最高峰者为宜。水灰比-强度曲线的峰值,不仅因水泥品种而异,而且因颗粒料的吸水率、形状、表面特征不同和施工时密实化的手段不同也有所改变。在生产上,为保证浇注料的强度,在选用适当的水灰比时,应全面考虑以上各个方面。通常,普通高铝水泥结合的硅酸铝质熟料制成的普通浇注料采用的水灰比多在0.40~0.65。其中以震动成形者常取0.50~0.65,混合料的水分在8%~10%;机压成形者常取0.4左右,混合料水分约在5.5%~6.5%。应该指出,随着普通高水泥浇注料向低水泥、超低水泥浇注料的发展及超微粉的引入,震动成形浇注料的用水量也相应降低到4%~5%;机压成形时用水量则更低。另外,为了减少浇注料中的水分,提高硬化体的密度,在浇注料中应加适当增塑减水剂。

(2)浇注料的困料

以水泥结合的浇注料制成混合料后,不久即凝固硬化,不应困料。水玻璃加促硬剂后制成的浇注料,在空气中久存自硬,也不困料。磷酸盐制成的浇注料,在制成混合料后,骨粉料中的金属铁等杂质与酸反应,形成气体,使混合料膨胀、结构疏松、硬化体强度降低,故需困料,即加入部分酸到混合料中,在15~28℃以上的温度下静置一段时间,使气体充分逸出,然后再加余酸混合。若在混合料制备过程中加入适当抑制剂,可不需困料。

(3)浇注料的浇注与成形

浇注料的流动性一般较捣打料为高。因此,多数浇注料仅经浇注或震动,即可使混合料中的组分互相排列紧密和充满模型。

(4)养护

浇注料成形后,必须根据结合剂的硬化特性,采取适当的措施进行养护,促使其硬化。如对铝酸钙水泥要在适当温度的潮湿条件下养护,其中普通高铝水泥应在较低温度(小于35℃)下覆盖,凝固硬化后浇水或浸水养护3d;低钙高铝水泥养护7d,或蒸汽养护24h。如用水玻璃结合则要在15~25℃下的空气中存放

3～5 d,不受潮,也可再经 300 ℃以下温度烘烤,但不可在潮湿条件下养护,更不能浇水,因为硅酸凝胶吸水膨胀,失去黏结性,水溶出后,强度会急剧降低。用磷酸盐制成的浇注料,可先在 20 ℃以上的空气中养护 3 d 以上,然后再经 350～450 ℃烘烤,未烘烤前,也不能受潮和浸水。

(5)烘烤

浇注料构筑成热工设备的内衬和炉体时,一般应在第一次使用前烘烤,其中的物理水和结晶水逐步排除,体积和某些性能达到使用时的稳定状态。烘烤制度是否恰当,对使用寿命有很大的影响。制定烘烤制度的基本原则是升温速度与可能产生的脱水及其他物相变化和变形相应。在急剧产生上述变化的某些温度范围内,应缓慢升温甚至保温相当长时间。若烘烤不当或不经烘烤立即快速升温投入使用,极易产生严重裂纹,甚至松散倒塌,在特大特厚部位甚至可能发生爆裂。硬化体的烘烤依结合剂及构筑物断面尺寸不同而异,水泥浇注料大致分为三个阶段:

1)排除游离水,以 10～20 ℃/h 速度升温到 110～115 ℃后保温 24～48 h。

2)排除结晶水,以 15～30 ℃/h 速度升温到 350 ℃后保温 24～48 h。

3)均热阶段,以 15～20 ℃/h 速度升温到 600 ℃后保温 16～32 h。然后以 20～40 ℃/h 速度升温到工作温度。构筑物断面大者升温速度取上限,小者升温速度取下限。

4.浇注料的性质

浇注料的许多性质不仅受粒状和粉状料的材质和配比支配,而且在相当大程度上取决于结合剂的品种和数量。另外,也在一定程度上受施工技术控制。

(1)强度

因浇注料粒状料的强度一般皆高于结合剂硬化体的强度和其同颗粒之间的结合强度,故浇注料的常温强度实际上取决于结合剂硬化体的强度。中温和高温下强度的变化,也主要发生于结合剂硬化体中,故可认为高温强度也受结合剂控制。由于硬化体的强度受温度影响而变化,故在服役时变成具有不同强度层的层状结构。这种因水泥石分解脱水使结构疏松和因形成层状结构使其易于剥落的状况,往往是水泥制成的浇注料损毁的主要因素之一。

(2)耐高温性能

若所选用的粒块和细粉具有良好的耐火性、结合剂的熔点既高又与耐火物料发生反应形成低共熔物,则浇注料必具有相当高的耐火性。若所用粒状和粉状料的材质一定,则浇注料的耐高温性能在相当大程度上受结合剂所控制。由于在一般铝酸钙水泥所配的浇注料中,多数或绝大多数甚至全部的易熔组分总是包含在水泥石中,所以水泥的用量对浇注料的耐火度和荷重软化温度等高温性质的影响十分显著。如铝酸盐水泥浇注料中水泥含量对其耐火度的影响见图 6-4。由图 6-4 可见,耐火度几乎随水泥用量的增加而呈现线性减小趋势。磷酸盐和水玻

璃结合者也有类似影响。另外,浇
注料硬化后的高温体积稳定性较
低和抗渣性较低等特点也与此有
关。一般而论,浇注料的耐热震性
比同材质的烧结制品优越,原因是
浇注料硬化体的结构能吸收或缓
冲热应力和应变。

5. 浇注料的应用

浇注料是目前生产与使用最
广泛的一种不定形耐火材料。主
要用于构筑各种加热炉内衬等整

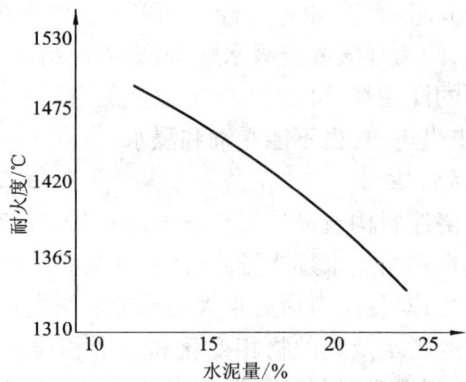

图 6-4　浇注料的耐火度与水泥用量的关系

体构筑物。某些由优质粒状和粉状料组成的品种也可用于冶炼炉,如铝酸钙水泥
浇注料,可用于各种加热炉和其他无熔渣侵蚀的热工设备中。磷酸盐浇注料,可用
于加热金属的均热炉,也可用于出铁槽以及炼焦炉、水泥窑中直接同熔融高温热处
理物料接触的部分。冶金炉和其他容器中的一些部位,使用优质磷酸盐浇注料进
行修补也有良好效果。在一些工作温度不高,而需要耐磨损的部位,使用以耐磨的
骨粉和磷酸盐结合剂制成的浇注料更为适宜。在还原气氛下使用刚玉质或碳化
硅耐火物料制成浇注料,一般皆有较好的效果。在浇注料中加入适当钢纤维构成
钢纤维浇注料,耐撞击,耐磨损,使用效果很好。镁碳质浇注料主要用于受碱性熔
渣侵蚀的冶炼炉中。

6.5.3　可塑耐火材料

可塑耐火材料是由粒状和粉状物料与可塑黏土等结合剂和增塑剂配合并加入
少量水分,经充分混炼后,所形成的一种呈硬泥膏状并在较长时间内保持较高可塑
性的不定形耐火材料。

粒状和粉状料是可塑料的主要组分,一般占总量的 70% ~85% ,它可由各种
材质的耐火原料制成。由于这种不定形耐火材料主要用于不直接与熔融物接触的
各种加热炉中,一般多采用黏土熟料和高铝质熟料。制轻质可塑料可采用轻质
粒状料。

可塑性黏土是可塑料的重要组成部分。虽仅占可塑料总量的 10% ~25% ,但
它对可塑料的可塑性,对可塑料和其硬化体的结合强度、体积稳定性和耐火性都有
很大影响。在一定程度上,可认为黏土的性质和数量控制着可塑料的性质。

1. 可塑料的性质

(1)可塑料的工作性

一般要求可塑料应具有较高的可塑性,而且经长时间储存后,仍具有一定的可塑性。

可塑性与黏土特性和黏土用量有关,也取决于水分的含量,它随含水量的增加而提高。但含水量过高会带来不利的影响,一般含水量以 5% ~10% 为宜。

为了尽量控制可塑料中黏土用量和减少用水量,可外加减水增塑剂。

而为了确保可塑料的可塑性在其保存期内无显著降低,不能采用水硬性结合剂。

(2)可塑料的硬化与强度

为了改进以软质黏土作结合剂的可塑料在施工后硬化缓慢和常温下强度很低等缺点,往往另外加入适量的气硬性和热硬性结合剂,如硅酸钠、磷酸、磷酸盐和氯化盐等无机盐和其聚合物。

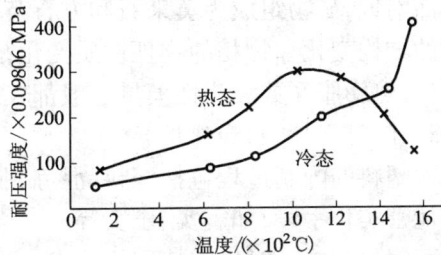

图 6-5　普通可塑料不同温度下的耐压强度

可塑料中无化学结合剂者称普通可塑料,在未烧结前其强度很低,但在一定温度下,随温度升高强度也增加。经高温烧结后,冷态强度增大。热态强度在高温下随温度上升而降低。各种温度下的冷态和热态强度如图 6-5 所示。

加有硅酸钠的可塑料在施工后强度变化较快,可较快地拆模。但是,在干燥过程中,这种结合剂可能向构筑物或制品的表面迁移,阻止水分的顺利排除,引起表皮产生应力和变形。另外,施工后的可塑料碎屑也不宜再用。

磷酸铝是可塑料中使用最广泛的一种热硬性结合剂。施工后经干燥和烘烤可获得很高的强度。

(3)可塑料在加热过程中的收缩

可塑料中含有较多的黏土和水分,在干燥和高温加热过程中,往往产生很大的收缩。如不加防缩剂的可塑料干缩 4% 左右;在 1000 ℃ 以上即产生明显烧缩,在 1100 ~1350 ℃ 温度范围内出现总收缩可达 7% 左右。为防止收缩,减少其危害,还需另外采用防缩剂。通常,多在配合料的细粉中加入适量(5% ~15%)的蓝晶石细粉。因为蓝晶石分解成莫来石和 SiO_2 时,体积急剧膨胀,可抵消可塑料中基质部分的高温收缩。

可塑料中加入少量蓝晶石虽可抵消一部分高温下的收缩,但干燥收缩仍然存在。为了解决在热处理或第一次使用时未达高温前的体积稳定,有时还可加入适量的小于 1 μm 的超细粉,如刚玉、锆英石和石英等,以代替部分黏土。这既有利于减少收缩,又能提高高温负荷能力。

一般而言,由于可塑料中含有相当数量的黏土,其高温负荷下的变形较其他不定形耐火材料高,故其体积稳定性常被视为一项重要技术指标,并作为质量分析的主要内容。有的国家规定：高级黏土质可塑料加热到 1400 ℃ 冷却后的收缩率应不大于 4%，特别黏土质可塑料加热到 1600 ℃ 冷却后的收缩率应在 2.5% 以下。

（4）可塑料的耐热震性

与相同材质的烧结耐火制品和其他不定形耐火材料相比，可塑料的耐热震性较好。其原因有以下几方面：①由硅酸铝质耐火材料作为粒状和粉状料的可塑料，在加热过程中和在高温下使用时，不会产生由于晶型转化而引起的严重变形；②在加热面附近，矿物组成为莫来石和方石英的微细结晶，玻璃体较少，由加热面向低温侧的结构变化和物相的物理性质变化是递变而非突变；③可塑料具有均匀的多孔结构，热膨胀系数和弹性模量一般都较低。

2. 可塑料的配制和使用

可塑料的配制过程包括配料、混炼、脱气、挤压成形及密封储存等。有的也采用其他密实化手段，如震实、压实等。

可塑料在施工时毋需特别的技术。当用于制成炉衬时，将可塑料由密封容器中取出，铺在吊挂砖或挂钩之间，用木锤或气锤分层（每层厚 50 ~ 70 mm）捣实即可。在尚未硬化前，可进行表面加工。为便于水分排出，每隔一定间隔打通气孔。最后根据设计要求预设胀缩缝。若用其制造整体炉盖，可先在底模上施工，经干燥后再吊装。

可塑料特别适用于钢铁工业中的各种加热炉、均热炉、退火炉、渗碳炉、热风炉、烧结炉等，也可用于小型电弧炉的炉盖、高温炉的烧嘴以及其他相似的部位。使用温度主要依所用粒状和粉状料的品质而定。如普通黏土质材料可用于 1300 ~ 1400 ℃ 以下，优质材料可用于 1400 ~ 1500 ℃，高铝质材料则可用于 1600 ~ 1700 ℃ 甚至更高温度的场合，铬质材料通常在 1500 ~ 1600 ℃ 下使用。

6.5.4　其他不定形耐火材料

除上述浇注料和可塑料以外，广泛使用的其他不定形耐火材料品种还有捣打料、喷射料、投射料以及耐火泥等。

1. 捣打料

（1）捣打料的组成

捣打料中粒状和粉状料所占的比例很高，而结合剂和其他组分所占的比例很低，甚至全部由粒、粉料组成。故粒状和粉状料的合理级配是重要的一环。

粒、粉料可由各种材质制成。但无论采用何种材质，由于捣打料主要用于与熔融物直接接触之处，要求粒、粉状料必须具有高的体积稳定性、致密性和耐侵蚀性。通常，都采用经高温烧结或熔融的材料。用于感应电炉时还必须具有绝缘性。

在捣打料中需根据粒、粉状料的材质和使用要求选用适当的结合剂。也有的捣打料不用结合剂，或只加少量助熔剂以促进其烧结。在酸性捣打料中常用硅酸钠、硅酸乙酯和硅胶等结合剂。其中干式镁质捣打料以使用硼酸盐居多。碱性捣打料中用镁的氯化盐和硫酸盐无水溶液以及一些磷酸盐和其聚合物为结合剂。也常使用含碳较多且在高温下可形成碳结合的有机物和暂时性的结合剂。高铝质和刚玉质捣打料常使用磷酸和铝的酸式磷酸盐、氯化盐和硫酸盐等无机物结合剂。低铝的硅酸铝质捣打料有时仅加适当软质黏土,或再加入少量上述结合剂。含碳质捣打料主要使用形成碳结合的结合剂。在捣打料中不用各种水泥,一般不加增塑剂和缓凝剂之类的外加剂,所含水分也较低。当采用非水溶性有机结合剂时,混合料中无水。在有些捣打料中,还使用耐火纤维作为增强材料。

（2）捣打料的性质

与同类材质的其他不定形耐火材料相比,捣打料呈干或半干的松散状,多数在成形之前无黏结性,因而只有以强力捣打才可获得密实的结构。多数捣打料未烧结前的常温强度较低,有的中温强度也不高,只有通过加热使之进行烧结或使结合剂中含碳化合物焦化后才能获得强的结合。

捣打料的耐火性和耐熔融物侵蚀能力都可通过选用优质耐火原料、采用正确配比和混合以及强力捣实而获得。同浇注料和可塑料相比,高温下捣打料具有较高的稳定性和耐侵蚀性。但是,其使用寿命在很大程度上还取决于使用前的预烧或在第一次使用时的烧结质量。若加热面烧结为整体而无龟裂并与底层不分离,则使用寿命可得到提高。

（3）捣打料的施工和使用

捣打料可在常温下施工,但当采用热塑性有机材料作结合剂时,采取热拌和热捣施工。成形后,针对混合料的硬化特点,采取不同加热方式使其硬化和烧结。对含无机质化学结合剂者,硬化达相当强度后可拆模烘烤;对含热塑性碳素结合剂者,等冷却到具有相当强度后再脱模。脱模后在使用前应迅速加热使其焦化。对不含常温下硬化结合剂者,常在捣实后带模进行烧结,如硅质捣打料仅加 1% ~ 2% 的硼酸制造电感应炉炉衬时,将混合料填入铁芯模外捣实后,即可通电加热烧结。捣打料炉衬的烧结既可在使用前预先进行,也可在第一次使用时采取合适热工制度的热处理来完成。

捣打料主要在与熔融物料直接接触的各种冶炼炉中作为炉衬材料,除构成整体炉衬外,也用于制造大型制品。

2. 喷射耐火材料和投射耐火材料

（1）喷射料

喷射料是供以压缩气体为动力的喷射机具进行喷射施工用的不定形耐火材料。由于喷射料广泛地应用于冶金炉炉衬的修补,因此也常称喷补料。

自 20 世纪 40 年代以来,喷射料随着喷射机具和技术的改进与发展得到很大的提高与推广,是许多工业窑炉炉衬所使用的最重要的一种不定形耐火材料。它既可在冷态下用于构筑和修补炉衬以及涂覆保护层,更宜用在热态下修补炉衬。在冷态施工时,与浇注方式相比,工期短,在高空施工毋需模型与支架,就可获得结构致密的构筑物。在热态下修补时,由于损坏处及时修补,可延长炉衬使用寿命,提高生产率,使耐火材料的单耗降低。

1)喷射料的组成。喷射料主要是由各种耐火粒状和粉状料组成,结合剂含量一般较低,还往往含有适量助熔剂以促进烧结,多数还加有少量水分。

粒状和粉状料:应根据炉内可能达到的最高使用温度、温度波动范围、熔渣性质和对炉衬性质的要求来选定材质。当用于涂覆在其他炉衬之上时,其材质应与原炉衬相当,两者的化学性质、耐火度、高温强度和变形、线膨胀等应相近。通常,根据粒状和粉状料的材质将喷射料分为高硅质、黏土质、高铝质、铬镁质、镁铬质、镁质、白云石质、碳化硅质和锆英石质等类型。

对粒状材料的极限粒度,应根据喷射机的结构和喷补层的厚度以及喷射方法(如湿法或干法)不同,进行适当选择。粒度选择不当,对喷射料的附着性和回弹损失有很大影响。回弹损失指喷射于基底之上时被弹回而未能附着于其上的那一部分颗粒的数量。颗粒级配不仅对喷射层的结构密实性有影响,对附着性和回弹损失的高低也有很大关系。一般而论,湿式喷射料的颗粒过粗或粗粒过多或过少,对喷射层的密度都不利,而且颗粒粗和粗粒多往往导致回弹损失较大。可以认为,在一定范围内,附着率随细粉含量的增加而提高。干式喷射料则相反,一般认为以粗粒较多而细粉较少为宜。通常,湿法用粒状料的粒度多为 0.5 mm,干法用的可达 6~7 mm,甚至更大。

结合剂:除冷态喷射料有时可使用水泥以外,热态喷射料不宜采用水泥,因其高温附着性较差。快速凝结的化学结合剂,不仅可使喷射层迅速地获得必要的强度,而且会与底衬迅速地结合成牢固的整体,避免从炉衬之上滑落,因而应用较多。如硅酸钠、磷酸盐和聚磷酸盐等就是最常使用的结合剂。有的也用氯化盐或硫酸盐作结合剂。其中,硅酸钠的附着率较高,但磷酸盐的中温强度很高且耐侵蚀性较强,因而应用最多。另外,也常用有机质结合剂。结合剂的用量应控制适当,特别是含低熔物较多者更应少用,否则,烧缩过大。

助熔剂:热态喷射料除可加结合剂外,有的还另加或添加少量助熔剂,以利于其快速烧结。

水分:水分在喷射料中的作用有利也有弊。加水较多,喷射料的黏度较小,有利于喷射操作,但对喷射层的体积稳定性、结构密实性、强度和耐热震性以及窑炉的热效率等却有不利影响。另外,对喷射层的形成过程也有不利作用,如热态喷射时,水分的汽化,使喷射层的烧结延缓;冷态喷吹时,使喷射层的干燥速度降低。加水不足时,喷射料缺乏黏结性,回弹损失大而附着率低。因此,喷射料的水分应根据对喷射层的质量和厚度的要求以及喷射机具有的性能和操作技术等权衡确定,高的可达 25% 以上,低的 16% 左右,有的则完全采用干混合料,而仅在喷嘴端部混以少量水分进行喷射。干法与湿法相比用料不需预先混炼,但喷射操作较复杂,喷射回弹损失多(20% 左右),喷射层的厚度大(可达 50~60 mm),喷射层的结构较致密和耐侵蚀性好;湿法用料还须预先混炼,但喷射操作简便,喷射回弹损失少(5% 左右),喷射层厚度也较薄(20~25 mm),喷射层的结构致密性较低和耐侵蚀性较差。

　　2)喷射料的性质和应用。喷射料的附着性是其重要性质之一。影响附着性的最主要因素是混合料本身的黏结性。因此,凡是可使混合料的黏结性得到提高的措施都可使附着性提高。特别是结合剂的作用最为重要。在热态下不用结合剂喷补时,添加有助于烧结的助熔剂也对附着性有影响。

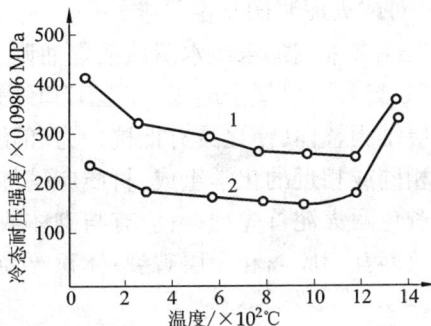

图 6-6　不同施工方法对耐火材料冷态强度的影响
1—喷射;2—浇注

　　同浇注料相比,以喷射方式施工可获得高密度和高强度的喷射层。两种施工方法对冷态耐压强度的影响如图 6-6 所示。喷射施工强度较高的原因是混合料的各种颗粒具有很高的动量,可连续地喷射入底层材料之内,颗粒之间堆积紧密,嵌合牢固,从而形成强的结合。

　　喷射料的耐蚀性与材质有关。与浇注方法相比,由于喷射施工可使构筑物的密度得到提高,因而耐侵蚀性也较高。

　　若喷射料中含水量较少,结合剂用量较低,其收缩率也较低。

　　喷射料可用于各种工业炉中,特别是可作为修补冶金炉的主要材料。在金属冶炼过程中,由于广泛采用此种材料对冶金炉及时进行合理的喷补,炉衬寿命明显提高。一般而论,炉衬侵蚀面大,热态喷补以湿法较好。填补局部严重侵蚀的部位,用干法者较多。另外,在各种工业窑炉中,用此种材料喷射于被保护的基底材料上作为保护层,也有很好的技术经济效果。

　　(2)投射料

　　投射料的组成和性质与喷射料相同。只是将喷射施工法改为用高速运转的投射机具,以 50~60 m/s 的线速度将混合料投射于底层之上。主要适用于圆形的窑炉和容器,特别是常用于构成整体性盛钢桶和铁水罐内衬。

　　3.耐火泥

　　耐火泥是粉状物料和结合剂组成的供调制泥浆用的不定形耐火材料。主要用作砌筑耐火砖砌体的接缝和涂层材料。

（1）耐火泥的重要作用

用作接缝材料时，耐火泥的质量优劣对砌体的质量有相当大的影响。它可以调整砖的尺寸误差和不规整的外形，使砌体整齐和载荷均衡，并可使砌体构成坚固和严密的整体，以抵抗外力的破坏和防止气体、熔融液的侵入。当作为涂料时，其质量对保护层是否能使底层充分发挥其应有的效用和延长寿命有极密切的关系。

（2）对耐火泥浆的基本要求

耐火泥多采用加水或水溶液或焦油调成泥浆使用。耐火泥浆必须具备良好的流动性和可塑性，以便于施工；在施工和硬化后应具备必要的黏结性，以保证与砌体或底层结为整体，使之具有抵抗外力和耐气、渣侵蚀的能力，应具有与砌体或底层材料相同或相近的化学组成，材质应稍优，以避免不同材质间发生危害性的化学反应和避免耐火泥首先蚀损；应有与砌体或底层材料相近的热膨胀性，以免因热膨胀不一致而互相脱离和泥层破裂；体积要稳定，以保证砌体和保护层的整体性和严密性。

（3）耐火泥的配制

耐火泥的配制主要是制备粉状料和配制结合剂。

1）粉料：可选用各种烧结充分的熟料和其他体积稳定的耐火原料作为粉料。通常根据粉料的材质将耐火泥分类。有时对相同材质的耐火泥，还依其主要组分的含量划分等级，分级生产和使用。粉状料的粒度依使用的要求而定。其极限粒度一般小于 0.5 mm，有的还更细，依砖缝或涂层厚度而定，一般不超过最小厚度的 1/3。

2）结合剂：制造普通耐火泥用的结合剂为塑性黏土。如果要求耐火泥在常温和中温下具有较快的硬化速度和较高的强度，同时又要求其在高温下仍具有优良性质，应掺入适合的化学结合剂，配制成化学结合剂耐火泥和复合耐火泥。化学结合剂耐火泥中依结合剂的凝结硬化特点有气硬性耐火泥、水硬性耐火泥和热硬性耐火泥。气硬性耐火泥常用硅酸钠等气硬性结合剂配制；水硬性耐火泥以水泥作结合剂制成，热硬性耐火泥常用磷酸和磷酸盐等热硬性结合剂配成。耐火泥浆硬化后除在各种温度下都具有较高强度以外，其收缩小，接缝严密，耐侵蚀性也强。

（4）耐火泥的应用

在工业窑炉中，常根据砌筑体的性质、使用环境和施工特点分别选用各种耐火泥。

除上述各类耐火材料外，预制块和不烧砖因其原料组成、配制原则、结合剂和外加剂的使用均与不定形耐火材料基本相同，且为使用前不烧或轻烧制品，因此也属于不定形耐火材料范围，它们是不定形耐火材料中的定形制品。

6.6　耐火纤维

耐火纤维是纤维状的新型耐火材料,使用时可制成各种形式的制品,如纤维棉、纤维垫、纤维毡、层状条块、纤维板以及纸、绳、织物等各种形状的构件。

所谓耐火纤维材料,通常是指使用温度在 1000～1100 ℃以上的纤维材料,而石棉、矿渣棉等早已作为建筑材料使用的纤维制品,从广义上讲也应视为耐火纤维,只不过这些制品多用在 600 ℃以下的场合。

与其他耐火材料相比,耐火纤维具有特别小的容积密度以及低的导热系数、特别好的耐高温急变性等特点,可用来填充窑炉砌体间膨胀缝及用于各种热工设备的隔热保温材料与高温板材等。

思考题和习题

1. 耐火材料有哪些分类方法? 根据耐火材料的外形来分类,可将耐火材料分成哪几类?

2. 简述耐火材料的化学组成特点并说明杂质成分在耐火材料生产中的作用。

3. 耐火材料通常具有何种宏观组织结构? 用哪些指标来表征其宏观组织结构特征?

4. 在耐火材料的烧结和使用(如玻璃熔窑烘烤)过程中,应根据材料的热膨胀特性来确定烧成温度和烘烤温度制度,试说明这样做的理由。

5. 分析讨论玻璃熔窑中各部位所用耐火材料对热导率的要求。

6. 简要说明炼钢炉衬、炼铁炉衬及玻璃池壁用耐火材料的被侵蚀过程与侵蚀机理。

7. 简要说明定形耐火材料的制备工艺过程并说明硅砖烧成后在低温下应缓慢冷却的原因。

8. 简要说明不定形耐火材料的概念、类型及其特征。

9. 玻璃、陶瓷及水泥等行业都是耗能大户,热效率不高,从耐火材料的角度来看,可采取哪些措施来提高热效率?

10. 分析讨论影响耐火材料使用寿命的因素和提高其使用寿命的途径。

第 7 章 无机非金属基复合材料

由两种或两种以上不同化学性质或不同组织相或不同功能的材料,以微观或宏观的形式组合形成的材料,均可称为复合材料。复合材料可以由颗粒、晶片、晶须、纤维或功能性组分与金属、无机非金属、有机高分子等基体以不同方式组合而获得。根据复合材料的基体化学组成,可将其分为金属基、无机非金属基和有机高分子基复合材料三大类。通过复合,可以大幅度提高材料的力学性能(如强度、韧性、硬度等),也可实现材料组元性能间的互补或"剪裁"(如减重及调节热膨胀系数、热导率、电阻率、介电性能等),还可赋予材料新的功能或实现功能的转换(如调光、调热、传感及热－电、压－电、磁－热、磁－光效应转换等)。

7.1 概 论

顾名思义,无机非金属基复合材料以无机非金属类物质为基础组成(简称基体),包括单质(如形成共价键巨大分子的单质 C、Si 等)、氧化物及复合氧化物(如 Al_2O_3、ZrO_2、BeO、Cr_2O_3、$BaTiO_3$ 等)、非氧化物(如 SiC、Si_3N_4、B_4C、ZrB_2、$MoSi_2$ 等)、无机盐类(如硅酸盐、硼酸盐、磷酸盐、铋酸盐等),也包括上述各基体的复合物(如 $C-SiC$、ZrB_2-Si-C 等),还包括由上述基体复合而成的材料(如陶瓷、玻璃、耐火材料、水泥、搪瓷等)。这些基体可以与不同化学性质、不同组织相、不同功能的单一无机物或金属或有机物相复合,还可以与无机物、有机物及金属混杂复合。

复合的目的是使材料的性能达到最佳效果,实现材料功能的转换或使功能更趋齐全,这就要求组成复合材料的各组元是相容和互补的。相容是指各组元物质能以离子键、共价键及其他形式键键合,这是材料复合的基本前提。互补的一个含义是指各组元复合后可以相互补充或弥补各自的弱点,从而产生综合的优异性能(正混杂效应),但复合也有相抵效应,即复合后各组分间出现相互制约而使性能比单一材料或预计的结果还差(负混杂效应);互补的另一个含义是指功能性互补,即复合后材料的功能不同于基体的功能或由单一功能转变为多功能(例如,普通玻璃制成智能玻璃后,其功能由被动采光转变为自动调光、调热)。因此,可根据使用性能的要求,人为地选择材料,设计制造出各种复合材料。一种理想的复合材料的获得是由科学的复合工艺而实现的。根据复合形式可分为无序复合和有序复合两大类。按复合形式分类列于表 7－1。

表 7 - 1　无机非金属基复合材料的复合形式分类

复合形式		说 明 与 举 例
无序复合	分散型	在基体中分散细颗粒、长纤维、短纤维(含晶须)、填料等(如金属陶瓷、碳纤维增强陶瓷、玻璃纤维增强水泥等)
	浸渗型	在多孔质的刚性基质中掺入无机物、有机物、金属等(如含量子点的非线性光学玻璃、光敏玻纤、在多孔质玻璃中压入金属的超导体等)
	胶结型	两种或两种以上的材料由黏结、烧结、反应硬化等方式结合在一起(如烧结彩色玻璃、水泥、胶凝材料、牙冠用烤瓷等)
有序胶结		叠层复合材料、多层膜、夹网玻璃等

　　借助这些复合方式可以获得陶瓷、玻璃、水泥、耐火材料等各种类型的无机非金属基复合材料。下面简要介绍复合理论、纤维增强复合材料、颗粒增强复合材料。

7.2　复合理论

　　复合理论目前尚处于发展之中,而其中比较成熟的是力学性能的复合理论。

　　为了提高力学性能而研制的复合材料,分为三种类型:粒子增强型(如金属颗粒增强陶瓷,基体为无机非金属材料,而增强物为金属),弥散强化型(类似于金属陶瓷,不同点在于基体为金属),纤维增强型(增强物为纤维)。前两类的增强原理几乎是相似的,第三类则属另一种增强机制。

7.2.1　增强原理

　　粒子增强和弥散增强的复合材料,主要由基体材料承受载荷,而纤维增强的复合材料,载荷是由纤维承载的。

　　粒子增强和弥散增强的原理要把陶瓷与金属材料中的晶界联系起来考虑。通常,接触的固体处于同一结晶相,仅仅是结晶学方向不同而已,这样的固体 - 固体的界面称为粒界(grain boundary)或晶界(crystal boundary)。金属晶界和陶瓷晶界有下列几个相似之处:

　　1)都存在界面能和界面张力,在热力学上可作同样的分析;

　　2)晶界上的杂质对物质迁移有明显的影响;

　　3)晶界扩散比晶格内扩散显著得多;

4）由于晶界滑移,往往引起变形;

5）晶界既为产生晶格缺陷的"源",又为晶格缺陷的"壑";

6）位错的性质和状态(小角度晶界具有网状结构的位错)基本类似。

粒子增强或弥散强化主要表现在分散粒子阻止基体位错的能力方面,或者是使晶体内部原子行列间相互滑移终止或减弱;或者因外来组分的引入占据了晶格中晶格结点的一些位置,破坏了基质点排列的有序性,引起周围势场的畸变,造成结构不完整而产生缺陷。这些缺陷的存在有可能成为微裂纹的沉没处。而微裂纹是影响无机非金属材料强度的主要因素之一。例如,玻璃表面常结合着极细小的脏粒子,这些脏粒子和玻璃的弹性模量或热膨胀系数不同;或者粒子受到腐蚀,裂纹常常就从这些粒子触发而生。在多晶的陶瓷中,由于制造过程中不同晶相或其表面和内部温差引起热膨胀之差,而在晶界或相界上发生微裂纹,或者由于表面受机械力作用或化学侵蚀,产生微裂纹;或者位错间相互作用,形成微裂纹。这些微裂纹的端部正是应力集中的地方,其邻近所贮藏的应变能逐渐变成断裂表面能而使微裂纹进一步扩展,造成强度逐渐下降。如果裂纹的扩展终止于晶界缺陷处,无疑有改善材料强度的作用。

纤维增强则基体几乎只作传递和分散纤维载荷的媒质。任何纤维都能承受一定的拉力,但都容易弯曲,缺乏挺拔直立的刚性。如将纤维状的材料与树脂、金属、陶瓷等结合在一起就可以得到抗拉力大并有一定抗压和抗弯强度的复合材料。其强度主要决定于纤维的强度、纤维与基体界面的黏接强度、基体的剪切强度等。

通常用增强率(F)来表征复合材料的增强效果。F 是指粒子或纤维增强材料的平均屈服强度与未增强基体的屈服强度之比。在粒子弥散增强金属中,F 与粒子体积百分比 V_d、粒子分布、粒子直径 d_p、间距 λ_p 等有关。通常粒子愈细,阻止位错的效果愈好,因而 F 值就大。如粒子直径为 $0.01 \sim 0.1\ \mu m$ 时,材料的 F 值为 $4 \sim 15$,比它更细的分散材料就形成固溶体,如 F 值为 $10 \sim 30$ 的增强合金或钢;若粒子直径在 $0.1 \sim 1.0\ \mu m$ 范围内,F 在 $1 \sim 3$ 之间,增强效果就不明显。在纤维增强材料中,F 通常是纤维体积百分率 V_f、纤维直径 d_f、纤维平均拉伸强度 σ_{fu}、纤维长度 l、纤维纵横比 l/d_f、基体黏接强度 τ_m 和基体拉伸强度 σ_{mu} 的函数,与粒子分散型相比,纤维增强材料的 F 值大,为 $30 \sim 50$。

7.2.2　弹性模量复合法则

弹性模量 E 是弹性应力与弹性应变之间的比例常数,可简单地看成产生单位应变所需应力的大小,$E = \sigma/\varepsilon$。从处于欲将材料拉开的拉伸应力情况下的原子能级角度考虑 E,可判断当载荷增加时,原子间距加大。材料中原子间的键合愈强,则使其间距加大所需的应力越大,因而弹性模量的数值越高。

可利用混合物法则复合出要求一定弹性模量值的材料,复合公式如下:

$$E = E_A V_A + E_B V_B \tag{7-1}$$

式中 E_A、E_B 为组分 A、B 的弹性模量,V_A、V_B 为组分 A、B 的体积分数,E 为复合物的弹性模量。如果从均一物料出发,添加的第二相的弹性模量与原物料的弹性模量相差愈大,对复合材料的影响也愈大。一个极端情况是气孔对 E 的影响。在这种情况下,式(7-1)中 $V_B = P = $ 气孔率,$V_A = 1 - P$,$E_B = 0$,则 $E = E_A(1 - P)$,此式表明气孔的存在使弹性模量降低,这是一种将材料弹性模量减弱的方法,可看成是基体与气孔的复合。一些工程材料的弹性模量列于表 7-2。

表 7-2　一些重要的工程材料在室温下的弹性模量

材　料	平均弹性模量 E /GPa	材　料	平均弹性模量 E /GPa
金刚石	1035	典型玻璃	69
TiC	462	熔融 SiO_2	69
SiC	414	铅合金	69
Al_2O_3	380	NaCl	44.2
BeO	311	混凝土	13.8
Si_3N_4	304	块状石墨	6.9
尖晶石($MgAl_2O_4$)	284	尼龙	2.8
MgO	207	橡胶	0.0035~3.5
ZrO_2	138		

根据表 7-2 所列数据及公式(7-1)就可以近似地设计出符合弹性模量要求的材料。

例如,在 Si_3N_4 中添加 SiC,需要添加多少 SiC 才可能使 Si_3N_4 基复合材料的弹性模量达到350GPa?

查表知,室温下 Si_3N_4 和 SiC 的弹性模量分别为

$$E_A = 304 \text{ GPa}, E_B = 414 \text{ GPa}$$

$$E = E_A V_A + E_B V_B = E_A(1 - V_B) + E_B V_B$$

$$V_B = \frac{E - E_A}{E_B - E_A} = \frac{350 - 304}{414 - 304} = 0.4182 = 41.82\%$$

　　计算表明,SiC 的引入量达 41.82%(体积百分数)时,Si_3N_4 基复合材料的弹性模量可达到 350 GPa。通常,由两种以上材料复合而成的复合材料,具有两个以上的相,如复合后的材料遵循有关复合效果的复合定律,就可获得性能最佳的复合材料。但目前尚未掌握所有物理性能和复合规律,除单纯加和性(线性法则)能成立的一些简单性能,如密度、弹性模量、剪切模量、强度、比热、介电常数、热导率等之外,其他就不大清楚了。对于复合规律适用与否尚不清楚的性质,通常采用近似加和性,当然不是一切情况都可以如此处理。

7.3　纤维增强无机非金属基复合材料

　　无机非金属材料具有耐高温、高温强度高、抗氧化、抗高温蠕变性能好、高硬度、高耐磨损性、耐化学腐蚀等优点,但也存在致命弱点,即材料表现出脆性,它不能承受激烈的机械冲击和热冲击,因而限制了它的使用。除通过控制晶粒、相变韧化等加以改善外,纤维增强是重要手段之一。

　　纤维增强无机非金属基复合材料的一般准则是:①为使载荷从基体向纤维传递,应选用高强度高模量纤维,即 $E_f > E_m$,最好 $E_f > 2E_m$;②为给基体预加压应力,应选用热膨胀系数相匹配的系列,通常纤维的热膨胀系数应大于基体的热膨胀系数,$\alpha_f > \alpha_m$;③为了阻止裂纹扩展,应选用断裂韧性大于基体断裂韧性的纤维,纤维成为裂纹扩展的障碍物;④为了使扩展着的裂纹弯曲,应考虑适当弱的纤维基体界面或控制适当的纤维直径(小于基体中典型裂纹尺寸);⑤从相变韧化考虑,通过剪切变形后应使体积膨胀,即 $\Delta V > 0$;⑥纤维与基体在制备条件下不发生有害反应,纤维性能不降低。

7.3.1　金属纤维增强材料

　　增强用金属纤维应具有特殊的机械性能和物理性能,即高的抗拉强度、高的弹性模量、低密度、适当的热膨胀系数、不溶于基体或不与基体产生化学反应等。这些均取决于纤维的制备过程和化学组成。目前认为仅有难熔金属 Ta、Ti、W、Mo、Be 和不锈钢等具有研究和应用前景。用作基体的有单一氧化物、复合氧化物、碳化物、氮化物、玻璃及微晶玻璃等。金属纤维与这些无机非金属材料构成的金属-无机非金属系列复合材料列于表 7-3。

表 7 - 3　金属 - 无机非金属系列复合材料

纤维	基体	制备方法	应用及研究领域
钢	Al_2O_3, 熔融 SiO_2	定向凝固 + 热压	排气管
连续 Mo	Al_2O_3	定向凝固 + 热压	弯曲强度和热稳定性
V、Nb、Ta	Cr_2O_3	定向凝固 + 热压	制备工艺和断裂韧性研究
Cr、Nb、Ta	TiO_2	定向凝固 + 热压	制备工艺和断裂韧性研究
Ta	ZrO_2	定向凝固 + 热压	制备工艺和断裂韧性研究
W	MgO	热压	冲击强度
Ni、Fe、Co	MgO	热压	强度和断裂韧性
W	熔融 SiO_2	热压	机械强度
Ta、Mo、Nb	UO_2	定向凝固	制备工艺研究
Ta	不稳定 HfO_2	定向凝固	固化行为研究
W、Mo	稳定 HfO_2	热压	火箭喷嘴喉衬
Cr	Fe_2O_3, Al_2O_3, Cr_2O_3	定向凝固	汽轮机片
Cr	Al_2O_3, Cr_2O_3	定向凝固 + 热压	纤维均布和成形研究
不锈钢	方铁矿	热压	断裂应力和韧性
Ti、Cr	SiC	晶须生长方法	制备工艺研究
Mo、Ta、W	TaC	热压	三维加强结构研究
Ta	TaC	热压	耐热应力研究
W、W - Re	TaC	热压	耐热冲击和腐蚀研究
Ta、W	Si_3N_4	热压	汽轮发动机
W、Mo	Si_3N_4	喷溅 + 氮化	强度、韧性和耐破损研究
Mo、Ta、W	Sialon, Si_3N_4, Si_3N_4 - C	热压	三维结构强化研究
Nb	$MoSi_2$	热压	热导体
Nb	硼酸盐玻璃	热压	精细微米尺寸纤维及机械性能研究
不锈钢	PbO 玻璃	热压，真空挤拔	鼻锥、电导体等多种用途
W、Mo、不锈钢	玻璃，微晶玻璃	熔融玻璃包覆	压缩强度、耐冲击性及弹性模量
Ni	微晶玻璃	热压	热膨胀和机械性能间错配效应研究

　　从上表可见,由于金属与基体的不相容性难以解决,只有少数金属纤维能与无机非金属基体结合,除特殊目的外,作为结构材料的金属纤维 – 无机非金属基系列,没有多大的发展,都集中在定向凝固共晶复合材料的研究上。

7.3.2　无机非金属纤维增强材料

　　无机非金属基复合材料的基体主要包括 Al_2O_3、ZrO_2、SiC、Si_3N_4 等陶瓷、石英玻璃 SiO_2 和 $Li_2O – Al_2O_3 – SiO_2(LAS)$、$Li_2O – CaO – Al_2O_3 – SiO_2(LCAS)$、$Li_2O – CaO – MgO – Al_2O_3 – SiO_2(LCMAS)$ 等体系的微晶玻璃和水泥等。这些材料用作结构器的最大缺点是使用时容易产生难于预见的脆性断裂。为了改善陶瓷的脆性,人类采用了纤维增强增韧(连续纤维、短纤维、晶须)、相变增韧、微裂纹增韧、晶片增韧及颗粒弥散强化等方法。纤维增强增韧无机非金属材料是重要的发展方向之一。

　　1. 玻璃纤维及其复合材料

　　玻璃纤维制品可分为短纤维和长纤维制品。短纤维具有重量轻、易于操作加工、不燃、隔热、吸音等特点,可作为隔热、吸音材料。长纤维具有高抗拉强度、优良的耐热性、耐久性,可作为增强材料。例如,用混凝土和砂浆等的硬化物作为土木建筑材料具有很多优点,是用量最大的材料,但其抗拉强度低、韧性差、吸收应变能较小,经受不了很大的外力,是典型的脆性材料。如要改进脆性,使抗拉强度和韧性达到结构材料所需的指标,就要考虑新的复合材料及方法。玻璃纤维增强水泥(GRC)是其中的一种。水泥的增强材料应达到如下要求:①抗拉强度为 490 ~ 980 MPa 以上,弹性模量为 19600 ~ 34300 MPa 以上;②与水泥的结合力强;③由于水泥水化反应时形成大量的 $Ca(OH)_2$,显示出强碱性,因而要求增强纤维材料必须具有耐碱性;④由于水泥的脱水温度为 400 ~ 700 ℃,因而纤维的耐高温性能需能达到这样的程度。这些要求的满足在很大程度上取决于玻璃纤维的组成,纤维的直径、形状、表面状态,纤维分布,此外,成形方法也是重要的。纤维增强水泥的制备方法有喷射脱水法、手控喷射法、预混合法,其中用喷射脱水法所得到的复合材料具有很高的抗弯强度,GRC 的成形方法示意如下:

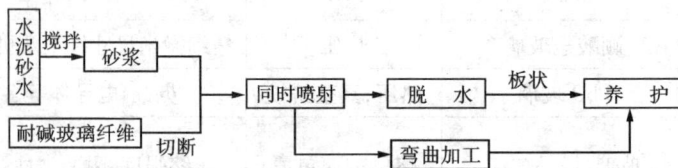

图 7 – 1　GRC 的成形方法(喷射脱水法)

成形品的抗张、抗弯、抗冲击强度随纤维含量增加而提高,直至纤维含量 10%左右,图 7－2 表示 GRC、石棉水泥板的应力－应变曲线,玻璃纤维复合后产生了明显的增强效果。

具体说来,曲线中 OA 部分,应力与应变成线性关系,A 为线性关系的极限点,B 点至 C 点(破坏范围),负载传到纤维,基本部分产生很细的裂缝,BC 之间的应变比 OA 之间的应变大得多。该图表明当石棉水泥板上承受的应力超过比例极限值时就立即发生脆性破坏。而形成 GRC 时,因能吸收应力应变状态处于 ABC 间的能量,出现所谓延性范围。

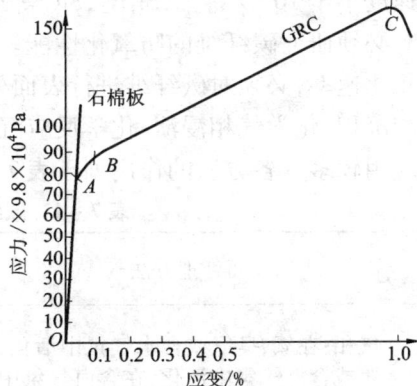

图 7－2　石棉、玻璃纤维增强水泥的应力－应变曲线

GRC 与以往的水泥制品相比,抗冲击性能较强,由于重量较轻,可广泛用作墙板、模板、窗框、管道、隔音壁、排气管道等。

2. 陶瓷纤维及其复合材料

狭义地讲陶瓷纤维是指 $SiO_2 - Al_2O_3$ 系统纤维。20 世纪 50 年代中期美国研制了陶瓷纤维,并进行工业生产,开始仅是原棉状产品,1960 年以后研制副产品,发展得相当快。1957 年日本开始试制陶瓷纤维,并在市场上出售。通过国内技术和引进技术相结合,我国在新产品和新用途的研究中取得进展。

制造陶瓷纤维时,将作为助熔剂的硼酸、氧化锆、氧化铬等加入预烧高岭土、氧化铝、二氧化硅等原料的混合物中,在电阻炉、电弧炉或感应电炉内加热到2200～2300 ℃,达到熔融状态,使熔体流出,用压缩空气或高压水蒸气喷射,在高速旋转的圆板上,靠离心力形成纤维,同时清除未纤维化物,成为制品。

用杂质较少的 SiO_2 和 Al_2O_3 从高温熔融状态下以极短时间纤维化并冷却到室温后所得的纤维处于玻璃状态,将玻璃态纤维长时间置于一定温度下进行热处理,就会析出晶体。通常从 1000 ℃附近开始析出莫来石($3Al_2O_3 \cdot 2SiO_2$),随着时间延长和温度上升析出量增加,1300 ℃附近出现方石英结晶,晶体的析出量不多时,在纤维中产生应力,加热到 1200 ℃以上,由于存在结晶的第三种物质,因而促进了晶体生长,纤维变得硬直,容易折断。将氧化铝提高到 60% 以上,接近莫来石组成,再结晶时就能减小纤维内产生的应力,或添加氧化铬抑制莫来石的成长,提高使用温度范围。

随着技术的发展,陶瓷纤维的范围不断扩大。现着重探索具有耐高温、强度高、性能极其优良的纤维,在此类新的纤维中有石英玻璃、氧化铝、氧化锆等氧化物系列纤维以及碳、碳化硅、氮化硼、硼等非氧化物系纤维。在空气中高温应力下材料仍具有实用性能的条件是:挥发稳定性好,低内部化学活性,高温刚性好,纤维的蠕变速度小于 $10^{-7}/s$。C,Si_3N_4,SiC 等适合于作纤维和晶须的材料。用 C 作纤维材料时必须研究碳纤维的防氧化性能。为了提高碳纤维和陶瓷基体的结合强度,减小氧化速率,必须对碳纤维进行表面处理,这方面的技术获得很大发展,其中化学气相沉积、化学气相浸渍、化学反应沉积、熔态侵浸、等离子喷涂、电镀、化学镀等方法应用较多。各方法的作用列于表 7 - 4。

表 7 - 4　碳纤维的表面处理

分类	表面处理方法	作　用
表面活化	气相:在氧、臭氧或含水气氛中活化,在氮或含氮气氛中活化,在含卤气氛中活化,在含硫化氢气氛中活化等	使纤维表面刻蚀或粗糙,增大比表面积,改善结合强度
	液相:硝酸氧化,卤族或含氧卤酸氧化,铬酸盐或金属盐处理等	减少或清除纤维表面缺陷,提高纤维强度
表面包裹	无机物:包覆碳,包覆碳化物、硼化物、氮化物,包覆金属,包覆玻璃或陶瓷等	提高纤维的抗氧化性,减少纤维与基体之间的化学反应
	有机物:环氧树脂、石蜡、聚氟物、聚亚胺脂、聚苯物,不挥发树脂等	提高纤维的润湿性和刚度
表面改性	改善纤维电导性的处理,改变纤维表面离子交换的处理,改变纤维吸收活性炭的能力等	用于特殊复合材料

由碳、碳化物、氮化物等非氧化物纤维及陶瓷氧化物纤维与无机非金属基材料形成的复合材料系列列于表 7 - 5。

表 7 - 5　陶瓷纤维 - 无机非金属材料系列

纤维(晶须)	基材	制备方法	应用及研究方面
$3Al_2O_3 \cdot 2SiO_2$,$\alpha - Al_2O_3$,ZrO_2	氧化和氮化物	热压	机械元件,防护屏障
$3Al_2O_3 \cdot 2SiO_2$,$\alpha - Al_2O_3$,SiC,Si_3N_4,ZnO	TiO_2	热压	耐热冲击性

续上表

纤维(晶须)	基材	制备方法	应用及研究方面
$3Al_2O_3 \cdot 2SiO_2$	Al_2O_3,$Al_2O_3 - Mo$,Cr_2O_3,ZrO_2,$Al_2O_3 - Cr$,AlN,BN,Si_3N_4,V_2O_3,TiN,SiO_2	热压	机械和热性能
$\alpha - Al_2O_3$,AlN,SiC	$3Al_2O_3$,$2SiO_2 - Al_2O_3$	热压	对物理性能的影响
$\alpha - Al_2O_3$	TiO_2	热压	机械强度
$\alpha - Al_2O_3$	Si_3N_4	热压	冲击强度
BeO	$Al_2O_3 - BN$	热压	热传导和耐热性
BN	MgO	热压	耐热性和强度
Cr_2O_3	Cr_2O_3	热压	耐热性
MgO	Cr_2O_3	热压	耐磨性
Si_3N_4	ZrO_2	热压	耐热性
Si_3N_4	Si_3N_4	烧结	改善强度性能
SiC,BN,C	Si_3N_4,AlN	烧结或热压	耐热性
SiO_2	Al_2O_3	烧结或热压	耐热性
尖晶石系列	Cr_2O_3	烧结或热压	耐热性
TiO_2	TiO_2	烧结或热压	耐热性
ZnO	TiO_2	烧结或热压	冲击强度和耐磨性
ZrO_2	MgO	热压	抗压、弯及冲击强度
ZrO_2	稳定 ZrO_2	热压	耐热和机械性能
$3Al_2O_3 \cdot 2SiO_2$	$3Al_2O_3 \cdot 2SiO_2 - Al_2O_3$	浇注、烧结	生物医用材料
BN	Al_2O_3	浇注、烧结	切削工具
BN	BN	浇注、烧结	纤维含量对密度及弯曲强度的影响
BN	BN	热压	制备工艺
BN	BN	CVD(化学气相沉积)	多孔 BN 纤维,防空及热绝缘材料
BN	BN	在 N_2 气中灼烧 B_2O_3	电池分隔材料

续上表

纤维(晶须)	基材	制备方法	应用及研究方面
C	Al_2O_3,$3Al_2O_3 \cdot 2SiO_2$	用 LiC 涂覆纤维,烧结	改善黏合性
C	Al_2O_3	热压	性能研究
C	Al_2O_3	热压	气轮机叶片,热压模
C	C–SiC,TiC	CVD	高温应用
C	Si_3N_4	热压,反应烧结	高温用途
MgO	立方 ZrO_2	定向凝固	ZrO_2–MgO
SiC	Si	加热碳纤维和Si 粉末的混合物	密封垫
SiC	SiC	CVD	高温及耐腐蚀
SiC	SiC,Si_3N_4,AlN,BN	热压,烧结	高温
ZrO_2	MgO	热压	微结构研究
ZrO_2	ZrO_2	热压	制备,机械性能
ZrO_2	ZrO_2	浸渍	热屏障

　　前面介绍了各种纤维与无机非金属基材料系统,这些纤维加入到基材中对性能的影响如何呢? 现举几个例子。

　　1)碳纤维/氮化硅复合材料。表 7–6 是碳纤维(C_f)/氮化物复合材料及 Si_3N_4 基材的性能。

表 7–6　碳纤维/氮化物复合材料的性能

性　　能	C_f/Si_3N_4	Si_3N_4
密度/$(g \cdot cm^{-3})$	2.7	3.44
纤维体积分数数/%	30	
抗弯强度/MPa	454	473
弹性模量/GPa	188	247
断裂功/$(J \cdot m^{-2})$	4770	19.3
断裂韧性/K_{IC}	15.6	3.7
热膨胀系数/$(\times 10^{-6}℃^{-1})$	2.51	4.62

　　从表 7–6 可以看出,C_f/Si_3N_4 比 Si_3N_4 的韧性有大幅度提高,但强度并没有增加。用碳纤维/Si_3N_4 复合材料制造的涡轮机叶片、燃烧室、喷嘴等可在 1400 ℃高温下工作,其重量只有钨钴镍合金的 1/6。氮化硅基陶瓷复合材料是一种重要的

高温结构材料,其应用受到限制的主要原因是容易发生脆性断裂。在氮化硅基陶瓷中引入连续纤维可使其强度和韧性大大提高,力 - 位移曲线形状发生改变,断裂行为类似于金属材料。因此,纤维增强增韧氮化硅基陶瓷复合材料是材料领域的重要发展方向之一。然而,目前所用纤维主要是碳纤维(C_f)和碳化硅纤维(SiC_f),其在高温下的氧化特性及在材料内部诱发出的微裂纹(源于纤维与基体间的热失配)两大问题使材料的使用可靠性和寿命大大降低。因此,如何提高氮化硅基陶瓷复合材料的抗高温氧化性和寿命是当前的主要问题。将特定组成(如$N - O - Al - Si - B$ 体系组分)的陶瓷、玻璃类材料进行热处理,使之析出纤维(晶须)状或柱状微晶体并形成交联网状结构,获得的原位生长纤维(或晶须、柱状晶)增强增韧的陶瓷基复合材料有可能在确保材料高强度、高韧性的前提下,显著提高材料的高温抗氧化性,同时也使制备工艺大大简化,这方面的研究也在进行之中。

2)碳纤维/石英复合材料。表 7 - 7 是碳纤维/石英复合材料的性能,其强度和韧性均有大幅度提高。用 50%(V)的定向纤维增强无定形 SiO_2,沿纤维方向室温下的模量达 152 GPa,800 ℃时尚有 103 GPa;在 1200 ℃和冷水之间做热冲击试验,基体不产生裂纹,破坏能可达 1.1 J/cm^2;而 30%(V)的碳纤维/石英制品的抗冲击强度也比纯石英大 40 倍,抗弯强度大 12 倍,热膨胀系数较小,已用于导弹头部防热结构材料。

表 7 - 7　碳纤维/石英复合材料性能

性　　　能	C_f/SiO_2	SiO_2
密度/(g·cm^{-3})	2.0	2.16
纤维体积分数/%	30	
抗弯强度/MPa	600	51.5
断裂功/(J·m^{-2})	7.9×10^3	5.9~11.3

碳纤维与石英在制作温度下不发生化学反应,轴向膨胀系数相当,是一种有前途的防热材料。

3)纤维/SiC 基复合材料。目前纤维增强 SiC 基复合材料主要包括 C_f/SiC 和 SiC_f/SiC 两类。国内在 C_f/SiC 和 SiC_f/SiC 方面的研究始于 20 世纪 90 年代。目前,全尺寸 C_f/SiC 飞机刹车盘已进入工程化阶段,卫星姿控发动机燃烧室喷管通过高空台驾试车,固体火箭发动机导流管通过无控飞行考核,航空发动机浮壁瓦片和矢量喷管调节片通过航空发动机环境下的短时间考核。目前的问题是如何进一步提高材料的抗高温氧化性和使用寿命。

在 SiC 陶瓷基体中复合连续纤维后,不仅可使其韧性和强度大大提高,而且还可改变材料的力－位移曲线形状，而质量又比金属材料轻很多，因而引起广泛关注。美国、法国、德国和日本等技术发达国家竞相投入巨资，重点研究碳纤维增韧碳化硅（C_f/SiC）和碳化硅纤维增韧碳化硅（SiC_f/SiC）两类材料的多维整体复合技术，并已取得许多重要成果，有的已经达到实用化水平。例如，超高速列车上的纤维增强碳化硅复合材料制动件；陶瓷基复合材料导弹头锥、火箭喷管、航天飞机结构件；M53－2 和 M88－2 发动机上的 $nD－C_f/SiC$（$n=2\ or\ 3$）复合材料外调节片；M53－2 发动机上的 $2D－Nicalon/SiC$ 复合材料内调节片；推重比为 9～10 级的军民用发动机上的 C_f/SiC）和 SiC_f/SiC 复合材料燃烧室、涡轮外环、火焰稳定器、矢量喷管调节片、密封环等。预计连续纤维增韧的碳化硅基陶瓷复合材料可望在推重比为 15～20 的涡轮发动机及发动机叶片、高速轴承、活塞、航天飞行器的防热体等方面获得实际应用，是今后材料研究与开发的热点。

4) BN 纤维/Si_3N_4 复合材料。热压烧结制备 BN/Si_3N_4 复合材料已成功地用于连续铸造的分离环上。另外,它也是介电复合材料的候选系列。

陶瓷纤维增强无机非金属基复合材料的发展，主要取决于高温下高强度纤维的发展。包括寻找新的纤维、改善纤维与陶瓷基化学相容性、纤维预处理、研究新的基体配方、新工艺探索等。随着高技术的发展,纤维增强无机非金属基复合材料的研究必将迅速向前发展。

7.4　颗粒增强无机非金属基复合材料

7.4.1　金属－陶瓷复合材料

对金属－陶瓷复合材料的大量研究是在第二次世界大战期间,有人试图以金属（优异的韧性、耐冲击和抗热震性）和陶瓷（高温强度高和高温抗氧化、抗腐蚀性好）两者优点相结合的综合材料来代替较稀贵的金属合金,制备燃气轮机的涡轮叶片和喷嘴等。虽然上述目的没有完全达到,但金属陶瓷具有独特优点,已在许多方面得到应用。

这种复合材料是一种复相组织的多晶材料,由两种或两种以上细分散而均匀混合的相组成,其中至少有一种相是金属或其合金,另外,至少有一种相是陶瓷相,且陶瓷相占 15%～85% 体积分数。金属相往往指过渡金属元素或其合金,而陶瓷相指高温陶瓷范围中的高熔点氧化物和非氧化物。

金属相和陶瓷相的结合和匹配要满足如下条件:①金属和陶瓷间互相浸润,且金属相能渗透到陶瓷相间隙中去,包裹好陶瓷相形成连续的膜结构。②金属与陶瓷间不发生激烈反应,即不改变金属与陶瓷相的本质和产生新的有害相。当然有时部分反应和溶解可使陶瓷和金属结合得更好一些。③金属与陶瓷的热膨胀相近,否则会在升温或冷却时产生应力,影响材料的强度。

1. 金属 - 陶瓷复合材料的制备

材料的制备可以分成粉末原料(陶瓷粉末、金属粉末)的制备、混合、成型、烧结及加工等几个主要步骤。

氧化物陶瓷粉末通常采用氢氧化物和盐类热分解而获得;碳化物陶瓷粉末可通过金属或金属氧化物和碳的固相反应,或和气相碳化氢的气固反应以及金属卤化物与碳化氢的气相反应来生成,硼化物制备方法与此相似,氮化物则通过氮气和金属或金属氧化物或卤化物反应生成。

金属粉末由金属盐的氢还原法、电解法及熔融盐的喷雾等方法制成。

将制得的精制陶瓷粉末、金属粉末及熔融石蜡(成型剂)进行球磨混合。为防止混入杂质,采用碳化钨超硬质球进行研磨。

混合均匀的物料通常由机械压力或油压机进行压型,但也采用水压机成型。可在真空、氢、氨分解气体等气氛中烧结。也有采用热压法的,即在边加压边加热条件下进行烧结。与常压烧结相比,热压法制品烧结温度低,制品致密度高。还有一些比较特殊的方法,如用加压法,使金属相成为软化状态,再通过挤压将材料加工成任意形状,边加压边在原料上直接通电,使烧结在极短时间内完成。除上述方法外,还有渗金属法,即先将陶瓷材料成型烧结,然后将它浸入熔融金属中或放上金属块后升温,使金属通过扩散而渗入陶瓷中,但用这种方法时陶瓷中形成网状连续气孔。此外,还有在熔融金属中通过机械搅拌使陶瓷粉末混入并分散的方法。

金属 - 陶瓷材料的烧结温度是在金属熔点之上、陶瓷熔点之下进行的,属于有液相参与的烧结。高熔点氧化物为基的金属 - 陶瓷材料的烧结形式大致接近于固、液不发生反应的烧结,碳化物为基的金属 - 陶瓷材料的烧结为固、液间发生某种有限反应的烧结。

2. 金属 - 陶瓷材料的微观结构和性能

金属 - 陶瓷材料满足结构材料性能最理想的微观结构为金属形成一种连续薄膜相,均匀而细分散将陶瓷颗粒包裹,陶瓷相颗粒呈孤岛状。这样的微观结构使得细分散脆性陶瓷相受到应力(机械应力、热应力)时,可很快传递给均匀的金属连续相,使应力分散。同时金属相由于包裹在陶瓷相上而得到强化,从而使整个复合材料的高温强度、抗冲击、抗热震性能得到改善。

3. 常见金属 - 陶瓷材料

如 Al_2O_3 基金属 - 陶瓷。

Al_2O_3 - Cr 系:Al_2O_3 与 Cr 之间的润湿性不太好,但可以通过一些工艺手段间接改善其润湿性能,使其成为 Al_2O_3 基金属陶瓷。Cr 粉加工处理过程中产生部分 Cr_2O_3,而此 Cr_2O_3 与 Al_2O_3 能很好地形成固溶体来改善它们之间的润湿性,使 Al_2O_3 和 Cr 结合起来。在工艺上为保证生成部分 Cr_2O_3,在 H_2 烧结中加入少量

H_2O 和 O_2，使 Cr 在高温下氧化，或在配方中加入部分 Cr_2O_3 代替 Cr、加入 $Al(OH)_3$ 代替 Al_2O_3。由于 Al_2O_3 与 Cr 的热膨胀系数相差很大，故使制品在使用中受到内应力，材料强度受到影响。通过实验发现，Cr 与 Mo 在相当宽的范围内形成合金，其热膨胀系数与 Al_2O_3 相近，因此，在 Al_2O_3 – Cr 中加 Mo，变成 Al_2O_3 – Cr – Mo 系统，则材料的机械强度比 Al_2O_3 – Cr 好一些。但 Mo 的抗氧化性差，因此，Al_2O_3 – Cr – Mo 复合材料的高温抗氧化性差。几种 Al_2O_3 基金属 – 陶瓷的组成和性能列于表 7 – 8。

表 7 – 8　　几种 Al_2O_3 基金属 – 陶瓷的性能

组　　成	$70Al_2O_3$ – $30Cr$	$66Al_2O_3$ – $34Cr$	LT – 1 ($23Al_2O_3$ – $77Cr$)
烧成温度/℃	1700	1675 ~ 1700	1650
气孔率/%	<0.5	0.00	
密度/(g·cm^{-3})	4.6 ~ 4.65	5.92	5.9
热导率/($\times 10^{-2}$W·m^{-1}·℃$^{-1}$)	0.022 +20%	25(1315 ℃)	3150(室温)
抗弯强度/MPa	335(室温) 230(1100 ℃)	560(室温)	32(1215 ℃) 126(1150 ℃)
抗张强度/MPa	245(室温) 99(1315 ℃)		147(室温)
抗冲击强度(跨度/40 cm)	<10 kg·cm	<10 kg·cm	
热稳定性	好	好	好

目前，Al_2O_3 – Cr 系金属陶瓷用途极广，如用作熔融铜的流量调节阀、热电偶保护管、喷气式发动机的喷嘴、炉膛、合金铸造的芯子等。

Al_2O_3 – Fe 系：其组成 Al_2O_3 10% ~ 95%，Fe 5% ~ 10%，在 H_2 气氛下烧结温度是 1650 ℃，获得的制品具有较高的硬度及耐磨性，用作泵密封环。

此外，还有 ZrO_2 – Ti 系，TiC – Ni – Co – Cr 系等陶瓷基金属 – 陶瓷复合材料。

7.4.2　碳 – 陶瓷复合材料

碳素材料具有热稳定性高、耐腐蚀和抗热冲击等优异性能，已得到广泛应用。但制造过程中必须用黏结剂，材料往往是多孔的，强度也小，因此一直进行研究高密度高强度碳素材料的制备方法。研究人员曾以长时间研磨的生焦，不经黏结剂成形、焙烧就制得了高密度、高强度的碳素材料，但仅考虑强度，碳素材料与陶瓷或金属相比是有限的。以往提高碳素材料强度的方法，如浸金属、树脂等，虽提高了强度,却降低了耐热性,因此就需要既提高强度,又不损害耐热性的方法,即将陶瓷与碳复合的方法。这类材料主要是将碳和制砖原料以沥青或黏土为黏结剂的成形物,用于炼铁用耐火砖和出钢槽材料等不需要很高强度的构件。如镁碳砖、镁钙碳质耐火材料及铝碳质材料等。高强度碳 – 陶瓷复合材料还在开发之中。最近报道用焦炭和 B_4C 或 SiC 混合粉末通过热压方法而制得高强度碳 – 陶瓷复合材料。

上面介绍的复合材料属结构材料范畴,复合的目的是为了提高或改善材料的力学性能。除此以外,通过复合还可获得具有特殊电、磁、光、热等特性的材料,甚至可以获得能通过外界环境(电、磁、光、热、力等)的作用而改变自身状态的新型功能材料。这部分内容将在第 8 章介绍。

思考题和习题

1. 简述正混杂效应的概念、复合材料的复合方法及复合的目的。

2. 颗粒增强与纤维增强的作用机制有何不同?

3. 颗粒增强与纤维增强复合材料的制备方法有何不同?

4. 计算在 Si_3N_4 中添加多少 SiC 才能使 Si_3N_4 基复合材料的弹性模量达到 400 GPa?

5. 为了提高碳纤维和陶瓷基体的结合强度,减少氧化速率,必须对碳纤维进行表面处理,试分析各种表面处理方法的优缺点。

6. 分析金属纤维增强陶瓷材料在发展中存在的主要问题,探讨改善金属纤维与陶瓷之间相容性的可能途径。

7. 简要说明制备 Al_2O_3 – Cr 系复合材料时,改善 Al_2O_3 与 Cr 之间润湿性的方法。

8. 分析讨论无机非金属基复合材料的发展趋势。

第8章　功能无机非金属材料

　　材料的物性分为两类,一类是材料本身固有的性质,即材料在使用状态下被动地支撑或防御外界作用的一种能力;另一类是物理效应,它是指在一定条件下、一定限度内对材料施加某种作用时,通过材料能将这种作用转换为另一种功能的性质,这种物性与功能材料密切相关。所谓功能材料指的是在力、声、热、电、磁、光等外场作用下,其性能会发生改变的材料,它是能源、计算技术、通讯、电子、激光和空间科学等现代技术的基础,也是材料科学与工程领域中最活跃的部分。功能材料的种类繁多,正渗透到科技和社会生活中的各个领域。功能材料可划分为功能金属材料、功能无机非金属材料、功能高分子材料及复合材料四类。本章简要介绍功能无机非金属材料。

8.1　物理效应与功能无机非金属材料

8.1.1　电光效应与材料

　　在电场作用下,材料的光学性质(如吸收、透过、折射、反射等)随电场的变化而变化,这种效应即电光效应。根据电光效应原理,人们开发出许多功能材料,如全固态电致变色窗或智能窗(smart window)及非线性光学材料等。

8.1.2　电致流变效应与材料

　　电致流变液体(electrorheological fluid,简称 ER 液)也称为机敏液体(smart fluid),是一种新型智能材料。这种液体的主要特征表现在内部结构和表观黏度及屈服应力等流变学性质随外加电场强度的变化而发生快速、可逆的变化。当所加电场强度增大时,体系的表观黏度也随之增大,体系从液体向凝胶状固态转变;而当去除所加电场后,体系可以在瞬间重新回复到原始状态,这一现象被称为电致流变现象。产生电致流变现象的原因是:施加电场时,液体中的分散相粒子发生极化、电偶极作用,导致粒子上正负电荷中心分开,使其一端带正电,一端带负电,于是带电粒子间就会依靠静电引力作用而结合成链状或网络结构,使得流变特性发生急剧改变;而当去掉电场后,粒子间相互吸引作用消失,恢复原有液体结构和性质。电致流变液体主要由分散相颗粒和分散介质组成,典型的 ER 流体为 $0.1 \sim 10\ \mu m$ 的吸湿性粒子在疏水、非导电介质中的分散体系,其分散相可为玉米淀粉,各种黏土、SiO_2 凝胶、滑石粉和各种聚合物,而分散介质为苯二甲酸酯类、气化石蜡、石蜡和硅油等绝缘材料;此外,人们也发现一些单相溶液具有电致流变效应。

电致流变材料结构和性能的瞬间可逆变化特性,使之很有希望被用作机电一体化和智能机械的理想材料。另可作为主动控制材料用于飞机机翼振动控制、卫星太阳帆板振动控制、空间站对接过程中的低频振动控制、减振器、阀门及汽车的传动离合器等方面。

8.1.3　铁电性与材料

某些材料的极化强度与施加电场间显示出非线性特性,形成电滞回线,其性质类似于铁磁滞回线。这一现象称为铁电现象,这类材料叫铁电体(其实材料中并不含铁)。

用作铁电体的材料主要包括具有氧八面体结构的钛酸盐、锆酸盐和铌酸盐,最有用的一些材料包括钙铁矿型化合物如 $BaTiO_3$、$PbTiO_3$、$PbZrO_3$、$Pb(Mg,Mo)O_3$、$KNbO_3$ 及它们的固溶体,钨青铜型化合物如 $(Sr、Ba)Nb_2O_6$ 和钛铁矿型化合物如 $LiNbO_3$ 等。铁电材料的一个重要应用是用于制作永久半导体存贮器。这种存贮器具有高存取速度、高密度、抗辐照及低操作电压等特性,可用作微传动器、光学波导装置、立体光学调制器、动态随机存取存贮器(dynamic random access memories)、薄膜电容器、压电传动器、热电探测器及表面声波装置等。

8.1.4　铁磁性与材料

铁磁性材料在生物医学领域有重要应用。如含铁磁性微晶体 $LiFe_5O_8$ 的 $Al_2O_3 - SiO_2 - P_2O_5$ 系统微晶玻璃可作为癌肿块人工热处理的热种子。其原理是:在交变磁场作用下,因微晶体的磁滞回线损失而导致发热。如将这种材料导入肿块内,就可以对癌肿块进行局部加热,癌细胞结构在 43 ℃ 以上温度将被破坏。具有类似功能的微晶玻璃还有含 Fe_2O_3 的 $CaO - SiO_2$ 系材料。这方面的研究工作仍在进行,旨在寻找一种居里温度在 50 ℃ 左右的铁磁性微晶材料,在 50 ℃ 以下能有效地产生热量,杀灭癌细胞,而在 50 ℃ 以上停止热的产生,避免烧伤人体器官。

8.1.5　压电效应与材料

在外界应力作用下,某些晶体的结构发生变形,好像电场施加在铁电体一样,有偶极矩形成,在相应晶体表面产生极化电荷,可用电位计在相反表面上测出电压;如果施加相反电压,则电位符号改变。这些材料还具有相反效应,如将其置于电场中,会发生弹性变形。总之,这些材料具有使机械能和电能相互转换的特征,这一现象即压电效应。

一般所有铁电材料都具有压电性,然而具有压电性的材料不一定是铁电体,如

$BaTiO_3$、$Pb(Zr,Ti)O_3$、$Pb(Co_{\frac{1}{3}}Nb_{\frac{2}{3}})O_3$、$P(Mn_{\frac{1}{2}}Sb_{\frac{1}{2}})O_3$、$Pb(Sb_{\frac{1}{2}}Nb_{\frac{1}{2}})O_3$ 等既是铁电材料,又是压电材料,但 α - 石英、ZnS 等是压电材料,但不具有铁电性。

压电材料可用于点火装置、压电变压器、微音扩大器、振动器、超声波器件、各种频率的滤波器、具有正温度系数的非线性电阻器、信息领域中的各种传感器等。

8.1.6 压敏效应与材料

一些材料受到机械压应力时,其理化性能会发生变化。利用这一特性可制备出用于大型混凝土结构安全性诊断的智能型混凝土复合材料,其方法是在混凝土中加入一定量的碳素纤维或碳素纤维与玻璃纤维,一方面增加混凝土的强度,另一方面利用纤维的电阻随压力变化的特点,来判断混凝土构件的安全期、损伤期和破坏期,达到诊断目的。据文献报导,日本已将这种纤维增强的混凝土智能材料成功地应用于银行等重要结构设施的防盗报警墙体,当然亦可用于大坝的防洪报警设施。

又如,对材料施加机械应力时,材料产生变形,导致晶格内部的变化,并同时改变了弱连接的电子轨道形状的大小,因此引起极化率和折射率的变化,这种效应称为光弹性效应。在工程中常利用此效应分析复杂形状材料的应力分布,亦可用于声光器件、光开关、光调制和扫描器等方面。

8.1.7 电磁屏蔽效应与材料

现代社会离不开电气、电子设备或系统。这些设备和系统工作时,一方面对周围电磁干扰十分敏感,另一方面它们本身又会向周围环境发出电磁干扰,影响其他电气、电子设备或系统的正常工作。电磁干扰问题已成为许多设备、系统能否正常发挥作用的重要障碍。

电磁屏蔽有两个目的。一是控制内部辐射区域的电磁场,不使其越出某一区域;二是防止外来的辐射进入某一区域。包括电场屏蔽(对静电场及交变电场的屏蔽)、磁场屏蔽(对静磁场及交变磁场的屏蔽)、电磁场的屏蔽(同时存在电场及磁场辐射时的屏蔽)。工程塑料因具有许多优点,而被大量用于制作电子装置或系统外壳,但塑料对电磁场无防护作用。因此,为净化环境需要在塑料上涂覆一层具有电磁屏蔽作用的涂层,使电磁波被涂层材料所吸收、反射或折射掉。

据文献报导,对大量使用的工程塑料进行屏蔽,最有效的办法是使其表面金属化,利用塑料外壳上的金属涂层反射或吸收外来的电磁波。

8.1.8 磁致伸缩效应与材料

在一定磁场作用下,材料产生体积或长度变化的现象即磁致伸缩效应,传统的镍基或铁基材料的磁致伸缩应变为 $1 \times 10^{-5} \sim 4 \times 10^{-5}$,压电陶瓷材料的磁致伸缩

大约为 4×10^{-4}，而稀土材料的磁致伸缩量高达 $1.5 \times 10^{-3} \sim 2 \times 10^{-3}$，具有非常广泛的应用前景，如可用作声纳和换能器、传感器、驱动器和精密控制器等，可以大功率、高效率地实现电磁能和机械能或电磁信息与机械位移信息之间的相互转换。

8.1.9　热振动与超低声衰减材料

固体中晶格的振动可以用波动函数 $X_n = A e^{i(\omega t - 2\pi nak)}$ 来描述。从物理上看，它相当于简谐振动方程 $X_n = A\cos(\omega t - 2\pi nak)$。当晶体受热时，每个原于在平衡位置附近的振动会通过邻近原子以行波的形式在晶体内传播，这种波被称为格波。由于波矢 k 只能取一些分立的值，因此，晶格振动是量子化的，可把格波看成为称作声子的微粒，晶格的热振动也就相当于声子的激发。根据玻耳兹曼能量分布规律，可求出温度为 TK 时的平均声子数为 $n_{av} = \dfrac{1}{e^{\hbar\omega/k_B T} - 1}$。声波通过材料时的衰减，是由于声波的能量传递给热波声子之故，材料接受声波的能量愈多，则声波衰减愈多；材料接受声波能量愈快，则声波的衰减愈快。根据这一原理，要获得超低声衰减材料，应选择那些具有低热传导系数、结构复杂及德拜温度高的材料。

8.1.10　微波介电加热效应与材料

微波是一种频率范围为 $0.3 \sim 300$ GHz 的电磁波，能够加热物质。一般来说，具有明显电子或离子导电的导体及具有低介电损耗的绝缘体都难于实现微波加热或烧结。如金属类导体，属于微波反射型，微波不能通过；而一些低介电损耗绝缘体，微波全部通过；只有具有适中电导率和高介电常数的材料，能够吸收微波而升温。从以上分析可知，微波具有选择性加热的特点。利用这一特点，可以使陶瓷材料内部损伤得到愈合。近年来，这方面的研究工作开展得非常活跃，并获得一定成效。如有人将微波吸收性强的 TiC 颗粒加到氮化硅陶瓷中，经过混合并制成致密的块状材料，用压痕法或热震法使材料内部形成裂纹，使材料性能因裂纹的形成而降低。然后，对材料进行微波照射，使表面裂纹得到一定的弥合，内部损伤也得到一定愈合，下降的材料的强度恢复到原有强度的 70% 以上。

8.1.11　弹性与金属橡胶材料

金属橡胶材料(metal rubber material)是一种新型精细结构材料，它是一种由金属丝经过螺旋成形拉长、缠绕毛坯、模压而成的结构件。由于其内部是金属丝相互交错勾连而成的空间网状结构，类似于橡胶的大分子结构。这种材料具有良好的弹性和阻尼特性。在受到振动力作用时，由于金属螺旋丝之间的摩擦、滑移、挤压和变形，可以耗散大量能量而起到大阻尼弹性材料作用。在航空航天领域是其他材料无法代替的。

现代科学技术的加速发展对材料领域提出了严峻的挑战,也为这一领域创造了机会。未来世界将需要越来越多的功能材料,材料正向着多功能性、集成化、智能化方向发展。但可以说,各种功能材料和智能材料的开发在很大程度上都依赖于对物理效应的认识。

8.2 功能无机非金属材料的分类

众多的功能材料按其功能或主要使用性能来分类,可大致分为七类。即光功能材料、电功能材料、磁功能材料、机械功能材料、生物功能材料、化学功能材料、热功能材料。

8.2.1 光功能材料

光功能材料以光功能玻璃占的比重最大,其中包括光导玻璃纤维、激光玻璃、光致变色玻璃、光的选择透过和反射玻璃、非线性光学玻璃及闪烁玻璃等。

在陶瓷方面,具有电光效应的 PLZT 透明烧结陶瓷可用于光存储器、光阀等器件;红宝石单晶体作为激光介质可用于固体激光器;$NaI(Tl)$、CeF_3、YAP、GSO、PbF_2 等晶体材料用作物质结构探测用的闪烁材料。

8.2.2 电功能材料

电功能材料则以陶瓷占的比重最大。包括集成电路用的绝缘陶瓷,电容器用的介电陶瓷,超声及换能设备用的压电陶瓷、热释电陶瓷、铁电陶瓷等,用作传感器、变阻器及光敏元件的半导体陶瓷,用于电池及氧传感器的快离子导体,用于超导磁体及发电机的超导性陶瓷。电子陶瓷材料已形成较大规模的产业,新材料在不断涌现,成为无机非金属材料领域非常重要的一大类材料。

电功能玻璃包括快离子导体玻璃、电子导体玻璃、离子与电子混合导体玻璃(如电致变色玻璃)、延迟线玻璃和等离子体显示屏基板玻璃等。导电水泥也属于电功能无机非金属材料。

8.2.3 磁功能材料

磁功能材料包括存储器及磁芯用的软磁性陶瓷,电视显像管用的硬磁性陶瓷,法拉第旋转玻璃(磁光玻璃)、计算机磁盘玻璃及治疗癌症用的微晶玻璃等。

将玻璃放入磁场中,光通过玻璃时,光的偏振面会发生正向或反向旋转,这种玻璃叫法拉第旋转玻璃,一般含有铊、铅、碲等,可用来做偏光或检偏光元件、光开关、光隔离器等。

8.2.4　机械功能材料

高硬度、高强度、高韧性材料等均属于机械功能材料。作为结构材料,强度是其首要的性能,因此结构陶瓷可归属于机械功能材料类。如发电机用的 $SiC-SiC$、$SiC-Si_3N_4$、$SiC-Al_2O_3$,耐磨器件用的 $TiC-Ni$、$WC-Co$、$SiC-Al_2O_3$,轴承、密封件和定位梢用的赛龙(Sialon),耐磨损用的金刚石薄膜及各种高硬度、高强度、高韧性复合材料等。

玻璃在使用过程中,容易造成划伤。为避免划伤,就要增加玻璃的硬度,含氧化钇、氧化镧的铝硅酸盐玻璃,其维氏硬度显著高于钠钙硅玻璃。在氧化物玻璃中引入氮原子的玻璃,其维氏硬度更高。此外,钢化玻璃力学性能也比普通玻璃优良;微晶玻璃则是一种高强度、高韧性的材料,有的可以进行切削等机械加工。这些玻璃材料都可归属于机械功能材料类。

8.2.5　热功能材料

热功能材料应包括各种耐高温的耐火材料,热交换器用抗热冲击性 SiC、$SiC-Al_2O_3$、Si_3O_4、ZrO_2 复合材料,各种发热、传热、蓄热、隔热及热反射材料。此外,经骤冷骤热而不破坏的低膨胀耐热玻璃、具有很高热稳定性的低膨胀微晶玻璃,也属于热功能材料类。

8.2.6　生物功能材料

生物功能材料主要是指能够满足和达到生理和生物功能要求的材料。包括羟基磷灰石、氧化铝、炭、磷酸钙、ZrO_2、磷酸盐玻璃、氟磷酸盐玻璃及微晶玻璃等。

8.2.7　化学功能材料

化学功能材料包括可进行气体或液体分离、放射性废弃物固化处理、作为催化剂和酶载体的多孔陶瓷与玻璃,具有憎水(油)防污染及杀菌功能的陶瓷与玻璃,高温抗氧化陶瓷与玻璃涂层,防腐蚀及耐腐蚀的陶瓷、玻璃、水泥及耐火材料等。

8.3　各类功能无机非金属材料举例

8.3.1　光功能材料

1. 光学纤维材料

现代科学技术的高速发展,促使人类社会向信息时代转变,人类将依赖对信息资源的开发、变换、传输和处理来进行军事、政治、经济、生产经营、日常生活及科学研究等方面的活动。很多国家,特别是发达国家,当前都在制定信息高速公路的发展计划。对信息资源的争夺愈来愈激烈,其成功与失败在很大程度上依赖于各国所拥有的信息技术。而信息技术的发展在很大程度上又依赖于材料的发展。无疑,信息材料是信息技术发展的基础和先导。

20 世纪以来,信息技术是依靠电子学(electronics)和微电子学(microelectronics)技术发展起来的,如通信是从长波到微波,存储是从磁芯到半导体集成,运算使用的器件从电子管发展到以大规模集成电路为基础的电子计算机等。这个时期的信息技术可称为电子信息技术,其特征是信息的载体是电子,相应的材料可称为电子信息材料及微电子信息材料。

当代社会和经济的发展需求的信息量与日俱增,高容量和高速度信息的发展已显示出电子学和微电子学技术的局限性。由于光子的速度比电子速度快得多,光的频率比无线电波(如微波)的频率高得多,所以为了提高信息传播速度和载波密度,信息的载体必然由电子发展到光子。光子会使信息技术的发展产生突破。目前信息的探测、传输、存储、显示、运算和处理已由电子和光子共同参与来完成,产生的光电子学(photo-electronics)技术已应用在信息领域,相应的材料可以称为光电子材料。

今后将更加注重光子的作用,继电子学、微电子学、光电子学之后,光子学(Photonics)技术正在崛起,如美国将电子和光子材料、微电子和光电子技术列为国家的关键技术,并认为"光子学在国家安全及经济竞争方面有着深远的意义和潜力","通讯及计算机研究与发展的未来属于光子学领域"。从电子学到光电子学和光子学的发展是跨世纪的发展。可以认为,今后信息技术的发展,微电子材料是最重要的信息材料,光电子材料是发展最快的材料,而光子材料是最有前途的材料。20 世纪到 21 世纪信息技术和材料的发展趋势示意如下:

电子学(electronics)→微电子学(microelectronics)→光电子学(photo-electronics)→光子学(photonics)

电子材料(electronic material)→微电子材料(microelectronic material)→光电子材料(photo-electronic material)→光子材料(photonic material)

信息技术包括信息的获取、传输、存储、显示及处理等方面。这几个不同方面对材料有不同的要求。光学纤维在信息技术中有着非常重要的作用,主要用于信息获取、信息传输及信息放大等领域。

(1)光学纤维的发展

从 1876 年发明电话到 20 世纪 60 年代末,通信线路都是铜制导线,并且经历了从架空明线、对称电缆到同轴电缆的过程。到 20 世纪 70 年代,世界上干线通信使用的还是标准同轴管,每管质量达 200 kg/km。

把光子作为信息载体,即用光纤通信代替电缆和微波通信是 20 世纪通信技术的重大进步。20 世纪 70 年代,低损耗的熔石英光纤和长寿命半导体激光器的研制成功,使得光纤通信成为可能。1978 年开始的第一代光纤通信光缆长 10 km,最高传输率不到 100 Mb/s。三年后,第二代光纤通信应用了单模光纤(模是指沿纤维内传输的电磁波形,单模则指只允许传输基模而其他频率的光波被截止)和处于熔石英光纤最低色散波长(1.3 μm)的半导体激光器和探测器,光信号可以在光纤内以匀速传播,传输容量增加近十倍。第三代光纤通信应用熔石英光纤的最低损耗波长(1.55 μm),配上该波长的半导体激光器,使中继传输距离和传输容量又提高几倍。第四代光纤通信是采用波分复技术,即同一路光纤中传输若干个不同波长的光信号,用外调制的分布反馈激光器达到高的信号传输率,用光纤宽带耦合器将几种波长的激光信号耦合入一条公用传输光纤,在信号终端用光纤光栅滤光器分离出几个波长的载波激光,再用检波器将信号分离出来(见图 8-1)。这种波分复技术使信息传输增加了几倍。在光子集成回路上再加入宽增益频带的掺铒光纤放大器,就可以形成高容量和无中继距离传输的光纤通信系统。

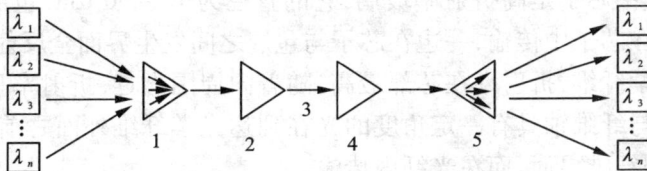

图 8-1　波分复光纤通信图

1—外调制分布反馈激光器;2—光纤宽带耦合器;
3—光纤传输;4—光纤光栅滤光器;5—检波器

今后光纤将代替电缆从主干线逐步进入通信网络的各个层次,即进入区域(fiber to the zone),进入路边(fiber to the curb),进入家庭(fiber to the home)和进入公寓(fiber to the apartment),相干光通信、孤立子光通信和超长波长红外光通信被预见为第五代光通信。

发展新材料始终是光通信中的核心问题,减少材料对光的吸收与光散射损耗是一大研究内容。近年来,有人研制出有效面积大的新型光纤,如真波光纤(true wave fiber)、叶状光纤(leaf fiber)等,试图提高光纤的传光效率。由于光纤中的色散对高速信号有严重影响,色散补偿器也是一重点研究对象。此外,还有一些辅助器件的研究开发也很活跃,如高稳定波长的半导体激光器、高速光调制器、光滤波器、光耦合器等。

获取信息主要使用探测器和传感器,目前,光电子学技术是获取信息的主要手段。传感器可分为半导体传感器和光纤传感器。光纤传感主要基于外部世界各种物理量和化学量的变化引起光学参数(如相位、极化、波长、幅度、模、功率分布、光程等)的变化。国外对光纤传感器的研究始于 20 世纪 70 年代中期,1977 年由美国海军研究所主持,有五个公司参加,主要研究水声器、磁强计等水下检测设备。1980 年开始研究现代数字光纤控制系统,用光纤译码的光纤传感器代替直升飞机驾驶员的控制。1984 年进行飞行试验,最终将实现用光纤的液压传动系统代替电源。其他研究包括光纤陀螺、核辐射监控、飞机发动机监控等传感器。

英国于 1982 年以贸易工业部为首成立了英国传感器协会,研制高压光纤电流测量装置、光纤陀螺、水声器等。德国对光纤陀螺的研究规模和水平仅次于美国,居世界第二位。日本 1979~1986 年实施"光应用计划控制系统"。此外,法国、瑞士、意大利等国也开展了光纤传感器的研究工作。我国在"七五"期间提出 15 个项目,主要研究光纤放射线探测仪、光纤位移、位置及角度传感器、光纤压力、光纤振动、加速度计等,目前这方面的研究也开展得很活跃。

(2)石英光学纤维的制备

光学纤维可分为阶跃型和梯度型两类。阶跃型光学纤维是由芯子和包覆芯子的包层组成,其中芯子是高折射率玻璃,它的直径为 10~50 μm,包层是低折射率玻璃。光一边在芯子中传输,一边在芯子与包层之间发生界面全反射。

梯度型光学纤维,折射率在芯部最高,随着向周围靠近,折射率呈抛物线形式减小。入射光与纤维轴具有一定角度的光在到达光学纤维外面之前,就被折射回到内侧,达不到纤维界面,而在光纤内传输。

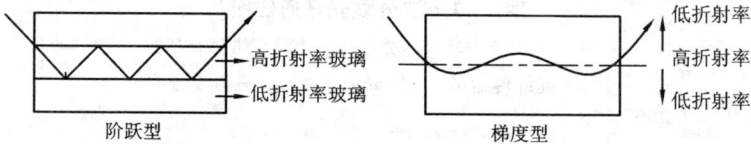

图 8-2 光在光纤中的传输

光纤的制备包括两个过程,即制棒和拉丝。为了获得低损耗的光纤,这两个过程都要在超净环境中进行。制造光纤时先要熔制出玻璃棒,玻璃棒的芯、包层材料可以都是石英玻璃。纯石英玻璃折射率为 1.548,欲使光在纤芯中传输,必须使纤芯中的折射率高于包层中的折射率,为此,在制备芯玻璃时,均匀地掺入少量的比石英折射率高的材料,如 GeO_2,B_2O_3 等,这样的玻璃棒叫光纤预制棒。预制棒的预制方法包括化学气相工艺——MCVD(modified chemical vapor deposition)、PCVD(plasma activated chemical vapor deposition)、OVD(outside vapor phase deposition)、VAD(vapor phase axial deposition),此外还有多组分玻璃熔融法、溶胶-凝胶法、机械成型法等。

反应生成的 GeO_2 可以提高纤芯的折射率。普通单模光纤中掺有 3%(摩尔百分数)的 GeO_2,相应的纤芯折射率提高约为 0.4%。

制备方法 1:将内径 12 mm,长约 80 mm 的石英玻璃管置于气相沉积设备中,使氢氧喷灯沿石英管的长度方向往复移动,温度保持在 1400 ℃ 左右。首先通入 $SiCl_4$、BCl_3、O_2 混合气体,在使沉积物析出于管子内壁上的同时,通过喷灯的移动使此沉积物转化为熔融态玻璃,形成 $B_2O_3 \cdot SiO_2$ 玻璃层,或不加 BCl_3 形成 SiO_2 玻璃层,但温度要高得多,最后将气体改换成 $SiCl_4$、$GeCl_4$ 和 O_2,按同样方法在第一层上生成 $GeO_2 \cdot SiO_2$ 玻璃层。然后升温到 1900 ℃,熔缩空腔,获得预制纤维棒。

制备方法 2:将纤芯做成棒材,将包层做成管子,将光纤芯棒插入用作包层的管子中,然后进行加热,使两种玻璃软化,并拉成一根玻璃纤维。在玻璃纤维的拉制过程中,掌握玻璃的黏度 - 温度特征是重要的。由于石英玻璃熔体中 $[SiO_4]$ 的连接程度很高,导致其熔体黏度很大,因此成形温度也就很高,通常选黏度为 $10^3 Pa \cdot s$ 到 $4.5 \times 10^6 Pa \cdot s$ 对应的温度为作业温度范围。

(3)石英光纤的主要理化性能特点

1)石英光纤的损耗特性。光在光纤中传播时,光功率随传输距离按指数衰减,一般用分贝(dB/km)表示光纤的损耗,记为 α,α 是稳态条件下每单位长度上的功率衰减分贝数,即

$$\alpha = (10/z) \lg(P_0/P_z) \text{（dB/km）} \tag{8-1}$$

z 为光纤长度,P 为光功率,P_0 为 $z = 0$ 时的 P 值,P_z 为 $z = z$ 时的 P 值。如果损耗是 2 dB/km,光传输 1 km 后有 60% 的光保留下来;如果光纤中的损耗是 0.5 dB/km,约有 90% 的光保留下来。有 3 大类损耗:吸收损耗、散射损耗和弯曲损耗。

石英光纤吸收损耗产生的原因有 3 个,即材料本征吸收损耗、杂质吸收损耗和原子缺陷吸收损耗。

本征吸收损耗又包括 3 类:

Si—O 键的红外吸收损耗:Si—O 键在波长为 9 μm,12.5 μm 和 21 μm 时有分子振动吸收现象,它的吸收带的尾端延伸到 1.2 μm 波长,对通信波长造成的损耗值小于 0.1 dB/km,这种损耗也称为红外吸收损耗。

石英材料电子转移的紫外吸收损耗:石英光纤材料低能级的电子吸收电磁能量而跃迁到高能级,吸收的中心波长在 0.16 μm,但吸收谱可延伸至 1 μm 附近,对 0.85 μm 处的短波长通讯有一定影响。

其他损耗:在制造石英光纤中用 GeO_2、P_2O_5、B_2O_3 等掺杂剂来调节折射率变化,这些物质会产生附加损耗,浓度过大会带来大的损耗,因此应避免较高的折射率。

杂质吸收损耗包括 2 类:

金属离子的吸收损耗:Fe、Cu、V、Cr、Mn、Ni 和 Co 等金属离子的电子跃迁要吸收能量,造成损失。当它们的含量降低到 10^{-9} 以下时,可以基本上消除金属离子在通信波段的吸收损耗。

OH^- 离子的吸收损耗:OH^- 离子是光纤损耗增加的重要来源,OH^- 离子振动

的基波波长位于 2.73 μm 处,它的次高谐波波长在 1.39 μm,正好处于通讯窗口内,现代工艺可以使该损耗峰低于 0.5 dB。

原子缺陷吸收损耗:石英材料受热辐射或光辐射时引起的吸收损耗可以忽略不计。

光纤中的散射损耗包括 3 种类型。

瑞利散射损耗:由于石英材料的密度不均匀和折射率不均匀造成的光功率损耗,这种损耗与光波长的四次方成反比,光波长大则损耗小。这是目前光通信向长波方向发展的原因。

波导结构散射损耗:波导结构散射损耗是由于波导结构不规则导致模式间相互耦合或耦合成高阶模进入包层或合成辐射模辐射出光纤。

非线性效应损耗:当光纤中功率较大时,会诱发出受激喇曼散射和受激布里渊散射,引起非线性损耗。

弯曲损耗和涂覆层造成的损耗包括宏弯损耗和微弯损耗两种类型。

宏弯损耗:由于光纤放置时弯曲,不再满足全反射条件,使一部分能量变成高阶模或从光纤纤芯中辐射出而引起损耗。

微弯损耗:由于光纤材料与套塑层温度系数不一致,形变有差异,从而造成高阶模和辐射损耗。

由于光纤中存在许多损耗,它的总损耗呈现如图 8 - 3 所示的变化规律。

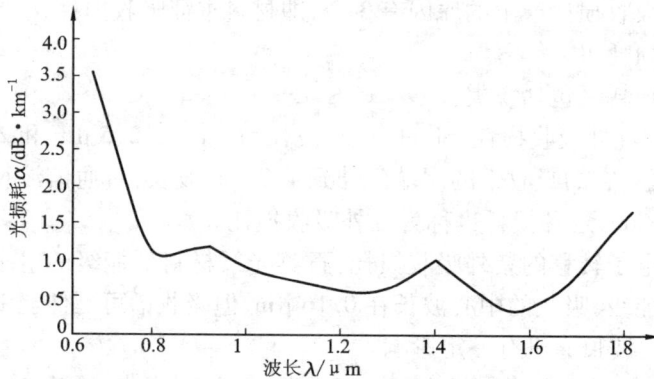

图 8 - 3　石英光纤的损耗(dB · km^{-1})曲线

在 0.6 ~ 1.8 μm 间出现三个损耗高峰,所以出现三个相对低损耗的波段。这三个波段——短波长窗口(第一窗口)0.85 μm,长波长窗口(第二、三窗口)1.3 μm、1.55 μm。1.55 μm 处的理论最小损耗为 0.15 dB,是现代光纤发展的波长范围。

2)石英材料光纤的色散特性。对于单模光纤,色散主要包括材料色散、波导色散;多模光纤还存在模间色散、偏振模色散等。现代光通信中基本都使用单模光纤。

材料色散：光在光纤中的传输速度为 $v = c/n(\lambda)$，$n(\lambda)$ 是光纤的折射率，它是波长的函数，即同一材料对于不同波长的折射率不同。

材料色散 D_M 可表示为：

$$D_M = (2\pi/\lambda^2)(\mathrm{d}n_g/\mathrm{d}\omega) = (1/c)(\mathrm{d}n_g/\mathrm{d}\lambda) \qquad (8-2)$$

n_g 为群折射率。当波长为 1.276 μm 时，$\mathrm{d}n_g/\mathrm{d}\lambda = 0$，$D_M = 0$，该波长为零材料色散波长。

波导色散：由于波导结构不同，同一模式的脉冲因频率不同而产生时延，调节光纤参数可以使波导色散在 1.55 μm 区抵消材料色散，实际上就是改变零色散波长。这就是色散位移光纤、真波光纤和叶状光纤的设计原理。这些光纤的零色散波长分别被移到 1.55 μm、1.53 μm 和 1.51 μm 处，与最低损耗波长相重合。

3）石英光纤的非线性特性。由于石英光纤中［SiO_4］四面体的对称结构，$\chi^{(2)}$ 趋于零，一般不出现二阶非线性效应。光纤中最低阶的非线性效应来自于三阶极化率 $\chi^{(3)}$。光纤中的非线性效应导致一些不利的影响，如受激喇曼散射（stimulated raman scattering）、受激布里渊散射（stimulated brillouin scattering）及四波混频（four wave mixing），限制光纤的通信容量，并导致光纤波分复系统中通信间串话。有利的方面是，单模光纤中的非线性效应可以利用其喇曼散射产生新的频率，实现喇曼光的放大；可以利用光学克尔效应实现光信号的全光处理等。

4）石英光纤的抗拉强度。海底电缆系统、军用光纤系统和苛刻环境用光纤系统，对光纤的可靠性提出了高要求。石英本身是一种硬度很高的易碎材料，强度极限是由 Si—O 键的结合力决定的。从理论上讲，外径为 125 μm 的石英光纤能承受的张力为 300 N，然而由于光纤表面或内部不均匀性普遍存在，不可避免地存在污染和裂纹，这使得光纤的断裂强度大为降低（约为理论值的 1/4）。

光纤的高强度主要归功于包层之外的涂覆层，裸光纤的抗拉张力不足 1 N，极易断裂。涂覆层的另外一个作用是隔绝石英与水、酸、碱等介质，因这些介质的存在会导致石英光纤中裂纹的扩大，降低力学性能。目前密封炭涂覆光纤被认为是最好、最有前途的，已被应用于海底电缆和电力系统等苛刻环境中。

5）影响石英光纤性能的主要因素。对石英光纤来说，其内部结构可以认为是由［SiO_4］四面体组成的完整的网络结构，因此，不存在网络连接程度对光纤性能的影响问题。影响光纤性能的主要因素如下：

光纤中杂质的影响。如 Fe^{3+}、Ni^{2+}、Co^{2+}、Ti^{3+}、Cu^{2+} 等过渡金属离子，铂金粒子及 OH^- 等杂质离子在光的传输过程中会吸收光能，从而使光信号在传输过程中大大减弱。同时，因光纤中存在异种离子，会产生光散射损耗，解决途径是从原料及制备工艺上着手。

玻璃的不均匀性。玻璃总的来说是无定形非晶态物质，其内部质点从宏观上看是统计均匀分布的,但从微观角度看,往往会存在不均匀现象,指[SiO₄]四面体中 Si—O 键键角、键长,这种不均匀性会导致散射损失。

纤维表面擦伤。在拉制纤维时,要充分提高温度,使纤维表面不被划伤,纤维表面的擦伤不仅影响机械性能,同时也会改变内部光线射向表面的角度。

其他影响因素。表面的油脂能改变内部全反射的临界角,表面的尘埃会引起散射损失等。

(4)特种光纤材料

1)红外光纤材料。超长距离的海底通信呼唤着超低损耗光纤的问世。从理论上讲,红外光纤的损耗极限可达 10^{-2} dB/km,是极有前途的光通信材料。除通信外,红外光纤在医学、军事、工业和非线性光学方面都有重要应用,如激光手术刀、能量传输、红外遥感和探测。

材料包括氟化物玻璃、硫化物玻璃、重金属氧化物玻璃及聚合物光纤等。

2)光纤放大器。光纤放大器包括掺稀土元素光纤放大器、受激喇曼散射和受激布里渊散射光纤放大器。

掺稀土光纤放大器是利用光纤中掺杂稀土元素(如 Er、Nd 等)引起的增效机制实现光放大,优点是工作波长恰好落在光纤通信的波长区(1.3~1.6 μm),结构简单,与线路的耦合损耗小,噪声低,增益高,缺点是难于与其他器件集成。

受激喇曼散射及受激布里渊散射光纤放大器是利用光纤的非线性光学效应实现光放大的。

2. 非线性光学材料

由于物理等相关科学的发展和实际需要,近年来光功能材料得到比较深入的研究和开发。主要包括磁光、电光、压光及激光材料。其中,基于电磁场与物质体系中带电粒子相互作用的非线性光学材料因其在光通讯、信号处理及计算机科学技术发展中的作用而受到普遍关注。

非线性光学是激光出现后发展起来的新学科,它的很多成果已应用于许多科学和生产领域,而另一些新的现象仍是人们注目的研究课题。非线性科学的发展与非线性材料紧密相关。

光通讯、信号处理和计算机科学技术的发展,对光子开关提出了实用化的要求。这种由非线性光学材料做的开关具有宽带频率范围、不受电磁场感应及开关速度快等优点。玻璃非线性材料具有高的透明性、化学稳定性、热稳定性,快的响应时间及制造容易等特点成为光子开关的候选材料之一,吸引着越来越多的玻璃科学工作者。研制的材料包括均质玻璃、含半导体玻璃及含有机物的玻璃。特别是继半导体量子阱和超晶格材料出现后,相当大的努力集中到制备含量子点(quantum dots,简称 QDS)的玻璃复合材料方面。这些电子和空穴在三维方向受到禁阻的"零维"电子－空穴体系非线性材料被预期具有异常的光学性能,可望大大改进光学装置。

(1)非线性极化率理论

在激光出现以前,描述电磁辐射场在介质中传播规律的麦克斯韦方程仅与场强的一次项有关,属于线性光学范畴。激光是强度高、单色性和相干性好的光源,介质在这种强光场作用下产生的极化强度与入射场场强间的关系不再是简单的线性关系,而是与场强的二次、三次以至更高次项有关,因而出现了各种非线性现象,如非线性介质中传播的各波长间相互耦合呈现出倍频、和频、差频及四波混频等现象,介质在光场作用下由于折射率的变化而引起光束的自聚焦、自散焦、光学双稳和感生光栅效应等现象,共振介质在窄的激光脉冲作用下产生类似于磁共振中的光子回波及自由感应衰减等瞬态相干现象。

非线性光学现象的产生是电磁场与物质体系中带电粒子相互作用的结果。在光波场作用下,介质中粒子的电荷分布将发生畸变,以致电偶极矩随光波场的变化呈现出复杂的非线性关系。由电偶极矩的变化而产生的非线性极化场将辐射出与入射场频率不同的电磁辐射。对于介质而言,尽管所加外场频率可以相同,但由于介质的非线性性质不同,表现出的非线性效应可以各异。

在激光发明以前,玻璃一直作为线性材料。而在激光场作用下,人们发现玻璃的折射率随场强的变化出现可逆性。折射率 n 可表示如下:

$$n = n_0 + n_2 I \qquad (8-3)$$

式中 n_0 为线性折射率,与光强度无关,n_2 为与光场强度有关的非性线指数,I 是光场强度。在近红外、可见和紫外区,玻璃的非线性指数 n_2 是由热效应、电致伸缩和非线性极化率引起的。这些效应相应的响应时间(τ)和非线性指数 n_2 列于表 8-1。

表 8-1　不同机理下的响应时间(τ)和 n_2 值

机　　理	τ/s	n_2/esu
热效应	10^{-1}	$10^{-5} \sim 10^{-4}$
极化	$10^{-16} \sim 10^{-14}$	$10^{-14} \sim 10^{-6}$
电致伸缩	$10^{-9} \sim 10^{-7}$	$10^{-12} \sim 10^{-11}$

由于热效应和电致伸缩效应响应时间慢(τ 值大),对于快速响应要求(如光子开关等)来说,这些 n_2 的来源可以忽略。因此,非线性极化率是 n_2 的主要来源,一般用这一物理量来描述介质的非线性光学特性。

在电场作用下,极化强度 P 可以表示如下:

$$P = P_L + P_{NL} = P^{(0)} + P^{(1)} + P^{(2)} + P^{(3)} + \cdots \qquad (8-4)$$

P_L 为线性极化强度,P_{NL} 为非线性极化强度,$P^{(0)}$ 为没有电场时的静电偶极矩,

$P^{(1)}$、$P^{(2)}$、$P^{(3)}$ 分别为一阶、二阶、三阶极化强度,与电场 E 有如下关系:

$$P = P^{(0)} + \chi^{(1)}E + \chi^{(2)}E^2 + \chi^{(3)}E^3 + \cdots \tag{8-5}$$

$\chi^{(1)}$ 为一阶或线性极化率,$\chi^{(2)}$、$\chi^{(3)}$ 分别为二阶、三阶非线性极化率。如果电场为交变电磁场,即 $E = E_0\cos\omega t$(E_0 为最大振幅下的场强),P 可以表示如下:

$$P = P^{(0)} + \chi^{(1)}E_0\cos(\omega t) + \chi^{(2)}E_0^2\cos^2(\omega t) + \chi^{(3)}E_0^3\cos^3(\omega t) + \cdots$$

$$= P^{(0)} + \chi^{(1)}E_0\cos(\omega t) + \frac{1}{2}\chi^{(2)}E_0^2[1 + \cos(2\omega t)] + \frac{1}{4}\chi^{(3)}E_0^3[3\sin(\omega t) -$$

$$\sin(3\omega t)] + \cdots \tag{8-6}$$

从(8-6)式可见,有两个部分 $[1 + \cos(2\omega t)]$ 对二阶极化强度产生影响。第一部分为一常数,产生仅随 E_0^2 变化的直流极化强度。因此,当强光束通过材料时,发生正比于光强的稳定极化,这个效应称为光学整流。第二部分给出一个随 2ω 变化的振荡极化强度,从材料辐射出的光有 2ω 的频率,导致二次谐波产生。同样,三阶极化率导致三次谐波产生。

在光通过材料期间,如果施加一直流电场,将产生附加的极化效应。由光频场和直流场产生的二阶极化仅给出一个线性响应,称为线性电光效应。同时三阶极化将导致场感应二次谐波产生(field-induced second harmonic generation,简写为 FISHG)和非线性电光效应(Kerr 效应)。通常,三阶极化率可以分成共振和非共振两部分,共振指的是电子从一个能级跃迁到另一个能级,电子的跃迁导致了布局重新分布,使得极化强度发生变化,$\chi^{(3)}$ 增加,这个效应叫共振增强。通常共振愈明显,增强愈大。材料的非线性响应快慢取决于布局弛豫时间。由于纯电子极化非线性材料的布局弛豫时间很短($10^{-15} \sim 10^{-6}$ s),可以产生快速响应效果。因此,相应的高三阶极化率材料在光子开关材料的研制中引起特别的注意。

为了获得高 $\chi^{(3)}$ 值材料,可以根据线性极化率 $\chi^{(1)}$ 来估计 $\chi^{(3)}$ 值大小:

$$\chi^{(3)} = [\chi^{(1)}]^4 \times 10^{-10} \tag{8-7}$$

线性极化率大的材料(如含铅玻璃及含钛玻璃)有较高的 $\chi^{(3)}$ 值,而含低原子序数阳离子的氟化物玻璃阳离子的极化能力很小,有小的 $\chi^{(3)}$。

有许多技术可以用来显示材料的非线性特征,这些技术包括三次谐波产生、FISHG 及简并四波混频等。

(2)非线性效应的应用

二阶非线性材料的二次谐波产生和线性电光效应有许多重要应用。对于线性电光效应来说,可以通过场感应折射率的变化对通过材料的光进行调制。基于这种效应开发的装置有光学开关、光调制器和滤波器等。光调制器又包括相位调制器和 Mach-Zehnder 强度调制器。图 8-4 表示两种类型的电光装置,(a)为横向电光调制器,在电场作用下输入光束的偏振发生转动;(b)为 Mach-Zehnder 干涉仪,在两个波导通路间入射光被分成两部分。当在一个波导通路上施加电场时,就会使通过该通路的光束产生一个相位移,从而使两束光重新会合时产生相干加强或相消。

三阶非线性效应的一些应用如下:

1)光学双稳态:如果在法布里-珀罗(Fabry - Perot)标准具中充以非线性介质,由于光场感生折射率的变化,使得光往返一次的相位移 ϕ 与光强有关,输出光强与输入光强的关系呈滞回线形状。在一定波长范围内,根据操作过程不同,输出可以有高低两个状态。这种双稳行为是双稳开关元件的基础。非线性 Fabry - Perot 标准具提供正反馈,则输出可以出现分叉和混沌。

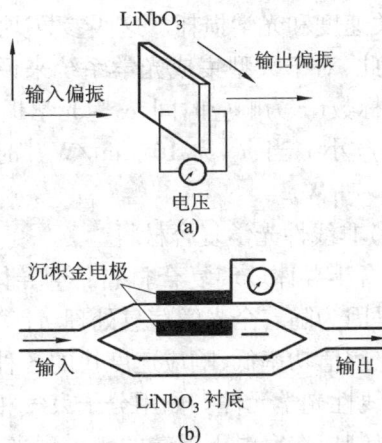

图 8-4 电光装置

(a)横向电光调制器;(b)Mach-Zehnder 干涉仪

2)自相调剂:通讯应用等方面要求对光信号进行调制。目前,这种调制是由直流电场产生的光学克尔效应进行控制的。即由施加电场产生的折射变化 Δn 导致传导波波矢 $k_o \Delta n$ 的变化。因此,光传播距离 L 后产生相移 $k_o \Delta n L$,这个折射率的变化(或相移)是许多电光、导波和开关装置的基础。利用自相调制已开发出许多装置,其中,光信号产生自相位移的全光学开关不需要借助于电子学技术就可以进行快速开关。

3)自聚焦和自散焦:激光场在垂直于传播方向平面内的分布通常呈高斯分布,这种不均匀的分布使得介质折射率的改变也是空间不均匀的,从而使传播光束之波面发生变化,改变光束在介质中的传播特性,以致光束发生会聚和发散等所谓自聚焦或自散焦现象。当介质 $n_2 > 0$ 时发生自聚集,导致产生许多复杂的非线性过程(如受激喇曼散射等);当 $n_2 < 0$ 时发生自散焦,可利用这个效应制造激光能量限制器以保护易损伤的探测器。

4)相位共轭:当输出波相位是输入波相位的共轭复数时,这个过程被称之为相位共轭,发生在差频、参量放大和四波混频过程中。如果相位共轭输出沿输入波的反方向传播,则可以纠正输入波在传播过程中发生的相位畸变。入射波通过介质后波面发生畸变,若经普通反射镜反射后,再经同一介质,则波面畸变更厉害。若用相位共轭镜代替普通反射镜,则一个物体的畸变图像可以通过相位共轭镜得以复原。相位共轭波可由四波混频或受激散射过程产生。在非线性光学中,因光学相位共轭可以解决自适应光学(adaptive optics)、活性成像(active imaging)、高亮度激光能量和功率的转换及光通讯中的问题而引起极大关注。

从集成光学系统的观点来看,有三个重要的基本因素:材料的非线性光学系数、开关速度和光学损耗。这些参数决定了开关一个装置所需功率大小,恢复的快慢。因此,对于大型集成光学系统来说,低功率操作是基本的要求,一般用 $n_2/\tau\alpha$ 作为指标数(τ 为响应时间,α 为光学损失)来衡量所需功率大小。指标数愈大,开关功率愈小。当 n_2 为 10^{-5} m^2/W^{-1} 时,几个平方微米的装置需要开关功率约 100 mW ~ 1 W。

(3)非线性光学复合材料

1)含半导体玻璃复合材料:半导体中的各种非线性效应引起人们极大的兴趣,这是因为随着全光学信息处理、计算机等研究的发展,要求具有三阶非线性极化率大、阈值功率低、响应速度快的各种非线性材料。现已制成满足上述要求的半导体非线性光学元件。如用分子束气相外延技术制成的半导体量子阱(MQW)材料,可以制成在室温下运转的激子型光学双稳器件,其阈值功率仅需毫瓦量级。在光学信息处理应用中,半导体材料将是很有实用价值的非线性材料。将半导体超微粒子结合到玻璃基质中形成所谓的半导体玻璃复合材料,当微晶体尺寸小于入射光波波长时,微晶的量子尺寸效应将引起玻璃非线性光学特性明显增强。已经证明,半导体玻璃复合材料具有大的三阶非线性效应。

1983 年,Jain 和 Lind 首先研究了 CdS_xSe_{1-x} 微晶体玻璃复合材料的非线性特性。发现该材料 $\chi^{(3)}$ 值为 1.3×10^{-5} esu。CdS_xSe_{1-x} 是一种半导体化合物,通过调节 S 和 Se 比例可以控制材料的禁带宽度。由于它的禁带宽度可调,$\chi^{(3)}$ 值大且制作容易而被广泛地用于制作截止滤光片。

半导体玻璃的研制开发得非常活跃。目前,特别的兴趣集中在制备由玻璃骨架形成势垒,由光子激发载流子的禁阻而产生量子大小效应的半导体玻璃(量子点玻璃)方面。量子点的基本光学性能已在许多理论文献中讨论。载流子的多维禁阻趋向于集中状态密度成一个窄的光谱区,低维结构(因多维禁阻形成)中振子强度的密集应产生具有孤立吸收峰的激子共振以及由于三维禁阻效应而在吸收谱线边部产生蓝移。这些效应只有当量子点大小接近或小于激子玻尔半径时才发生。除 CdS、CdSe 外,人们还发现含 CuCl · CuBr 的玻璃也表现出量子大小效应。例如,含 CuCl 半导体玻璃中,当微晶体粒径为 27 Å 和 38 Å 时,可看到尖吸收峰,两种样品的 n_2 值分别为 5×10^{-8} cm^2/W 和 3×10^{-7} cm^2/W。由熔融法经二次热处理而获得 CdSe 玻璃,在热处理温度 600 ℃、650 ℃ 和 700 ℃ 下,析出微晶体尺寸分别为 26 Å、38 Å 和 61 Å。对于 26 Å 和 38 Å 微晶玻璃样品同样可看到尖锐的吸收峰及由电子 - 空穴跃迁而引起的蓝移现象。而 61 Å 样品的吸收谱线没有明显的吸收峰。这表明:虽然可由传统熔融方法获得量子点玻璃材料,但用该方法得到微晶尺寸有时太大,使得量子禁阻效应减弱甚至消失。因此,人们又开始探索新的材料制备技术。

最近几年,用溶胶－凝胶方法制备量子点玻璃材料已取得一定成功。已将
$HgSe$、PbS、$CdSe$、CdS、Bi_2S_3 和 AgI 胶粒结合到石英凝胶中。采用溶胶－凝胶法可
获得微晶体含量高,大小和分布得到均匀控制的非线性材料。例如,含 CdS 微晶
体的钠硼硅酸盐材料中,CdS 含量达 8%,粒子大小刚好落在量子禁阻范围(25 ~
42 Å),由四波混频方法测得的 $\chi^{(3)}$ 为 6.3×10^{-7} esu($\lambda = 0.46$ μm)。

半导体量子点玻璃的应用研究也开展得很活跃。大的非线性极化率、快速响
应(如 CdS 半导体玻璃中晶粒尺寸为 30 Å 和 40 Å 时,布居弛豫时间为 300 fs 和
500 fs)以及各向同性等特点使得这些材料成为光学开关合适的候选材料。由这些
材料制作的光学开关装置已被成功演示。半导体玻璃的各向同性也使得这些材料
成为校偏应用方面的最有希望的候选材料。国外最近的研究表明,由 CdS_xSe_{1-x} 微
晶玻璃滤光片组合起来可以产生二次谐波。因此,半导体玻璃复合材料不仅是大
有应用前景的三阶非线性材料,而且也能成为有用的二阶谐波电光材料。

2)含有机物的玻璃复合材料:一些有机物有很高的 $\chi^{(2)}$ 值。高的二阶非线性
及低的介电常数使得材料比无机晶体具有更高的指标值,可用于二次谐波产生和
电控光学开关装置。而共轭聚合物表现出很高的非共振三阶极化率和超快的响应
时间。可是,这些材料难于制成要求的形状,而且在环境中不稳定。显然,这些有
机非线性材料的缺点可以通过将有机物结合到无机材料中加以克服。有两种结合
方法:一是将有机物溶解到溶胶－凝胶溶液中,当凝胶形成时,有机分子被无机骨
架所捕获,从而获得好的稳定性,已将许多有机染料结合到无机骨架中。二是将有
机物溶解到多孔凝胶中,经干燥和热处理而获得有机－无机复合材料。从理论上
讲,Si—O sp^3 轨道比 C—H sp^3 轨道有更高的透明度。因此,这些复合材料比有机
聚合物材料更优越,而且氧化物的化学稳定性也更好。例如,Knobbe 和 Dann 研究
了含 2－乙基聚苯胺的石英凝胶的非线性光学效应,其光学稳定性与聚合物材料
相比明显得到改善。Prasad 演示了由溶胶－凝胶法制得的非线性波导材料的性
能,这种材料含 π－共轭聚合物达 50wt%,$\chi^{(3)}$ 值为 3×10^{-10} esu。

有机改性硅酸盐也可以作为 CdS 微晶体的框架,形成含微晶体、有机物及无
机物的复合材料。现已将 20 wt% 的 CdS 结合到 PDMS 和 TEOS 制得的有机改性硅
酸盐中,这种复合材料的 $\chi^{(3)}$ 为 10^{-11} esu,布居弛豫时间小于 25 ps。

Schmidt 等人对有机－无机复合材料进行了光电应用方面的研究。对激光染
料有机改性硅酸盐复合材料的研究表明:复合后激光染料的稳定性和发光强度都
得到加强。

多组分无机氧化物－有机聚合物非线性光学材料也可由溶胶－凝胶法制得。
如果有机物为 A,无机物为 B,那么可以合成大量的 AB 材料。这就是未来科学研
究和开发应用中最有希望成功的方面。

3. 无机闪烁材料

原子核物理的研究对象是各种各样的粒子,可分为带电粒子(如电子、正电子、质子、带电介子等)和中性粒子(如光子、中子、中微子、中性介子等)。带电粒子通过一种称为闪烁体的物质时,一部分能量损失于其中并使闪烁体发光,一个带电粒子穿过就产生一次闪烁光。如果用探测仪器收集闪烁光并加以测量分析,就可以知道有多少个带电粒子从什么地方穿过闪烁体,从而使我们知道用肉眼无法观测到的带电粒子的"踪迹"。闪烁体也有它自己的发射光谱,当粒子进入闪烁体时,闪烁体中分子、原子吸收入射粒子的能量产生电离激发,退激时发出闪烁光。光信号经光导、光电倍增器而转变成电压脉冲,经分析可以得到许多物质结构信息,探索物质结构的奥秘。

然而,要发现越来越小的物质结构单元,需要建造越来越大的仪器。27 km 长的大型电子正电子对撞机是目前世界上最大的加速器,它产生 2×50 GeV 以上的正负电子碰撞。碰撞的目的是为了研究由理论预测的粒子的质量大小。当正负电子碰撞能量与碰撞产生的粒子的质量在数量上相等时,如果用仪器探测碰撞能量的大小,就可以知道预测粒子的质量大小。通常,产生的粒子仅有很短的寿命,容易迅速衰变成其他粒子,从衰变产物可以推测粒子的物理性能。新一代加速器将是大型强子对撞机 LHC(Large hadron - collider),质子将以 2×8.5 GeV 的能量进行碰撞。目的之一是寻找夸克子并测量其质量。现有的闪烁材料没有哪一种能满足 LHC 的要求,因此,寻找新的闪烁材料引起了人们极大的兴趣。

(1)材料应满足的条件

1)耐辐照。大部分无机材料(如晶体和玻璃)在 X 射线、γ 射线、中子射线、α 射线、β 射线的辐照下,将发生色泽和透明度的变化,这种变化及其程度与材料的组成和辐照剂量有关。由于 α 射线、β 射线粒子带有电荷,与物质作用时其能量是通过连续碰撞而逐渐损失的;X 射线频率较 γ 射线低,能量较小,因而这些射线在材料中的透过深度很小,只引起表面层改变颜色。而 γ 射线频率高,能量也高,而且不像带电粒子,γ 射线与物质作用时,趋于在一次碰撞中失掉其大部分或全部能量,因而会使全过程改变颜色,影响探测效果。

各种射线的辐照,都将在材料中引起高能电子,而这些自由电子将使材料中某些阳离子改变价态或还原。自由电子也可被网络结构点阵中的负离子缺位所捕获而形成色心。强辐照作用还可使材料中原子核位移,出现网络结构空位,原有键断裂和新键形成,使材料变质。射线与物质的相互作用也会影响发光机制。因此材料必须耐辐照,至少其透明性能和发光性能不能受辐照影响太大。同时,材料对射线的阻挡必须是均匀的。

为了避免由于 γ 射线辐照而形成色心,可在材料中引入 Ce 等可变价的高价离子。Ce^{4+} 有俘获电子的作用,而 Ce^{3+} 有俘获空穴的作用。因此,当材料中存在

一定量的 Ce^{4+}/Ce^{3+} 时,可以起到耐辐照的作用。

耐辐照性能的测量可采用 Co – 60 作为辐照源,其辐照剂量为 250 Gy/h。通过比较辐照前后的透光度来判定材料的耐辐照能力。

2) 快速闪烁。材料必须具有固有的发光特性,如本身含有发光离子或掺入发光物质。产生闪烁的物理过程可分为两类:与发光中心(或激活剂)有关的物理过程;为激发发光中心而进行的物理过程。人们对前一类物理过程知道较多,而对后者了解很少。现已知道特定的发光中心在何种光谱区会发射、其衰减是多少,也知道在何种晶格中产生非辐照跃迁、而在何种晶格中会被抑制。如对快的紫外发光感兴趣,应选择具有 5d 到 4f 发射的稀土离子(Ce^{3+}、Pr^{3+}、Nd^{3+})或产生交叉跃迁过程的物质。

如果发生 d 到 f 的跃迁,则发光衰减时间约为 30 ns,对于 Pr^{3+}、Nd^{3+} 要采取特殊手段抑制较高电子构成的 $4f^{n-1}5d$ 向基态构成的 $4f^n$ 的无辐照跃迁。这可以用刚性晶格来实验。

产生交叉跃迁要求价带与所讨论的能带之间的能隙要小于价带与导带之间的能隙,在这方面,苏联科学家报道了一系列具有交叉发光的化合物。

很多研究人员用 Ce^{3+} 作为发光物质。由于 Ce^{3+} 的外层电子构成为 $4f^1 5d 6s$,f 轨道与 d 轨道的能量很接近,因而在 γ 射线照射下,4f 的电子易于吸收 γ 射线能量而跃迁到 5d 空轨道上。回激时($5d^1$ 到 $4f^1$)产生闪烁光。为了避免两相邻闪烁光的"重叠",快速探测是很重要的。有两个可能的方式:一是使用一种材料,其光信号衰减时间小于 15 ns,用物理方法分离这些信号;二是使用较长时间的光信号,用电子学方法分离它们。在后一种情况下,衰减时间不应比两闪烁光交叉的时间大很多。

3) 莫莱尔(Moliere)半径小、辐射长度小和密度高。为了避免或减小两闪烁光的重叠,要求具有小的 Moliere 半径(R_M)。R_M 与辐射长度 X_0、原子序数 Z 有如下关系:

$$R_M = X_0 + (Z + 1.2)/37.74 \qquad (8-8)$$

R_M 的大小取决于 X_0 和 Z。要保证有小的 R_M,必须有小的 X_0。另一方面,辐射长度愈长,所需材料也愈长,难以保证材料的均匀性,也使探测器体积增大,导致成本增加。

为了使材料具有较大的截止本领,需采用高密度材料。虽然用原子序数高的物质可以增加密度,但原子序数很高时会增大莫莱尔半径。因此,通常以晶格之间的紧密接触来增加单位体积中的质量数。

4) 高的发光效率。闪烁光光场强弱表明发光电子数目的多少,弱光场意味着发光电子数目少,因此引起统计数的较大波动。为了测量 10 Gev 的光子,使其统计误差小于 1%,闪烁体必须给出充足的光场。当然,如果闪烁体吸收能量后,不是全部能量都转化为光能,而是存在其他形式的能量损失(如晶格的振动能等),

即使光电子数目很高,也不会产生相应强度的光场。通常用相对发光效率来表示光场强弱。如用待测材料相对某种材料[如 NaI(T1)晶体或蒽晶体]的发光效率来表示。如 NaI(T1)晶体光输出为 100,则 BGO、GSO 晶体的光输出为 12 和 20。

5)在可见光或紫外光区激发荧光。不同闪烁体所发射的光不同,对于同一种闪烁体来说,发射的荧光波长也已不只一种,即发射的荧光并非单色,而是一个连续谱带。然而,每种闪烁体总有一两种波长的光是占优势的,这种光是闪烁体的发射光谱的主要成分。了解不同闪烁体的发射光谱主要是为了与光电倍增管阴极的光谱响应更好匹配。

对于新一代加速器,若要用光敏二极管"读出"光信号成为可能,光必须在 300 nm 以上被激发。现正在研制特殊的光敏二极管,能读出 200 nm 波长的激发光。

6)其他性能。除以上各性能外,还要求材料具有好的机械性能、化学稳定性、对发光的热稳定性(即发光与温度无关)及低的成本等。

(2)无机晶体闪烁体

到目前为止,对无机闪烁材料(尤其是晶体)进行了较为广泛的研究。研究的材料达 80 多种,比较有希望的候选材料有:

CeF_3 晶体。CeF_3 被认为是一种好的候选材料,该晶体密度为 6.2 g/cm^3。晶体中 Ce^{3+} 离子的 4f 能级电子通过旋—轨耦合作用分处于两个状态,5d 能级由晶体场效应分成五个轨道。电子从 4f 向 5d 能级跃迁,回激时产生不依赖于温度的荧光。激发荧光波长为 300 nm 和 340 nm,相应衰减时间为 5 ns 和 20 ns。发射光强相当于 BGO 的 46%。出现两个主波长的原因归于 Ce^{3+} 中 4f 电子的两个稍微不同的状态。进一步的研究工作集中在制备高纯 CeF_3 晶体方面,以改善光学性能和耐辐照性能。

YAP 或 YAlO$_3$(Ce)。这种晶体在可见光谱区有很强的荧光($\lambda = 370$ nm),可与硅二极管产生好的匹配效果。激发光的衰减时间为 30 ns,有的测量结果为 17 ns。这一差别可能是由于 Ce 含量不同。由于其密度相对较小($\rho = 5.36$ g/cm^3),具有 2.8 cm 的辐射长度。尽管如此,其莫莱尔半径仍较小(2.8 cm)。这种晶体看起来是很有吸引力的。目前的努力集中在提高材料的密度(如用 Yb 来代替 Y),以增大材料对射线的截止本领,减小辐射长度 X_0。

GSO 或 Gd_2SiO_5(Ce)。这种高密度的晶体是很有吸引力的候选材料。它在 440 nm 处产生大量荧光。衰减时间依赖于 Ce 含量,如含 Ce 0.5% 时的衰减时间为 55 ns,而含 Ce 2.5% 时的衰减时间为 31 ns。材料的耐辐照性能是已有晶体中最好的。现已能生产直径 50 nm、长 180 nm 的大晶体。但拉制 GSO 晶体过程中,必须很好地控制温度条件以避免在冷却过程中发生开裂。

除了上述几种晶体外,含 Pb^{2+} 晶体也是研究较多的材料。Pb^{2+} 离子是一种闪烁体,但 PbF_2 晶体中的荧光现象至今未探测到。这可能是由于在 Pb^{2+} 在氟晶格中具有高的配位对称性所致。现在拟用其他阳离子部分替代 Pb^{2+} 以破坏其对称性,使其产生闪烁光。其他含 Pb^{2+} 晶体有 $PbCl_2$、$PbBr_2$、$PbFCl$、$PbCO_3$ 及 $PbSO_4$ 等,这些晶体极难生长。

(Zr、Zn、Hf、Th)F_4 系列晶体似乎也是有希望的。例如,ThF_4 也是一种快的闪烁晶体材料,其荧光衰减时间小于 25 ns,密度为 6.32 g/cm^3。对高剂量射线有较小的损伤并能很快恢复(小于 1 天)。

(3)无机闪烁玻璃

闪烁玻璃由基础玻璃加适当的激活剂(如 CeO_2)制成。与某些晶体如 NaI(Tl)相比,闪烁玻璃具有化学稳定性好、耐温度变化、耐潮湿及制备容易等优点。体积和组成均可在相当大的范围内变动以适应各种不同的探测要求。如探测 α 射线和 β 射线可以制成薄片,探测 γ 射线可引入某些重元素并制成厚片以增大玻璃的截止射线能力,探测中子可引入锂、硼等中子核反应截面积大的元素或物质。作为新一代加速器用闪烁玻璃的研究也在积极进行。

1)氟化物玻璃。人们发现 ZrF_4 是一种玻璃态氟化物,加入其他氟化物可获得具有低结晶速度的玻璃材料,之后,又发现 BeF_2、AlF_3 和过渡金属氟化物都能形成玻璃,且这些玻璃在红外光区有好的光学性能,因而引起人们的关注。氟化物玻璃易于制造,成本也低,因此在基玻璃中掺入闪烁材料是有前景的。

现已制备出不同种类氟化物玻璃(掺 Ce)闪烁材料,如 HFG320 和 AFG450,其密度分别为 5.75 g/cm^3 和 5.95 g/cm^3,具有强的荧光信号,荧光波长分别为320 nm 和 330 nm,衰减时间为 16 ns 和 28 ns,但目前仍不能满足 LHC 的要求。研究重点集中在增大密度和改善耐辐照性能方面。

2)氧化物玻璃。$PbO-Bi_2O_3-B_2O_3$ 系统玻璃因各组分比较稳定,有低的熔化温度和较强的玻璃形成能力而受到关注。选择组分可以制成密度大于 8 g/cm^3 的玻璃。从理论上讲,这种玻璃因含有发光物质 Pb^{2+},既可作为闪烁玻璃材料,也可以作为稀土闪烁体的基体材料。这种玻璃在紫外光辐照下能产生荧光(λ = 547 nm),荧光衰退时间为 18.68 ns,其抗辐照性与 YAP 相当。其他有希望的氧化物系统玻璃可能是掺闪烁体(如 Ce^{3+}、Nd^{3+}、Pr^{3+}、Pb^{2+} 等)的 $B_2O_3-La_2O_3-PbO$、$B_2O_3-La_2O_3-Y_2O_3$、$B_2O_3-La_2O_3-Gd_2O_3$ 系统玻璃等。

(4)热中子探测玻璃

中子不带电荷,是中性粒子,不能直接对中子进行测量。目前国际上较常用的测量方法是采用能量转换材料将中子能量转换成紫外光或可见光,锂 - 6 闪烁玻璃是一种最有效的能量转换材料,它可将中子的能量转换成可见光,因此,对中子的探测便转换成对可见光或紫外光的测量。

发光强度(或相对光输出)是锂 - 6 闪烁玻璃的主要性能。相对光输出是与闪烁体标准样品[如 NaI(Tl)]的光输出值相比较给出的相对值。测量时,用脉冲方

法，分别测出被测样品和标准样品的脉冲幅度分布微分谱，确定其对应全吸收的
脉冲幅度，然后根据公式计算相对光输出。

有两个因素影响发光强度。一是玻璃中 Ce^{3+} 的浓度，Ce^{3+} 浓度越高，则发光
中心越多，发光强度越高；二是 ^6Li 和中子作用产生能量为 2.72 MeV 的氚核和能
量为 2.04 MeV 的 α 粒子，这些高能粒子作用在 Ce^{3+} 离子的基态，引起基态电子
的激发跃迁，激发电子退激时发出荧光，因此，^6Li 含量和丰度越高，则发光强度
也高。

中子分辨能力是锂 -6 闪烁玻璃的另一个主要性能。图 8 -5 表示中子 -γ 谱。

图 8 -5 中横坐标为信号脉冲幅度（幅度越高能量越高），纵坐标为计数。由
于闪烁体对 γ 粒子也灵敏，在图中低能量部分会出现测量环境存在的 γ 计数。所
以要找一个阈值，将该阈值以下的脉冲计数甄别掉。如果中子分辨能力差，中子
(n) -伽玛(γ)谱就会相互重叠，如图 8 -6 所示。中子脉冲变宽，γ 和中子计数
重叠增大，在选择阈值大小时，不是引进 γ 计数（如下阈 A），就是损失部分中子
计数（如下阈 B）。

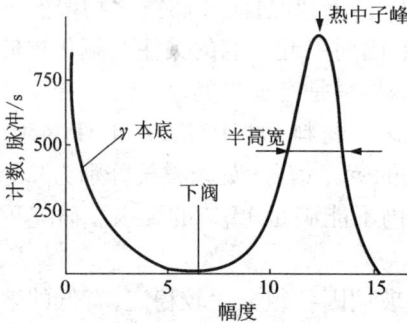

图 8 -5　中子 -γ 谱示意图

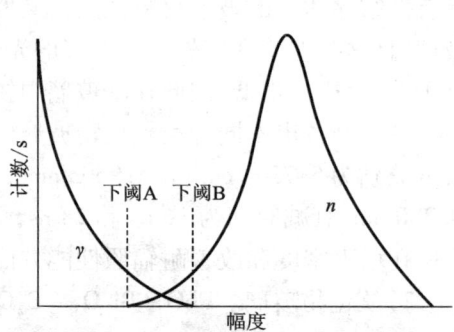

图 8 -6　中子 n -γ 谱重叠示意图

热中子分辨能力由分辨率 R 表示。分辨率可定义为：$R = [$ 中子峰半宽 ÷ 幅
度（中子峰对应的道数）$] \times 100\%$。从上述分析可以看出，分辨率越小，则中子分
辨能力越强。显然，中子峰半宽小，则 R 小，幅度大，R 小。而幅度大，意味着发
光效率高（发光中心多），而发光中心多少又取决于 Ce^{3+} 的含量和均匀分布。

4.激光玻璃

(1)应用背景

核聚变燃料具有单位重量释放的能量比传统燃料和核裂变燃料大（见表 8 -
2）、燃料不受限制、很少产生如裂变堆所固有的放射性废物及在发生破坏性事故
或自然灾害的情况下对生物体的危害性小等优点。从 20 世纪 40 年代至今,为了
解决能源危机问题,世界上许多国家一直在从事以产生核聚变动力为目标的研究
开发工作。核聚变动力的产生依赖于核聚变反应,而这种反应是在特定条件下发

生的,温度高达 1.16×10^8 K。要让高温燃料气体根据人们的需要有控制地发生聚变,产生能量,就必须对其进行约束,以便造成一个稳定的高温等离子体,使之有足够的时间发生反应。使具有一定密度的高温等离子体实现受控热核聚变,有三条途径:引力场约束、磁场约束及惯性约束。其中,惯性约束是 20 世纪 70 年代发展起来的用高密度换取磁场约束的长时间约束方法,它要求高密度等离子体能阻挡反应中的 He$^4 \alpha$ 粒子,从而提高温度和反应速率,反应堆一旦点火,可快速释放能量,而不像磁场约束那样经历一个缓慢的过程。惯性约束分三种方式,即相干激光束、相对电子束和高能重离子束。三种方式中,相干激光束惯性约束不仅功率高,而且容易聚焦,故在目前以达到点火条件为目标的聚爆研究中,激光核聚变成为当前核能利用的主要发展方向,而作为工作物质的激光玻璃是重点研究对象之一。

表 8 – 2　单位燃料释放能量表

单位燃料/kg	煤(燃烧)	汽油(燃烧)	铀(裂变)	氘(聚变)
释放能量/J	3.3×10^7	5.3×10^7	8.2×10^{13}	3.5×10^{14}

(2)国内外研究状况

惯性约束核聚变中应用的激光器件要求材料具有高的增益系数(受激发射截面与荧光寿命之积)和低的非线性折射率。激光玻璃因其独特的优势而被广泛研究与应用。这些优势包括:可改变化学组成和制造工艺以获得许多重要的性质,如荧光性、热稳定性、小的热膨胀系数、负的温度系数及高的光学均匀性等;容易制得各种尺寸和形状;价格较晶体低廉。表 8 – 3 列出了 20 世纪 60 年代以来国内外在激光玻璃材料研究开发方面的进展情况。

1)基础玻璃系统。激光玻璃基质成分集中于元素周期表中ⅢA 和 VIA 种族中。主要可分为硅酸盐、硼酸盐、磷酸盐及氟磷酸盐玻璃四个系统。各系统基础玻璃的优缺点列于表 8 – 4。

对于惯性约束核聚变用高能激光玻璃,要求其具有很高的增益系数、荧光强度、机械强度、热学和化学稳定性,很低的热光系数和非线性光学系数等。日本的研究人员发现,磷酸盐玻璃具有很高的增益系数,其荧光强度高于硅酸盐玻璃。我国上海光学精密机械研究所研究人员发现,氟磷酸盐玻璃饱和能量密度比磷酸盐玻璃的还大,且其非线性折射率很低。由于磷酸盐和氟磷酸盐玻璃具有较好的综合性能,因此,目前国内外主要采用磷酸盐和氟磷酸盐两个系统作为基质玻璃系统。

2)激光离子。激光离子主要包括 Pr^{3+}、Nd^{3+}、Pm^{3+}、Sm^{3+}、Tb^{3+}、Ho^{3+}、Er^{3+}、Tm^{3+} 及 Yb^{3+} 等稀土离子。不同离子具有不同的光谱特征,相应的激光玻璃也就具有不同的用途。在惯性约束核聚变实验中通常采用含 Nd^{3+} 离子或 Yb^{3+} 离子的激光玻璃材料。

　　3）工艺现状。国内外目前主要采用熔体冷却成型方法,包括以铂金坩埚、陶瓷坩埚为容器的间隙式熔体冷却成型方法及以铂金池炉为容器的连续熔融法。用不同容器及方法熔制玻璃的优缺点列于表 8 – 5。

表 8 – 3　国内外高能激光玻璃研究状况及成果

时间	国家及研究者	研究成果	水平状况
1961 年	美国 E. Snitzer	掺钕钡冕玻璃	世界上第一次从玻璃中获得激光振荡输出
1963 年	中国上海光学精密机械研究所	掺钕激光玻璃	中国第一台玻璃激光器
1965 年	中国上海光学精密机械研究所	掺钕硼酸盐和磷酸盐玻璃	中国首次开发成功的激光硼酸盐和磷酸盐玻璃
1966 年	中国上海光学精密机械研究所	No3 型激光玻璃	当时中国最好的硅酸盐激光玻璃
20 世纪70 年代初	美国 OWens – Illinais 公司	ED – 2 锂硅酸盐玻璃	当时世界上最好的激光玻璃
20 世纪70 年代中后期	日本 HoYa 公司	LHG – 5 磷酸盐玻璃LHG – 8 磷酸盐玻璃	机械强度高,光程温度系数为零,发射截面积大
1980 年	中国上海光学精密机械研究所	N 21,N 24 激光玻璃	与国外产品相似
1980 年	苏联	编著《磷酸盐激光玻璃》	收录了苏联激光玻璃研究成果
1985 年	美国 M. Bass和 M. L. Stich	编著《激光手册》	收录了美国激光材料方面的成果
20 世纪90 年代初	中国上海光学精密机械研究所	LEP 氨磷酸盐玻璃	很高的受激发射截面和较低的热光系数
20 世纪90 年代中	中国干福熹和邓佩珍	编著《激光材料》	总结了激光材料光谱、物理、结构和缺陷等方面的研究成果
20 世纪90 年代末	日本泉谷彻郎	编著《光学玻璃与激光玻璃开发》	对玻璃及其形成、加工制造、新进展、玻璃光纤、非线性光学玻璃等进行全面的论述
2000 年	日本 HoYa 公司德国 Scott 公司美国 Kigre 公司	LHG – 80,LHG – 8LG – 770,LG – 750QX	5 种目前世界上最常用的高能量激光玻璃产品

表 8 - 4　激光玻璃基质系统优缺点

系统	优点	缺点
硅酸盐系	制备工艺简单 化学稳定性好	增益系数小 易产生色心吸收,效率低
硼酸盐系	阈值低 热膨胀系数小	荧光猝灭 量子效率低
磷酸盐系	受激发射截面积大 非线性折射率低 应力热光系数小	化学稳定性差 热 - 机械稳定性差 易产生条纹
氟磷酸盐系	非线性折射率低 阿贝数高 增益系数高	制备工艺困难 易析晶

表 8 - 5　不同方法熔融玻璃的优缺点

容器及工艺	铂金坩埚(间隙式)	铂金池炉(连续式)	陶瓷坩埚(间隙式)
优点	由坩埚侵蚀引起的杂质少 玻璃的光学均匀性好	可大量生产固定品种的激光玻璃	较经济的生产方法
缺点	玻璃中有铂金颗粒	质量不易保证	引入的污染物多

4)存在的问题。高能激光玻璃的性能主要取决于化学组成和工艺条件。就化学组成而言,核聚变激光玻璃最重要的性能是增益系数要高,初期使用的硅酸盐玻璃荧光光谱宽度大,但受激发射截面不高,增益系数低,因而被磷酸盐玻璃所代替;随后,为了提高核聚变效率,避免玻璃中发生自聚焦,又发展了非线性折射率更小的氟磷酸盐玻璃。然而,由于组成、结构、性能三者关系的复杂性,如何进一步提高这些玻璃的综合性质、如何从组成上定量地理解玻璃结构与性能的关系及如何通过控制玻璃组成与结构来调整玻璃的性能,仍然是今后要研究的主要课题。就工艺条件而言,用铂金坩埚进行间隙式和铂金池炉连续熔炼激光玻璃面临的主要问题有两个:一是玻璃中存在铂金颗粒杂质;二是玻璃结构中含有 OH^- 基。前者使磷酸盐激光玻璃承受激光的强度降低一个数量级,引起激光玻璃严重破坏;后者对激光性质,特别是对荧光性质产生十分有害的影响。因此,国内外都在积极开展改进工艺方面的研究,力求降低玻璃中铂金颗粒及 OH^- 基含量,提高激光玻璃的综合性能。由于铂金坩埚和铂金池炉造价太高,也由于用陶瓷坩埚熔化玻璃时不存在铂金颗粒污染问题,因此开发出化学稳定性高、热稳定性好的间隙生产用陶瓷坩埚及连续生产池炉用耐火材料,应该是提高激光玻璃综合性能的值得重视的

途径。

（3）发展方向

近年来,随着高功率激光二极管性能的完善和成本的降低,用二极管激光泵浦代替闪光灯和离子激光泵浦已成为固体激光器的主要发展趋势。与此相应,新型激光玻璃材料方面的开发工作进行得极为活跃。其中,由于 Yb^{3+} 离子的吸收峰位于 970 nm 附近,能与 InGaAs 二极管泵浦波长(900~1100 nm)有效地耦合,也由于这种离子的能级结构简单,只有 $^2f_{7/2}$ 基态和 $^2f_{5/2}$ 受激态,浓度猝灭引起的交叉弛豫不会对受激发射和激发波长产生影响,还由于它没有激发态吸收和多声子吸收、吸收带较宽、利于激光脉冲的压缩而产生高功率脉冲、适合多种抽运机制及能提供高输出功率和实现高浓度掺杂等特点,掺 Yb^{3+} 激光玻璃材料已引起世界各国材料科学家和工程物理科学家的广泛关注,成为当前激光材料研究中的热点和重要发展方向,被认为是新一代惯性约束核聚变领域中的最佳激光工作物质之一。目前,国内外研究大多集中在寻找高发射截面的玻璃基质上,所研究系统涉及硅酸盐、硼酸盐、磷酸盐、氟磷酸盐和锗碲酸盐玻璃等。

总之,在高能激光玻璃的研究开发中,总的思路是根据稀土激光离子的光谱特性和材料科学基础知识,科学地设计玻璃组成、结构与制备工艺,探明材料组成、结构、性能三者关系,开发高性能耐火材料,不断对玻璃的综合性能进行优化,以研制出高性能的激光玻璃材料。

8.3.2　电功能材料

1.电子功能陶瓷

近年来由于有关陶瓷科学的发展,具有优良性能的陶瓷陆续出现,特别是最近电子技术的发展,用于电子材料的陶瓷的研究和开发十分引人注目。许多工厂的研究人员正在研究和制备电子陶瓷新材料、新工艺和新器件,以满足电子科学技术对高性能陶瓷的要求。这些材料包括了从简单氧化物、氮化物、碳化物到复杂化合物的广泛范围,其应用也从绝缘体、衬底材料拓展到集成电路元件、铁电和压电陶瓷器件等方面。最近,超导陶瓷也呈现出强劲的发展势头。从产业化角度看,电子陶瓷的销售额在逐年增加,成为精细陶瓷市场中的重要组成部分。

（1）绝缘陶瓷材料

绝缘陶瓷主要用作集成电路基片,要求材料具有高电阻率、绝缘性好、不具有化学活性、导热性好、热膨胀系数小、可耐热处理等。Al_2O_3 陶瓷是广泛使用的主要基片材料,目前占世界销售市场的 90%~95%,在性能要求不很高的家用计算机及高级计算机应用方面,这种陶瓷仍将作为绝缘基片材料继续发挥作用。

大规模集成电路的集成度高,体积小,要求制成多层的配线基片。氧化铝多层配线基片常采用流延法制备出生坯片,然后,薄片经打孔、印刷导体和氧化铝浆糊,多层放在一起加热压合,经外形修整后进行烧结、电镀,最后连接接头引线。现在许多加工制造单位也能制备用于传统及微波集成电路的带激光钻通孔或印刷金属导线的 Al_2O_3 基片材料。带通道的激光钻孔基片也已问世。这些通道由钨铜复合材料填充密封。由于采用先将氧化铝烧成的制备工艺,后续工艺中因单层陶瓷片没有收缩而能获得高密度的引线数。

由于 Al_2O_3 与 GaAs 的热膨胀系数相近,这种陶瓷也可以用作 GaAs 大规模集成电路的基片。例如,日本的 Sumitomo 电子公司已利用 Au－Sn 共晶合金成功地将 GaAs 集成电路芯片黏合到 Al_2O_3 陶瓷基片上,这些芯片被磨成 450 μm 厚的薄片,在 $-65 \sim 150\,℃$ 温度区抗热震循环 1000 次而不破裂。

BeO 也是一种绝缘材料,虽然其使用没有 Al_2O_3 陶瓷普遍,但美国和欧洲市场上 BeO 陶瓷基片的销售增长速度比 Al_2O_3 陶瓷高。为了改善 BeO 陶瓷的强度,可添加少量 MgO 和 ZrO_2,使获得材料的断裂强度约提高 100 MPa。这种材料被用作薄膜(小于 1 μm)和厚膜基片(大于 1 μm)。

其他正在开发的绝缘基片材料有氮化物、碳化物、富铝红柱石、堇青石、玻璃及微晶玻璃等。研究的材料及性能列于表 8－6。表列性能中,介电常数在减少讯号传播延迟时间方面起着重要作用,介电常数愈小,延迟时间愈短,讯号传播愈快。当介电常数为 3.4 时,讯号传播速度可达 0.15m/ns。玻璃及微晶玻璃类物质因具有低的介电常数,可望用于高性能计算机上。但材料的机械强度、热传导性能将有待改善。

表 8－6 电子陶瓷基片材料及其性能

材　　料	介电常数 (1MHz)	强度 /MPa	热膨胀系数(20～200 ℃) /($\times 10^{-7}℃^{-1}$)	热导率 /[$W \cdot (m \cdot ℃^{-1})^{-1}$]	烧成温度 /℃
Al_2O_3	9.4	280	65	25	1500
SiC(2% BeO)	42.0	420	37	270	2000
Si_3N_3	7.0	350	23	33	1600
AlN	8.8	350	42	230	1900
BeO	6.8	250	68	290	2000
富铝红柱石	6.5	200	40	7	1400
硼硅酸盐玻璃	4.0	70	30	2	800
微晶玻璃	5.0	210	30	5	950
石英＋硼硅酸盐玻璃＋气孔	3.4	83	32		
堇青石＋硼硅酸盐	5.0	147	79		

金刚石因具有高热导率而成为很有吸引力的绝缘基片材料。但这种材料难于加工,成本也高。现已开发制备低成本金刚石薄膜的工艺,该技术是先将传统金刚石磨料与黏结料混合,制成泥浆并注入模具,然后放到化学气相沉积反应器内加热到700 ℃以上,在加热过程中,黏结料被燃烧掉,金刚石薄膜从沉积气相(如甲烷)中形成。虽然获得的产品是廉价的,但其密度只有理论值的90%。因此热导率仅为6 W/(cm·℃),这两项性能都有待改善,期望热导率达10~12 W/(cm·℃)。

(2)介电陶瓷材料

介电陶瓷材料主要用作电容器的介电质,要求电阻率高、介电常数大、介电损耗小。介电材料的发展与电容器的发展密切相关。

陶瓷电容器是目前飞速发展的电子技术的基础之一,集成电路、大规模集成电路的发展对陶瓷电容器将有更高的需求。随着电容器在小型化、大容量化方面的发展,多层陶瓷芯片电容器(multilayer ceramic chip capacitors,简称MCC)受到广泛重视。这种电容器由多层厚度为20~50 μm的陶瓷介电质和薄膜电极组成,介电层间由薄膜电极分隔。

以钛酸钡为基础的高介电常数材料常被选作多层陶瓷电容器的介电层。在$BaTiO_3$中添加一定量的$MgTiO_3$、$CaTiO_3$、$CaZrO_3$等物质,可使居里温度移到室温附近,介电常数可以提高到5000~20000,但介电常数随温度和压力的变化也较大。最近,具有$Pb(B_1,B_2)O_3$化学式的钙钛矿型材料(又叫张驰振荡器铁氧体),因其高介电常数(大于20000)、低的电场依赖性和低的烧成温度而受到重视。其缺点是介电性能与频率有强的依赖关系。在低于居里温度范围有高的介电损耗及在宽温度范围内的介电稳定性差,不适合于XR7型电容器。Toshiba公司已开发了一种用于多层陶瓷电容器的张驰振荡器陶瓷复合材料[$PbSr(Zn_{1/3}Nb_{2/3})TiO_3$/$Ba(Ti,Zr)O_3$]。这种材料能在低于1050 ℃~1200 ℃温度下烧成,介电常数随组成不同可达到5000、4000和3200,能满足XR7型电容器的要求。日本的NEC公司利用金属醇盐作先驱体,通过化学途径和热处理制备$Pb(Mg_{1/3}Nb_{2/3})O_3$-$Pb(Ni_{1/3}Nb_{2/3})O_3$-$PbTiO_3$系介电性粉末,材料的烧成温度降低到1000 ℃以下,从而可使Ag/Pd电极与介电层一起烧成。其他用作电容器介电层的类似组成的材料有反铁电体PMW[$Pb(Mg_{1/2}W_{1/2})O_3$]、张驰振荡器铁电体PNN[$Pb(Ni_{1/3}Nb_{2/3})O_3$]和常见铁电体$PbTiO_3$。

通常$SrTiO_3$基材需要高的烧成温度,不适合于使用在多层陶瓷电容器上。加填充剂可能是降低烧成温度的途径之一,如在$Sr_{0.2}Bi_{0.3}·TiO_3$中加入少量Nb_2O_5、$3Li_2O·2SiO_2$和Bi_2O_3后,可使烧成温度降到1100 ℃,介电常数达25000,介电损耗为2%,绝缘电阻率为10^{10} Ω·cm,介电性能随温度的变化也小。

降低烧成温度的其他途径是基于化学方法,如使用柠檬酸先驱体的溶胶-凝胶法(Sol-gel)和熔盐方法。日本已开发出制备$BaTiO_3$、$SrTiO_3$或两者固溶体的球形粉末,平均粒径 0.12 ~ 0.3 μm。Pennsylvania 州立大学最近用 Sol – gel 法制备出一种 PMN 基介电材料,组成为 $0.9Pb(Mg_{1/3}Nb_{2/3})O_3 - 0.1PbTiO_3$,介电常数高达 25035。

除了开发低烧成温度的介电质外,对宽温度范围使用的介电质的研究也在进行,目的是希望开发出介电性不随温度变化的高介电常数材料。这种材料是在 $K_{0.2}Sr_{0.4}NbO_3$ 中添加 PMN 作为获得稳定温度系数的辅助组分、Li^+ 盐作为烧成助剂而制成的。

日本也开发出两相混合烧成工艺的介电材料,这些材料能满足电容器要求的高介电性及介电性随温度变化小的要求,其制备是将微米级 $(Pb,Sr)(Zn_{1/3}Nb_{2/3})TiO_3$ 和 $Ba(Ti,Zr)O_3$ 粉末混合,在 1100 ~ 1400 ℃ 温度下烧成,其介电常数为 5000、4000 和 3200。另一种途径是使用具有不同的 Zr、Ti 比的 PZT 陶瓷的夹心结构,通过优化 Zr、Ti 比调节温度系数。

(3)压电陶瓷材料

某些电介质晶体材料可以通过纯粹的机械作用发生极化,导致介质两端表面出现符号相反的束缚电荷,这种效应称压电效应。具有压电效应的陶瓷称为压电陶瓷。

$PbTiO_3$ 是具有钙钛矿结构的材料,其中铁电相在 490 ℃ 下发生转变。这种材料因具有高的居里温度以及小的介电常数,是一种可用于高温、高频场合的有希望的压电材料。同时,这种陶瓷表现出径、轴向电机匹配各向异性的特点,这使它适合于用作高频(大于 5 MHz)操作的传感器材料。

可是,用传统方法制备这种材料时,在冷却过程中不可避免地产生因热应力而出现的微裂纹。因此,必须对材料的微结构进行控制,可借助于化学方法(如 Sol – gel,共沉淀法)而实现。例如,用 Sol – gel 方法可由乙醇草酸溶液制备出 Ca^{2+}、La^{3+} 改性的 $PbTiO_3$ 陶瓷,通过这个途径可使烧成温度大大降低,从而减少冷却过程中的热应力及 PbO 的挥发。采用共沉淀与冰冻干燥相结合的方法也能产生相同或相近的结果。

日本已开发出一种部分化学工艺处理方法,其中目标化合物中的一部分由化学方法合成,其他部分由传统方法及水热合成方法合成。这个方法已应用到合成 $Pb(Zr_{0.53}Ti_{0.47})O_3$ 和 $Pb(Zr_{0.53}Ti_{0.47})Ni_{0.01}O_3$(PZTN)介电材料,$Zr_{0.53}Ti_{0.47}Ni_{0.01}O_3$ 由传统方法制备,其他成分由化学方法制备。

$PbTiO_3$ 的性能也可通过添加稀土类元素(如 La、Ce、Pr、Nd、Sm、Gd 等)而改善。如采用 Nd 部分替代 Pb 的 $(Pb,Nd)(Ti,Zn,Mn)O_3$ 材料具有最小的表面声波延迟时间温度系数,$(Pb,Nd)(Ti,Zn,Mn)O_3$ 系材料的温度系数为零,此外,(Pb,Sm 或 Gd)$(Ti,Mn)O_3$ 材料具有大的电机匹配各向异性,适合于高频超声波探测器的使用。沿 C 轴定向排列的 $PbTiO_3$ 薄膜也开发成功,这种薄膜可用作红外超声波敏感器及记忆或显示装置。

（4）铁电薄膜

永久半导体存贮器的开发使人们对铁电薄膜产生兴趣。这种存贮器具有高存取速度、高密度、抗辐照及低操作电压，可用作微传动器、光学波导装置、立体光学调制器、动态随机存取存贮器、薄膜电容器、压电传动器、热电探测器及表面声波装置等。铁电材料在极化强度与施加电场间显示出非线性性能，形成电滞回路。当电场为零时，存在两个符号相反的永久极化强度。永久存储操作正是基于在两个极化强度间开关的原理。

铁电材料包括具有氧八面体结构的钛酸盐、锆酸盐和铌酸盐，最有用的一些材料包括钙钛矿型化合物如 $BaTiO_3$、$PbTiO_3$、$PbZrO_3$、$Pb(Mg、Mo)O_3$、$KNbO_3$ 及它们的固溶体，钨青铜型化合物如$(Sr、Ba)Nb_2O_6$ 和钛铁矿型化合物如 $LiNbO_3$。也许用作薄膜存贮器最重要的一种铁电材料是 $PZT[Pb(Zr,Ti)O_3]$。

$PbTiO_3$ 和 PZT 也是用作热电感应方面的铁电薄膜材料，$BaTiO_3$ 和 PMN 正被考虑用作薄膜电容器。目前相当大的努力集中在开发电光应用的薄膜材料，如填充 La 的 $PbTiO_3$ 及 $Pb(Zr,Ti)O_3$。这种用途的其他候选材料包括 PMN、$LiNbO_3$、$KNbO_3$ 和$(Ba,Sr)Nb_2O$ 等。

大量具有四方晶系或正交晶系的钨青铜型铌酸盐因其在电光、非线性光学、光致折射、热电表面声波装置方面的潜在应用而引起注意。研究的材料包括 $Ba_2NaNb_5O_{15}(BNN)$、$(Pb,Ba)Nb_2O_6(PBN)$、$(Sr,Ba)Nb_{2-x}Sr_xK_{1-x}Na_yNb_5O_{15}$（BSKNN）、$Pb_2KNb_5O_{15}(PKN)$ 和 $K_3Li_2Nb_5O_{15}(KLN)$ 等。虽然这些材料难于长成一定尺寸的单晶，但在某些基片上生长这些晶体的外延薄膜及具有极性轴垂直于基片的薄膜的开发正在进行。

薄膜制备方法包括溅射、化学气相沉积、溶胶–凝胶法等。溅射成膜是普遍使用的方法，用该方法可获得高质量的薄膜，制备的材料包括 PZT、KLN、PBN、PKN等。化学气相沉积法的优点在于高沉积速度和化学计量可控制。类似的方法有金属有机物化学气相沉积和等离子增强金属有机物化学气相沉积法等。溶胶–凝胶法则是低温制备薄膜的方法，用这种方法可制得各种不同组成和厚度的薄膜。

除上述材料外，电子陶瓷体系中还包括半导体陶瓷、快离子导体、超导陶瓷及电光陶瓷等。虽然精细陶瓷的应用主要集中在高性能应用领域，但电子陶瓷已形成相当规模的产业（如日本、美国等），并将继续在世界电子陶瓷市场发挥重要作用。随着陶瓷材料成本的降低，其应用领域也将不断扩大。而应用领域的扩大又将为电子陶瓷材料的开发提出新的课题。因此，从研究和应用角度看，电子陶瓷的前景都是很乐观的。

2. 电致变色玻璃

电致变色玻璃由玻璃基片和电致变色系统组成，也叫智能玻璃。

　　所谓电致变色(electrochromism)是指材料在电场作用下的一种颜色变化,这种变化是可逆的并且连续可调。颜色的连续可调意味着透过率、吸收率及反射率三者比例关系的可调。利用电致变色材料的这一特性制造的玻璃窗具有对通过光、热的动态可调性,这种玻璃装置被称为智能窗或敏感窗(smart window)。

　　近几年来,智能窗的开发研究非常活跃。这种由基础玻璃和电致变色系统组成的装置利用电致变色材料在电场作用下的透光(或吸收)性能的可调性,可实现由人的意愿调节光照度的目的;同时,电致变色系统通过选择性地吸收或反射外界热辐射和阻止内部热扩散,可减少办公大楼和民用住宅等建筑物在夏季保持凉爽和冬季保持温暖而必须耗费的大量能源。这种装置既可用作建筑物的门窗玻璃,又可作为汽车等交通工具的挡风玻璃,还可用作大面积显示器,在建筑、运输及电子等工业领域有着广泛的应用前景。

　　(1)电致变色系统及材料

　　通常,电致变色系统由电源、两个透明的导电层、一个电致变色层、一个离子导体(电解质)层和一个离子贮存层(可逆电极)组成(图 8 - 7)。现将各层对材料的要求、材料的制备及性能分别介绍如下:

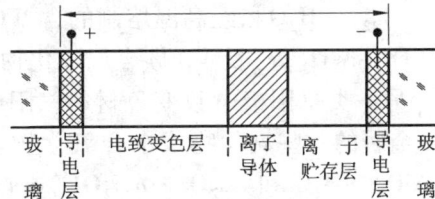

图 8 - 7　电致变色系统示意图

　　1)电致变色材料。电致变色材料必须具有离子和电子电导的特性,这种材料可以分为三大类:过渡金属氧化物;有机物;插入式化合物。插入式电致变色材料(如插入式石墨材料),是通过石墨与碱金属的气相反应而制得的。碱金属插入到石墨晶格的层间形成插入式化合物如C_6Li、$C_{12}Li$、C_8M、$C_{24}M$、$C_{36}M$(M 为 K、Rb 和 Cs)。这些化合物具有与金、铜一样的外观特征,虽然这类材料具有电致变色效应(黑到绿或金黄),但由于石墨是黑色的不透明物质,不可能用于智能窗。当然,其插入式技术和结构对于开发新型电致变色材料是有益的。有机电致变色材料的种类有很多种(如吡唑啉、四硫富瓦烯等有机材料及含镧、钨的有机材料),但在智能窗的构造中用得极少。在智能窗的构造中,研究和使用最普遍的电致变色材料是过渡金属氧化物。

　　过渡金属氧化物中金属离子的电子层结构不稳定,在一定条件下离子的价态发生可逆转变,形成混合价态离子,随着离子的价态和浓度的变化,颜色也发生变化。依据其着色机理的不同可分为阴极和阳极材料两类。

　　一类是阴极材料。ⅥB 族金属氧化物,如 WO_3、MoO_3 及其复合材料都表现出电致变色效应。研究最多的是 WO_3 膜及其复合物 M_xWO_3(M 为 H^+、Li^+、Na^+等)。通常 WO_3 膜可由真空蒸发、化学气相沉积、电子束蒸发、反应性溅射及溶胶-凝胶法制备。溶胶-凝胶法具有许多优点,如可以通过浸涂方法在玻璃基片或聚合物基片上形成大面积薄膜,膜的厚度、微观结构及电致变色性能(光吸收、开关时间及记忆效应等)可调。Judeinstein 等人由该法制得 $WO_3 \cdot nH_2O$ 膜,红外及 X 射线吸收实验证明,W^{6+} 由 6 个 O^{2-} 所包围(含一个短的 $W\!=\!\!O$ 键),形成 $[WO_6]$ 八面体。$[WO_6]$ 以晶态 WO_3 结构中的角与角连接或多钨阴离子结构中边与边连接方式形成无定形氧化物网络。其中大部分水能经干燥排除(120 ℃),结合得更紧密的水或 OH^- 基则可经过在更高的温度(320 ℃)下热处理而排除。将 $WO_3 \cdot nH_2O$ 膜加热到 400 ℃,可获得 WO_3 晶态膜。晶态和非晶态(无定形态) WO_3 膜都具有电致变色效应。WO_3 的复合物(如 H_xWO_3、Na_xWO_3、Li_xWO_3 等)也具有类似的电致变色效应。金属 Au 和 Pt 添加到 WO_3 膜中也能制成电致变色材料,如将粒径为 20 ~ 120 Å 的 Au 颗粒加到非晶态 WO_3 膜中形成 Au – WO_3 复合材料,发生电化学反应后,由蓝色变成红色或粉红色;Pt 加到晶态 WO_3 中,着色状态呈黑蓝色。其他电致变色材料有经粉末加压成型的含 WO_3 磷酸盐 $[H_3PO_4(WO_3)_{12} \cdot nH_2O]$、经高温熔制的含 WO_3 氧化物玻璃(如 $Li_2O – B_2O_3 – WO_3$、$Na_2O – P_2O_5 – WO_3$ 等)及 VB 族金属氧化物($Nb_2O_5 \cdot V_2O_5$)等。

另一类是阳极电致变色材料。阳极材料包括Ⅷ族及 Pt 族(Pt、Ir、Os、Pd、Ru、Rh)金属的一些氧化物或水合氧化物。例如,IrO_x、$IrO_x \cdot nH_2O$、$Rh_2O_3 \cdot nH_2O$ 以及 $NiO \cdot nH_2O$ 和 $Co_2O_3 \cdot nH_2O$ 等在电化学反应后引起可见光的吸收,产生电致变色效应。阳极电致变色膜的制备方法包括阳极氧化、反应性溅射及真空蒸发等。

2)电解质(或离子导体)。电解质可以是液体、固体及介于两者之间的黏性有机聚合物质。液体电解质(如 H_2O、H^+、OH^- 等)因离子迁移运动受阻小,有比固体电解质更快的开关响应时间,但这种装置易出现漏液、界面间腐蚀及构造复杂等问题。固体电解质包括快离子导体(如 $Na_{1-x}Zr_2Si_xP_{3-x}O_{12}$)及具有隔热性能的离子传导型氧化物(如 SiO_2、MgF_2、CaF_2、Ta_2O_3、ZrO_2 等)。有机聚合物有聚乙烯氧化物(PEO)及聚丙烯氧化物(PPO)与碱盐 $[$ 如 $LiClO_4$、$LiCF_3SO_4$ 或 $LiN(SO_2 \cdot CF_3)_2]$ 的复合物。这种物质是将聚合氧化物粉末与 Li^+ 盐溶解于乙腈中制得的。这类电解质既可保证电解质与电极的良好接触,又可避免漏液问题,因而优于液体电解质;既具有快离子导体特征,又能较容易地制成薄膜而优于固体电解质。

部分电致变色材料及电解质的性能列于表 8 – 7。

3)离子贮存层(可逆电极)。电致变色系统要求有一个离子贮存层。这种材料应具有透明性、离子插入反应的可逆性及快的反应速度。目前没有哪一种材料是理想的。V_2O_5 有快的反应速度和反应可逆性,但透光率太低(如表 8 – 7 所示,原始状态为黄色,反应后为黑色)。In_2O_5 具有好的透光性能,但与 Li^+ 等碱金属离子的插入反应慢而且反应只是部分可逆的。CeO_2 有良好的反应可逆性,在氧化、还原状态下无色透明,但反应速度慢。最近,Makishima 等人用溶胶 – 凝胶法制备出 $TiO_2 – CeO_2$ 薄膜,这种薄膜呈淡黄色或黄色,材料结构为非晶态,比纯 CeO_2 膜

有较快的 Li^+ 离子插入反应速度,被认为是制造智能窗的较理想材料。

表 8 – 7　电致变色材料及电解质的性能

变色材料	制备方法	电解质	颜　色	插入离子
WO_3	真空蒸发	$Na_{1+x}Zr_2Si_xP_{3-x}O_{12}$	透明—蓝	Na^+
WO_3	电子束蒸发	ZrO_2(含 H_2O)	透明—蓝	H^+
$WO_3 \cdot nH_2O$	溶胶 – 凝胶法	$LiClO_4/PEO$	透明—蓝	Li^+
Na_xWO_3	真空蒸发	$Na^+ - \beta - Al_2O_3$	白—蓝	Na^+
$\alpha - H_xMoO_3$	真空蒸发	酸	黄—粉红	H^+
V_2O_5	真空蒸发	H_2O	黄—黑	H^+
IrO_x	阳极氧化	PbF_2	透明—蓝	F^-
$IrO_x \cdot nH_2O$	溅射	H_2SO_4(液)	透明—蓝	OH^-
$Rh_2O_3 \cdot nH_2O$	阳极氧化	KOH	黄—绿	OH^-
$NiO \cdot nH_2O$	阳极氧化	KOH	透明—黑青铜	OH^-

4)导电层材料。常见导电层材料有半透明金属材料(如 50 ~ 100 Å 的金膜)及透明导电材料(如 ITO 膜及含镉的锡酸盐)。这类材料应具有高透过率和导电率,而材料的电阻应尽可能低。ITO 被认为是目前最好的一种导体材料,其电阻值约为 10 Ω/m^2,比智能窗要求的导电材料电阻值(1 Ω/m^2)高 10 倍。

(2)电致变色原理

在上述各种材料组成的电致变色系统中,随着电极中电子(e^-)或空穴(h^+)及电解质中阳离子或阴离子的同时注入或放出,在电致变色材料层与离子贮存层间发生可逆的电化学反应。对于阴极电致变色材料,随着阳离子和电子的注入,形成着色物质,反应式如下(AO_y 为过渡金属氧化物):

$$AO_y + xM^+ + xe^- \underset{\text{氧化}}{\overset{\text{还原}}{\rightleftharpoons}} M_xAO_y(着色物质) \tag{8-9}$$

式中 M^+ 为 H^+、Na^+、Ag^+ 等。

对于阳极电致变色材料,随着阴离子和空穴的同时注入或阳离子放出,空穴注入(即电子放出),形成着色物质,例如:

$$\underset{(无色)}{Ir(OH)_2} + OH^- + h \underset{\text{还原}}{\overset{\text{氧化}}{\rightleftharpoons}} \underset{(着色物质)}{IrO_2 \cdot H_2O} + H_2O \quad 或 \tag{8-10}$$

$$Ir(OH)_2 - H^+ + h^+ \rightleftharpoons IrO_2 \cdot H_2O$$

下面以研究最多的阴极电致变色材料 WO_3 膜电致变色装置(图 8 – 8)为例,说明整个系统的着色、消色原理及最新的一些研究成果。

在原始状态,整个系统透明,没有颜色产生,如按图8-8(a)施加电场,电子(e⁻)与阳离子(M⁺)同时注入WO₃膜原子晶格节点间的缺陷位置,形成钨青铜M_xWO_3,呈现蓝色。在无定形膜中,当$x > 0.32$时,钨青铜呈现金属导体特性;$x < 0.32$时呈现半导体特性,这是由固有晶格的无序和质子在M亚晶格中的无序排列而产生的局域场所引起。颜色的产生是由于M_xWO_3在可见光到红外光区有宽波段的光吸收。例如,无定形$WO_3 \cdot 0.8H_2O$膜与Li^+反应后在500~1500 nm波段有吸收,最大吸收峰位置在900 nm(0.75 eV),吸收强度随Li^+离子的插入量增加而增大。更进一步,光吸收是由于在混合价态化合物中,局域电子受激活后在W^{5+}和W^{6+}位置之间跃迁而引起的价间电荷迁移。

$$W^{5+}(A) + W^{6+}(B) + h\nu \longrightarrow W^{6+}(A) + W^{5+}(B) \qquad (8-11)$$

式中A,B表示两个不同的W晶格位置。也就是说,M_xWO_3中存在W^{5+}和W^{6+}混合价态离子,W^{5+}的存在已由电子自旋共振(ESR)实验得到证实。

按图8-8(b)施加电场,电致变色层中阳离子(M⁺)和电子同时脱离M_xWO_3,蓝色消失,回复到原始状态,其恢复程度取决于可逆反应的完成程度。为保持整个系统电的动态平衡,离子贮存层作出如图8-8(a)、(b)所示相应的变化。

(3)智能窗的构造及调光调热原理

1)构造。根据所要求性能的不同及使用电解质不同,电致变色系统有多种构造方式,如$In_2O_3 / \alpha - WO_3$、CrO_3/Au、$ITO/WO_3/TaO/MOH/ITO$、$ITO/TCF/SPE/PBF/ITO$等。目前智能窗的电致变色系统采用$ITO/WO_3/$

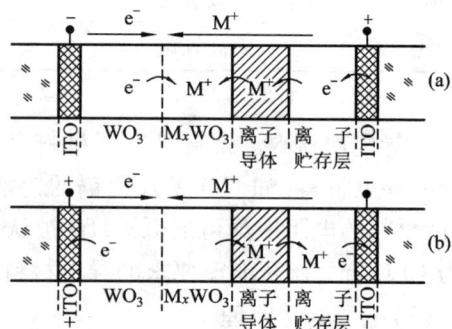

图8-8　WO₃膜电致变色原理示意图

(a)着色状态

$$WO_3 + xM^+ + xe^- \underset{无色透明}{\overset{还原}{=\!=\!=\!=}} \underset{蓝色}{M_xWO_3} \quad (0 < x < 1)$$

(b)消色状态

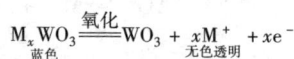
$$\underset{蓝色}{M_xWO_3} \overset{氧化}{=\!=\!=\!=} WO_3 + xM^+ + xe^-$$
$$无色透明$$

M^+为H^+、Li^+、Na^+等

$PEO - Li^+$盐$/TiO_2 - CeO_2/ITO$构造方式。智能窗的构造是采用1~2 mm厚的浮法玻璃或经磨抛光处理的普通平板玻璃作为基片。将导电材料(ITO)涂覆、蒸发或浸涂在两块玻璃基片上形成透明薄层。用真空蒸发或溶胶-凝胶法使电致变色材料(如WO₃)在涂覆过的ITO的一块基玻璃上形成200~500 nm的薄层。在另一块涂有ITO的玻璃基片上用溶胶-凝胶法形成透明的离子贮存层(如$TiO_2 - CeO_2$),膜的厚度可通过调节溶胶的浓度及浸渍次数来控制。然后将黏性聚合物

电解质涂覆到上述玻璃上,组合起来,将导线与两块玻璃间的 ITO 连接,构成电致变色智能窗。

2) 调光调热原理。普通平板玻璃在可见光区(约为 390~770 nm)几乎没有吸收,大部分光都能透过,在近红外光区也基本上是透明的,在紫外(小于 350 nm)及中红外光区(大于 3000 nm)吸收增加。组成智能窗后,在电场作用下,电致变色产生着色和消色的可逆变化,随着施加电场强度或电流大小的不同,其着色和消色程度也不同。这表现出透过率、吸收率和反射率三者关系的变化。影响这些光学性能的因素很多,如厚度、物质种类、温度、表面层状态等。由于着色和消色是一个动态可逆过程,物质在变化($WO_3 \longleftrightarrow M_xWO_3$),温度在变化(由电流及光吸收引起,温度不同,物质的密度、折射率及反射率都不同),表面状态在变化(由离子的注入或移出引起),这些给上述三者关系的讨论带来困难。Lampert 在忽略光吸收的情况下,讨论了电致变色装置的调光调热原理(图 8-9)。

如图 8-9 所示,在透明状态,小于 3 μm 波长的光都能透过。随着着色的发生,透过边向短波方向移动,透过率减小,反射率增大。着色程度不同,透过边可以连续变化(从 $T_i \rightarrow T_f$),如变到 1,可反射掉全部红外光和部分近红外光;如移到 3,则可反射掉全部近红外光和部分可见光。也就是说,由于透过率可调,可实现其调光功能;由于反射率可调,可实现其调热功能

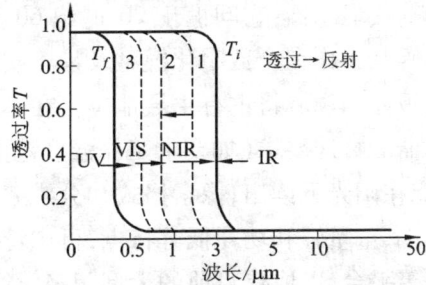

图 8-9　可调透过边光窗的光谱特性
(忽略光吸收)

(控制外部热量进入)。Golder 等人研究了 WO_3 膜装置的反射特性,在着色状态下,反射率从 20% 变到 60%($\lambda = 0.8 \sim 2.5$ μm),这种装置适合于控制近红外太阳光,采用隔热材料构造的装置既可控制外界热进入,又可控制室内热量的向外扩散。在实际装置中,吸收率是一个重要考虑因素,因此智能窗的调光调热机制更复杂。

到目前为止,智能窗的研究工作还处于实验阶段。构造方式、薄膜的制备方法、电致变色性能及智能开发均有待进一步研究。构造方式应力求简单,然而现在的装置并不十分简单;薄膜的制备方法很多,但要在大块玻璃基片上形成均匀的薄层,一些方法是不适应的。对于制备大面积薄膜来说,溶胶-凝胶方法是目前较好的方法,但溶胶中通常含有水和醇类物质,其排除需经干燥和热处理,在热处理过程中薄膜的开裂是个必须解决的问题。ITO 是目前最好的一种材料,但对于智能

窗来说,其电阻值应更低。电致变色性能方面也存在老化衰退的问题。

　　尽管存在上述种种问题,但智能窗的实用化将改变以往玻璃窗对光热不可调的局面或者变色玻璃的自动调光(如光致变色玻璃)为随人的意愿调光。这意味着人类控制自然界的手段更趋完善,这是一个值得追求的目标。从存在的问题来看,控制凝胶膜开裂已有了有效方法,导电材料也可用溶胶–凝胶方法制备,在凝胶中添加导电性能优异的金属以降低电阻提高导电性能是可能的。智能化开发方面,可以采用分部到位的办法,即由简单到复杂、由单功能到多功能。未来的智能窗可作如下设想:一个光电转换系统,材料吸收太阳光后转变为电能,一部分用于启动电致变色系统。一部分用于室内照明、电器的电源;一个多功能电致变色系统。由这两个系统组成一个完整的智能窗,集调光、调热(内部和外部热)、调声及电源等功能于一体。

　　3. 显示器用基板玻璃

　　彩色等离子体显示屏(plasma display panels,简称 PDPS)是继 CRT、LCD 之后的新一代显示器,它问世于 20 世纪 60 年代,在 20 世纪 90 年代中期开始批量生产。因其工作在全数字化模型及易于实现大屏幕显示等特点,在 21 世纪的军民两用平板显示领域将占有主导地位。在军用方面,这种显示器因能满足军事部门对显示器的特殊要求(如要求工作温度范围宽,能承受作战平台的震动和冲击,视角大,能在阳光下读出,像素格式和分辨率能与各种传感器的输出相匹配等)及具有体积小、重量轻和功耗低等特点,可广泛应用于预警侦察机、潜艇、水面战舰、装甲战车等平台,以取代目前的大型阴极射线管;也可应用于陆军的"地面勇士计划"、航空夜视眼镜、激光测距机/指示器、探雷用和通用头部显示器;还可应用于 M1A2 坦克车长眼镜系统及各种作战指挥平台的大型显示器。在民用方面,它是数字化彩电、高分辨率电视和多媒体终端理想的显示器件。显而易见,等离子体显示屏用大屏幕基板玻璃具有非常广泛和乐观的市场前景。美国 Standford research 公司预测,在今后的三年内彩色 PDP 将是增长最快的平板显示产业之一,其年平均增长可达到 38%。我国科技发展"十五"规划和 2015 远景规划也将大屏幕显示屏用基板玻璃列为重点研究开发对象,可望形成新型电子玻璃产业。彩色等离子体显示器分辨率的提高和屏幕尺寸的增大,对彩色 PDP 显示器用基板玻璃的要求也越来越高。

　　(1)PDP 对基板玻璃的性能要求

　　1)热性能的要求。由图 8–10 的彩色 PDP 制备工艺流程图可以看出,组成彩色 PDP 的前后玻璃基板都需要经过一系列的厚膜印刷和高温烘烤、烧结。通常烧结温度在 450～600℃之间,封接温度为 380～400℃,排气最高温度为 350℃。因此,彩色 PDP 基板玻璃的热稳定性对 PDP 的质量起着非常重要的作用。

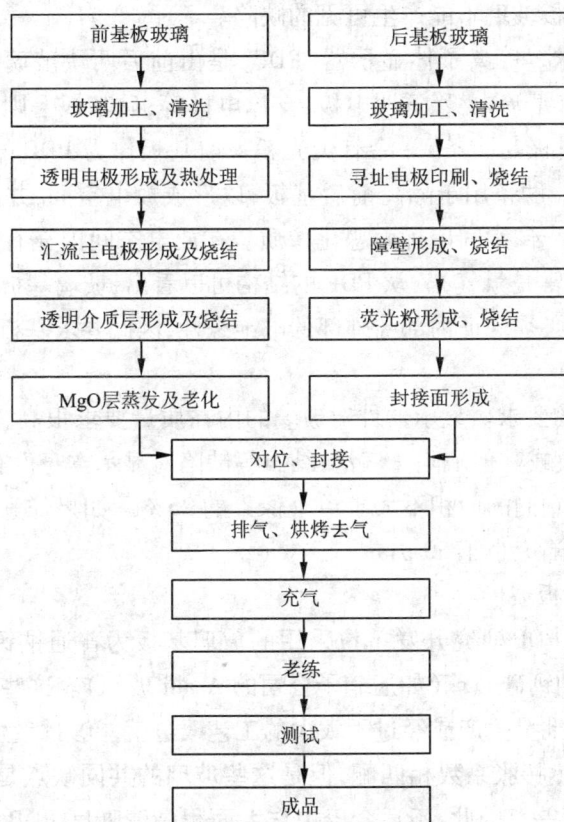

```
┌─────────────────┐        ┌─────────────────┐
│   前基板玻璃      │        │   后基板玻璃      │
└────────┬────────┘        └────────┬────────┘
┌────────┴────────┐        ┌────────┴────────┐
│  玻璃加工、清洗   │        │  玻璃加工、清洗   │
└────────┬────────┘        └────────┬────────┘
┌────────┴────────┐        ┌────────┴────────┐
│ 透明电极形成及热处理│       │ 寻址电极印刷、烧结 │
└────────┬────────┘        └────────┬────────┘
┌────────┴────────┐        ┌────────┴────────┐
│ 汇流主电极形成及烧结│       │  障壁形成、烧结   │
└────────┬────────┘        └────────┬────────┘
┌────────┴────────┐        ┌────────┴────────┐
│ 透明介质层形成及烧结│       │ 荧光粉形成、烧结  │
└────────┬────────┘        └────────┬────────┘
┌────────┴────────┐        ┌────────┴────────┐
│  MgO层蒸发及老化 │        │   封接面形成     │
└────────┬────────┘        └────────┬────────┘
         └──────────┬───────────────┘
           ┌────────┴────────┐
           │    对位、封接    │
           └────────┬────────┘
           ┌────────┴────────┐
           │  排气、烘烤去气   │
           └────────┬────────┘
           ┌────────┴────────┐
           │      充气       │
           └────────┬────────┘
           ┌────────┴────────┐
           │      老练       │
           └────────┬────────┘
           ┌────────┴────────┐
           │      测试       │
           └────────┬────────┘
           ┌────────┴────────┐
           │      成品       │
           └─────────────────┘
```

图 8 - 10　彩色 PDP 制造工艺流程图

对目前 PDP 用基板玻璃来说,很多烧结过程的温度高于玻璃的应变点。我们知道,在玻璃的应变点附近,玻璃的粘度 - 弹性特性变化很快,从而导致玻璃基板产生弯曲、不规则形变和热收缩,这种热收缩可能会造成在基板玻璃中产生大的形变。例如,在对角线为 1 m 的彩色 ACPDP HDTV 中,基板玻璃百万分之二十的不恰当收缩就会产生至少一个像素的完全错位。因此,为了减少基板玻璃在加热与冷却过程中的不恰当收缩而造成的像素错位(如荧光粉与电极、障壁与电极错位等),减少印刷困难以及玻璃基板的弯曲变形,基板玻璃应具有较高的应变点,这对 PDP 器件的质量起着至关重要的作用。

另外,为了尽可能减少封装应力、确保器件精度和灵敏度,基板玻璃应具有较高的热膨胀系数,与已开发的 PDP 器件相关材料热膨胀系数相匹配。

2）化学稳定性的要求。在等离子体显示器的生产过程中，要使用许多化学溶剂，进行涂膜和光刻，这就要求基板玻璃具有良好的化学稳定性。在各种不同光刻溶剂的侵蚀下，基板玻璃不能产生可见的缺陷。

3）电阻的要求。等离子体显示器（PDP）是由前后两块玻璃基板组成的。在前基板上面制作有汇流电极、透明电极、支撑电极等；后基板上则制作有与前基板电极互相垂直的电极与肋条，并涂有荧光粉。前基板作为 PDP 的阳极，后基板则作为 PDP 的阴极。肋条用于隔离前后基板，以形成放电空间，并起分隔作用和构成像素单元，以防止像素间串扰而恶化像质。在放电空间内充有用作气体电离放电的惰性气体（通常是氖气）。从 PDP 的结构可以看出，玻璃基板主要用来密封内部的放电物质，它必须保证内部与外部的电绝缘性，因此要求基板玻璃有较高的体电阻。

4）内在质量的要求。显示器件对玻璃的内在质量要求很高，涂镀膜的表面要求无微米级的划痕或其他缺陷。气泡、结石等缺陷对显示本身没有影响，但影响视觉效果，通常规定它们的面积不大于单个像素的 25%。如果像素长度为 100 μm，则气泡、结石等缺陷应小于 50 μm。

（2）PDP 用基板玻璃

目前，大部分 PDP 研究开发单位采用的玻璃基板为普通钠钙硅玻璃，也有用改进热性能后的钠钙硅玻璃（如旭硝子公司的 Asahi 玻璃）。这些玻璃的显著优点是价格便宜，已经批量生产或经过不太大的工艺改进就能够批量生产，而且与开发的 PDP 所用材料热膨胀系数相匹配，但是这些玻璃的共同缺点是应变点低（小于570 ℃），热稳定性差。因此，不适合于用作大面积高清晰度 PDP 基板玻璃。低碱硅酸盐玻璃 Asahi Ax 以及无碱硅酸盐玻璃 Corning 7057 等其转变点以及热膨胀系数均不能满足 PDP 的要求，而无碱硅酸盐玻璃 NH - Techono NH45，Schott AF45，Asahi AN，Corning 1733 及透明石英玻璃等虽然转变点温度较高，但是热膨胀系数较低，也不能满足 PDP 的要求。国外已开发出两种性能较好的 PDP 用基板玻璃，一是日本旭硝子公司专为彩色 PDP 开发的 PD200 基板玻璃，应变点温度为570 ℃，比 Asahi 玻璃的应变点高 60 ℃，是目前国内外 PDP 行业使用的一种产品；二是美国 Corning 公司和法国 Saint - Gobain 公司联合开发的彩色 PDP 专用基板玻璃 CS25，应变点为 610 ℃，热膨胀系数达 $84 \times 10^{-7}/℃$，主要理化性能都能满足 PDP 的要求。我国全部采用国外进口产品，价格昂贵，急需开展 PDP 用基板玻璃的研究和建立国产 PDP 行业专用基板玻璃生产线，以满足国防军工建设和国民经济建设的需求。

1)传统钠钙硅玻璃与几种新型玻璃。表 8 - 8 列出了用浮法工艺生产的传统钠钙硅玻璃和几种新型玻璃的化学组成。

表 8 - 8　传统玻璃和新型 PD200、CS25 玻璃的成分　　　　w/%

名称	SiO$_2$	Al$_2$O$_3$	ZrO$_2$	MgO	CaO	SrO	BaO	TiO$_2$	Li$_2$O	Na$_2$O	K$_2$O
传统玻璃	71 ~ 73	0.1 ~ 1.8		2.9 ~ 4.0	7.7 ~ 9.2					13.0 ~ 14.0	
PD200	52 ~ 54	7 ~ 11	0 ~ 5	1 ~ 5	5 ~ 9	0 ~ 5	8 ~ 14	0 ~ 1	0 ~ 5	2 ~ 6	7 ~ 11
CS25	38 ~ 50	14 ~ 28	0 ~ 5	0 ~ 4	10 ~ 20	0 ~ 5	0 ~ 2	0 ~ 2	0 ~ 2	2 ~ 5	3 ~ 7

传统玻璃中网络生成体氧化物为二氧化硅,含量为70%左右,它是由以硅氧四面体为结构单元的三度空间网络组成。加入 13% 左右的氧化钠后,由于碱金属氧化物提供氧使硅、氧比值发生改变,导致原有的三度空间网络发生解聚作用,开始出现非桥氧,使玻璃结构疏松,并导致一系列物理、化学性能变坏,表现在玻璃黏度减小,热膨胀系数上升,机械强度、化学稳定性下降,应变点降低等。其中对基板玻璃影响最大的是应变点,如果应变点低于基板玻璃的热处理温度,就会使玻璃产生平面方向的变形和弯曲。特别是在玻璃的批量生产过程中,用隧道炉烧结玻璃基板时,由于前进过程中温度不均匀,导致玻璃基板的扇形变形(如图 8 - 11),这给大面积、高精度 PDP 的制造带来很大困难。再者,在相当于玻璃转变温度以上的区域内反复加热与冷却,往往会在玻璃基板内产生残余应力,严重时会导致基板一定程度的弯曲(如图 8 - 12)。因此对 PDP 用基板玻璃来说,这种钠钙硅玻璃存在的最明显的缺点就是大量氧化钠的存在导致玻璃的应变点较低,在经过一系列烘烤、烧结后产生变形。从组成方面说,传统钠钙硅玻璃不能满足制备高性能 PDP 的要求。此外,玻璃中高含量的钠也会由于钠离子的迁移而降低显示器的电极电子,或高度游离的钠离子会将介质中 PbO 的氧离子捕获,在玻璃表面留下金属铅。这一反应在高温和高电场作用下更为明显,从而形成导电通道,这些既降低了 PDP 的成品率,也影响了 PDP 的彩电质量。

与传统钠钙硅玻璃相比,新型 PD200 和 CS25 基板玻璃组分中碱金属氧化物含量已明显减少,氧化铝含量有所增加。一方面,较少碱金属氧化物的引入对 Si—O—Si 键的断键作用较小,使得玻璃结构中[SiO$_4$]四面体的连接程度较传统玻璃高;另一方面,作为中间体氧化物引入的氧化铝在玻璃结构中参与玻璃网络结构的构成,起到修补断网的作用,使玻璃结构趋向紧密。因此,这两种新型玻璃都有着比传统钠钙硅玻璃优异的性能。但是,这两种玻璃较传统浮法工艺生产的钠钙硅玻璃的组成差异大,因此,要用现有的浮法工艺进行生产需要作较大的生产工艺参数调整。

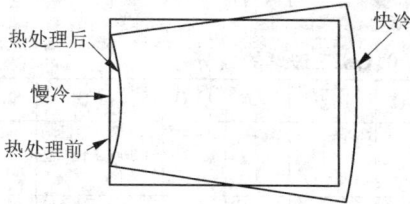

图 8 - 11　钠钙硅玻璃基板的扇形变形

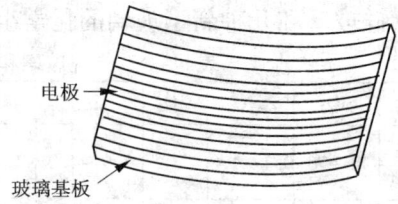

图 8 - 12　钠钙硅玻璃基板的弯曲变形

2）铅玻璃。目前铅玻璃也常被用做 PDP 的基板玻璃，这是因为铅玻璃具有良好的电气特性，并能在 600 ℃的温度下烧结。但由于铅有较大的氧化还原性，在烧结中与金属电极材料发生反应，使离子形式存在的铅变成金属铅。又因铅的熔点低，蒸气压强高，在基板玻璃与电极材料间生成气泡，降低两种材料黏接的强度。此外，铅玻璃有毒性，含铅的材料对人体健康和社会环境造成严重的危害。因此，铅玻璃也不是用做 PDP 基板玻璃的理想材料。

21 世纪，PDP 将在大屏幕视频显示器领域独领风骚，对基板玻璃将有相当大的需求量。特别是彩色等离子体显示屏分辨率的提高及屏幕尺寸的增大，对 PDP 用基板玻璃提出了越来越高的要求，而现有的玻璃都不能满足这些要求，这直接制约着平板显示技术的发展，进而制约着高分辨率壁挂电视机和计算机监测器行业的发展。寻求新型平板显示器用基板玻璃已引起各国政府、材料科学家、平板显示技术专家和相关企业家的广泛关注。目前，这方面的研究开发宜放在新型基板玻璃制备工艺技术和组成、结构、性能三者关系研究以及探索获得理化性能可满足未来 PDP 要求且能通过浮法、压延等工艺而制备这种平板显示玻璃的途径方面，并在实验室研究成果的基础上，尽快进入中试阶段，最终建立 PDP 用基板玻璃专用生产线，这对于促进 PDP 技术的进步、加速大屏幕壁挂电视机和计算机监视器的实用化进程、促进新型电子玻璃产业的发展，都具有非常重要的理论意义和现实意义。

8.3.3　磁功能材料

1. 法拉第旋转玻璃

法拉第（Faraday）旋转玻璃是指当沿平行于外加磁场方向传输的光通过时能发生法拉第旋转效应的玻璃，又被称磁光玻璃，是近三四十年来新发展起来的一种特种玻璃。

（1）法拉第效应

法拉第效应，也即法拉第旋光效应，是指沿平行于外加磁场方向传输的光在通过透明物质时偏振面发生旋转的现象，偏振面旋转角与磁场强度的关系可用数学公式表示如下：

$$\theta = V_d LH \tag{8-12}$$

式中：θ——偏振面旋转角，用度（°）或分（′）表示；

　　　H——磁场强度，用安培/米（A/m）或奥斯特（Oe）表示，1Oe = 1000/（4π）A/m；

　　　L——试样长度，用米（m）或厘米（cm）表示；

　　　V_d——费尔德（Verdet）常数，国际标准单位为度/（奥斯特·米）［°/（Oe·m）］或分/（奥斯特·厘米）［′/Oe·cm）］，其他常用单位有弧度/安培（rad/A），它们之间有如下关系：1 度/（奥斯特. 米）= 2.19 × 10⁻⁴弧度/安培。此外，弧度/（特斯拉·米）［rad/（T·m）］也被用作该常数的单位。Verdet 常数是物质固有的比例系数，相当于单位长度试样在单位磁场强度作用下光偏振面被旋转的角度。

（2）费尔德常数

根据 Faraday 偏转角的偏转方向不同，将费尔德常数分为逆磁性常数 V_{dd}（θ为正，V_{dd}为正值）和顺磁性常数 V_{dp}（θ为负，V_{dp}为负值）两种。

根据经典电磁理论，逆磁性 Verdet 常数可用下式表示：

$$V_{dd} = (\frac{e\mu}{2mc})\lambda \frac{dn}{d\lambda} \tag{8-13}$$

式中：e 和 m 分别表示电子的电荷与质量，μ 为介质的磁导率，c 为光在真空中的速度，n 表示介质的折射率，λ 为入射光波长，$dn/d\lambda$ 表示与介质色散相关的折射率波长系数。式(8-13)表明随着介质色散的增大，其逆磁性 Verdet 常数也随之增大。

从微观角度来看，介质的逆磁性源于离子的能级分裂，基于量子理论 Borrelli 得出逆磁性 Verdet 常数为：

$$V_{dd} = (4\pi N\nu^2) \sum_n [A_n/(\nu^2 - \nu_n^2)^2] \tag{8-14}$$

式中：N 表示单位体积内载流子数；ν，ν_n 分别表示入射光波的频率与电子的迁移频率；A_n 表示与迁移强度有关的参量。式(8-14)表明逆磁 Verdet 常数与温度无关。

1934 年，Van Vleck 和 Hebb 等人根据量子理论，得到顺磁性 Verdet 常数为：

$$V_{dp} = (A/T)(N'n_{eff}^2/g) \sum_n [C_n/(\nu^2 - \nu_n^2)] \tag{8-15}$$

式中：$A = 4\pi^2\mu_B\nu^2/3ch\kappa_b$；$n_{eff} = g[J(J+1)]^{1/2}$；$N'$表示单位体积内顺磁离子数，$g$ 表示朗德（Lande）因子；C_n 表示电子的跃迁几率；J 表示总的角动量量子数；c、h、κ_b 分别表示光速、普朗克常数和波尔兹曼（Boltzmann）常数；T 表示绝对温度。

式(8-15)表示顺磁 Verdet 常数与单位体积内顺磁离子数以及有效玻尔磁子数 neff 的平方成正比；并且随着温度的升高，顺磁 Verdet 常数减小。将式(8-

15）中的频率用波长 $\lambda = c/\nu$ 和 $\lambda_n = c/\nu_n$ 代替，得：

$$V_{dp} = (A^* /T)(N' n_{eff}^2/g)\{C_t/[1-(\lambda/\lambda_t)^2]\} \qquad (8-16)$$

式中：A^* 是与波长无关的常数；λ_t 表示电子的有效迁移波长；C_t 表示电子的有效跃迁几率。该式表明顺磁 Verdet 常数随电子有效迁移波长的增大而增大。

（3）法拉第旋转玻璃简介

最早的法拉第旋转玻璃是用于磁光隔离器的重铅玻璃，其 Verdet 常数较低，光吸收大；20 世纪 70 年代中期，人们研究了中等 Verdet 常数的掺 Ce^{3+} 磷酸盐法拉第旋转玻璃，用作高功率激光器的光学隔离器；80 年代初期又有人研究了掺 Tb^{3+} 玻璃作为法拉第旋转玻璃，但只能用于小型激光仪器；现今使用的磁光玻璃大都为高性能的掺铽硅酸盐玻璃，新发明的还有如 TG20、TG28 等磁光玻璃。

1）逆磁性玻璃。具有惰性气体电子层结构的离子，在外加磁场中，显示出逆磁性。构成玻璃网络形成体和网络外体的离子，如 Si^{4+}、Na^+、Ca^{2+}、Ba^{2+} 和 Pb^{2+} 等都具有填满的电子层结构，因此在磁场中显示出逆磁性。含有上述离子的玻璃，色散越大，其逆磁 Verdet 常数就越大。研究发现在光学、声学和磁光玻璃中，光学玻璃具有较大的 Verdet 常数，而在光学玻璃中，重火石系列玻璃具有最大的 Verdet 常数，这是因为 Pb^{2+} 离子的存在，使得玻璃具有很高的色散。Nicholas 研究了锗硅酸盐玻璃中不同 PbO 含量对玻璃 Verdet 常数的影响，得出结论：随着 PbO 含量的增加，Verdet 常数逐渐增大；而随着入射光波长的增大，Verdet 常数逐渐减小。类似地，硫化物玻璃具有高的 Verdet 常数也是因为玻璃具有高色散的缘故。另外，如果玻璃中的离子具有大的离子半径和易极化的外层电子结构，以及具有 $s^2 \rightarrow sp$（包括 $^1S_0 \rightarrow {}^1P_1$、$^3P_1$）电子跃迁模式，玻璃也具有大的 Verdet 常数，具有这种电子结构特征的离子有 Ga^+、In^+、Tl^+、Ge^{2+}、Sn^{2+}、Pb^{2+}、As^{3+}、Sb^{3+}、Bi^{3+} 和 Te^{4+} 等。由于这些离子在玻璃中会产生不同的色散作用，因此，除了色散和入射波长对 Verdet 常数有大的影响外，玻璃组成不同，则其 Verdet 常数也不同。例如，$TeO_2 \cdot 80PbO_2$（mol%）玻璃在各波长下均显示出很高的 Verdet 常数，约是重火石类玻璃的两倍。

2）顺磁性玻璃。由于氟化物玻璃在光通信领域潜在的应用前景，也由于这类玻璃在可见光和近红外光区域具有低的光子吸收而使其成为众多稀土离子注入的基质玻璃，因此，最初出现的顺磁性玻璃是氟化物玻璃，以后才拓展到氧化物玻璃系统。

在稀土离子中，4f 壳层的电子为未配对的自由电子，由于 5s 和 5p 电子壳层的屏蔽作用，化合物配位场对内层 4f 电子的影响很小。在磁场的作用下，使得电子极易在 $4f^n - 4f^n - 15d$ 间发生迁移，从而显示出很强的顺磁性。已有的研究表明，玻璃的顺磁性除了与稀土离子的种类、浓度以及玻璃基体有关外，同时还受外界温度的影响。

按照式(8-15)，Verdet 常数 V_{dP} 与有效磁子数 n_{eff} 值的平方成正比，所以，选择 n_{eff} 值大的稀土顺磁离子是非常重要的。表 8-9 列出的是 4f 稀土离子的有效磁子数。从表 4-30 可知，Tb^{3+}、Dy^{3+}、Ho^{3+} 和 Er^{3+} 的 neff 值均较大。但从表 8-10 中可知，Dy^{3+}、Ho^{3+}、Er^{3+} 在可见光波段和近红外光波段的吸收峰较多，这对于透明顺磁旋光玻璃是不宜采用的。因此，引入 Tb^{3+} 离子是制备高 Verdet 常数顺磁性玻璃的最优选择。

表 8-9　4f 电子构成稀土离子的有效磁子数

稀土离子类型	4f 电子数	自由离子项	n_{eff}	
			$g\sqrt{J(J+1)}$	(n_{eff}) 实验值
Gd^{3+}	7	$^8S_{7/2}$	7.94	8.0
Tb^{3+}	8	$^7F_6$	9.72	9.5
Dy^{3+}	9	$^6H_{15/2}$	10.63	10.6
Ho^{3+}	10	$^5I_8$	10.60	10.4
Er^{3+}	11	$^4I_{15/2}$	9.59	9.5
Tm^{3+}	12	$^3H_6$	7.57	7.3
Yb^{3+}	13	$^2F_{7/2}$	4.54	4.5

表 8-10　Tb^{3+}、Dy^{3+}、Ho^{3+}、Er^{3+} 在玻璃中吸收位置

稀土离子	吸收峰波长位置/nm
$Tb^{3+}(f^8)_{7/6}$	1775　390　310
$Dy^{3+}(f^9)^6H_{11/2}$	1270　890　800
$Ho^{3+}(f^{10})^5I_{10}$	2000　642　540　491　477　461　457　447　421　361
$Er^{3+}(f^{11})^4I_{15/2}$	1550　657　524　492　448　375

拟引入的稀土离子种类确定后，玻璃的顺磁性 Verdet 常数与稀土离子的浓度有着密切的关系，也就是说，稀土离子的掺入量决定着 Verdet 常数的大小。由于不同的基质玻璃能引入的稀土离子含量不同，因而 Verdet 常数也不同，因此，选择合适组成的基质玻璃显得非常重要。通常，含三价稀土离子的高磁性旋光玻璃基质体系必须具备以下三个条件：一是有牢固的玻璃结构骨架；二是玻璃聚合单元体积要小；三是有适合的阻止析晶的能力，只有满足这三个条件，单位体积玻璃中包含的顺磁性离子数 n 才有可能增大。到目前为止，已开发出包括硅酸盐、

硼酸盐、磷酸盐、硼硅酸盐和铝硼硅酸盐等系统在内的磁光玻璃基质玻璃。

在稀土离子浓度、基质玻璃组成与顺磁性 Verdet 常数的关系方面，Qiu 等研究了氟化物玻璃中 Tb^{3+} 的含量对玻璃 Verdet 常数的影响，发现随着 Tb^{3+} 浓度的增大，其 Verdet 常数的绝对值逐渐增大；而随着入射光波长的增大，其 Verdet 常数的绝对值逐渐减小；在同一入射光波长下，玻璃的 Verdet 常数与 Tb^{3+} 离子的浓度近似呈线性关系。此外，他们还研究了不同玻璃基质对含稀土离子玻璃 Verdet 常数的影响，在含有稀土离子的氟化物玻璃中，基质玻璃显示出逆磁性；而硼酸盐玻璃相对于氟化物玻璃显示出更小的逆磁性，甚至随着入射光波长的减小，硼酸盐玻璃还显示出微弱的顺磁性。在各种玻璃中，铝硅酸盐和硼酸盐玻璃具有最大的 Verdet 常数。Petrovskii 等在对硼硅酸盐和钡硼酸盐玻璃的研究中发现，在这两种玻璃中，电子的有效迁移波长相同，说明玻璃的 Verdet 常数源于 Tb^{3+} 离子中相同的电子跃迁模式，因此，在单位 Tb^{3+} 离子浓度下，获得玻璃的 Verdet 常数 (V_{dp}/N) 是一常数，他们认为基质玻璃对 Verdet 常数没有影响。Daybell 等和任正杰等先后研究了掺 Tb^{3+} 玻璃的 Verdet 常数同温度的关系，发现随温度的降低，玻璃的 Verdet 常数的绝对值增大。这是因为随着温度的降低，电子热振动的振幅减小，对由外加磁场引起的电力矩振幅变化的阻碍作用减小，使得玻璃显示出很高的顺磁性。

掺 Tb^{3+} 的玻璃因具有很高的 Verdet 常数而成为顺磁性玻璃中研究较深入和较全面的玻璃系统。到目前为止，已获得了一系列高 Verdet 常数的掺 Tb^{3+} 玻璃。

另一种研究较多的顺磁性玻璃是掺 Pr^{3+} 的旋光玻璃。早在 20 世纪 60 年代，Borrelli 就发现掺 Pr^{3+} 的磷酸盐玻璃和硼酸盐玻璃具有较高的顺磁 Verdet 常数，而 Verdet 常数又主要依赖于 Pr^{3+} 的浓度。在硅酸盐、磷酸盐和硼酸盐玻璃中，3 种玻璃的 Verdet 常数都与 Pr^{3+} 浓度呈线性关系，且含有最大 Pr^{3+} 浓度的硼酸盐玻璃具有最大的 Verdet 常数绝对值。

在对含 Pr^{3+} 玻璃宏观性能研究的基础上，研究人员又对 Pr^{3+} 中电子的跃迁机制进行了研究。如 Petrovskii 等研究了含有 Pr^{3+} 的不同基质玻璃在近紫外区的吸收光谱，发现随着基质玻璃组成的不同，其吸收光谱不同。但对含有 Pr^{3+} 玻璃的 Verdet 常数测定发现，在不同基质玻璃中单位浓度 Pr^{3+} 的 Verdet 常数近似为一常数。他们通过理论计算发现，Pr^{3+} 玻璃的光吸收和 Faraday 旋转效应对应不同的电子跃迁机制。另外，在磷硅酸盐、磷酸盐和铝硼酸盐玻璃的吸收光谱中，Pr^{3+} 的 4f 电子的 f→f 跃迁能量大于 $\alpha-P_2O_3$ 晶体中 Pr^{3+} 的 4f 电子的相应能级跃迁能量，而低于 Pr^{3+} 4f 能级自由电子的跃迁能量，说明玻璃中的配位场对 Pr^{3+} 中 4f 电子的影响很小。

Zabluda 等研究了含有不同浓度 Pr^{3+} 的硅 - 磷 - 锗氧化物玻璃的吸收光谱，发现随着 Pr^{3+} 浓度的不同，其相应玻璃的吸收系数也发生了变化。在远离吸收的长波长区，随着 Pr^{3+} 浓度的增大，其吸收系数增大。在吸收区附近，随着 Pr^{3+} 浓度的增大，其吸收系数减小。但 Pr^{3+} 浓度与吸收系数之间并没有确定的关系。在不同 Pr^{3+} 浓度的玻璃中，引起 Faraday 旋光效应的电子跃迁的有效波长 λ_{eff} 不随 Pr^{3+} 浓度的变化而变化。

　　Edgar 等研究了含 Pr^{3+} 的氟锆酸盐玻璃的 Verdet 常数与温度的关系，发现了同 Tb 玻璃相同的现象，即随着温度的降低，Pr 氟锆酸盐玻璃的 Verdet 常数的绝对值逐渐增大。

　　表 8-11 列出了目前市面上出现的几种顺磁性、逆磁性磁光玻璃的性能。

表 8-11　顺磁性、逆磁性磁光玻璃的性能

玻　　璃	费尔德常数 $V_d/[\,(')\cdot(Oe\cdot cm)^{-1}]$		吸收系数 α/cm^{-1}		品质因数 $\overline{Q}/[\,(')\cdot Oe^{-1}]$	
	632.8nm	1.06μm	632.8nm	1.06μm	632.8nm	1.06μm
顺磁性玻璃						
EY_1（硅酸盐玻璃）	-0.144	-0.041		0.05		0.82
FR_4（磷酸盐玻璃）	-0.104	-0.035	0.0597	0.0054		6.48
FR_5（铝硅酸盐玻璃）	-0.251	-0.083		0.0085		9.76
反磁性玻璃						
SF_6（重火石玻璃）	0.093	0.028	0.0092	0.0065	10.10	4.37
8363（硼硅酸玻璃）	0.093	0.028	0.035	0.015	2.66	1.87

　　注：表中 $\overline{Q} = \left|\dfrac{V_d}{\alpha}\right|$。

　　3）应用。法拉第旋转玻璃以其特殊的磁光性质被广泛地应用于各种光学系统中，高 Verdet 常数的磁光玻璃被用作光学隔离器、激光调制器、快速光学开关和磁光传感器等。

　　法拉第旋转玻璃用作光隔离器：它被用于调制激光或用作只允许光通过一个方向的光隔离器件。在光通讯系统中，半导体激光器发出的光在光纤连接处被反射，若返回激光器，将使激光振荡不稳定，产生信号误差，可使用光隔离器来拦截反射光。其原理是，当激光器发出的光通过起偏器时，沿输入方向前进的线偏振光在法拉第旋转玻璃中旋转 45°，经检偏器发射出去。当反射光通过检偏器返回时，在法拉第旋转玻璃中又旋转 45°，与入射的线偏振光成 90°夹角，于是，反射光被起偏器挡住而不能通过激光器，从而达到光隔离的目的。这在高功率激光核聚变反应系统中具有重要的作用，可用于防止激光从靶面上反射并进一步放大而引起的对片状激光器或其他光学元件的损坏。

　　法拉第旋转玻璃用作光纤传感器：光纤传感器因具有测量精度高、响应速度快以及测量时的非接触、非破坏、无干扰等特性而引起人们的极大关注，可用于电流、磁场检测及其谐波分量分析和工程测量等领域。在光纤传感器中，光纤既作为传输信号的通道又作为敏感元件的全光纤传感器尤其备受人们关注。根据光纤传感器对光波的调制方式，可将其分为强度调制型、相位调制型和偏振态调制型三种类型，磁光材料可用于制作偏振态调制型全光纤传感器。这种传感器对磁光材料有较高的性能要求，材料必须具有良好的光学性能，如光弹系数小、均匀性好；在光源的光谱范围内具有良好的透明性；另外要求材料的 Verdet 常数比较大，受温度影响小等。晶体材料具有很高的 Verdet 常数和很好的磁光性能，但晶体材料存在难于形成复杂形状以及因其各向异性而产生双折射等问题，使其应用范围受到限制。而玻璃是各向同性材料，在可见光和红外光区有很高的透光性，能够形成各种复杂的形状，因此，玻璃比晶体材料更适宜于用作全光纤传感器。

　　法拉第旋转玻璃用作激光光强稳定器：He－Ne 等连续气体激光器，其输出光强波动大（可大到 10%），这极大地限制了它的使用。用 ZF－6 玻璃磁光旋转子可制成激光光强稳定器，它的工作原理如下：由 He－Ne 激光器输出的光经起偏器变成偏振光，经磁光旋转子后再由检偏器输出。激光器的微弱尾光由线性反馈系统接收，将光信号转换为电信号并放大，用其输出的电流控制磁光旋转子。当光强增大时，反馈系统的输出电流变小，而电流的减小又控制磁光旋转子，使线偏振光向背离检偏器的偏振方向旋转一角度，最终导致通过检偏器的光强减小并达到光强稳定的目的。

　　2. 电磁屏蔽玻璃

　　在平板玻璃表面镀覆电磁屏蔽膜或在两块玻璃的夹层中敷设金属丝网而构成电磁屏蔽玻璃。当电磁波经过这样的玻璃时能被有效的衰减，从而起到对内防止信息泄漏，对外防止信息干扰的作用。

　　在电子信息社会，大量的电磁信号充斥空间，信息泄漏和信息干扰事件经常发生。例如，常常见到电子设备由于外界信号干扰造成频发的故障和误动作，甚至导致干扰民航导航系统的重大事故。此外，出于获取政治、军事、经济及人类活动情报的需要，窃密与反窃密技术也得到迅速的发展，保护自己的信息不被窃取已成为一项专门技术。

　　建筑物的开口部位是干扰来源与信息泄漏的薄弱点，图 8－13 表示建筑物周围普遍存在的电磁干扰来源和建筑物内部信息泄漏的途径。从图可见，来自外部的干扰源非常广泛，包括汽车、空调在内的各种电器都可能造成电磁信号干扰。同时各种无线电信号无处不在，这就要求建筑玻璃在保证采光、透视、封闭等功能的同时具有电磁屏蔽的功效，电磁屏蔽保护已引起世界各国的普遍关注与重视。

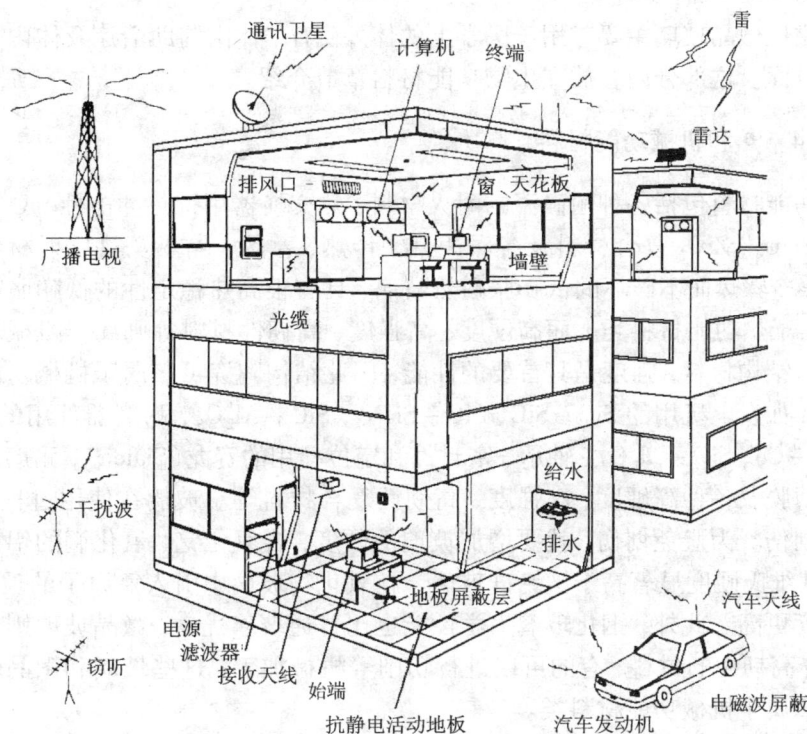

图 8 - 13　建筑物的信息泄漏途径与干扰来源示意图

　　通过在玻璃表面上镀覆金属或金属氧化物薄膜来实现电磁屏蔽保护是应用较多的办法，膜层可以是导体或半导体，通过对膜层材料的选择和膜层厚度的控制能够调整电磁波屏蔽的波长范围和衰减效果。在两片玻璃的中间层高分子材料中敷设金属丝网也有很好的电磁屏蔽效果，但这种工艺的造价高，工艺比较复杂。丝网的粗细与网眼大小都对屏蔽波段与衰减效果有明显的影响。通常采用银或镀银丝网及不锈钢丝网制作电磁屏蔽玻璃。当然，为了获得最佳的屏蔽效果，也可以采用涂覆屏蔽膜与敷设丝网两种工艺相结合的办法。

　　电磁屏蔽玻璃作为建筑窗玻璃或幕墙玻璃可以用于计算机房、演播室、工业控制系统、军事单位、外交部门等有保密要求或防干扰要求高的建筑场所。在计算机房，电磁屏蔽玻璃主要解决计算机系统与设备间的抗电磁干扰，防止军事、政治和经济情报信息的泄漏，用于 CRT 显示器、打印机、绘图仪、指挥仪、方舱通讯车、雷达显示器、精密仪器仪表窗口和屏蔽室窗口。目前已广泛应用到航天、航空、保密通讯、电子、电气和电器等高新技术领域。

　　电磁屏蔽玻璃一般可达到 1 GHz 频率时衰减电磁波 30 ~ 50 dB 的技术水平，高档产品则可以衰减 80 dB 以上的电磁波。

　　3. 铁磁性微晶玻璃

　　铁磁性微晶玻璃主要应用于医学上的体外磁疗、体内辅助治疗及体内辅助诊断三个方面。这部分内容放在生物功能材料章节介绍。

8.3.4　热和机械功能材料

　　热功能材料包括各种耐高温的耐火材料，热交换器用抗热冲击性 SiC、SiC - Al_2O_3、Si_3O_4、ZrO_2 复合材料及各种发热、传热、蓄热、隔热及热反射材料。此外，经骤冷骤热而不破坏的低膨胀耐热玻璃、具有很高热稳定性的低膨胀微晶玻璃，也属于热功能材料类。而高硬度、高强度、高韧性材料等则属于机械功能材料。作为结构材料，强度是其首要的性能，因此结构陶瓷可归属于机械功能陶瓷材料类。如发电机用的 SiC - SiC、SiC - Si_3N_4、SiC - Al_2O_3，耐磨器件用的 TiC - Ni、WC - Co、SiC - Al_2O_3，轴承、密封件和定位栓用的赛龙(Sialon)，耐磨损用的金刚石薄膜及各种高硬度、高强度、高韧性复合材料等。玻璃在使用过程中，容易造成划伤。为避免划伤，就要增加玻璃的硬度，含氧化钇、氧化镧的铝硅酸盐玻璃，其维氏硬度显著高于钠钙硅玻璃。在氧化物玻璃中引入氮原子的玻璃，其维氏硬度更高。此外，钢化玻璃力学性能也比普通玻璃优良；微晶玻璃则是一种高强度、高韧性的材料，有的可以进行切削等机械加工，这些玻璃和微晶玻璃材料都可归属于机械功能材料类。

　　1. 吸热玻璃

　　太阳表面的温度约为 5700 K，太阳光峰值波长约为 0.510 μm，太阳光辐射中约 35% 的能量落在可见光范围，94% 的能量落在 0.2 ~ 2 μm 的波长范围。当太阳光照射到玻璃表面时，与玻璃表面发生三种不同类型的作用。①辐射光被玻璃吸收，其中的一部分转变成热能，使玻璃温度升高；另一部分则通过玻璃表面以辐射和对流的方式向室内外传递，产生二次传递。②辐射光直接透过玻璃进入室内。③辐射光被玻璃反射。

　　(1)吸热原理

　　通常，无色透明的玻璃在可见光区(0.39 ~ 0.77 μm)几乎没有吸收，只有少部分因散射而产生的损失；在近红外波段(λ 小于 3 μm)基本上也是透明的，但在2.7 μm 则有因玻璃结构中存在结合水而产生的吸收。到了紫外(λ 小于 0.35 μm)及中红外区(λ 大于 3 μm)的波段，吸收就很快增加。引起紫外和红外吸收的原因是：当入射光作用于介质(如玻璃)时，介质中的偶极子、分子及由原子核与壳层电子组成的原子产生极化，并随入射光波而产生振荡。当入射光波的频率增加到红外波段而与介质中振子(主要是分子)的本征频率相同或相近时，就会引起共振而产生红外吸收，介质对这个范围的光不再透过，红外吸收属于分子光谱范畴。当入射光波的频率继续增加到紫外波段则和介质结构中的价电子或束缚电子的本征频率重叠，因而产生紫外吸收，这种吸收属于电子光谱范畴。

物质的振动频率 ν 取决于化学键的强弱或力常数和原子折合质量的大小。玻璃形成体氧化物 SiO_2、B_2O_3、P_2O_5 等原子折合质量均较小，力常数较大，因此，其振动频率也大，只能透过近红外光，不能透过中、远红外光（也就是吸收中、远红外光）。在玻璃形成体氧化物 SiO_2、B_2O_3、P_2O_5 中引入原子折合质量大、化学键强的组分时，振动频率小，红外吸收极限波长大。一些非氧化物玻璃，如硫属玻璃具有较大的原子折合质量而力常数又较小，因而其红外吸收极限波长大于氧化物玻璃。

石英玻璃具有优异的透紫外光性能，仅吸收 $0.193~\mu m$ 以下的远紫外波段的光。在石英玻璃组分中加入网络外体氧化物时，产生了比 $\equiv Si-O-Si\equiv$ 键弱的 $\equiv Si-O\cdots R$ 键，降低了氧离子上的价电子的静电位能，从而导致紫红外吸收极限向长波方向移动。

（2）吸热玻璃的光学性能

在玻璃组成中引入钛、钒、铬、锰、铁、钴、镍、铜、铈、镨、钕等过渡金属和稀土金属的化合物时，金属元素以离子状态存在于玻璃结构中，其价电子在不同能级间跃迁，从而引起对可见光的选择性吸收，导致玻璃着色。颜色玻璃就是根据这一原理而制造的，着色成分可以是过渡金属、稀土金属离子，也可以是金属胶体或非金属胶体。颜色玻璃可用于容器、医药包装、工艺美术、信号灯、太阳眼镜等方面。

颜色玻璃用作建筑平板玻璃时，存在两种功能，一是美学功能，可使建筑物美观，二是节能作用，减少进入室内的红外光和紫外光。具有后一种功能的玻璃也被称之为吸热玻璃。例如，普通平板玻璃组成中含有铁，铁以 Fe^{3+}、Fe^{2+} 形式存在。Fe^{3+} 的 3d 轨道呈半充满状态，着色很弱，而 Fe^{2+} 使玻璃产生淡蓝色。两种离子均强烈吸收紫外线，前者的吸收带在 $0.225~\mu m$，后者在 $0.2\mu m$ 产生强吸收。此外，Fe^{2+} 在 $1.05\mu m$ 处也有一吸收带，故吸收红外线。因其在使用中具有吸收紫外和红外光的性能，用于建筑玻璃时能阻挡部分紫外和红外光进入室内，从而起到降低空调负荷的作用，属于建筑节能玻璃的品种之一。

图 8 - 14 是吸热玻璃吸收红外光后减少太阳能的入射量的对比示意图，一般使用吸热玻璃后，可以衰减 10% ~20% 的太阳能入射，降低进入室内的热量。

根据玻璃的颜色，吸热玻璃可分为茶色、蓝色、灰色和绿色四大品种。每一种吸热玻璃又存在多个类别，如蓝色吸热玻璃又有天蓝、海蓝、古典蓝等。吸热玻璃应连续生产，但由于玻璃厂家往往是周期性地生产吸热玻璃，更换品种时要对玻璃组成进行更换与调整，通常需要几天或十几天才能完成从一个品种到另一个品种的过渡，这期间产出的玻璃都是过渡色，过渡期和正常生产期产出的玻璃色差较大。

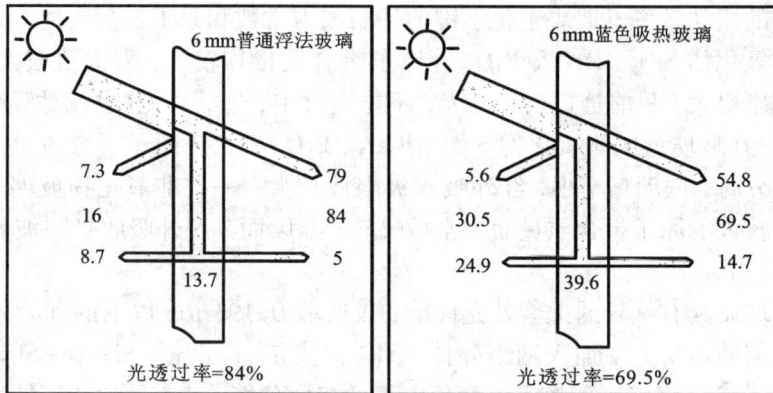

图 8 - 14　吸热玻璃与普通玻璃的太阳能光学参数对比

不同颜色的吸热玻璃有不同的吸热率,不同批次的吸热玻璃也会有差异,表 8 - 12 是常用吸热玻璃的吸热率平均值。因各生产厂家所用的玻璃组成、着色剂种类与引入量、生产工艺及技术水平等都存在差异,而这些因素对玻璃的性能都有影响,因此,在进行热工计算时应以制造厂家的性能参数为准。同时,吸热玻璃对可见光的吸收率也较大,在设计使用中要考虑对采光与节能双重作用,选择具有合适吸收率、透过率与反射率的玻璃制品。

2. 热反射玻璃

(1)热反射原理

太阳辐射中红外光部分为热射线,透进室内使房间温度升高,玻璃的热反射主要指反射这部分热能。

1)从玻璃的化学组成来看,根据吸收率 $\alpha_{(\lambda)}/\%$ 、透过率 $\tau_{(\lambda)}/\%$ 和反射率 $R_{(\lambda)}/\%$ 之间的关系 $\alpha_{(\lambda)}/\% + \tau_{(\lambda)}/\% + R_{(\lambda)}/\% = 1$,在确保透过率不变或基本不变的前提下,吸收率越小,则反射率越高。因此,可以通过组成调整减少玻璃对中红外光的吸收,从而提高玻璃的热反射能力。

2)从光与玻璃表面的相互作用来看,当一束光经由折射率为 n' 的介质(如太阳辐射光通过空气)照射到折射率为 n 的玻璃表面上时,光的一部分被反射,另一部分被折射。对于反射光,有 $\theta'_1 = \theta_1$;而对于折射光,则有 $n\sin\theta_2 = n'\sin\theta_1$ 。如果 n' 大于 n ,光以临界角 θ_C 入射时 $[\theta_C = \arcsin(n/n')]$,光被完全反射;如果 n 大于 n' , θ_2 小于 θ_1 ,则入射光在玻璃中产生折射。根据这一规律,通过调节玻璃材料本身的组成或通过表面涂覆技术来调节玻璃的折射率大小,从而提高玻璃对中红外光的反射率。

表 8 - 12 吸热玻璃的光学指标

品种	厚度/mm	可见光		太阳光	
		$\tau_{(\lambda)}$/%	$\alpha_{(\lambda)}$/%	$\tau_{(\lambda)}$/%	$\alpha_{(\lambda)}$/%
茶色	3	82.9	9.8	69.3	24.3
	5	77.5	15.6	58.4	35.8
	8	70.0	23.6	46.3	48.4
	10	65.5	29.3	40.2	54.7
	12	61.2	32.9	35.3	59.8
蓝色	3	73.9	19.4	75.1	18.2
	5	63.9	30.0	65.7	28.2
	8	51.4	43.2	53.9	40.6
	10	44.5	50.4	47.3	47.5
	12	38.6	57.5	41.6	53.5
绿色	3	74.1	19.2	75.5	17.8
	5	64.3	29.6	66.2	27.7
	8	51.9	43.7	54.5	40.0
	10	45.0	49.9	48.0	46.8
	12	39.0	56.1	42.2	52.8

3)除了镜面反射外,更多的是由入射和出射表面的粗糙程度及玻璃内部缺陷引起的漫反射。显然,表面的粗糙程度直接决定了使光发生反射的面积大小,而反射面积愈大,从表面反射出去的光也就愈多。因此,通过表面涂覆技术来增加使光发生反射的面积也可以提高玻璃对中红外光的反射率。

(2)热反射玻璃的发展历史

通过物理或化学沉积方法在普通玻璃表面镀上一层或多层金属、非金属及其氧化物薄膜,这些镀膜能反射太阳辐射能,可将超过 15% 以上的阳光辐射热反射掉,这些镀膜玻璃因此被称为热反射玻璃。热反射镀膜玻璃因有较好的光热性能,用在炎热地区建筑物幕墙和门窗上能将太阳辐射能反射回大气中,阻挡太阳能进入室内,保持室内温度的稳定,起到节能的作用。

1977 年美国 Airco 公司生产出世界上第一片建筑用镀膜玻璃,使该工艺很快受到世界范围的重视,他们开发出的热反射镀膜玻璃迅速得到市场的认可。由于该玻璃具有减少太阳光辐射能向建筑物内传输、降低炎热季节建筑物的空调费用、节约能源以及对建筑物的美化装饰功能,很快就被用作建筑物幕墙和门窗。随后的几十年时间,世界各国开始陆续投入资金和技术力量对镀膜玻璃进行研制和开发,从而促进了热反射镀膜工艺技术的迅速发展,在线化学气相沉积、磁控溅射和溶胶－凝胶等镀膜工艺成为主要发展方向。

　　我国 20 世纪 70 年代就开始了对热反射镀膜玻璃性能和生产技术的研究，80 年代加快了对国外先进技术和工艺设备等的研究，并开始引进生产技术和数条生产线，实现了热反射镀膜玻璃的国产化。进人 90 年代后，随着国内经济的高速发展，热反射膜玻璃很快在国内建筑、装潢行业掀起使用高潮，其生产工艺方面的研究取得较大进步，自行研发的工艺技术成功地投入了生产。目前，我国部分镀膜玻璃产品的主要性能已接近或达到了国外同类产品水平。

　　（3）热反射玻璃的制备工艺

　　热反射镀膜玻璃的生产工艺一般分为离线和在线两大类。离线法生产热反射镀膜玻璃的工艺主要有真空热蒸发和磁控溅射等。在线生产热反射镀膜玻璃的工艺目前主要有浮法在线喷涂法。

　　真空蒸发法：真空蒸发法是 PVD 技术中发展最早、成本最低的方法。该法是将合金丝材料装在钨螺旋蒸发器上，在高真空的情况下（真空度达 10^{-2} Pa），通过大电流、短时间的快蒸，使合金丝原子或分子沉积到玻璃表面上，从而形成牢固的合金膜。采用真空蒸发镀膜技术生产镀膜玻璃的工艺流程为：玻璃切片→清洗→蒸发镀膜→高温烘烤→成品包装。蒸发镀膜过程中，真空室真空度、蒸发电压和时间、合金丝材料等对膜层的透光性能、反射性能以及膜层的色泽有重要的影响。真空蒸发法制备镀膜玻璃的投资小，成本低，但只能镀制单层金属膜，装饰效果不佳，而且玻璃膜层均匀性、耐酸碱性和抗变色性能都较差。

　　磁控溅射法：真空磁控溅射镀膜方法是将成膜材料作为靶子，在阴极上通 550 V 的负高电压后，当真空度达到一定程度时，便产生辉光放电等离子体，通人真空室的溅射气体离解成带正电的离子和电子，带正电的气体离子被阴极表面吸引，并冲击靶子，使靶子发射出原子，然后沉积到玻璃表面上，逐渐积累形成膜，磁铁产生的磁场把从阴极表面发射的再生电子束缚住，这样，使电子和气体原子磁控机会增加，而产生更多的离子，提高了溅射速度。真空磁控溅射镀膜法按使用电源的不同可分为直流磁控溅射镀膜法及射频磁控溅射镀膜法。按磁控溅射镀膜玻璃的工艺为：选片、切片→清洗烘干→抽真空→溅射→真空转换。

　　真空磁控溅射镀膜法能根据不同需要制造出具有多膜层和不同光学特性的镀膜玻璃。该法的操作参数易于控制，产品的质量稳定性高。真空磁控溅射镀膜法所具备的优异特性，使其很快发展为国内外生产镀膜玻璃的最主要方法。目前发达工业国家普遍采用该技术生产镀膜玻璃。但该法也存在占地面积大、设备投资大、生产率低、经营成本高等缺点，而且磁控镀膜玻璃制品多数不能进行钢化等深加工处理。

　　浮法在线喷涂法：在线喷涂镀膜是指在生产浮法玻璃的过程中，通过热喷涂方法在玻璃表面形成涂层的工艺，形成的膜通常被称为在线膜。当玻璃尚处在600～700℃的温度范围时，将在高温下易分解的有机金属盐溶液雾化成液滴状颗粒或将有机金属盐粉末用喷枪喷涂于移动的在线玻璃表面，有机金属盐在热玻璃表面迅速汽化，分解成金属氧化物并与玻璃表面结合，形成一层金属氧化物膜，这种膜具有较好的太阳辐射能反射效果。通过调节有机金属盐溶液或粉末的组成及配比，可制成具有不同颜色的热反射膜。

　　用在线喷涂镀膜工艺生产镀膜玻璃的成本低、生产效率高、膜层均匀性好，并能制成大面积表面涂层玻璃。由于这种膜具有 600～700℃ 以上的热稳定性，在需要进行热弯成型加工的玻璃幕墙应用方面有其独特的优势。但由于镀膜气体原料和锡槽空间限制，此法可实际应用的镀膜材料不多，产品颜色单一，大多数情况下只能通过玻璃本体着色来生产不同颜色的热反射镀膜玻璃。而且，通常采用二氯甲烷、甲醇、乙酰丙酮、苯丁醇及它们的混合液作为有机金属盐的溶剂，这些溶剂具有毒性，蒸发时往往会污染环境。此外，由于溶剂易燃，有一定的潜在危险性。表 8-13 总结归纳了热反射玻璃的镀膜方法、成膜机理及膜层形式。

　　(4)热反射玻璃的性能

　　热反射玻璃作为普通玻璃的深加工产品，性能与普通玻璃相比已发生了很大的变化。其在热学、光学与装饰等方面具有的良好性能使其兼备了隔热、节能、控光与装饰的多重功效。

　　1)热学性能

　　热学性能是热反射玻璃的首要性能指标，它反映出玻璃的隔热、节能、采光等特性。

　　热反射玻璃热学性能参数主要有 3 个：①太阳光透过率。它是指太阳光直接透过玻璃进入室内的能量与太阳光被玻璃吸收转化为热能后二次进入室内的能量之和占入射到玻璃表面总的太阳光能的百分数。太阳光透过率越低，表明进入室内的太阳辐射能量越少，玻璃的隔热与节能效果越明显。②遮蔽系数。遮蔽系数是指通过测试用玻璃窗射入室内的太阳辐射光总量与通过普通 3 mm 厚透明玻璃射入室内的太阳辐射光总量的比值。遮蔽系数是相对量值，其值越小，表明对太阳辐射光的遮蔽能力越强。③热传导系数(λ_c)。热传导系数大小直接关系到在单位时间内通过玻璃单位横截面的热流量。在高温季节，如果玻璃的值小，则通过玻璃向室内传导的热流量也小，意味着玻璃阻止太阳光能向室内传导的能力强，可起到隔热和减少空调制冷负荷的功效。而在寒冷季节，玻璃的值小，则通过玻璃向室外传导的热流量也小，可减少空调制热负荷。

表 8 - 13　　热反射玻璃的镀膜方法、基本原理、优缺点及膜层形式

镀膜方法			基本原理	优缺点	膜层形式
真空镀膜法	真空蒸发		在真空条件下，物质蒸发后沉积到玻璃表面而成膜。溅射镀膜法是利用直流或高频电场使惰性气体发生电离，产生辉光放电等离子体，电离产生的正离子高速轰击靶材，使靶材上的原子或分子溅射出来，然后沉积到基板上形成薄膜	投资小，成本低。但只能镀制单层金属膜，装饰效果差、均匀性、耐酸碱性和抗变色性能都较差	金属膜
	磁控溅射	直流磁控溅射	在真空条件下，利用直流电场使惰性气体发生电离，产生辉光放电等离子体，电离产生的正离子高速轰击靶材，阴极靶被正离子轰击后产生溅射，被溅射出来的粒子沉积到玻璃表面上而成膜	可根据不同需要制造出具有多膜层和不同光学特性的镀膜玻璃，工艺参数易于控制，产品质量稳定。但占地面积大、设备投资大、生产率低、成本高	金属膜氧化物膜
		射频磁控溅射	在真空条件和高频电场作用下，靶材与基体之间形成高频放电，产生等离子体，等离子体中的电子与正离子交替轰击绝缘靶材，使靶材产生溅射，被溅射出来的粒子沉积到玻璃表面上而成膜		
在线热喷涂法	喷液喷粉		在生产浮法玻璃的过程中，将雾化的有机金属盐溶液或将有机金属盐粉末用喷枪喷涂于玻璃表面，有机金属盐分解成金属氧化物并与玻璃表面结合，形成一层金属氧化物膜	成本低、生产效率高、膜层均匀性好、可大面积镀膜。但镀膜材料有限、颜色单一、污染环境	金属氧化物膜

2）控光性能

控光功能主要指对人眼所感知的可见光及紫外光的控制，体现在 3 个方面：①根据人的喜好和室内性质所要求的采光量，选择具有适当透光率和反射率的玻璃以控制外部光线的进入，调节室内的照度，同时减少对室外的光污染。②选择适当的透光率，可以使镀膜玻璃具有单向透视功能，从外部看不到里面的景物，而由内向外眺望则无任何影响，即具有"防窥性"，起到类似于帷幕的作用。③热反射镀膜玻璃可反射或吸收阳光中的紫外线。如可以选择具有适当紫外光透过率

的玻璃，减弱进入房间的紫外光光强，使室内衣物及家具等持久保色，同时允许少量紫外线进入室内起到杀菌消毒作用。

3）装饰性能

装饰功能是热反射镀膜玻璃最具优势的外观特征。当太阳光投射到玻璃表面上时，玻璃将吸收某些波长的光，而透过另一部分波长的光，呈现出与部分透过光相应的颜色。通过调节玻璃对可见光的反射波段，使玻璃出现各种色彩。

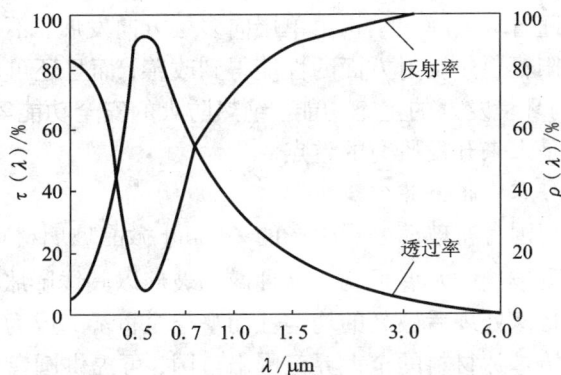

综合考虑热学、光学性能，理想的热反射镀膜玻璃特性曲线应如图 8-15 所示。

图 8-15　理想热反射镀膜玻璃的光吸收曲线

4）应用与发展

热反射玻璃是为解决建筑节能与建筑美学的矛盾而生产的一种节能采光材料。由于这种玻璃兼具节能和装饰双重功效，因而其应用愈来愈受到人们的重视。

热反射玻璃最主要的用途是用作建筑材料。在建筑上它配上铝合金和不锈钢框作为幕墙玻璃而使用，使建筑物呈现不同色彩，美化了环境。热反射玻璃可以使房间内光线柔和、舒适，同时可起到节能作用。热反射镀膜玻璃具有单向透视功能，可起到帷幕作用。此外，用幕墙玻璃替代一般建筑材料可增大建筑物的使用面积，降低造价和建筑物自重，为建造高层建筑创造了条件。

热反射玻璃还可以用作汽车车窗、电烤箱和微波炉门等。具有弱辐射性能的热反射玻璃，可以改善温室性能，美国与荷兰等国用热反射玻璃建造温室，并已实现商品化。

总之，自热反射镀膜玻璃问世以来，虽然时间不长，但性能已大为改进，生产技术也日趋成熟，应用也越来越广泛。然而，现代建筑对安全、节能、隔声、居住舒适及美化装饰等综合能力的要求越来越高，这就对热反射玻璃产品的品种、性能和生产技术提出了新的要求。

近年来，随着建筑物向高楼层方向发展，玻璃幕墙的面积越来越大，玻璃经受风压环境的影响更加严重，受外界碰撞的机会增加，玻璃破损的概率更大，为此要求热反射幕墙玻璃应有更高的力学和安全性能，因而钢化热反射镀膜玻璃成为热反射玻璃发展的方向。

在夏季炎热、冬季寒冷的中部地区，要求同时具有反射太阳热辐射和室内物体能量辐射功能的玻璃产品，生产低辐射 - 热反射混合膜玻璃也将是未来热反射玻璃发展的热点。

随着玻璃膜层结构由单层向多层方向发展，不仅可使镀膜玻璃对可见光透过和太阳辐射热反射方面的性能得到改善，而且还可以赋予镀膜玻璃一些新的功能（如与环境友好的生态功能、绝热防火的安全功能等），这类多功能型热反射玻璃将会是未来开发研究的重点。

3. 零膨胀微晶玻璃

德国肖特玻璃公司生产的 Zerodur 微晶玻璃材料代表了 $Li_2O - Al_2O_3 - SiO_2$ 系统微晶玻璃的发展现状。这种微晶玻璃以其线膨胀系数近似于零及整个玻璃工件经过特殊处理后极高的均匀性而享誉全世界，成为激光陀螺用光学腔、超低损耗反射镜基片材料的全世界范围出口国，可提供圆盘、板、棒等材料。根据 Zerodur 在 0 ~ 50℃ 的平均线膨胀系数可将其分为 3 个等级。ECO：$0.00 \pm 0.02 \times 10^{-6}/℃$；ECI：$0.00 \pm 0.05 \times 10^{-6}/℃$；EC2：$0.00 \pm 0.10 \times 10^{-6}/℃$。这种微晶玻璃显示出极优越的三维线性膨胀系数均匀性（$\Delta\alpha_1 \leqslant 0.01 \times 10^{-6}/℃$）。俄罗斯也已经实现了锂铝硅系统微晶玻璃材料的产业化，生产的 Astro-sitall 材料类似于 Zerodur 微晶玻璃，理化性能和光学均匀性与 Zerodur 微晶玻璃略有差异。图 8 - 16 是 Zerodur 微晶玻璃的透光曲线。从图 8 - 16 可以看到，这种微晶玻璃材料在 400 ~ 800 nm 间具有相当高的透光率。表 8 - 14 给出了这种微晶玻璃材料的理化性能。

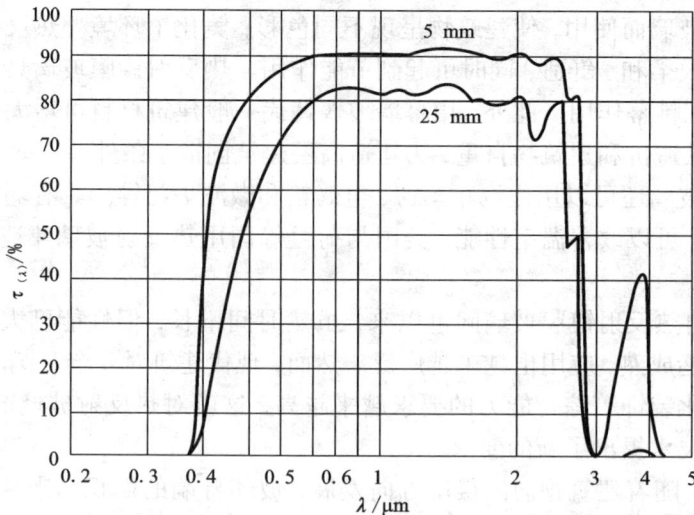

图 8 - 16　5 mm 和 25 mm 厚 Zerodur 微晶玻璃的透光曲线

表 8-14　**Zerodur** 微晶玻璃的理化性能

技术参数	数据
折射率 $n_d(\lambda = 587.6\ \text{nm})$	1.542 ± 0.001
$v_d(\lambda = 587.6\ \text{nm})$	55.8 ± 0.1
透过率 $\tau_{(\lambda)}$ (5 mm 厚)	$\geqslant 80\%$　($500 \sim 700\ \text{nm}$) $\geqslant 90\%$　($700 \sim 2000\ \text{nm}$)
应力双折射 $(\delta/L)/(\text{nm} \cdot \text{cm}^{-1})$	$\leqslant 0.2$
热膨胀系数 $\alpha_1/(\times 10^{-7} \cdot \text{℃}^{-1})$	$0.10 \sim 0.20$　($0 \sim 50\text{℃}$) $\leqslant 0.5$　($-40 \sim 70\text{℃}$)
(升降温 $<0.1\text{K}$)) $\Delta\alpha_1/(\times 10^{-7} \cdot \text{℃}^{-1})$	$\leqslant 0.10$　($0 \sim 50\text{℃}$)
热导率 $\lambda_c/(\text{W} \cdot \text{m}^{-1} \cdot \text{K}^{-1})$　(20℃)	1.40 ± 0.06
热扩散率 $\kappa'/(\times 10^{-6}\ \text{m}^2 \cdot \text{s}^{-1})$　(20℃)	0.70 ± 0.02
热容 $c_V/(\text{J} \cdot \text{g}^{-1} \cdot \text{K}^{-1})$　(20℃)	0.80 ± 0.05
密度 $\rho/(\text{g} \cdot \text{cm}^{-3})$	2.52 ± 0.02
努氏硬度 (HK0.1/20)/GPa	6.076 ± 0.098
杨氏模量 E/GPa	90 ± 2
泊凇比 μ	0.240 ± 0.003
潮解性 (ISO719)/(ml $\cdot$ g^{-1})	$\leqslant 0.01$
抗酸性 (ISO8424)	1.0
抗碱性 (ISO10629)	1.0
氦气渗漏率/($\times 10^6$ Atoms $\cdot$ cm$^{-1} \cdot$ s$^{-1} \cdot$ bar^{-1})	<2.0　(20℃) <6.0　(100℃)
气泡度/($\times 0.01$ 个 $\cdot$ cm^{-3})	0
杂质、结石/($\times 0.01$ 个 $\cdot$ cm^{-3})	0
条纹度(线性尺寸 <500 mm)/(nm $\cdot$ cm^{-1})	$\leqslant 4$
光吸收及外观颜色	浅黄色

3. 可切削加工微晶玻璃

大多数微晶玻璃都很难通过常用的金属加工方法进行加工，这个缺点已成为影响其广泛应用的主要障碍。可是，如果通过合理的组成设计和工艺控制，使母体玻璃中析出云母晶相而制得含有云母晶相的微晶玻璃，就可以通过常用的金属加工方法对其进行加工。云母相的存在是这类微晶玻璃具有可加工性能的根本原因。

天然云母是一种硅酸盐矿物，它的化学式可以表示为 $X_{0.5\sim1}Y_{2\sim3}Z_4O_{10}(OH,F)_2$，其中 X 表示体积和半径较大的阳离子（如 Na^+，K^+ 等），Y 表示体积较小半径为 $5\times10^{-2}\sim9\times10^{-2}nm$ 的阳离子（如 Li^+，Mg^{2+}，Fe^{2+}，Al^{3+} 等），Z 表示体积更小半径为 $1\times10^{-2}\sim5\times10^{-1}nm$ 的阳离子（如 Al^{3+}，B^{3+}，Si^{4+} 等）。云母属于层状结构，其结构的基本单元是 $[SiO_4]$ 四面体，$[SiO_4]$ 通过三个公共氧构成向二维方向延伸的六节环 $[SiO_4]$ 四面体层，其化学式为 $[Si_4O_{10}]_4^{4n-}$。云母中的硅氧层，所有活性氧均指向同一方向，即上层的活性氧全向下，下层的活性氧全向上，并通过上下层中间的 Y 离子联系起来，构成复层网，这时 Y 离子与四个分别属于上面两个和下面两个四面体的活性氧以及两个 OH^- 或 F^- 配位，构成八面体，并将上下两层硅氧层牢固地结合起来。由于 Si^{4+} 常部分地被 Al^{3+} 或 B^{3+} 所取代，因而有多余的负电荷，所以复网层间有 X 离子进入，X 离子起到平衡负电荷及联系两个复网层的作用。由于 X 离子大多数是配位数为 12 的一价离子，与氧的结合力很微弱，因此，云母在复网层上易产生解理。在外力作用下（如机加工），微裂纹首先出现在云母晶体的(001)面，如图 8－17 所示。如果微晶玻璃中含有一定量的云母晶体，由于这些晶体相互交错咬合地分散在玻璃无定形介质中，微裂纹较容易从一个晶体传递到另一个晶体，最终导致材料被切削而不破裂。显然，微晶玻璃中含云母晶相越多，晶体相互交错咬合程度越高，则其可机加工性越好。通常用相对切削指数来表征材料的可切削性，它是指在单位时间内用 1000 r/min 的钻机钻入材料深度与材料原厚度之比的百分率。

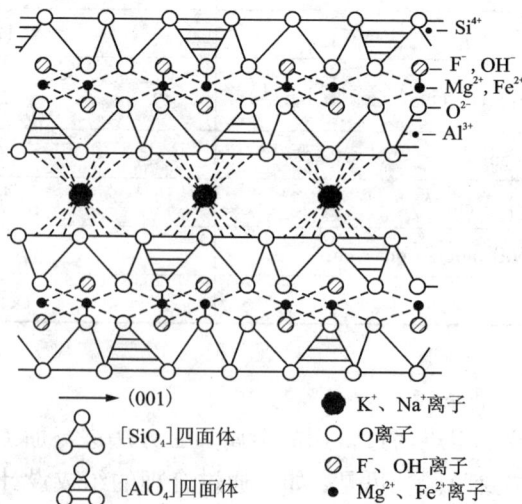

图 8－17　云母微晶玻璃的结构示意图

4. 防弹陶瓷

陶瓷材料是防弹材料中重要的一支，它具有高硬度和耐磨性，其主要功能是阻止子弹、炮弹的穿透。陶瓷和金属的防弹机理不同，金属是由于塑性变形而吸收射弹的动能，而陶瓷是由于其破裂而吸收射弹的动能。

影响陶瓷防弹功能的性能参数包括密度和气孔率、硬度、断裂韧性、杨氏模量、声速、机械强度等。防弹陶瓷的气孔率应尽量低，以提高材料的硬度和杨氏模量。陶瓷的硬度应高于飞行弹头的硬度。声音在陶瓷中传播的速度反映出陶瓷消耗能量的能力。防弹陶瓷包括单组分氧化物陶瓷(主要是 Al_2O_3 瓷)、单组分非氧化物陶瓷(如 SiC、Si_3N_4、AlN、B_4C 和 TiB_2 等)和多组分复合陶瓷，如 $Al_2O_3 - ZrO_2$、$B_4C - TiB_2$、Al_2O_3/SiC_w，Al_2O_3/SiC_f，Al_2O_3/C_f，TiB_2/B_4C_p，TiB_2/SiC_p、Ni/TiC 和 Al/B_4C_p、Al_2O_3/MgO、$Al_2O_3 - SiO_2 - CaO - MgO$ 和 N - O - Al - Si 等。一般来说，非氧化物陶瓷具有更好的物理性能和相对低的密度，作为防弹材料比 Al_2O_3 陶瓷优良。然而，这些材料制造方法多采用价格较贵的热压方法。热压法可提高防弹陶瓷的机械性能，但制造成本高，不易产业化。

8.3.5　生物功能材料

1. 生物材料概述

生物材料或生物功能材料是人工合成或除药物以外的天然物质，或是几种物质的组合，它可以作为一个系统的全部或一部分，在一定时期内，处理、扩大或取代人体的某种组织、器官或功能。从使用目的来看，生物材料是指能够满足和达到人类生理和生物功能要求的材料，主要有 3 种功能：替代人体内有病或损伤的部分；作为人体先天性缺损部分的替代品；帮助人体内病变组织的恢复。生物材料包括金属材料、无机非金属材料、有机高分子材料及复合材料四大类。

早在公元前，人类就不断地利用天然材料来修补人体创伤，但天然材料是有限的，不能满足人体创伤修复的需求。到 19 世纪中期，开始大量利用金属板针固定骨折，存在的主要问题是与身体组织力学不相容、人感到不舒服，且金属材料易溶出对人体有害的金属离子。20 世纪 60 年代初期是生物材料蓬勃发展的时期，当时主要是高分子材料，但高分子材料易老化变形且易溶出对人体有害的有机单体，因此，人类在利用这些材料的同时，也在积极地寻找性能更优异、更适合于人体修复的新型材料。20 世纪 70 年代以来，氧化铝、氧化铝单晶和多晶陶瓷的引入和广泛应用，开创了崭新的生物材料时代。继氧化铝陶瓷之后，又发现了许多生物性能优良的陶瓷和玻璃材料，这些材料用在生体上比金属材料和有机高分子材料有更好的综合性能，因而受到普遍重视。表 8 - 15 比较了金属材料、有机高分子材料、无机非金属材料的使用和工艺性能。从表 8 - 15 可以看出，无机非金属材料的生物相容性或生物适应性是三大类材料中最好的，更能确保材料在生体中不引起血栓、致癌、中毒等不良反应。无机非金属材料的化学组成更接近生体组织的成分,一些材料可用作生物惰性材料,即不与人体组织发生化学键合,但具有优异的生物相容性并能稳定地承担生体组织的功能;而另一些材料能用作生物活性材料,可与人体组织发生化学键合。由于人骨这样的生物组织中主要含 P^{5+}、Ca^{2+}、O^{2-}、H_2O 等物质,这些物质极易与无机非金属材料结合成一体。此外,无机非金属材料的化学稳定性是三类材料中最高的,从而可确保材料在生体环境中材质和功能的稳定性。无机非金属材料的这些优点使其在生物材料领域得以迅速的发展,并在人工骨、人工关节、人工齿根、人工齿冠、骨填充材料、骨置换材料、人造心瓣膜、人工肌腱、人工血管、人工气管、经皮引线纤维组织等方面获得临床应用。表 8 – 16 列出了生物功能无机非金属材料的种类及临床应用。这些材料大致可以分成二类:①生物惰性材料,如 Al_2O_3 陶瓷、单晶氧化铝、ZrO_2、玻璃炭、高晶羟基磷灰石和含氟云母微晶体的可切削微晶玻璃等。此外,一些不含碱金属氧化物和 CaO、P_2O_5 组分的玻璃和微晶玻璃也可作生物惰性材料使用。②生物活性材料,如生物种植材料羟基磷灰石、磷酸盐玻璃、氟磷酸盐玻璃、含氟云母和羟基磷灰石微晶体的可切削微晶玻璃和具有生物降解功能的陶瓷(如可溶性铝酸钙、磷酸三钙)等。

表 8 – 15　三大类生物材料性能的比较

性质	材料种类		
	金属材料	无机非金属材料	有机高分子材料
生物相容性	中等	良好	中等
化学稳定性	低	高	中等
耐热性	中等	好	差
热膨胀系数	中等	小	大
热传导系数	好	中等	差
硬度	中等	高	小
压缩系数	中等	小	大
拉伸系数	大	中等	中等
可成形性	中等	难	容易

表 8-16　生物功能无机非金属材料的种类及临床应用

临床应用／种类	人工骨	人工关节	人工齿根	人工齿冠	骨填充材料	骨置换材料	人造心瓣膜	人工肌腱	人工血管	人工气管	经皮引线纤维组织
Al_2O_3	√	√	√		√				√		
ZrO_2		√	√								
碳		√	√				√	√	√	√	√
磷酸钙	√		√		√	√					
羟基磷灰石	√		√		√	√					
磷酸盐玻璃			√		√						
氟磷酸盐玻璃				√							
微晶玻璃	√	√		√							

　　无机非金属材料在生体上的应用也存在一些问题，脆性大、强度低是其主要不足之处，这在很大程度上限制了这类材料的使用范围。如何改善材料的脆性并提高其强度成为该领域各国材料科学工作者研究的重点，也是医学工作者关注的热点。利用金属材料与无机生物材料的复合，是目前国内外重点研究的方向之一，也是改善无机非金属材料脆性并提高其强度的最有效方法。此外，纳米技术的发展和应用也将有助于克服无机非金属材料的脆性和难于加工的问题。

　　2. 用作生物材料的条件

　　不是所有材料都能作为生物材料而用于人体，生物材料是一种特殊的材料，它具有一些基本的性能要求，这些要求对于生物功能玻璃材料也是适用的。

　　（1）生物学条件

　　1）材料必须能够植入或结合到生体的有机组织内。

　　2）生物材料植入或结合到生体后，对生体应无毒害、无刺激性、无致突变作用及无凝血反应，也就是应具有生物相容性。通常是根据生物材料不同的临床用途，进行不同的生物相容性试验，如细胞毒性试验、原发性皮肤刺激试验、急性全身毒性试验，溶血试验，血液相容性试验，Ames 致突变试验和肌肉埋植试验等。

　　3）与生体有良好的亲和性，对活性生物材料来说，材料应能与生体组织发生牢固的化学键合；而对于惰性生物材料来说，除与生体有良好的生物相容性外，其他理化性能也应相同或相近，特别要求材料与生体的力学与热学性能相容。

（2）力学条件

1）材料的力学性能应与修复部位组织相适应。作者认为，如果材料的强度远低于生物组织的强度，则替换或修复后很难发挥与生物组织相似的功效，或者在受外力作用时因受力过大而导致材料先破坏；如果材料的强度远高于生体组织的强度，受力过大时则会引起生体组织的损伤。玻璃类材料机械性能的提高应着重改善其韧性。

2）材料在生体中的力学性能要稳定。因为材料一旦植入体内，不是随便可以取出来更换的。

3）当用作齿冠类材料时，应有较好的耐磨性，能抵抗咀嚼力。

（3）热学性能

1）与生体材料有相同或相近的热膨胀系数。

2）热传导系数与生体材料相同或相近。

（4）成型及使用方面的性能

1）能形成生体组织替换或修复所要求的形状与大小并可进行加工处理，便于消毒。

2）当用作齿冠类材料时，应具有与天然牙齿相近的光学性能，呈半透明状，审美效果良好。

3. 替换用生物材料

替换用生物材料是一类可对病变肌体组织、骨骼等进行替代、修复（含再生）的特殊功能材料。长期以来，人们在寻找理想的人体组织移植代用品方面作了不懈的努力。早期人们利用天然材料来修补人体创伤。随着医学和材料科学的发展，金属材料、无机非金属材料和有机材料都被用来制作人工移植材料，对延长人类寿命和提高生命质量起到了重要的作用。

在无机非金属材料领域，用作生体组织替代与修复的材料以陶瓷居多，而玻璃则相对较少。

（1）替换用生物惰性陶瓷材料

生物惰性陶瓷材料或叫接近惰性的生物陶瓷，主要是指化学性能稳定、生物相容性好的陶瓷材料。由于这些材料结构都比较稳定，质点间的结合力较强，因而都具有比较高的机械强度、耐磨损性能及化学稳定性能。已获得实际应用的材料包括氧化铝、氧化锆和碳质材料等，用这些材料可以制成各种人工骨、人工关节、人工齿根、骨接合材料、人造心瓣膜、人工肌腱和人工血管等。

1）氧化铝陶瓷

氧化铝陶瓷是指主晶相为刚玉（$\alpha\text{-}Al_2O_3$）的陶瓷材料，它是由取向各异的氧化铝晶粒通过晶界集合而成的集合体。

与金属材料和高分子材料相比，氧化铝陶瓷在骨科中的应用具有明显的优势，主要表现在这种材料埋在生体内具有非常稳定的物理化学性能、抗腐蚀、无溶出物和较低的热膨胀系数等。由于氧化铝陶瓷的这些优异性能，使其广泛地用于对各种病变骨的置换或填补生体中骨缺损部位。此外，也被用作人工股骨头和人工听小骨等。

基于氧化铝陶瓷优良的生物相容性、耐磨损、机械强度高等特性，已将这种材料广泛地应用于生体中各种关节的置换，取代已失去功能的关节，达到恢复其各种功能的作用。目前已应用临床的有：①由陶瓷与金属复合和陶瓷、塑料与金属复合的人工髋关节；②铰链型、滑动型及嵌入型人工膝关节；③人工指关节，主要取代类风湿性关节炎、外伤性关节炎和严重退化性病变的指关节。

2）氧化铝单晶

氧化铝单晶的机械强度、硬度、耐酸碱性、生物相容性、在体内的安定性、耐磨损等性能都优于氧化铝多晶陶瓷，使其在医学领域获得广泛的应用，特别适合于要求高强度、耐磨损、耐腐蚀部位生体组织的替换。应用实例包括：①用氧化铝单晶制作各种人工关节柄：由氧化铝单晶制成的人工关节柄具有较高的机械强度且不易折断，其性能明显优于多晶氧化铝陶瓷柄。②用氧化铝单晶作为损伤骨的固定材料：在外科手术中，以前使用金属材质人工骨螺钉来固定损伤骨。由于这种人工骨螺钉强度低、易生锈，手术后经常会发生人工骨螺钉折断、患者局部疼痛等问题。为了避免这些问题，近年来引入了氧化铝单晶螺钉，其性能显著优于金属骨螺钉。目前，氧化铝单晶人工骨螺钉已广泛应用于移植骨的固定。③氧化铝单晶用作种植移齿：与氧化铝陶瓷相比，由氧化铝单晶做的牙根具有机械强度大和可以加工成小尺寸的特性。另外，由于作为种植异齿材料在口腔内有一部分要露出牙床表面，所以牙龈黏膜与异齿材料附着的强弱是一个很重要的问题，在这方面氧化铝单晶体又优于金属材料。除了上述应用外，氧化铝单晶还可以用于人体中各种骨组织的支撑、固定和缺损部位的充填材料。

3）碳质材料

碳质材料在人体中的化学稳定性好、无毒性、与人体亲和性好、无排异反应，它虽然不能与人体组织形成化学键合，但碳表面有诱发生体组织生长的作用，人体软硬组织可慢慢长入碳的孔隙中；碳质材料具有优良的机械性能（强度、弹性模量、耐磨性等），并且可以通改变工艺条件来调整材料的结构，进而优化材料的性能，以满足不同用途的要求。因此，碳质材料在医学领域受到广泛的重视。特别是碳质材料具有优良的抗血栓和溶血作用，也不会诱发血栓，因而在医学领域中的心血管方面得到广泛的应用。目前，有四种类型的碳质材料。①热解碳：热解碳是在 1000～2400℃范围内，在流化床内将碳氢化合物热解，使碳沉积在加工好的基体上（一般采用石墨）而获得的各向同性程度极高的致密结构材料，它是目前已知材料中最耐用和与血相容性最好的材料，不产生凝血，被作为心血管领域的首选材料(如用于制造人工心脏瓣膜);碳材料在机械性能上与人骨相似,可用于人体中各关节与骨的置换,弥补因肿瘤、骨病、损伤、先天性畸形所致的骨破坏或骨关节的残缺,重建关节功能。②玻璃碳:玻璃碳是通过对预先成型的高分子材料(如酚醛树脂、糠醇树脂等)的控制加热,使聚合物的部分组分挥发而残留的玻璃状物质。这种各向同性材料具有较低的密度,但比热解碳的力学性能差,因而应用较少。③气相沉积碳:气相沉积碳是在真空下,用电弧或高能电子束等手段加热碳源,使其分解、升华或溅射,在金属、陶瓷或高分子材料表面上形成的沉积物,沉积层约 1 μm 厚。④碳纤维:以丙烯晴为基质,在隔氧的惰性环境中,经过 1000～1500℃高温焙烧,再加张力牵引,使基质链状分子中脱掉大部分氢、氮等小分子,获得碳分子按同一方向整齐排列的碳纤维。将其植入人体替代损坏了的韧带,安全可靠,成功率较高(约80%)。

(2)替换用惰性生物玻璃材料

替换用惰性生物玻璃材料主要用于齿科生物组织的替换、修复与填充,最成功的应用是用作齿冠材料。

1968 年,Macculoch 开展了用 $LiO_2 - ZnO - SiO_2$ 系统玻璃制作齿冠的研究工作,后来 Hench 利用 $LiO_2 - SiO_2$ 系统微晶玻璃研制齿冠代用材料,他们发现这些材料太脆弱且化学稳定性差,因而未获得实际应用。

1972 年,Crossman 研制出一种含四硅氟云母[$K_2Mg_3Si_8O_{20}F_4$] 微晶体并具有优良可机械加工性能的微晶玻璃材料。1977 年,Kasloff 采用真空加压铸造机成功地铸造了透明玻璃制品,同年,Adair 提出应用含四硅氟云母晶体的微晶玻璃作为齿冠修复材料的课题。1980 年,Corning 玻璃公司和 Dentsply 牙科公司联合进行了齿冠修复材料的基础研究和临床应用研究。目前,商品牌号为"Dicor"的齿冠产品已试销全美和全世界。

我国在 20 世纪 90 年代初开展了微晶玻璃齿冠材料的开发研究工作,现已成功地研制出理化性能优良、具有良好生物相容性的齿冠修复材料,并已进入临床应用阶段。表8-17 列出了周忠慎、卢安贤等人研制的材料(Liko1、liko2)及其他一些齿冠修复材料的理化性能。

与基础玻璃相比,Liko1 和 liko2 两种微晶玻璃的密度变化不大,线收缩率 较小,意味着由基础玻璃通过铸造而获得的牙冠在微晶化后的变形程度小,这在临床上有非常重要的实际意义。

人类的牙齿是高度钙化了的硬组织,每个牙可分为牙冠、牙颈和牙根三部分。牙露于口腔的较大部分为牙冠,牙冠的形状比较稳定,变形较小,其外盖以坚硬的牙釉质(Enamel)。牙冠既有切割咀嚼食物的功能,又有保护牙龈的作用。因此,牙冠四周的突度过大或过小都不符合临床要求。如果牙冠四周的突度过小或没有,食物直接和牙龈组织接触,导致牙龈损伤;如果突度过大,食物对牙龈不能起生理刺激作用，牙龈失去正常能力，容易感染，食物残渣会存积于外形突出物之下，产生慢性牙龈炎。因此，从生理意义上说，适当的牙冠外形，可以使牙的支持组织受到最小的压力，使牙周组织受到保护作用和刺激作用，形成对牙菌斑生长的不利环境。

表 8 – 17　Liko1、liko2 及一些齿冠修复材料的理化性能

性　能	齿冠材料					
	Liko1	Liko2	Dicor	Enamel	Porcelain	Gold alloy
密度 $D/(\text{g}\cdot\text{cm}^{-3})$	2.665	2.667	2.70	3.0	2.4	14.0
折射率 N	1.67	1.68	1.52	1.65	—	0
反射指数 $\rho_{(\lambda)}/\%$	4.5	4.2	—	—	—	—
透明性能	半透明	半透明	半透明	半透明	不透明	不透明
热膨胀系数 $\alpha_1/(10^{-7}\cdot\text{℃}^{-1})$	74.9	72.4	72.0	114	80	144
抗弯强度 σ_{bb}/MPa	—	—	152	10.3	75.9	448
断裂强度 σ_e/MPa	111.5	112.1				
抗压强度 σ_P/MPa	630.9	645.1	828	400	172	
弹性模量 E/GPa	68.3	72.2	70.3	84.1	82.8	90
断裂韧性 $K_{IC}/\text{MPa}\cdot\text{m}^{1/2}$	1.92	—				
显微硬度 $HV/(\text{GPa})$	2.967	3.058	3.548	3.361	4.508	0.882 ~ 2.156
线收缩率 $\chi_l/\%$	1.60	1.39	—	—	—	
耐水性 $\Delta W/(\mu\text{g}\cdot\text{cm}^{-2})$	0.333	0.342	—	—		
耐酸性 $\Delta W/(\mu\text{g}\cdot\text{cm}^{-2})$	0.442	—				

　　要得到符合使用要求的牙冠制品，在设计合理的前提下，一个关键因素是材料在微晶化过程中的线收缩率和变形程度，Liko1 和 liko2 微晶玻璃具有较小的线收缩率，能满足这一要求。

　　从表 8 – 17 所列数据可以看到，两种微晶玻璃材料的密度、热膨胀系数、弹性模量，线收缩率与"Dicor"相近，折射率大于"Dicor"材料，但与牙釉质相近。从外观看，透明程度同"Dicor"，具有与天然牙齿相似的美学效果。抗弯强度、抗压强度略低于"Dicor"材料，但大于牙釉质。显微硬度略低于"Dicor"材料，但与陶瓷材料及合金相比更接近于牙釉质。材料的化学稳定性与"Dicor"相近。人工唾液浸泡实验表明，材料的抗弯强度虽有所降低，但远大于 54.93 MPa。有研究表明，只要材料断裂强度值大于 54.93 MPa，材料就有足够的抵抗咀嚼力；材料在

人工唾液中浸泡初期，浸出量随时间增加，浸泡10天后，浸出量不再随时间变化，表明这种材料在生体中有很好的化学稳定性。磨损试验表明，Liko1 和 liko2 微晶玻璃材料与"Dicor"的磨损量相近，尽管这种牙冠材料缺乏身体其他组织所具有的再生能力，一经磨损或磨耗后不能自行恢复，但它是咀嚼过程中必然产生的正常生理现象。从理化性能看，Liko1 和 liko2 微晶玻璃材料的性能符合齿科修复材料的理想要求。

牙冠铸造试验表明，可用水平式离心铸造机将 Liko 微晶玻璃的基础玻璃铸成牙冠(4g 玻璃可铸成3 个牙冠)，铸造性能良好，获得的牙冠形状稳定，不变形。由于铸造流动性比金属材料差，因此要求铸道短、粗，蜡模边缘不可太薄，浇铸时间要长。

细胞毒性试验、原发性皮肤刺激试验、急性全身毒性试验、溶血试验、血液相容性试验和 Ames 致突变试验结果表明，Liko 微晶玻璃材料具有优良的生物相容性。

临床使用结果表明，Liko 微晶玻璃具有与牙釉质近似的半透明性，上色后的表面平整、光滑、颜色自然，在不同光源下显示与真牙相同的颜色改变，颜色自然，达到与真牙相似的美学效果，说明 Liko 的光学和配色性能已达到 Dicor 的水平；这种材料的理化性能及工艺特点符合口腔修复材料的要求，适合于制作嵌体、全冠、桩冠及瓷罩面等；其铸造性及可调磨性都十分优良，临床及技工工艺不很复杂，易形成各种不同形状，且体积稳定；具有与牙釉质接近的硬度，患者戴用舒适，有良好的力学相容性，有耐疲劳、耐磨损、耐侵蚀等特点。完成的修复体质量高，在口腔内可长期稳定地行使功能。

(3)替换用生物活性玻璃材料

从医学应用的角度来看，惰性生物材料与人体组织没有活性结合，因此在临床应用上存在不少问题和缺陷。如氧化铝陶瓷虽无毒性元素溶出，但它不能与肌体产生化学结合，并且弹性模量过高，与自然骨不匹配，易造成应力局部集中导致手术失败。因此，具有生物活性的生物材料引起了各国材料和医学科学工作者的重视，生物活性玻璃、微晶玻璃和陶瓷被一一开发研制出来并成为一种重要的生物医学材料。

通常"生物活性物质"多指酶类生物提取物或活细胞，他们具有诱导或催化反应过程或再殖的能力。对于替换用生物活性玻璃或微晶玻璃，它应包含三方面的含义：①从材料学观点来看，在生理环境下，材料表面能产生适度的溶解或降解，并通过与生体组织间的物质交换，产生磷灰石类矿物成分，从而与生体组织形成牢固的化学结合。②从生物学角度来看，材料应具有优良的生物相容性，不被生体组织所排斥，与生体有良好的亲和性。用作骨类硬组织的替代物时，能方便地植入体内并与生体骨形成直接结合，即在界面上没有纤维组织膜或此膜很薄，形成所谓骨性结合。③材料替换生体组织或结合到生体组织上后，能稳定地承担生体组织应具有的职能或功能。

1）45S5 玻璃

具有代表性的替换用生物活性玻璃材料是由 Hench 开发的 45S5 玻璃，其组成为 24.5% Na_2O、24.5% CaO、45.0% SiO_2 和 6.0% P_2O_5。将这种材料置于生物体液环境中，首先从其表面溶出 Na^+，于是，在玻璃表面就形成富 SiO_2 凝胶层。在自然骨一侧，骨生长成细胞并繁殖成骨胶原纤维。然后，Ca^{2+} 及 P^{5+} 从玻璃中溶出，在骨胶原纤维周围形成羟基磷灰石晶体。随着 Ca^{2+} 及 P^{5+} 溶出量的增加，形成的羟基磷灰石晶体也越来越多，这些晶体相互交联而形成羟基磷灰石晶体团聚体，骨胶原纤维则伸入到羟基磷灰石晶体团聚体内与之结合。这种玻璃对生体无害、与生体的亲合性好，植入生物体内后能与自然骨通过化学键合而牢固地结合成一体。但玻璃本身的抗弯强度低，且随着 SiO_2 凝胶层的形成，强度进一步下降，因此不能单独用于有载荷的生体部位。

2）含 CaO，P_2O_5 的微晶玻璃

为了改善并提高生物玻璃材料的力学性能，人们想到了研究含 CaO、P_2O_5 的微晶玻璃。有两种典型的组成，一是析出晶粒约为 40 nm 的碳酸磷灰石晶体 $[Ca_{10}(PO_4)_6CO_3]$ 的 $K_2O - Na_2O - CaO - MgO - SiO_2 - P_2O_5$ 系微晶玻璃，二是析出氧磷灰石 $[Ca_{10}(PO_4)_6O]$ 和纤维状硅灰石两种晶体的 $CaO - MgO - SiO_2 - P_2O_5$ 系微晶玻璃。例如，日本京都大学 KoKubo 等人研制出含氧磷灰石和硅灰石晶相的 A - W 微晶玻璃。这种材料是一种高强度的生物活性微晶玻璃，能与人骨形成化学结合，生物活性不亚于羟基磷灰石，且具有很高的界面结合强度。

此外，在人体骨骼中，直径约数 10 nm 的羟基磷灰石微晶约占 77%，纤维蛋白骨胶原约占 23%，可见，羟基磷灰石是构成人体骨骼的重要无机物，为此，人们又开始了人工直接合成 $[Ca_{10}(PO_4)_6(OH)_2]$ 的研究工作。

3）含云母和磷灰石的微晶玻璃

为了更好的将生物活性玻璃应用到临床治疗中，人们对这类生物材料提出了可加工性的要求。如果生物活性玻璃能用加工金属的工具（主要是碳化物）进行车、削、钻等而不破裂，就被认为是可加工的生物活性玻璃。为了得到好的机械加工性，要求在某些基体玻璃中通过受控晶化出适当大小的云母晶体。如 $Na_2O/K_2O - MgO - Al_2O_3 - SiO_2 - CaO - P_2O_5 - F$ 玻璃系统用二步受控析晶的方法就可得到含氟金云母 $[Na_{0.5-1}Mg_3(AlSi_3O_{10}F_2)]$ 和氟磷灰石的微晶玻璃，氟金云母是层状硅酸盐晶体，沿其 [001] 晶面有良好的解理，当微晶玻璃中存在大量随机取向并相互接触的氟金云母微晶时，由外力（如车、削、铣、钻孔等）导致的微裂纹将首先出现在氟金云母微晶的解理面上。随着晶面的解理，又把外力传递到另一面上，并以微小鳞片形式剥落，不导致整体材料的脆裂。同时，裂纹扩展方向有

可能随着外界切削方向的改变而改变，氟金云母微晶碎屑剥落也会沿外力的"途径"进展，从而获得一定的加工精度。而氟磷灰石晶体则具有生物活性，可与生体组织形成化学结合。这种材料最早由德国 Vogel 研制出来，并已经临床应用。实验证明这种新材料既有生物相容性和生物活性，又能用加工金属的工艺制成复杂的植入体；植入体内后能有与周围组织交互生长为骨性结合，且机械强度较高，可作为人工骨、骨螺钉、骨夹板等植入材料使用。

4. 治疗用生物材料

(1) 治疗癌症用铁磁体热种子材料

在生物材料的发展中，磁性无机非金属材料因其在治疗癌症方面的重要作用而受到普遍关注。在第 4 章谈到，磁性无机非金属材料在医学上主要应用于体外磁疗、体内辅助治疗及体内辅助诊断 3 个方面。其中，体内辅助治疗主要是利用磁性材料在外加交变磁场作用下产生磁滞生热的效应，使体内病灶处组织局部升温，从而达到杀灭肿瘤细胞、拟制和治疗肿瘤的目的。

由于肿瘤上的血管和神经都不发达，血管对于肿瘤的供氧量不足，使肿瘤细胞比其周围正常细胞更易于被加热。当癌细胞被加热到约 $42 \sim 45$ ℃时，就会大量死亡，而正常细胞在该温度范围被加热直到 48℃以上也不会死亡。因此，将肿瘤部位加热至 $43 \sim 48$ ℃，可以杀死癌细胞而又不伤害正常细胞。这种温热疗法被认为是一种没有副作用的治疗癌症的有效方法。

采用温热疗法用于肿瘤控制的效果取决于加热的温度、时间和均匀性。因而要想获得最佳的疗效，采用的治疗方法必须具有以下特点：①定位准确；②加热均匀；③控温方便。过去人们尝试使用微波、无线电波、超声波等方法进行加热，但这些方法都是体外加热，其热能难以被人体深处的肿瘤所吸收，也难以控制加热的范围、程度和均匀性，因此起不到很好的治疗效果。从 20 世纪 80 年代初起，科学家们开始研究在肿瘤部位注入或植入铁磁体材料热种子，在交变磁场的作用下，利用磁滞生热效应而加热肿瘤部位，使癌细胞死亡。在动物身上对骨癌、肾癌、乳腺癌等癌症进行大量试验研究表明，这种方法定位准确、加热均匀、控温方便、安全可靠。

目前，已报道的用于温热疗法治疗癌症的铁磁体热种子材料主要有 $Li_2O - Fe_2O_3 - P_2O_5$ 基和 $Fe_2O_3 - CaO - SiO_2$ 基铁磁性微晶玻璃，其中以 $Fe_2O_3 - CaO - SiO_2$ 系统为基础组分并添加少量 Na_2O、B_2O_3 及 P_2O_5 的铁磁体微晶玻璃作为热种子材料，可以将磁滞生热所需的强磁性与良好的生物活性相结合，即使长期滞留在人体内也无不良影响，因此对于治疗处于人体组织深处的肿瘤(如骨癌)具有重要价值。

(2) 治疗癌症用放射线材料

$Y_2O_3 - Al_2O_3 - SiO_2$ 玻璃可作为癌症的放射疗法材料。当玻璃中的[89]Y 在中子轰击下激活成具有半衰期为 64.1 h 的 β 射线发射体 ^{90}Y 后，将 20～30 μm 的这种材料通过肝动脉注入肝肿瘤毛细血管中，这些颗粒被肝肿块中的毛细血管所捕获，产生大剂量的短程 β 射线，从而达到治疗肝肿块而又对邻近组织不造成损坏的目的。但这种放射物质半衰期太短，目前正在研究具有较长半衰期的放射用玻璃。

（3）人体注射阻止尿失禁

尿失禁是一种常见疾病，病人因膀胱尿出口敞开而失控。将生物玻璃颗粒悬浮于溶液中配制成注射液，注射于尿道周围组织后可使其收缩，从而使尿失禁得到控制。动物试验已证实该法治疗尿失禁安全有效，但尚无用于人体的报导。这种注射疗法简便、安全、经济、有效，为尿失禁的治疗提供了一种新方法。

（4）药物载体

药物载体用生物玻璃是很有发展前景的新型材料。各种各样的药物储存在多孔的生物玻璃中，然后植入人体的相关部位，随着生物玻璃表面反应的进行，药物将缓慢释放，达到有的放矢的疗效。国内有人在动物实验基础上，将 MTX、多孔生物活性玻璃复合人工骨用于骨肿瘤切除保肢手术中。临床试验结果表明，这种材料既能填充骨缺损，又能在较长时间内对局部起化疗作用，为骨肿瘤切除保肢提供了新的治疗方法。

8.3.6　智能和敏感材料

智能材料（intelligent materials 或 smart materials）是近几年出现的新材料，最早由日本和美国材料科学家提出。所谓智能材料是指能够接受外部环境的信息或根据外部环境的变化而自动改变自身状态的一种新型功能材料，它具有类似于生体组织那样的内病变自诊断、外部伤口自愈合、环境自适应甚至自组装及自恢复等功能效应。而这里所述敏感材料则主要是指对环境性能敏感的各种传感器。

1. 智能陶瓷

陶瓷材料因其内部结构缺陷的存在，其实际强度比理论强度低很多，用作结构材料时，不仅要求其高温强度大，还要求有较高的韧性和使用安全可靠性。为此，国内外一些专家开展了陶瓷材料的自诊断、自适应、自愈合等方面的智能化研究工作。

（1）高温抗氧化自适应陶瓷

氮化硅等非氧化物陶瓷材料部件在高温下的破坏机理，是一个氧化与微裂纹相互作用的结果。如在氮化硅陶瓷中加入少量的 NbN 颗粒后，氮化硅材料在 1000 ℃ 以上的高温下会形成一层自适应的表层，其表层中 Nb 的化合物形式会随环境温度及氧化还原程度不同而自行形成相应的致密保护层。这种保护层能阻止微裂纹的形成及氧气向氮化物陶瓷内部的扩散。

（2）自愈合自恢复陶瓷

微波能够加热物质，但其加热效果会因物质种类和结构不同而有很大的差异。一些物质对微波能量吸收大，因而在微波场中，升温速度快，加热温度高。利用微波对某些组元的选择性加热这一特点能使陶瓷材料内部损伤得到愈合。可采用如下方法验证这种效果：将微波吸收性强的 TiC 颗粒，加到氮化硅陶瓷中，经过混合并制成致密的块体材料。用压痕法或热震法使材料内部形成裂纹，使材料性能因裂纹的形成而降低。然后，对材料进行微波照射，使表面裂纹得到弥合，内部损伤得到愈合，从而大幅度地提高材料的强度。

2. 智能混凝土

人们在研究可用于大型混凝土结构安全性诊断的压敏材料。其方法是在混凝土中加入一定量的碳素纤维或碳素纤维和玻璃纤维，一方面增加混凝土的强度，另一方面利用其电阻随压力变化的特点，来判断混凝土材料的安全期、损伤期和破坏期，达到诊断效果。日本已将这种纤维增强的混凝土智能材料成功地应用于银行等重要结构设施的防盗报警墙体，这种智能材料也可应用于大规模建筑物受力状态的诊断方面。

3. 敏感陶瓷材料

信息技术是信息社会的基础技术，它包括信息的生产技术、应用技术，涉及到大规模集成电路技术、通讯技术、计算机技术、软件技术及传感器技术等一系列现代科学最先进的技术。通常人们将计算机称为"电脑"，而将传感器称为"电五官"。就世界范围而言，目前"电脑"十分发达，但"电五官"的发展却非常迟缓。因此传感器技术成为信息技术发展的主要矛盾。

陶瓷敏感材料是适应信息采集的迫切需要而迅速发展起来的一类新型材料。它可以制成多种传感器：有利用其半导体性能、介电性能、磁性能的湿度传感器，有利用其晶界特性的压敏传感器，有利用其热电效应的红外传感器，有利用其压电效应的超声传感器。此外，还有光敏、气敏等传感器。人们可以利用传感器材料在不同环境下的电、磁、声、光、热等性质变化来实现对生活环境和工作环境的检测、监控和工业中的过程控制等。例如，陶瓷气敏元件被广泛地用于可燃气体和毒气的检测检漏、报警和监控等方面；湿敏元件被广泛应用于食品、粮食、制药、弹药、造纸、建筑、医疗、气象、电子等工业中的过程控制和空调设备中检测及控制温度。

敏感元件一般由基材和敏感物质通过不同工艺复合而成。以陶瓷为基础的敏感元件中，敏感物可以是金属、氧化物和有机物。这些敏感物质可以与陶瓷粉末一起成形后烧结成致密体，也可以薄膜形式涂覆于陶瓷表面上，还可以制成多孔陶瓷再将敏感物通过浸渍方法渗入陶瓷的孔隙中。

本章简要介绍了几种功能无机非金属材料，这些材料实际上也代表了无机非金属材料的几个主要发展方向。功能材料的种类是非常多的，既继承了普通材料的特点,又展现出自身的优良性能和独特的功能,从而奠定了它们在国民经济和现代科学技术中的作用与地位。由于制造工艺和技术以及原材料等诸多方面的因素,致使一些品种的功能材料价格偏高,难以实现商品化;另一些功能材料则存在理论和技术还不成熟、用途尚待开发等问题。但可以肯定的是,随着社会的进步和现代科学技术的发展,功能材料的前景是十分乐观的。

思考题和习题

1. 名词解释:电光效应、电致流变效应、铁电性、铁磁性、压电效应、压敏效应、磁致伸缩效应、光电子学、光子学。

2. 简要说明功能无机非金属材料的类型。各类功能无机非金属材料分别与哪些物理性能或物理效应有关?

3. 简述石英光纤的制备工艺过程及其主要理化性能特点。

4. 简要说明非线性效应、非线性光学材料的概念及非线性效应的应用。

5. 如何制备含量子点的非线性光学材料? 这类材料有何特点?

6. 闪烁材料在高能物理实验中的用途是什么? 现代高能物理实验用无机闪烁材料应满足哪些性能要求?

7. 激光玻璃的概念是什么? 硅酸盐、磷酸盐及氟磷酸盐激光玻璃各有何优缺点?

8. 分析讨论玻璃及微晶玻璃用作高性能计算机上的绝缘基片材料(代替 Al_2O_3 绝缘陶瓷基片)的优势和前景。

9. 简要说明智能玻璃窗的电致变色机理及调光调热机理。

10. 分析讨论用作 PDP 基板玻璃的传统钠钙硅玻璃、PD200 和 CS25 的组成和性能特点。

11. 磁性无机非金属材料可用于治疗癌症,其原理是什么?

12. 简述电磁屏蔽玻璃的制备工艺及其在防止信息泄漏和信息干扰方面的作用。

参考文献

[1] 浙江大学,武汉建筑材料工业学院,上海化工学院等校编.硅酸盐物理化学.北京:中国建筑工业出版社,1980

[2] [日]作花济夫,境野照雄,高桥克明编,蒋国栋,蒋亚丝,陈未远等译.玻璃手册.北京:中国建筑工业出版社,1985

[3] 南京化工学院,武汉建材学院,同济大学等校编.水泥工艺原理.北京:中国建筑工业出版社,1980

[4] 沈威,黄文熙,闵盘荣编.水泥工艺学.北京:中国建筑工业出版社,1986

[5] 《胶凝材料学》编写组编.胶凝材料学.北京:中国建筑工业出版社,1979

[6] 西北轻工业学院主编.玻璃工艺学.北京:轻工业出版社,1982

[7] 王维邦主编.耐火材料工艺学.北京:冶金工业出版社,1994

[8] 韩行禄编著.不定形耐火材料.北京:冶金工业出版社,1993

[9] [法]扎齐斯基 J 主编.干福熹,侯立松等译.玻璃与非晶态材料.北京:科学出版社,2001

[10] 马眷荣,刘忠伟,孙德岩主编.建筑玻璃.北京:化学工业出版社,1999

[11] Sakkas,Soga N ed. Proc. of the International Congress on Science and Technology of New Glasses. Tokyo,1991

[12] 黄恒超,沈家瑞.电场致流变体研究进展.材料导报.1996

[13] 林硕,李志章,吴年强.电磁屏蔽导电复合材料.材料导报 1996

[14] Lee Y K,Choi S Y. Crystallization and Properities of Fe_2O_3 – CaO – SiO_2 Glasses. J Am Ceram Soc, 1996

[15] 陈建华,杨南如.钙铁硅铁磁体微晶玻璃———一种治癌生物材料.玻璃与搪瓷,1999

[16] 陈建华,杨南如.钙铁硅铁磁体微晶玻璃热处理制度的研究.材料导报,2002

[17] Hench L L,Wilson J. An Introduction of Bioceramics Vol. 1. World Scientific,Teaneck. New York:1993

[18] Ikenaga M,Ohura K,Nakamura T,et al. Hyperthermic Treatment of Experimental Bone Tumors with a Bioactive Ferromagnetic Glass – Ceramic. Proc of 4th Inter Symp on Ceramic in Medicine, London UK,1991

[19] Dumbaugh W H,Lapp T C. Heavy – metal Oxide Glasses,J Am Ceram Soc,1992

[20] 单惠平,陆光华.等离子体平板显示器的新发展.电视技术,2001

[21] 刘延和,张浩.彩色 PDP 的发展现状与趋势.现代显示,2003

[22] 朱昌昌.彩色 PDP 发展的现状.光电子技术,2002

[23] Ebisawa Y,Miyaji F,Kokubo T. Bioactivity of Ferromagnetic Glass – Ceramics in the System FeO – Fe_2O_3 – CaO – SiO_2,Biomaterials,1997

[24] 卡马什 T 编著,黄锦华等译.核聚变反应堆物理(原理与技术).北京:原子能出版社,1982

［25］胡希传编著.受控核聚变.北京:科学出版社,1981

［26］卢希庭主编,胡济民审校.原子核物理.北京:原子能出版社,1981

［27］胡希伟编著.受控核聚变.北京:科学出版社,1981

［28］干福熹,邓佩珍编著.激光材料.上海:上海科学技术出版社,1994

［29］泉谷彻郎著,杨淑清译.光学玻璃与激光玻璃开发.北京:兵器工业出版社,1996

［30］Campbell J H, Suratwala T I. Nd-doped Phosphate Glasses for High-energy/High-peak-power laser, J Non-cyst Solids, 2000

［31］卢安贤编.无机材料科学基础简明教程.北京: 化学工业出版社, 2012

［32］Anxian Lu, Woyun Long, Yuanyuan Chen. Effect of Yb^{3+} ions content on crystallization of $NaF - CaF_2 - Al_2O_3 - SiO_2$ oxyfluoride glasses, Materials Letters, 2012, 68: 501 – 503

［33］Lu A X. Highly crystalline transparent glass – ceramics: a challenging important research direction, Comments on Inorganic Chemistry, 2011, 32: 277 – 288

［34］Li J, Mei Y Z, Gao C, Ren F, Lu A X. Variation of luminescence properties of $Na_2O - CaO - SiO_2 : Nd^{3+}$ glass with crystallinity. Journal of Non – Crystalline Solids, 2011, 357: 1736 – 1740

［35］Li X Y and Lu A X. Crystallization and microstructures of Y – Si – Al – O – N glass – ceramics containing main crystal phase $Y_3Al_5O_{12}$. Bull. Mater. Sci. , 2011, 34 (4): 767 – 774

［36］Zuo C G, Lu A X, Zhu L G, Zhou Z H, Long W Y. Luminescent properties of Tb^{3+} and Gd^{3+} ions doped aluminosilicate oxyfluoride glasses. Spectrochimica Acta Part A, 2011, 82: 406 – 409

［37］Luo Z W, Lu A X, Chen B, Zhou J L, Ren F. Effects of SrO/ZnO on structure and properties of UV – transmitting boro – phosphosilicate glass. Physica B, 2011, 406: 4558 – 4563

［38］Zhu L G, Lu A X, Zuo J L, Ren F. Photoluminescence and energy transfer of Ce^{3+} and Tb^{3+} doped oxyfluoride aluminosilicate glasses. Journal of Alloys and Compounds, 2011, 509: 7789 – 7793

［39］Luo Z W, Zhou J L, Li J, Zhang C J, Lu A X. Effects of MO(M = Mg, Ca, Ba) on crystallization and flexural strength of semi – transparent lithium disilicate glass – ceramics, Bull Mater Sci. , 2011, 34(7): 1 – 6

［40］Ligang Zu, Chenggang Zuo, Zhiwei Luo, An xian Lu. Photoluminescence of Dy^{3+} and $Sm^{3+} : SiO_2 - Al_2O_3 - LiF - CaF^2$ glasses, Physica B, 2010, 405(21): 4401 – 4406

［41］Zuo G, Lu A X, Zhu Li G. Luminescence of Ce^{3+}/Tb^{3+} ions in lithium – barium – aluminosilicate oxyfluoride glasses Materials science and engineering B – Advanced functional solid state materials, 2010, 175(3): 229 – 232

［42］Ouyang X Q, Xiao Zh H and Lu A X. Phase transformation and microstructure of MgO – $Al_2O_3 - SiO_2$ system glass – ceramics under different heat treatment conditions, Advances in Applied Ceramics, 2009, 108(3): 178 – 182

［43］Li X Y, Lu A X, Xiao Zh H, Zho Ch G. The influence of cations on theproperties of Y – Mg – Si – Al – O – N glasses, J. Non – Cryst. Solids, 2008, 354: 3678 – 3684

［44］Lu A X, Ke J B, Xiao Z H, Zhang X F et al. Effect of heat – treatment condition on crystallization behavior and thermal expansion coefficient of $Li_2O - ZnO - Al_2O_3 - SiO_2 - P_2O_5$ glass ceramic. Journal of Non – crystalline Solids, 2007, 353（28）: 2692 – 2697

［45］Liu S J, Lu A X, Tang X D, He S B. Investigation on structure and properties of Yb^{3+} – doped laser glasses, Journal of rare earths, 2006, 24: 163 – 167

［46］Liu W Z, Wu T, Li Z, Hao X J, Lu A X. Preparation and characterization of ceramic substrate from tungsten mine tailings［J］. Constr. Build. Mater. 2015, 77: 139 – 144

［47］Chen X J, Lu A X, Qu G. Preparation and characterization of foam ceramics from red mud and fly ash using sodium silicate as foaming agent［J］. Ceram. Inter. 2013, 139: 1923 – 929

［48］Chen B, Wang K Q, Chen X J, Lu A X. Study of foam glass with high content of fly ash using calcium carbonate as foaming agent［J］. Mater. Lett. 2012: 263 – 265

［49］Chen B, Luo Z W, Lu A X. Preparation of sintered foam glass with high fly ash content ［J］. Mater. Lett. 2011, 65: 3555 – 3558

［50］李秀英. Y – Mg – Si – Al – O – N 玻璃和微晶玻璃的制备及其组成 – 结构 – 性能关系研究［D］. 中南大学. 2010

［51］Hampshire S, Jack K H. The kinetics of densification and phase transformation of nitrogen ceramics［J］. Popper. Proc. Brit. Ceram. Soc. , 1981（31）: 37 – 49

［52］Dortmans L J M G, Graaf D D. Oxynitride armour glass［P］. US patent: US2008/0305942 A1

［53］Grujicic M, Bell W C, Pandurangan B. Design and material selection guidelines and strategies for transparent armor systems［J］. Materials and Design, 2012, 34: 808 – 819

［54］Grujicic M, Pandurangan B, Coutris N, Cheeseman B A, Fountzoulas C, Patel P, Strassburger E. A ballistic material model for starphire, a soda-lime transparent-armor glass［J］. Materials Science and Engineering A, 2008, 491: 397 – 411

［55］Grujicic M, Bell W, Pandurangan B. Design and material selection guidelines and strategies for transparent armor systems［J］. Materials & Design, 2011, 34: 808 – 819

［56］Klement R, Rolc S, Mikulikova R, Krestan J. Transparent armour materials［J］. Journal of the European Ceramic Society, 2008, 28: 1091 – 1095

［57］Homeny J, Mcgarry D L. Preparation and mechanical properties of Mg – Al – Si – O – N glasses［J］. Journal of the American Ceramic Society, 1984, 67（11）: C225 – C227

［58］Jankowsik P E, Risbud S H. Synthesis and characterization of an Na – B – Si – O – N glass ［J］. Journal of the American Ceramic Society, 1980, 63（5 – 6）: 350 – 352

［59］Mulfinger H O, Dietzel A, Navarro J M F. Physical solubility of Helium, Neon and Nitrogen in glass melts［J］. Glastechnische Berichte, 1972, 45（9）: 389 – 396

［60］Elmer T H, Nordberg M E. Effect of nitriding on electrolysis and devitrification of high – silica glasses［J］. Journal of the American Ceramic Society, 1967, 50（6）: 275 – 279

［61］Dancy E A. The dissolution of nitrogen in metallurgical slags［J］. Canadian Metallurgical Quarterly, 1976, 15（2）: 103 – 110

［62］Brinker C J, Haaland D M, Loehman R E. . Oxynitride glasses prepared from gel and melts

[J]. Journal of Non-Crystalline Solids, 1983, 56(1-3): 179-184

[63] Brinker C J, Haaland D M. Oxynitride glass formation from gels[J]. Journal of the American Ceramic Society, 1983, 66(11): 758-765

[64] Mittl J C, Tallman R L, Kelsey P V et al. HIP glassmaking for high nitrogen compositions in the Y - Si - O - N system[J]. Journal of Non - Crystalline Solids, 1985, 71(1-3): 287-294

[65] Leonova E, Hakeem A S, Jansson K et al. Nitrogen-rich La - Si - Al - O - N oxynitride glass structures probed by solid state NMR[J]. Journal of Non - Crystalline Solids, 2008, 354(1): 49-60

[66] Videau J J, Etourneau J, Rocherulle J et al. Structural approach of sialon glasses: M - Si - Al - O - N[J]. Journal of the European Ceramic Society, 1997, 17(15-16): 1955-1961

[67] Bunker B C, Tallant D R, Balfe C A et al. Structure of phosphorus oxynitride glasses[J]. Journal of the American Ceramic Society, 1987, 70(9): 675-681

[68] Homeny J, Mcgarry D L. Preparation and mechanical properties of Mg - Al - Si - O - N glasses[J]. Journal of the American Ceramic Society, 1984, 67(11): C225-C227

[69] Sakka S, Kamiya K, Yoko T. Preparation and properties of Ca - Al - Si - O - N oxynitride glasses[J]. Journal of Non - Crystalline Solids, 1983, 56(1-3): 147-152

[70] Videau J J, Etourneau J, Rocherulle J. Structural approach of Sialon Glasses: M - Si - Al - O - N[J]. Journal of the European Ceramic Society, 1997, 17 (15-16): 1955-1961

[71] Pastuszak R, Verdier P. M - Si - Al - O - N glasses (M = Mg, Ca, Ba, Mn, Nd), existence range and comparative study of some properties[J]. Journal of Non - Crystalline Solids, 1983, 56(1-3): 141-146

[72] Messier D R. Oxynitride glass research at the U. S. army materials technology laboratory [J]. American Ceramic Society Bulletin, 1989, 68(11): 1931-1936

[73] Schrimpf C, Frischat G H. Property-composition relations of N_2-containing Na_2O - CaO - SiO_2 glasses[J]. Journal of Non - Crystalline Solids, 1983, 56(1-3): 153-159

[74] Yao L P, Fang Q X, Hu G Q et al. Preparation and properties of some Li - Al - Si - O - N glasses[J]. Journal of Non-Crystalline Solids, 1983, 56(1-3): 167-172

[75] D. R. Messier, E. J. Deguire. Thermal decomposition in the system Si - Y - Al - O - N [J]. Journal of the American Ceramic Society, 1984, 67(9): 602-605

[76] Shaw T M, Thomas G, Loehman R E. Formation and microstructure of Mg - Si - O - N glasses[J]. Journal of the American Ceramic Society, 1984, 67(10): 643-647

[77] Pastuszak R., Verdier P. M - Si - Al - O - N glasses (M = Mg, Ca, Ba, Mn, Nd), existence range and comparative study of some properties[J]. Journal of Non - Crystalline Solids, 1983, 56(1-3): 141-146

[78] Messier D R, Gleisner R P, Rich R E. Yttrium-silicon-aluminum oxynitride glass fibers [J]. Journal of the American Ceramic Society, 1989, 72(11): 2183-2186

[79] Kaplan-Diedrich H, Frischat G H. Properties of some oxynitride glass fiber[J]. Journal of Non-Crystalline Solids, 1995, 184: 133-136

［80］Kozii O I, Yashchishin I N, Bashko L O. Nitriding of industrial glass surface［J］. Glass and Ceramics, 2004, 61(9 – 10): 328 – 330

［81］Karimi H, Zhang Y, Cua S, Ma R, La G et al. Spectroscopic properties of Eu-doped oxynitride glass-ceramics for white light LEDs［J］. Journal of Non-Crystalline Solids, 2014, 406: 119 – 126

［82］Ali S. Jonson B, Pomeroy M J, Hampshire S. Issues associated with the development of transparent oxynitride glasses［J］. Ceramics International, 2015, 41: 3345 – 3354

［83］Hakeem A S, Dauce R, Leonova E, Eden M et al. Silicate glasses with unprecedented high nitrogen and electropositive metal contents obtained by using metals as precursors［J］. Advanced Materials, 2005, 17: 2214 – 2216

［84］Sharafat A, Bo J. Glasses in the Ba – Si – O – N system［J］. Journal of the American Ceramic Society, 2011, 94: 2912 – 2917

［85］Frischat G H, Schrmpf C. Preparation of nitrogen-containing $Na_2O – CaO – SiO_2$ glasses ［J］. Journal of the American Ceramic Society, 1980, 63(11 – 12): 714 – 715

［86］Messier D R, Deguire E J. Thermal decomposition in the system Si – Y – Al – O – N［J］. Journal of the American Ceramic Society, 1984, 67(9): 602 – 605

［87］Ali S, Jonson B. Compositional effects on the properties of high nitrogen content alkaline-earth silicon oxynitride glasses, AE = Mg, Ca, Sr, Ba［J］. Journal of the European Ceramic Society, 2011, 31: 611 – 618

［88］罗志伟. 稀土掺杂氧氮玻璃及其微晶玻璃的制备、表征与性能［D］. 中南大学. 2013

［89］瞿高. Y – Al – Si – O – N 基氧氮玻璃及其微晶玻璃的制备与性能［M］. 中南大学. 2014

［90］Luo Z W, Han G R, Lu A X. Zn – Sr mixing in the Y – sialon glass: Formation, properties and ballistic resistance［J］. Journal of Non-Crystalline Solids, 2015, 421: 41 – 47

［91］Luo Z W, Liu W Z, Qu G, Lu A X, Han G R. Sintering behavior, microstructure and mechanical properties of various fluorine-containing Y – SiAlON glass ceramics［J］. Journal of Non – Crystalline Solids, 2014, 388: 62 – 67

［92］Luo Z W, Qu G, Chen X J, Liu X F, Lu A X. Effects of nitrogen and lanthanum on the preparation and properties of La – Ca – Si – Al – O – N oxynitride glasses［J］. Journal of Non – Crystalline Solids, 2013, 361: 17 – 25

［93］Luo Z W, Lu A X, Qu G, Lei Y J. Synthesis, crystallization behavior, microstructure and mechanical properties of oxynitride glass-ceramics with fluorine addition［J］. Journal of Non-Crystalline Solids, 2013, 362: 207 – 215

［94］Luo Z W, Lu A X, Hu X L, Liu W Z, Qu G. Effects of nitrogen on phase formation, microstructure and mechanical properties of Y – Ca – Si – Al – O – N glass – ceramics［J］. Journal of Non – Crystalline Solids, 2013, 368: 79 – 85

［95］Luo Z W, Qu G, Zhang Y H, Cui L, Lu A X. Transparent oxynitride glasses: synthesis, microstructure, optical transmittance and ballistic resistance［J］. Journal of Non-Crystalline Solids,

2013, 378: 45 – 49

[96] Luo Z W, Lu A X, Qu G, Wang K Q, Hu X L. Microstructure and mechanical properties of SiC/Si₃ N₄ co-reinforced La-containing glass-ceramics matrix composites [J]. Materials Letters, 2013, 107: 130 – 133

[97] Qu G, Luo Z W, Liu W Z, Lu A X. The preparation and properties of Zirconia-doped Y – Si – Al – O – N oxynitride glasses and glass – ceramics [J]. Ceramics International, 2013, 39: 8885 – 8892

[98] Qu G, Hu X L, Cui L, Lu A X. Synthesis, crystallization behavior and microstructure of oxynitride glass-ceramics with different modifier elements [J]. Ceramics International, 2014, 40: 4213 – 4218

[99] Li X Y, Lu A X, Xiao Z H et al. Oxynitride glasses in Y – Al – Si – O – N system prepared from alkoxide precursor [J]. Journal of Central South University of Technology, 2007, S2: 47 – 53

[100] Li X Y, Lu A X. The influence of cations on the properties of Y – Mg – Si – Al – O – N glasses [J]. Journal of Non – Crystalline Solids, 2008, 354(31): 3678 – 3684

[101] Li X Y, Lu A X. Crystallization and micro-structures of the Y – Si – Al – O – N glass – ceramics containing main crystal phase $Y_3 Al_5 O_{12}$ [J]. Bulletin of Materials Science, 2011, 34 (4): 767 – 774

图书在版编目(CIP)数据

无机非金属材料导论 / 卢安贤编著. —4 版. —长沙：
中南大学出版社，2012.12(2020.8 重印)
ISBN 978 - 7 - 5487 - 0747 - 9

Ⅰ. 无… Ⅱ. 卢… Ⅲ. 无机非金属材料 Ⅳ. TB321

中国版本图书馆 CIP 数据核字(2012)第 304284 号

无机非金属材料导论

(第四版)

卢安贤 编著

□责任编辑	周兴武			
□责任印制	周 颖			
□出版发行	中南大学出版社			
	社址：长沙市麓山南路		邮编：410083	
	发行科电话：0731 - 88876770		传真：0731 - 88710482	
□印　装	长沙理工大印刷厂			

□开　本	730 mm ×960 mm 1/16	□印张 17.75	□字数 345 千字	
□版　次	2015 年 7 月第 4 版	□印次 2020 年 8 月第 3 次印刷		
□书　号	ISBN 978 - 7 - 5487 - 0747 - 9			
□定　价	52.00 元			